Studium der Umweltwissenschaften

Hauptherausgeber: Edmund Brandt

Springer

Berlin
Heidelberg
New York
Hongkong
London
Mailand
Paris
Tokio

Studium der Umweltwissenschaften

Hauptherausgeber: Edmund Brandt

Michael F. Jischa

Ingenieur-
wissenschaften

Mit 115 Abbildungen

 Springer

Autor:
Prof. (em.) Dr.-Ing. Michael F. Jischa
Technische Universität Clausthal
Institut für Technische Mechanik
Adolph-Roemer-Straße 2a
38678 Clausthal-Zellerfeld
E-mail: *michael.jischa@tu-clausthal.de*
http://www.itm.tu-clausthal.de

Herausgeber:
Prof. Dr. Edmund Brandt
Universität Lüneburg
Fachbereich Umweltwissenschaften
Institut für Umweltstrategien
Scharnhorststraße 1
21335 Lüneburg
E-mail: *brandt@uni-lueneburg.de*

ISBN 3-540-41951-9 Springer-Verlag Berlin Heidelberg New York

Bibliographische Information der Deutschen Bibliothek
Die Deutsche Bibliothek verzeichnet diese Publikation in der Deutschen Nationalbibliografie;
detaillierte bibliografische Daten sind im Internet über <http://dnb.ddb.de> abrufbar.

Dieses Werk ist urheberrechtlich geschützt. Die dadurch begründeten Rechte, insbesondere die der
Übersetzung, des Nachdrucks, des Vortrags, der Entnahme von Abbildungen und Tabellen, der Funk-
sendung, der Mikroverfilmung oder der Vervielfältigung auf anderen Wegen und der Speicherung in
Datenverarbeitungsanlagen, bleiben, auch bei nur auszugsweiser Verwertung, vorbehalten. Eine Vervielfältigung dieses Werkes oder von Teilen dieses Werkes ist auch im Einzelfall nur in den Grenzen
der gesetzlichen Bestimmungen des Urheberrechtsgesetzes der Bundesrepublik Deutschland vom 9. September 1965 in der jeweils geltenden Fassung zulässig. Sie ist grundsätzlich vergütungspflichtig. Zuwi-
derhandlungen unterliegen den Strafbestimmungen des Urheberrechtsgesetzes.

Die Wiedergabe von Gebrauchsnamen, Handelsnamen, Warenbezeichnungen usw. in diesem Werk berechtigt auch ohne besondere Kennzeichnung nicht zu der Annahme, daß solche Namen im Sinne der
Warenzeichen- und Markenschutz-Gesetzgebung als frei zu betrachten wären und daher von jeder-
mann benutzt werden dürften.

Springer-Verlag Berlin Heidelberg New York
Springer-Verlag ist ein Unternehmen der Springer Science+Business Media

springer.de

© Springer-Verlag Berlin Heidelberg 2004

Umschlaggestaltung: *design & production*, Heidelberg
Satz: Reproduktionsfertige Vorlage Stephanie Borggreve

Gedruckt auf säurefreiem Papier   30/3111   5 4 3 2 1   SPIN: 11334538

Vorwort

Das Thema Umwelt wird mehr und mehr auch zum Gegenstand von Studiengängen an Universitäten. Für diejenigen, die ein solches Studium beginnen, sei es als Grund- oder als Weiterbildungsstudium, stellt sich allerdings sofort ein großes Problem: Es gibt kaum geeignete Literatur, mit deren Hilfe die erforderlichen Basisinformationen und darauf aufbauend die erforderliche Handlungskompetenz erlangt werden kann, die es ermöglicht, auf wissenschaftlicher Grundlage qualifiziert an die Analyse und Bewältigung von Umweltproblemen heranzugehen.

Geeignete Literatur zur Verfügung zu stellen, bereitet auch in der Tat erhebliche Schwierigkeiten:

- Zunächst kann noch nicht zuverlässig gesagt werden, was genau zum Themenfeld Umweltwissenschaften dazugehört, wo die unabdingbaren Kernbereiche liegen, wo demzufolge zwingend die Gegenstände beherrscht werden müssen und wo demgegenüber Bereiche einer Zusatzqualifizierung bzw. Spezialisierung vorbehalten werden können.
- Die wissenschaftliche Durchdringung der einzelnen Teilbereiche ist unterschiedlich weit gediehen. Dies hängt mit der Beachtung zusammen, die einzelnen Problemfeldern geschenkt worden ist, aber auch mit dem Stellenwert, den die einzelnen Wissenschaftsdisziplinen Umweltproblemen haben zukommen lassen. Dementsprechend ist das, was an gesicherten Basisinformationen und Erkenntnissen weitergegeben werden kann, nicht einheitlich.
- Schließlich ist zu bedenken, dass ertragreiche Beschäftigungen mit Umweltfragen nur interdisziplinär stattfinden können. Die heute arbeitenden Wissenschaftlerinnen/Wissenschaftler sind aber durchweg disziplinär ausgebildet und geprägt. Von daher fällt es ihnen schwer, über den Tellerrand der eigenen Disziplin hinauszuschauen, Befunde aus anderen Disziplinen angemessen zu verarbeiten und schließlich auch in verständlicher Form weiterzugeben.

Dies ist der Hintergrund, vor dem die Schriftenreihe „Studium der Umweltwissenschaften" konzipiert ist: Sie soll denjenigen Studierenden, die einen ersten, aber zugleich fundierten Einstieg in die Kernmaterien der Umweltwissenschaften erreichen wollen, als Basislektüre dienen können. Die einzelnen Bereiche wurden dabei so gewählt, dass sie zumindest in einer weitgehenden Annäherung das erfassen, was sich in den Curricula umweltwissenschaftlicher Studiengänge mehr und mehr herauskristallisiert hat. Es handelt sich nicht um populär-, sondern durchaus um fachwissenschaftliche Darstellungen. Diese sind aber so angelegt, dass sie ohne spezifische Voraussetzungen angegangen werden können. Zielgruppen sind also eher Studierende im Grund- als im Hauptstudium, was selbstverständlich nicht ausschließt, dass die Bände nicht auch gute Dienste zur raschen Wiederholung vor Prüfungen leisten können.

Als Autorinnen/Autoren konnten ausgewiesene Experten gewonnen werden, die zugleich über langjährige Lehrerfahrung in interdisziplinär angelegten Studiengängen verfügen. Damit ist sichergestellt, dass hinsichtlich der verwendeten Terminologie und der Art der Darstellung ein Zuschnitt erreicht worden ist, der einen Zugang auch zu komplizierten Fragestellungen ermöglicht.

Die Arbeit mit den einzelnen Bänden soll ferner dadurch erleichtert werden, dass die Grundstruktur jeweils weitgehend gleich ist, durch Übersichten, Abbildungen und Beispiele Wiedererkennungseffekte erzielt und Voraussetzungen dafür geschaffen werden, dass sich Sachverhalte und Zusammenhänge viel leichter einprägen, als dies durch eine lediglich an die jeweilige Fachsystematik orientierte Darstellung der Fall wäre.

Ganz großer Wert wird darauf gelegt, dass die einzelnen Beiträge nicht beziehungslos nebeneinander stehen. Vielmehr werden immerzu Querverbindungen hergestellt und Verweisungen vorgenommen, mit deren Hilfe die disziplinären Schranken, wenn sie schon nicht ganz verschwinden, jedenfalls deutlich niedriger werden.

Dieser Band „Ingenieurwissenschaften" schließt die fünfteilige Reihe „Studium der Umweltwissenschaften" ab. Im Gegensatz zu den bereits erschienenen Bänden „Wirtschaftswissenschaften", „Rechtswissenschaften", „Sozialwissenschaften" und „Naturwissenschaften" hat ein Autor den Text gestaltet. Mein Dank gilt allen Teilherausgebern und Autorinnen/Autoren, die sich bereitwillig auf ein Experiment eingelassen haben, das in vielfältiger Hinsicht durchaus neuartige Anforderungen stellt.

Bei einem publizistischen Unternehmen wie dem, mit dem wir es hier zu tun haben, sind die Autorinnen und Autoren, die Teilherausgeber und bin ich als Gesamtherausgeber der Reihe in besonderem Maße auf Rückmeldungen und Hinweise durch die Leserinnen und Leser angewiesen. Nur über einen intensiven kommunikativen Prozess, der sowohl die Inhalte als auch Gestaltungsaspekte einbezieht, lassen sich weitere Verbesserungen erreichen. Dazu, an diesem Prozess mitzuwirken, lade ich alle Leserinnen und Leser der einzelnen Bände ausdrücklich ein.

Lüneburg, Januar 2004   Edmund Brandt

Danksagung

Es lässt sich durch Fußnoten nicht belegen, wie viel Anregungen ich im Laufe meiner Tätigkeit sammeln konnte, ohne die dieses Buch nicht entstanden wäre. Mein Dank gilt etlichen Kollegen, mit denen ich in verschiedenen Gremien zusammenarbeite und zusammengearbeitet habe. Aus dem Kreis meiner ehemaligen Mitarbeiter und meiner Freunde nenne ich insbesondere Christian Berg, Ralf Charbonnier, Björn Ludwig, Robert Pestel (der am 18. April 2003 zu früh verstarb), Matthias Schlicht, Ildiko Tulbure und Klaus Wachlin. Die Genannten ahnen kaum, welche Anregungen ich in zahlreichen Diskussionen mit ihnen erfahren habe. Den Clausthaler Studenten Henning Rekersbrink und Liliane Walzel, die mit der Arbeit begonnen hatten, sowie Stephanie Borggreve und Julia-Maria Hecking, die die Hauptlast getragen haben, danke ich für das Zeichnen der Bilder, das Erstellen der Formeln und viele Schreibarbeiten. Stephanie Borggreve besorgte die druckfertige Gestaltung des Textes. Christian Berg hat Korrektur gelesen und Verbesserungsvorschläge gemacht. Gleichwohl gehen alle Unzulänglichkeiten auf mein Konto. Meiner Frau Heidrun danke ich herzlich für das Verständnis, den Freiraum und die Ruhe, die für eine derartige Arbeit unerlässlich sind.

Clausthal-Zellerfeld, im Januar 2004   Michael F. Jischa

Inhaltsverzeichnis

Abkürzungsverzeichnis

AAS	Atom-Absorptions-Spektroskopie
AbfG	Abfallgesetz
AfTA	Akademie für Technikfolgenabschätzung in Baden-Württemberg, Stuttgart
B.A.U.M.	Bundesdeutscher Arbeitskreis für umweltbewusstes Management
BDI	Bundesverband der Deutschen Industrie
Bf	Beaufort
BGB	Bürgerliches Gesetzbuch
BHKW	Blockheizkraftwerk
BimSchG	Bundes-Immissionsschutzgesetz
BK	Braunkohle
BMBF	Bundesministerium für Bildung und Forschung
BMU	Bundesministerium für Umwelt, Naturschutz und Reaktorsicherheit
BS	British Standard
BWL	Betriebswirtschaftslehre
CAD	Computer Aided Design
CAE	Computer Aided Engineering
CCD	Charge Coupled Device
CE	Chemical Engineering
CFK	Carbonfaserverstärkter (kohlefaserverstärkter) Kunststoff
CIM	Computer Integrated Manufactoring
CORINE	Coordination of Information on the Environment
CUTEC	Clausthaler Umwelttechnik-Institut GmbH
DBU	Deutsche Bundesstiftung Umwelt
DDT	Dichlordiphenyltrichlorethan
Dgl.	Differenzialgleichung
DIHT	Deutscher Industrie- und Handelstag
DIN	Deutsches Institut für Normung
DLR	Deutsches Zentrum für Luft- und Raumfahrt
EE	Electrical Engineering
EG	Europäische Gemeinschaft
EPTA	Euopean Parliamentary Technology Assessment
FAZ	Frankfurter Allgemeine Zeitung
FCKW	Fluorchlorkohlenwasserstoff
F+E	Forschung und Entwicklung

FhG	Fraunhofer-Gesellschaft
FH	Fachhochschule
FZJ	Forschungszentrum Jülich
FZK	Forschungszentrum Karlsruhe
GAU	Größter anzunehmender Zufall
GEMS	Global Environment Monitoring System
GFK	Glasfaserverstärkter Kunststoff
GG	Grundgesetz
GIS	Geo(-grafisches) Informationssystem
GMD	Gesellschaft für Mathematik und Datenverarbeitung
GPS	Global Positioning System
GRID	Global Resource Information Database
GVC	Gesellschaft für Verfahrenstechnik und Chemieingenieurwesen (im VDI)
HGF	(Herrmann von) Helmholtz-Gemeinschaft Deutscher Forschungszentren
HS	Hochschule
ICC	International Chamber of Commerce
ICE	InterCityExpress
IEE	Institut für Elektrische Energietechnik (der TU Clausthal)
IEVB	Institut für Energieverfahrenstechnik und Brennstofftechnik (der TU Clausthal)
IG	Industriegewerkschaft
IuK	Informations- und Kommunikationstechnologien
IÖW	Institut für ökologische Wirtschaftsführung, Berlin
ISI	Fraunhofer-Institut für Systemtechnik und Innovationsforschung, Karlsruhe
ISO	International Organization for Standardization
IT	Informationstechnologien
ITA	Innovations- und Technikanalyse
ITAS	Institut für Technikfolgenabschätzung und Systemanalyse (im FZK)
ITM	Institut für Technische Mechanik (der TU Clausthal)
L	Laborübung
LCA	Life-Cycle-Assessment
LDA	Laser Doppler Anemometrie
MAB	Man and the Biosphere
ME	Mechanical Engineering
Mio.	Millionen
MPG	Max-Planck-Gesellschaft
MPI	Max-Planck-Institut
Mrd.	Milliarden
NAGUS	Normenausschuss Grundlagen des Umweltschutzes
OTA	Office of Technology Assessment
PC	Personal Computer
PIV	Particle Image Velocimetry

PLA	Produktlinienanalyse
ppb	parts per billion (=10^{-9})
ppm	parts per million (=10^{-6})
PR	Public Relations
PV	Fotovoltaik
R+D	Research and Development
RÖE	Rohöleinheit
S	Seminar
SAGE	Strategic Advisory Group on Environment
SD	Sustainable Development
SE	Systems Engineering
SETAC	Society of Environmental Toxicology and Chemistry
SK	Steinkohle
SKE	Steinkohleneinheit
SPS	Speicherprogrammierbare Steuerung
SRU	Sachverständigenrat für Umweltfragen
SWS	Semesterwochenstunden
TA	Technology Assessment
TAB	Büro für Technikfolgenabschätzung beim Deutschen Bundestag
TU	Technische Universität
U	Universität
Ü	Übung
UBA	Umweltbundesamt
UM	Umweltmonitoring
UN	United Nations
UNCED	United Nations Conference on Environment and Development
UNDP	United Nations Development Program
V	Vorlesung
VCI	Verband der Chemischen Industrie
VDI	Verein Deutscher Ingenieure
VWL	Volkswirtschaftslehre
WGBU	Wissenschaftlicher Beirat der Bundesregierung „Globale Umweltveränderungen"
WGL	Wissenschaftsgemeinschaft Gottfried-Wilhelm Leibniz
WHG	Wasserhaushaltsgesetz

Tabellenverzeichnis

Abbildungsverzeichnis

1 Einführung

1.1 Vorbemerkungen sowie Ziel und Aufbau des Buches

Dieser Band beschließt die fünfteilige Reihe Studium der Umweltwissenschaften. Reihen wie diese sind notwendiger denn je, denn Bücher von Experten für (angehende) Experten gibt es hinreichend. Es gibt jedoch einen eklatanten Mangel an Büchern von Experten für interessierte Laien. Die Gründe hierfür sind vielfältig. Wissenschaftliche Lorbeeren lassen sich damit kaum erwerben. Versuche einer zumindest partiellen Laisierung der Wissenschaften gelten bei uns leider immer noch eher als karriereschädigend, allen wortreichen Beteuerungen zu PUSH (Public Understanding of Science and Humanities) zum Trotz. Ich bin das reizvolle Wagnis gerne eingegangen, Studenten anderer Fachrichtungen (insbesondere der Umweltwissenschaften in ihren vielfältigen Ausprägungen) in die Gedankenwelt und die Arbeitsweise von Ingenieuren einzuführen.

An dieser Stelle sogleich eine eingeschobene Bemerkung zu den Begriffen Student und Ingenieur. Damit meine ich selbstverständlich Vertreter beiderlei Geschlechts. Ich folge nicht der modischen Unsitte, von Studentinnen und Studenten sowie von Professorinnen und Professoren zu sprechen. Als ich die Formulierung Christinnen und Christen zum ersten Mal hörte, hatte ich zunächst an einen Scherz gedacht.

Im Gegensatz zu den vier vorliegenden Bänden dieser Reihe, das sind Wirtschaftswissenschaften (Schaltegger 2000), Rechtswissenschaften (Brandt 2001), Sozialwissenschaften (Müller-Rommel 2001) und Naturwissenschaften (Härdtle 2002), stammt dieser Text aus einem Mund und einer Feder. Längere Textpassagen habe ich mit einer Spracherkennungssoftware (IBM ViaVoice Release 8) direkt in den Rechner diktiert. Dadurch erhoffe ich mir, dass der Text im Vergleich zu üblicher wissenschaftlicher Literatur ein wenig lockerer wird. Damit verbinde ich die Hoffnung, die Zahl der interessierten Leser zu erhöhen.

Kann *ein* Autor überhaupt eine Disziplin wie *die* Ingenieurwissenschaften überblicken, um darüber in der Gesamtheit zu schreiben? Hinreichende Erfahrungen in Lehre und Forschung vorausgesetzt, sollte die Kompetenz eines Autors ausreichen, einen einführenden Text zu schreiben. Aufmerksame Leser werden unschwer feststellen können, in welchen Bereichen ich mehr oder weniger kompetent bin. Auch wenn ich mich bemüht habe, dies nicht allzu deutlich werden zu lassen. Im Übrigen glaube ich, dass es weder für Studienanfänger noch für Fachfremde besonders motivierend ist, wenn man für eine Einführung in eine Disziplin mehrere Experten bemühen muss.

Für wen ist dieses Buch gedacht? Zunächst natürlich für Studenten der Umweltwissenschaften. Den Bezug zu den Umweltwissenschaften habe ich durch Beispiele und durch Bezüge im Text versucht zu verdeutlichen. Weiter habe ich die Hoffnung, dass auch Studenten anderer Fachrichtungen an einem derartigen Buch Interesse haben, sofern die Technik in ihrem Studium eine Rolle spielt. Beispielhaft seien hier die Wirtschaftswissenschaften (insbesondere das Wirtschaftsingenieurwesen), die Sozialwissenschaften (insbesondere die Techniksoziologie und der Komplex Gesellschaft und Technik), die Rechtswissenschaften (insbesondere das Umweltrecht und das Patentrecht) sowie die Geschichtswissenschaften (insbesondere die Technikgeschichte) genannt. Der Bezug zur Mathematik, zur Informatik und zu den Naturwissenschaften ist ohnehin evident. Sofern in den Schulen ein Fach Technik eingeführt werden sollte, was vielerorts und zunehmend gefordert wird, so könnte auch hier dieser Band verwendet werden. Letztendlich werden wohl auch Ingenieurstudenten eine knappe und anschauliche Wiederauffrischung begrüßen.

Die von mir geäußerte Hoffnung auf eine breite Leserschaft muss ich sogleich etwas einschränken. Denn einem gängigen Bonmot zufolge halbiert jede Formel in einem Buch die Zahl der Leser. Da Ingenieurwissenschaften ohne Formeln, also ohne Mathematik, nicht denkbar sind, könnten potenzielle Interessenten durch die (wenigen) formellastigen Passagen abgeschreckt werden. Dies betrifft die Abschnitte 2.1 Mathematik, 3.1 Mechanik, 3.2 Thermodynamik, 3.3 Strömungsmechanik sowie 3.4 Elektrotechnik. Ich habe mich bemüht, der Anschauung den Vorrang vor Exaktheit bei den Herleitungen zu geben. Letztere sind zumeist eher Plausibilitätsbetrachtungen. In der Mehrzahl der Abschnitte habe ich Formeln weitgehend vermieden.

Stets habe ich besonderen Wert auf geschichtliche Bezüge gelegt, weil sie nach meiner Erfahrung den Studenten den Zugang zu einer Disziplin erleichtern. Dass ein Band wie dieser von persönlichen Erfahrungen, Vorlieben und Marotten zwangsläufig geprägt ist, soll nicht unerwähnt bleiben. Nach diesen Vorbemerkungen komme ich zum Aufbau des Buches.

Nach der in diesem Kapitel folgenden historischen Einführung werden die Kapitel zwei bis fünf der heutigen Ausbildung der Ingenieure gewidmet sein. In dem Kapitel sechs werde ich umweltbezogene Forschung in den Ingenieurwissenschaften behandeln, einerseits klassischer technischer Art und andererseits fachübergreifender Art. Im siebten Kapitel beschreibe ich aus meiner Sicht, welchen Anforderungen sich Ingenieure heute (und morgen?) gegenüber sehen (werden) und welche Konsequenzen bezüglich der Lehrinhalte und Lehrformen daraus gezogen werden sollten.

Das zweite Kapitel behandelt die mathematischen und naturwissenschaftlichen Grundlagen: Mathematik, Informatik, Physik und Chemie. Daran schließt sich das dritte Kapitel an, die Vermittlung der technischen Grundlagen: Mechanik, Thermodynamik, Strömungsmechanik, Elektrotechnik, Werkstofftechnik und Konstruktionstechnik.

Die in den Kapiteln zwei und drei behandelten Grundlagen werden in einem viersemestrigen Grundstudium vermittelt. Da diese Fächer weitgehend aufeinander aufbauen, ist das Grundstudium verschult. Denn nur die richtige Reihenfolge macht Sinn; plakativ formuliert: Die Mathematik lernt der Ingenieur in der Mechanik, und die Mechanik lernt er in der Konstruktionstechnik.

Die Inhalte des Grundstudiums sind weitgehend trendinvariant, sie haben sich seit meiner Studienzeit vor etwa vierzig Jahren kaum (Ausnahme Informatik) verändert. Sie machen mit knapp 100 Semesterwochenstunden (SWS) den Löwenanteil des Ingenieurstudiums aus.

Alsdann wird im vierten Kapitel der Stoff des Hauptstudiums, die technischen Vertiefungen, behandelt. Noch zu meiner Studienzeit gab es an den Technischen Universitäten nur drei klassische Studiengänge. Diese waren Maschinenbau, Elektrotechnik und Bauingenieurwesen. Hinzu kamen an einigen wenigen Hochschulen die traditionellen Fächer Bergbau und Hüttenwesen.

In den letzten Jahren hat eine zunehmende Spezialisierung eingesetzt, die zu zahlreichen neuen Studiengängen geführt hat. Diese Spezialisierungen haben weniger die trendinvarianten Grundlagenfächer berührt, dafür umso stärker jedoch die technischen Vertiefungen im Hauptstudium. So hat sich aus dem Maschinenbau die Verfahrenstechnik entwickelt, und aus letzterer ist in Zusammenarbeit mit der Chemie das Chemieingenieurwesen entstanden. Aus dem Bauingenieurwesen und aus dem Bergbau heraus hat sich zusammen mit den Geowissenschaften die Deponietechnik entwickelt. Aus dem Maschinenbau und der Physik sind die Werkstoffwissenschaften entstanden. Studiengänge der Umweltschutztechnik haben neben der Verfahrenstechnik und dem Chemieingenieurwesen ihre Wurzeln im Bauingenieurwesen, im Bergbau und in der Metallurgie.

Im vierten Kapitel werde ich exemplarisch vorgehen, wobei der Schwerpunkt (dieser Buchreihe entsprechend) auf umweltrelevanten Vertiefungen liegen wird. Bei den fachübergreifenden Fächern, Kapitel fünf, gibt es kontroverse Diskussionen darüber, ob und in welchem Umfang diese zur Kernkompetenz der Ingenieure gehören. Auf diese Diskussionen werde ich eingehen.

Im Kapitel sechs werden typische umweltbezogene Forschungsthemen behandelt, zu denen Ingenieure maßgebliche Beiträge liefern können. Überschneidungen mit anderen Disziplinen werden diskutiert. Die umweltrelevanten Forschungsgebiete haben sich sehr dynamisch entwickelt. Angehende Ingenieure und Naturwissenschaftler finden reizvolle und spannende Aufgaben vor, das gilt auch für Ökonomen, Soziologen und Juristen. Dies soll in Kapitel sechs deutlich gemacht werden. Daran schließen sich in Kapitel sieben (subjektive?) Bemerkungen darüber an, was Ingenieure der Zukunft können sollten.

1.2 Technik gestern und heute

Dieser Abschnitt ist aus einer Zusammenfassung meiner Vorlesung „Zivilisationsdynamik" entstanden, gehalten im Wintersemester 2001/2002 im Rahmen des Studium generale der TU Clausthal. Dabei lag mein Hauptaugenmerk auf den Wechselwirkungen von Technik einerseits und politischen Strukturen sowie Veränderungen in der Gesellschaft andererseits. Insbesondere wollte ich vornehmlich Fragen stellen, aber auch versuchen, diese zu beantworten. Warum, wohin und wodurch entwickelt sich die Menschheit? Welches sind die Kräfte der Veränderung, welche die der Beharrung? Wie lassen sich unterschiedliche Entwicklungsgeschwindigkeiten erklären? Wie kann Entwicklung (gleich Fortschritt?) beschrieben werden? Warum gibt es arme und reiche Gesellschaften?

Fünf Thesen bilden den Ausgangspunkt dieses Abschnitts:

1. Die Geschichte der Menschheit ist ein evolutionärer Prozess, nennen wir ihn Zivilisationsdynamik.
2. Nur der Mensch kann seine eigene Evolution beschleunigen, durch von ihm selbst geschaffene Innovationen: durch die Sprache seit 500.000 Jahren, die Schrift seit 5000 Jahren, den Buchdruck seit 500 Jahren und die (insbesondere digitalen) Informationstechnologien seit etwa 50 Jahren.
3. Die Menschheitsgeschichte ist die Geschichte eines sich durch Technik ständig beschleunigenden Einflusses auf immer größere Räume und immer fernere Zeiten.
4. Sind die Kräfte der Veränderung größer als die Kräfte der Beharrung, so tritt ein Strukturbruch ein. Wir sprechen von einer Verzweigung, einer „Revolution". Die neolithische Revolution setzte vor etwa 10.000 Jahren ein. Die von Europa ausgegangene wissenschaftliche und industrielle Revolution ist nur wenige hundert Jahre alt. Die digitale Revolution hat soeben begonnen.
5. Jede strukturelle Veränderung beruht auf einer Ausweitung von Handlungsräumen.

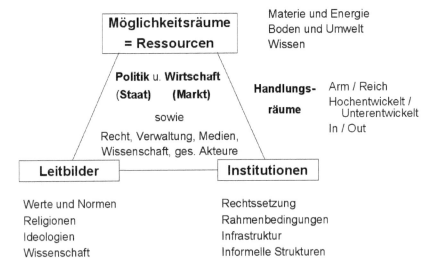

Abb. 1.1. Handlungsräume (Jischa 2003)

Die letzte These soll mit Abb. 1.1 verdeutlicht werden. Handlungsräume entstehen, sie werden erweitert oder verengt. Dabei sind drei Faktoren dominierend:

– Ressourcen, natürliche wie künstliche, eröffnen Möglichkeitsräume. Ob daraus Handlungsräume werden, hängt von den beiden anderen Faktoren ab.

– Leitbilder prägen Gesellschaften in hohem Maße: Von den Göttern zu dem einen Gott, und später zur Wissenschaft als der neuen Religion, das war der entscheidende Wandel abendländischer Leitbilder.
– Institutionen: Damit sind formelle wie auch informelle Strukturen gemeint, Rahmenbedingungen und Rechtssetzung sowie Infrastruktur.

Zwischen diesen drei Faktoren gibt es zahlreiche Wechselwirkungen mit positiven und negativen Rückkopplungen. Warum (oder warum nicht) Gesellschaften erfolgreich und innovativ sind, hängt von deren Wechselspiel ab. Damit lässt sich der überaus unterschiedliche Verlauf einer Geschichte der Regionen erklären. Es handelt sich hierbei um die klassische Frage, ob technischer und ökonomischer Wandel den kulturellen und politischen Wandel verursachen, oder umgekehrt. Karl Marx vertrat einen ökonomischen Determinismus. Er war der Auffassung, das technologische Niveau einer Gesellschaft präge ihr ökonomisches System, das wiederum ihre kulturellen und politischen Merkmale determiniert. Auf der anderen Seite vertrat Max Weber einen kulturellen Determinismus. Nach ihm hat die protestantische Ethik die Entstehung des Kapitalismus erst ermöglicht, somit maßgeblich zur industriellen und demokratischen Revolution beigetragen. Für beide Auffassungen lassen sich Belege aus der Geschichte finden. Im Folgenden werde ich in einem Schnelldurchgang durch die Menschheitsgeschichte das Wechselspiel zwischen den drei Faktoren Ressourcen, Leitbilder und Institutionen skizzieren. Dabei wird insbesondere die Rolle der Technik thematisiert werden.

Als Ressource wird beispielhaft die Energie betrachtet, deren Bereitstellung ganz maßgeblich die technische Entwicklung beeinflusst hat. Aus dem Geschichtsunterricht sind wir es gewohnt, die Epochen der Menschheitsgeschichte an Materialien festzumachen wie Steinzeit, Bronzezeit oder Eisenzeit. Ich halte die Energie für die interessantere Ressource, um das Wechselspiel zwischen technischer und gesellschaftlicher Entwicklung zu beschreiben. Generell ist die Bedeutung physischer Ressourcen, ob mineralische Rohstoffe oder Energierohstoffe, in der Regel überschätzt worden. Die Bedeutung der Leitbilder, der Werte und Normen einer Gesellschaft, die zumeist einen direkten Einfluss auf Institutionen wie etwa Rahmenbedingungen und Rechtssetzung haben, ist häufig unterschätzt worden.

Die älteste Gesellschaftsform bezeichnen wir als die Welt der Jäger und Sammler. Die Gesellschaft war in Stände und Clans organisiert, sie war egalitär und demokratisch. Es gab keine zentrale Macht, Anführer bei kriegerischen Auseinandersetzungen wurden auf Zeit bestimmt. Erste technische Geräte waren Werkzeuge aus Stein, Holz oder Knochen wie etwa Faustkeile, Wurfspieße und Äxte.

Die Menschen der Urzeit haben in allen Naturvorgängen das Wirken von Göttern und Dämonen gesehen. Diese freien und unberechenbaren übernatürlichen Mächte wurden durch Opfer, Gebete, Beschwörungen und kultische Handlungen freundlich gestimmt. Die Welt war geheimnisvoll und voller Zauber, wir sprechen von einer magischen Weltbetrachtung. Das Leitbild der damaligen Zeit waren Götter, die durch Naturkräfte wie Blitz, Donner, Dürre oder Überschwemmungen wahrgenommen wurden. Als Energieressource standen das Feuer und die menschliche Arbeitskraft zur Verfügung.

Vor etwa 10.000 Jahren setzte eine erste durch Technik induzierte strukturelle Veränderung der Gesellschaft ein, die zu einer starken Ausweitung von Handlungsräumen führte, die *neolithische* Revolution. Sie kennzeichnet den Übergang von der Welt der Jäger und Sammler zu den Ackerbauern und Viehzüchtern. Pflanzen wurden angebaut und Tiere domestiziert, die Menschen begannen sesshaft zu werden. Die Agrargesellschaft entstand. Aus der Erschließung des Schwemmlandes an Euphrat und Tigris entwickelte sich die erste, die sumerische Zivilisation. Das Sumpfdickicht war fruchtbares Schwemmland und fruchtbringendes Wasser zugleich. Die Unterwerfung der Natur durch Be- und Entwässerungsanlagen sowie durch Dammbau war die erste große technische und soziale Leistung der Menschheit. Die systematische Zusammenarbeit vieler Menschen war hierzu erforderlich. Ein derartiges organisatorisches Problem konnte nicht von relativ kleinen und überschaubaren Stämmen gelöst werden. Es entwickelte sich eine erste regionale Zivilisation neuer Art.

Anlage und Wartung von Bewässerungssystemen waren Grundbedingung für das Leben der Gemeinschaft. Anführer wurden erforderlich, mündliche Anweisungen wurden ineffizient und mussten durch neue Medien wie Schrift und Zahlen ersetzt werden. Die Sumerer entwickelten vor etwa 5500 Jahren die erste Schrift, eine Bilderschrift aus Piktogrammen und Lautzeichen. Zahlen und Maße entstanden als Erfordernis der Praxis. Denn die Sumerer waren die erste Gemeinschaft, die einen Mehrertrag erwirtschaftete. Und dieser musste erfasst werden.

Damit standen die Sumerer vor einem neuen Problem, das bis heute die gesellschaftliche und politische Diskussion beherrscht: wie soll dieser Mehrertrag verteilt werden? Die Antwort der Sumerer war folgenschwer. Sie entschieden sich für eine ungleichmäßige Verteilung und schufen damit eine privilegierte Minderheit. Die Mehrheit akzeptierte dies offenkundig. Damit war die ökonomische Basis der Klassendifferenzierung gelegt.

Entscheidende Veränderungen lagen im Wandel des Charakters und der Funktion der Götter. Früher wurden die Götter durch Naturkräfte verkörpert. Die erste große gemeinschaftliche menschliche Aktion der Unterwerfung der Natur, die Erschließung des Schwemmlandes, verschob das Kräfteverhältnis zwischen Mensch und Natur. Die Menschen begannen, die eigene Kraft und insbesondere die der Herrscher zu verehren neben den nichtmenschlichen Kräften. Die weltliche Macht der Herrschenden wurde zunehmend durch religiöse Funktionen gestützt. Die Herrschenden wurden zu Mittlern zwischen den Göttern und der Gemeinschaft. In der ägyptischen Zivilisation, der zweiten Zivilisation in der Menschheitsgeschichte, wurde dies auf die Spitze getrieben: der Pharao wurde zu einem Menschengott.

In der Agrargesellschaft kam eine neue Energiequelle hinzu. Neben dem Feuer und der menschlichen Arbeitskraft wurde zunehmend tierische Arbeitskraft eingesetzt. Domestizierte Tiere wie etwa Rinder konnten Wagen oder Pflüge ziehen. Auch das gesellschaftliche Leitbild wandelte sich. Während in den vorzivilisatorischen Gesellschaften Gottheiten in den Naturkräften erfahren wurden, wurden nunmehr Natur- und Menschenmacht gleichzeitig vergöttert. Der Gegenstand der Verehrung hatte gewechselt, aber weiterhin wurde die Macht vergöttert und angebetet.

Ab etwa 600 v.Chr. findet der für die menschliche Entwicklung so bedeutsame Übergang von der magischen zur physikalischen Weltbetrachtung statt. Die Natur wird entzaubert, ihr wird das Geheimnisvolle genommen. Die umgebende Welt wird von Naturgesetzen beherrscht gesehen, welche den Ablauf der Erscheinungen eindeutig beschreiben und die Vorhersage kommender Ereignisse gestatten. So erkannten die Griechen, dass die Nilfluten durch saisonale Regenfälle im Inneren Afrikas verursacht werden.

Eine zentrale Rolle bei der Erklärung von Naturvorgängen spielte die Mechanik. Das Wort bedeutet im Griechischen soviel wie Werkzeug oder Werkzeugkunde. Die Entwicklung der Mechanik wurde maßgeblich von der Einstellung des Altertums zur Technik geprägt. Die körperliche Arbeit galt als niedrig und unfein. Der freie Mann widmete sich den Staatsgeschäften, der Kunst und der Philosophie. So lesen wir in einem der Dialoge Platons: „Aber du verachtest ihn (den Techniker) und seine Kunst und würdest ihn fast zum Spott Maschinenbauer nennen, und seinem Sohn würdest du deine Tochter nicht geben, noch die seinige für deinen Sohn freien wollen." Bei Aristoteles lesen wir: „Ist denn nicht der Mechaniker ein Betrüger, der Wasser durch Pumpwerke zwingt, sich entgegen dem natürlichen Verhalten bergaufwärts zu bewegen?"

Die antike Technik beschränkte sich zumeist auf mechanische Spielereien. So gab es einen Automaten, der nach dem Einwurf eines Geldstücks Weihwasser spendete, oder eine Einrichtung zum automatischen Nachfüllen von Öl für Lampen. Ein Meister seines Faches war damals Heron von Alexandria, von dem der häufig zitierte pneumatische Tempeltüröffner stammt, Abb. 1.2.

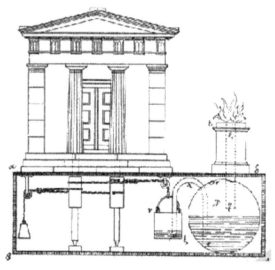

Abb. 1.2. Pneumatischer Tempeltüröffner des Heron von Alexandria. Aus: Schmid W (1899) Herons von Alexandria Druckwerke und Automatentheater. Universitätsbibliothek Leipzig

Dessen Wirkungsweise sei kurz skizziert. Wird über einem unterirdisch ange-
brachten Wasserbehälter ein Opferfeuer entzündet, so nimmt der Druck der Luft
wegen der Erwärmung und der damit verbundenen Ausdehnung über der Wasseroberfläche zu. Dadurch wird das Wasser über eine Rohrleitung in einen daneben
liegenden beweglichen Behälter gedrückt, der schwerer wird als ein entsprechendes Gegengewicht. Wasserbehälter und Gegengewicht treiben über Seile oder
Kettenzüge die Tempeltüren an. Die Türen werden so lange geöffnet gehalten, wie
das Feuer für die Aufrechterhaltung des hohen Druckes sorgt. Wird das Feuer
gelöscht, so nimmt der Druck wegen der Abkühlung ab, und der Wasserstand in
dem festen Behältern steigt wieder an. Dadurch wird der bewegliche Wasserbehälter leichter und das Gegengewicht kann die Türen wieder schließen. Dies wird auf
die Gläubigen der damaligen Zeit einen nachhaltigen Eindruck gemacht haben.
Hier wurde Technik ausgenutzt, um durch Herrschaftswissen Macht über die
Gesellschaft auszuüben.

Die Römer haben nicht an einer Weiterentwicklung des griechischen Weltbildes gearbeitet. Es entstanden jedoch grandiose Ingenieursleistungen, insbesondere
auf dem Gebiet der Bautechnik. Hier sind die Wasserversorgungsanlagen zu
nennen, wofür das uns erhaltene Aquädukt von Nimes ein schönes Beispiel ist. Es
gab offene Wasserleitungen und unterirdische Druckleitungen, die um 100 n. Chr.
in Rom eine Gesamtlänge von ungefähr 400 km erreicht hatten.

Die Götterwelt der Römer war durch wenig Tiefsinn und durch Toleranz bis
hin zur Beliebigkeit charakterisiert. Die pragmatische Integration von Göttern aus
besetzten Regionen führte dazu, dass es Gottheiten und Halbgötter für alles und
für jeden gab. Der Polytheismus der Römer war quasi ausgereizt. Mit dem
Judentum gab es um die Zeitenwende zwar schon eine gut 1000 Jahre alte monotheistische Religion. Diese war jedoch in hohem Maße exklusiv, Missionierung
fand nicht statt. Mit dem Aufstieg des Christentums entwickelte sich eine zweite
monotheistische Religion, die einen ausgesprochen inklusiven Charakter aufwies.
Sie wurde zur Staatsreligion im römischen Reich und damit zur beherrschenden
Religion der westlichen, der späteren industrialisierten Welt.

In dem 1000 Jahre währenden Mittelalter wurde keine eigenständige Naturfor-
schung betrieben. Römische Technik wie der Bau von Straßen, von Brücken,
Wasserleitungen und Wasserpumpen wurde kaum weiterentwickelt. Die kulturelle
Prägung erfolgte durch die Kirche, das geistige Leben war auf die Klöster
beschränkt. Fragen nach der Struktur der sichtbaren Welt lagen einer auf das
Jenseits gerichteten Metaphysik des Christentums völlig fern.

Vor gut 500 Jahren begann jenes große europäische Projekt, das mit den
Begriffen Aufklärung und Säkularisierung beschrieben wird. Es beruhte auf vier
Bewegungen: der Renaissance, dem Humanismus, der Reformation und dem
Heliozentrismus. „Das Wunder Europa", wie es mitunter genannt wird, führte zur
Verwandlung und zur Beherrschung der Welt durch Wissenschaft und Technik.

Im 15. Jahrhundert tauchten neue Akteure auf: Künstleringenieure, Experimentatoren und Naturphilosophen. Die neue Wissenschaft entstand durch heftige
Auseinandersetzung mit dem tradierten Wissen. Leonardo da Vinci hat die Einheit
von Theorie und Praxis klar erkannt und dies sehr plastisch formuliert: „Wer sich
ohne Wissenschaft in die Praxis verliebt, gleicht einem Steuermann, der ein Schiff

ohne Ruder oder Kompass steuert und der niemals weiß, wohin er getrieben wird.... Meine Absicht ist es, erst die Erfahrung anzuführen und sodann mit Vernunft zu beweisen, warum diese Erfahrung auf solche Weise wirken muss.... Die Weisheit ist eine Tochter der Erfahrung: die Theorie ist der Hauptmann, die Praxis sind die Soldaten.... Die Mechanik ist das Paradies der mathematischen Wissenschaften, weil man mit ihr zur schönsten Frucht der mathematischen Erkenntnis gelangt."

Die Bedeutung des Experiments war der antiken und der mittelalterlichen Kultur gänzlich unbekannt. Aristoteles hatte die handwerklichen Arbeiter aus der Klasse der Bürger ausgeschlossen. Die Verachtung für die Sklaven erstreckte sich auch auf deren Tätigkeiten. Das griechische Wort banausia bedeutet ursprünglich handwerkliche Arbeit. Aristoteles hatte geglaubt, ohne Rückgriff auf die Beobachtung durch reines Denken beweisen zu können, dass ein großer Stein schneller als ein kleiner zur Erde fallen müsse. Umso schlimmer für die Realität, so lautete die typische Antwort in der Antike auf Widersprüche zwischen dem Resultat des Denkens und der Beobachtung.

Die christliche Religion war *das* zentrale Leitbild des Mittelalters. Sie ging aus den nun folgenden Auseinandersetzungen, die den Übergang vom Mittelalter zur Moderne charakterisierten, geschwächt, diskreditiert und teilweise gelähmt hervor. Dieser Übergang hatte gesellschaftliche und politische Gründe, wobei auch hier die Technik eine zentrale Rolle spielte. Durch die Entstehung einer mächtigen Klasse der Kaufleute wurde die feudale Struktur des Mittelalters aufgelockert. Wachsendes Selbstbewusstsein und Macht der sich neu formierenden Bürgergesellschaft lässt sich nirgendwo plastischer erleben als in der Architektur jener Zeit in den oberitalienischen Städten wie etwa Florenz. Politisch verlor der Adel an Autorität, weil effizientere Angriffswaffen ihre Burgen bedrohten. An die Stelle von Pfeilen und Bogen, von Lanzen und Schwertern traten Kanonen und Schiesspulver, also technische Innovationen.

Die vier großen Bewegungen, die „das Wunder Europa" einleiteten, seien kurz skizziert. Die italienische Renaissance des 14. und 15. Jahrhunderts markierte die Wiedergeburt der Vertiefung in die weltliche Kultur der Antike sowohl in Kunst als auch in Wissenschaft. Dies führte zu einem Bruch mit der klerikalen Tradition des Mittelalters. Die zunehmende Beschäftigung mit dem Menschen und dem Diesseits statt der mittelalterlichen Versenkung in Gott und Vorbereitung auf das Jenseits nennen wir Humanismus. Die dritte große Bewegung, die Reformation, basierte auf offenkundigen Missständen in der Kirche wie Ablasshandel und Lebenswandel der Päpste. Ohne Technik hätte die Reformation diese enorme Durchschlagskraft wohl nicht erreicht, denn Luthers Flugschriften waren durch den kurz zuvor erfundenen Buchdruck mit beweglichen Lettern, der „ersten Gutenberg-Revolution", die ersten Massendrucksachen in der Geschichte gewesen. Hinzu kam die Entdeckung des heliozentrischen Weltbildes durch Kopernikus, Galilei und Kepler.

Diese vier europäischen Bewegungen bildeten die Grundlage für die *wissenschaftliche* Revolution des 17. und die sich anschließende *industrielle* Revolution des 18. Jahrhunderts. Die zunehmende Durchdringung von Wissenschaft und

Technik, basierend auf der Einheit von Theorie und Praxis, dem Experiment, führte zu niemals zuvor da gewesenen Veränderungen in der Gesellschaft.

Die klassischen Naturwissenschaften begannen mit Galilei. Die ersten bedeutenden Leistungen im Sinne unserer heutigen Mechanik, jener grundlegenden Disziplin zur Erklärung der Welt, sind von Galilei im Jahr 1638 in seinen berühmten „Discorsi" niedergelegt worden. Es seien hier die Gesetze des freien Falles und des schiefen Wurfes sowie seine theoretischen Untersuchungen über die Tragfähigkeit eines Balkens erwähnt, die den Beginn der Festigkeitslehre darstellten. Bei letzterem handelt es sich um die wohl älteste Formulierung eines nichtlinearen Zusammenhangs, dass nämlich die Festigkeit eines belasteten Balkens von seiner Breite linear aber von seiner Höhe quadratisch abhängt. Mit diesem anschaulichen Beispiel soll schon an dieser Stelle in die Mechanik eingeführt werden, die eine zentrale Säule der Technik darstellt, Abb. 1.3. In Abschnitt 3.1 werden wir darauf zurückkommen.

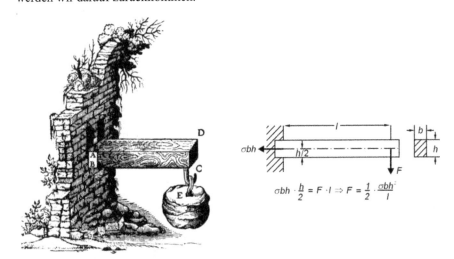

Abb. 1.3. Balkentheorie nach Galilei, linkes Bild aus: Szabo I (1979) Geschichte der mechanischen Prinzipien. Birkhäuser, Basel

Galilei hat seine Überlegungen in einer damals üblichen Dialogform dargestellt. Darin diskutieren Simplicio, ein Anhänger der Lehren des Aristoteles, Sagredo, ein fortschrittlich gesinnter und gebildeter Laie und Salviati, ein die Lehren Galileis verfechtender Wissenschaftler, miteinander. Galilei nahm an, dass der Balken beim Zerbrechen an der unteren Kante des eingemauerten Endes dreht und an allen Stellen des Querschnittes dem Zerreißen den gleichen Widerstand entgegensetzt. Die Resultierende der Widerstandskraft $\sigma \cdot b \cdot h$, wobei σ die Spannung, b die Breite und h die Höhe des Balkens darstellen, greift im Schwerpunkt des Querschnittes an der eingemauerten Stelle an. Das Momentengleichgewicht um die untere Kante liefert die dargestellte Beziehung. Dabei ist l die Länge des Balkens und F die senkrecht nach unten wirkende Kraft. Wir wissen heute, dass Galileis Annahme von den gleichen Spannungen in dem Querschnitt falsch ist. Sein Resultat jedoch, dass die Bruchfestigkeit der Breite und dem Quadrat der Höhe direkt und der Länge umgekehrt proportional ist, ist qualitativ richtig. Eine Verdopplung der Balkenbreite b wird demnach die Bruchfestigkeit verdoppeln, eine Verdopplung der Höhe h wird diese jedoch vervierfachen. Galilei lässt Sagredo in seinen Discorsi sagen: „Von der Wahrheit der Sache bin ich überzeugt..., warum bei verhältnisgleicher Vergrößerung aller Teile nicht im selben Maße auch der Widerstand zunimmt...". Schon vor Galilei haben die Zimmerleute aus Erfahrung die längere Kante eines Balkens stets senkrecht gelegt, um die Tragfähigkeit eines Balkens zu erhöhen.

Ständig stoßen wir auf nichtlineare Zusammenhänge. Ein Mensch ist in der Lage, seine eigene Körpergröße zu überspringen. In dieser Beziehung übertrifft ihn jedoch der Floh bei weitem, während noch nicht beobachtet wurde, dass der sehr viel kräftigere Elefant einen Artgenossen zu überspringen vermag. Die Mechanik lehrt uns, warum man bei bloßer geometrischer Vergrößerung oder Verkleinerung keine gigantischen Mücken oder winzige Elefanten „konstruieren" kann, oder warum Bäume nicht in den Himmel wachsen.

Das Streben galt zunehmend dem Verständnis und der Erforschung der Gesetze, nach denen die Naturvorgänge ablaufen. Gelingt dies, so wird die Natur wie ein offenes Buch in allen Bereichen vollständig erfasst und berechenbar sein. Sie wird damit vorausberechenbar, das ist die zentrale Vorstellung des mechanistischen Weltbildes.

Newton war der geniale Vollender der Grundlegung der klassischen Mechanik. Seine größte Leistung war, zu erkennen, dass für die irdischen Körper und die Himmelskörper dasselbe allgemeine Gravitationsgesetz gilt. Mit seinem dynamischen Grundgesetz: „Die zeitliche Änderung des Impulses ist gleich der Summe aller von außen angreifenden Kräfte" schuf er *die* zentrale Beziehung der klassischen Mechanik.

Das mechanistische Weltbild der klassischen Physik ist von großer Überzeugungskraft und Einheitlichkeit. Es hat gewaltige Erfolge bewirkt. Nunmehr konnten die drei Keplerschen Gesetze über die Bewegungen der Planeten um die Sonne bewiesen werden. Alsdann wurden die Planeten Neptun und Pluto aufgrund von Vorausberechnungen und nachfolgender gezielter Suche entdeckt. Weitere Triumphe kamen hinzu. Die thermodynamischen Zustandsgrößen Druck und Temperatur wurden auf mechanische Größen, den Impuls und die kinetische Energie der Moleküle, zurückgeführt.

Das Universum schien im 18. Jahrhundert wie ein Uhrwerk zu funktionieren. Aber wer ist der Uhrmacher? Laplace hat auf Napoleons Frage, warum in seinem berühmten Werk „Himmelsmechanik" Gott nicht erwähnt sei, geantwortet: „Sire, diese Hypothese habe ich nicht nötig gehabt." Es ist die Zeit, in der man die Wissenschaft zu vergötzen begann. Sie wurde zur neuen Religion. Das Leitbild Wissenschaften begann, das Leitbild Religion zu ersetzen. Gott wurde nur noch für die jeweiligen Wissenslücken benötigt, er wurde zu einem Lückenbüßer-Gott.

Am Vorabend der industriellen Revolution war die Energieversorgung vergleichbar mit jener des Altertums. Die Truppen Napoleons hatten noch die gleiche Marschgeschwindigkeit wie jene des Hannibal oder des Caesar. Es war die Geschwindigkeit von Mensch und Tier. Zur Nutzung des Feuers sowie der menschlichen und tierischen Arbeitskraft traten ab etwa dem 10. Jahrhundert eine verstärkte Nutzung der Wind- und Wasserkraft hinzu. Wassermühlen wie auch Windmühlen waren schon lange bekannt; sie wurden bislang, wie der Name sagt, jedoch nur für den Betrieb von Mühlen verwendet. Wasserräder wurden nunmehr universell einsetzbar, ihre Leistung konnte zumindest über kurze Entfernungen mittels Transmissionswellen, -rädern, -gestängen und -riemen übertragen werden. Sie trieben Walkereien, Hammerwerke, Pochwerke zum Zerkleinern von Erz, Sägewerke, Stampfwerke für Papierbrei, Quetschwerke für Oliven und Senfkörner sowie Blasebälge an.

Im 15. Jahrhundert begann eine weitere durch Technik induzierte Innovationswelle mit dem Aufschwung des Erzbergbaus. Dieser wurde zwar schon zu früheren Zeiten betrieben, so etwa im Altertum im vorderen Orient und ab dem 10. Jahrhundert im Harz. Vor allem Deutschland wurde das Zentrum berg- und hüttenmännischer Technik; deutsche Bergleute wirkten vielfach als Lehrmeister im Ausland. Mit immer tiefer werdenden Schächten wurde das Beherrschen des Grubenwassers zu einem zentralen Problem. Auch hier wurde mit großem Erfolg die Wasserkraft eingesetzt: für Pumpen zum Entwässern der Bergwerke, für Winden zum Betrieb der Förderkörbe und für Maschinen zur Bewetterung der Stollen. Es ist bemerkenswert, dass man mit Feldgestängen die Energie der Wasserräder über beträchtliche Entfernung vom Tal in die Höhe leiten konnte. Dies war sozusagen ein Vorgriff auf die elektrischen Überlandleitungen unserer heutigen Zeit, freilich mit bescheidenerem Wirkungsgrad.

Der bevorzugte Baustoff und Energieträger war nach wie vor das Holz. Der ständig steigende Bedarf an Bauholz, Brennholz und Holzkohle zur Verhüttung der Erze führte zu gewaltigen Abholzungen. Da in den Mittelmeerregionen die Waldgebiete durch Abholzungen in der antiken Zeit drastisch dezimiert worden waren, verlagerte sich der Schwerpunkt der Güterproduktion zwangsläufig in das waldreichere Mittel- und Nordeuropa. Als Konsequenz nahmen auch dort durch Holzeinschlag und Rodung die Waldflächen deutlich ab, denn die wachsende Bevölkerung erzwang eine Vermehrung von Anbauflächen.

England hatte seine Waldregionen im 17. Jahrhundert weitgehend abgeholzt. Für den Bau der englischen Schiffsflotte musste schon vor dieser Zeit auf Importholz, vorwiegend aus Nordeuropa, zurückgegriffen werden. Dadurch entstand insbesondere in England ein gewaltiger Innovationsdruck, die entscheidende Triebfeder für die industrielle Revolution.

Kernelemente der von England im 18. Jahrhundert ausgegangenen industriellen Revolution waren die Mechanisierung der Arbeit, die Dampfmaschine als neue Energiewandlungsmaschine sowie die Erkenntnis, aus verschweltem Steinkohle Steinkohlenkoks herzustellen, womit die Verhüttung von Erzen sehr viel effizienter erfolgen konnte als zuvor mit Holzkohle. Kohle und Stahl standen am Anfang der industriellen Revolution; Bergbau und Metallurgie waren die technischen Disziplinen, die es zu fördern galt.

Gewaltige Verdrängungen fanden in außerordentlich kurzen Zeiträumen statt: Kohle ersetzte Holz als Energieträger, Eisen verdrängte Holz als Baustoff, die Dampfmaschine ersetzte das Wasserrad. Obwohl auch jetzt noch Energietransport nur über geringe Distanzen möglich war, kam es zu einer in der bisherigen Geschichte der Menschheit beispiellosen Zunahme der Produktion von Gütern.

Im 19. Jahrhunderts wurde das Transportwesen einschneidend umgestaltet: die Eisenbahn ersetzte die Pferdekutsche, das stählerne Dampfschiff verdrängte das hölzerne Segelschiff. Europa erlebte durch die gewaltige Zunahme der Produktivkräfte sowie durch hygienische wie medizinische Fortschritte eine dramatische Bevölkerungsexplosion. In der zweiten Hälfte des 19. Jahrhunderts wurde das Erdöl neben der Kohle zum zweiten bedeutenden primären Energieträger; Mitte des 20. Jahrhunderts kam das Erdgas hinzu. Ende des 19. Jahrhunderts gelang die direkte Kopplung von Dampfmaschine und Stromerzeugung durch Werner von Siemens. Der elektrische Strom als Sekundärenergieträger erlaubte den Energietransport über große Distanzen und eine dezentrale Energieentnahme.

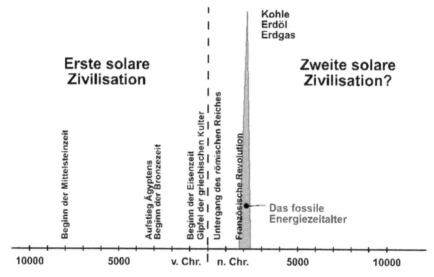

Abb. 1.4. Energiegeschichte der Menschheit (Jischa 1997 a)

In Abb. 1.4 ist die Energiegeschichte der Menschheit skizziert. Bis zur industriellen Revolution lebte die Menschheit in einer ersten solaren Zivilisation. Als Energie standen die menschliche und die tierische Arbeitskraft, das Feuer durch Verbrennen von Holz und Biomasse sowie Wind- und Wasserkraft zur Verfügung.

In großtechnischem Maßstab wird Kohle erst seit Beginn der industriellen Revolution, also seit gut 200 Jahren, genutzt. Mit dem zweiten großen fossilen Primärenergieträger, dem Erdöl, begann vor gut 100 Jahren der Aufstieg zweier Industriezweige, die maßgeblich an unserem heutigen Wohlstand beteiligt sind, der Automobilindustrie und der Großchemie. Erdgas trägt als dritter fossiler Primärenergieträger erst seit etwa 50 Jahren, zeitgleich mit der Nutzung der Kernenergie, zu dem Energieangebot bei. Auf die drei genannten fossilen Primärenergieträger entfallen derzeit knapp 90% und auf die Kernenergie gut 5% der Weltenergieversorgung. Die restlichen 5% werden im Wesentlichen durch

Wasserkraft gedeckt. Wind- und Sonnenenergie spielen heute noch eine untergeordnete Rolle.

Seit Beginn der industriellen Revolution verhalten wir uns nicht so wie ein seriöser Kaufmann, der von den Zinsen seines Kapitals selbst lebt. In geologischen Zeiträumen hat die Erde Sonnenenergie in Form von Kohle, Erdöl und Erdgas akkumuliert. Die Menschheit wird zum Verfeuern der gesamten Vorräte nur wenige Jahrhunderte oder gar Jahrzehnte benötigen.

Ohne auf genaue Definitionen von Ressourcen, wahrscheinlichen und sicheren Reserven einerseits sowie auf statische und dynamische Reichweiten andererseits einzugehen, sei kurz gesagt: Kohle, Erdöl und Erdgas stehen uns nur noch für einen Zeitraum zur Verfügung, der etwa der bisherigen Nutzungsdauer entspricht. Es ist daher berechtigt, das erst gut 200 Jahre während fossile Zeitalter als Wimpernschlag in der Erdgeschichte zu bezeichnen. Die Frage wird sein, ob die Menschheit nach der langen ersten solaren Zivilisation, unterbrochen durch eine sich dem Ende zuneigende fossile Energiephase, in eine zweite intelligente solare Zivilisation einsteigen wird oder ob sie einen massiven Ausbau der Kernenergie, die eine Brütertechnologie sein müsste, betreiben wird.

Die Verknappung von Ressourcen war und ist ein typischer Auslöser für Innovationen. Neben der Erzverhüttung durch Steinkohlenkoks an Stelle von Holzkohle nenne ich zwei entscheidende technische Entwicklungen des 20. Jahrhunderts: die Entwicklung der Kernreaktoren zur Stromerzeugung sowie die Entwicklung von Glasfaserkabeln in der Informationstechnologie. Ohne letztere Substitutionsmaßnahme hätten die Informationstechnologien nicht diesen Aufschwung nehmen können, denn Sande als Ausgangsstoff für Glasfasern kommen ungleich häufiger vor als Metalle wie Kupfer oder Aluminium. Die Kupfervorräte der Welt würden nicht ausreichen, Netze heutigen Zuschnitts zu realisieren.

Nach diesem Abstecher in die Energiegeschichte der Menschheit zurück zum Thema dieses Abschnitts, der Zivilisationsdynamik.

Der zentrale Treiber der Industriegesellschaft war die Technik. Das in der späten Agrargesellschaft durch Handel akkumulierte Kapital wurde zunehmend in Produktionsunternehmen, den Kapitalgesellschaften neuen Typs, investiert. Geprägt durch Mechanisierung und Fabrikarbeit entstand die Massengesellschaft. Das 19. Jahrhundert war von einer unglaublichen Fortschrittsgläubigkeit gekennzeichnet: Wissenschaft und Technik verhießen geradezu paradiesische Zustände für die Gesellschaft.

Das Leitbild Wissenschaft wurde verkürzt zu Rationalismus und Determinismus. Mit der französischen Revolution entstand als politisches Leitbild der Nationalismus, begleitet durch einen zunehmenden Patriotismus bis hin zum Chauvinismus. Eine im 19. Jahrhundert kaum für möglich gehaltene Pervertierung erlebte das 20. Jahrhundert: totalitäre kommunistische und faschistische Systeme übten eine totale Macht über die Gesellschaft durch Technik aus. Man stelle sich einmal vor, derartige Systeme hätten über die heutigen technischen Überwachungsmöglichkeiten verfügt!

Wie stellt sich die Situation heute dar? Der Übergang von der Agrar- zur Industriegesellschaft war gekennzeichnet durch eine starke Abnahme der Beschäftigten in der Landwirtschaft und eine entsprechend große Zunahme in der industriellen Fertigung. Etwa seit den siebziger Jahren ist bei uns und in vergleichbaren Ländern der Anteil der in der Industrie Beschäftigten deutlich gesunken, während deren Anteil im Dienstleistungsbereich stark zugenommen hat. Wir befinden uns offenbar im Übergang von der Industriegesellschaft hin zu einer Gesellschaft neuen Typs. Welcher Begriff sich hierfür einbürgern wird, scheint derzeit noch offen zu sein. Die Bezeichnungen Informations-, Dienstleistungs-, nachindustrielle oder postmoderne Gesellschaft werden vorschlagen.

Entscheidend ist, dass Informations- und Kommunikationstechnologien globaler Natur sind. Sie erfordern Systeme großer Art, Standardisierung und internationale Kooperation. Dies ist im Prinzip nicht neu, denn auch Stromnetze und Eisenbahnnetze machten eine Standardisierung erforderlich. Sich durch die Wahl einer anderen Spurweite beim Eisenbahnnetz vor einer Invasion schützen zu wollen, wie Russland es getan hatte, wäre im Zeitalter der Informationsnetze vollends eine ruinöse Strategie. Die durch Technik erzwungene internationale Kooperation und Standardisierung führt zwangsläufig zu einer Erosion nationaler Macht und zu einer erhöhten Mobilität der Gesellschaft. „Der flexible Mensch" wird gebraucht, wie Richard Sennett es formuliert hat. Globalisierung scheint derzeit das zentrale Leitbild in der Wirtschaft zu sein, Liberalisierung und Deregulierung werden als Erfolgsrezepte propagiert. Die uralte Frage, wie viel Markt bzw. wie viel Staat wir uns leisten wollen oder können, ist aktueller denn je. Hervorzuheben ist, dass auch hier wiederum die Technik, mit den Stichworten Digitalisierung, Computer und Netze, der entscheidende Treiber ist.

Was für ein Leitbild hat unsere Gesellschaft für die Entwicklung und Gestaltung von Technik? Haben wir dafür überhaupt ein Leitbild? Vor gut 200 Jahren sagte Napoleon zu Goethe: Politik ist unser Schicksal. Wirtschaft ist unser Schicksal, so Rathenau vor knapp 100 Jahren. Heute sollten wir sagen: Technik ist unser Schicksal. Nach welchem Leitbild wir Technik gestalten und entwickeln wollen, sollte mit hoher Priorität im politischen und gesellschaftlichen Raum diskutiert werden.

Eines ist heute deutlicher denn je. Technischer Fortschritt beeinflusst mit beschleunigter Dynamik nicht nur unsere Arbeitswelt, sondern zunehmend auch unsere Lebenswelt. Somit betrifft er alle Mitglieder unserer Gesellschaft, auch diejenigen, die sich mit den rasant entwickelnden Informationstechnologien nicht auseinander setzen wollen oder können.

In der Vergangenheit ist der technische Fortschritt offenbar ein sich selbst steuernder dynamischer Prozess gewesen, den niemand verantwortet hat. Ob dies in Zukunft so bleiben muss, oder ob wir uns hierzu Alternativen vorstellen können, soll und muss nach meiner Auffassung thematisiert werden. Natürlich ist Technik schon immer bewertet worden, nämlich von jenen, die Technik produziert und vermarktet haben. Als bisherige Bewertungskriterien reichten technische Kriterien wie Funktionalität und Sicherheit sowie jene betriebswirtschaftlicher Art aus.

Das Leitbild Nachhaltigkeit, das in Politik und Gesellschaft etabliert zu sein scheint, verlangt mehr: Technik muss zusätzlich umwelt-, human- und sozialverträglich seien. Kurz, Technik muss zukunftsverträglich sein. Hierzu benötigen wir eine Disziplin, die mit Technikbewertung oder Technikfolgenabschätzung bezeichnet wird. Deren Etablierung in Lehre und Forschung sowie Institutionalisierung durch geeignete Einrichtungen, in denen Experten der Natur- und Ingenieurwissenschaften mit jenen der Geistes- und Gesellschaftswissenschaften zusammenarbeiten, tut Not. Andernfalls wäre unsere Gesellschaft offenkundig bereit zu akzeptieren, dass wie in der Vergangenheit „Technik einfach geschieht". Auf Technikbewertung werden wir in Abschnitt 6.3 eingehen.

1.3 Ingenieure im Wandel der Zeit

Der Begriff Ingenieur tauchte erstmalig im 16. Jahrhundert auf. Er wurde anfangs in der italienischen und später in der französischen Form verwendet. Zunächst als Ersatzwort für den Zeugmeister bezeichnete man mit Ingenieur bis in das 18. Jahrhundert hinein ausschließlich den Kriegsbaumeister.

Der zu Grunde liegende lateinische Begriff ingenium meint so viel wie angeborene natürliche Begabung, Scharfsinn und Erfindungsgeist. Das Wort Technik ist wesentlich älter, es geht auf den griechischen Begriff techne zurück und meint so viel wie Handwerk oder Kunstfertigkeit.

Die Technik diente dem Menschen von Beginn an als Mittel zur Beherrschung der Natur. Mit Hilfe technischer Verfahren gelang es den Menschen nach und nach, sich von den natürlichen Gegebenheiten zu emanzipieren. Der Bergmann und der Schmied waren erste frühe Ingenieure. Schon in der Antike wurden Metalle gefunden und bearbeitet. Auch die ersten Baumeister waren nach unserem heutigen Verständnis Ingenieure. Sie entwarfen und bauten Gebäude und Festungsanlagen, Straßen und Brücken, Schiffe und Fuhrwerke, Dämme und Deiche sowie Be- und Entwässerungsanlagen.

Die Ingenieure der Frühzeit waren Bastler und Tüftler, sie waren Handwerker und Künstler zugleich. Ihre Vorgehensweise war durch Versuch und Irrtum gekennzeichnet, empirisch erworbenes Wissen wurde vom Meister auf den Schüler übertragen.

Die erste systematische Zusammenfassung technischer Anleitungen stammt aus dem frühen 16. Jahrhundert. Sie wurde von Georg Agricola (1494 bis 1555) in seinem berühmten Werk „De re metallica" vorgenommen, dem ersten Lehrbuch über den Bergbau und das Hüttenwesen. Dieses war über Jahrhunderte in Gebrauch. Die Erläuterungen wurden in dem Werk durch zahlreiche Zeichnungen anschaulich ergänzt. Abb. 1.5 zeigt daraus ein Beispiel.

Die ersten europäischen Universitäten wurden bereits im frühen Mittelalter gegründet. Vergleichbare Ausbildungsstätten für Ingenieure sind wesentlich jüngeren Datums. Erste Einrichtungen dieser Art entstanden in der zweiten Hälfte des 18. Jahrhunderts, dem Beginn der industriellen Revolution. Diese basiert auf Kohle und Stahl. Als Folge davon wurde zwischen 1770 und 1780 in Mitteleuropa Ausbildungsstätten für Bergbau und Hüttenwesen eingerichtet. In Deutschland waren diese in Berlin, Clausthal und Freiberg, sowie in Leoben und Schemnitz in Österreich–Ungarn.

Abb. 1.5. Illustration zur Grubenbewetterung (= Belüftung) aus: Agricola G (1994) De re metallica. dtv reprint der vollständigen Ausgabe nach dem lateinischen Original von 1556, München

Eine systematische Förderung der Naturwissenschaften und Technik wurden erstmalig durch Napoleon vorgenommen. Wie so oft war auch hier der Krieg der Vater aller Dinge. Napoleon erkannte, dass seine Truppen denen seiner Gegner überlegen sein würden, wenn sie möglichst viel von Technik verstünden. Die Infanteristen sollten rasch und effizient Hilfsbrücken und Straßen bauen können, und die Artilleristen sollten viel von Ballistik verstehen. Deshalb baute Napoleon die in Ansätzen schon existierenden École Polytechniques aus, die neben den Bergakademien als Vorläufer heutiger Technischer Universitäten gelten.

Eine vergleichbare Förderung der Naturwissenschaften und Technik ist in Deutschland erst etwa 100 Jahre später durch Kaiser Wilhelm II. erfolgt. Er gründete entsprechende Forschungsinstitute, die Kaiser-Wilhelm-Institute, aus denen die heutigen Max-Planck-Institute hervorgegangen sind. Daneben stellte er die im späten 18. und im 19. Jahrhundert entstandenen Technischen Hochschulen den Universitäten statusrechtlich gleich. Äußeres Zeichen dieser Gleichstellung waren das Promotions- und Habilitationsrecht sowie die Rektoratsverfassung.

Mit Beginn der industriellen Revolution kam zum Bergbau und dem Hüttenwesen der Maschinenbau hinzu. Die rasch aufsteigenden Industriezweige machten die Konstruktion und den Bau von Maschinen und Anlagen erforderlich. Aus Manufakturen entstanden Industriebetriebe. Das Maschinenzeitalter begann: Dampfmaschinen lieferten mechanische Energie für den Antrieb, Förder- und Transportbänder wurden erforderlich, die Textilindustrie benötigte Webstühle.

Noch bis vor wenigen Jahrzehnten war die Arbeit der Ingenieure durch die Entwicklung und die Herstellung von Produkten geprägt. Diskussionen über das Leitbild Nachhaltigkeit haben deren Tätigkeiten deutlich verändert. War der

Ingenieur in der Geschichte im Wesentlichen ein Gestalter, ein Entwickler und ein Konstrukteur, so ist er heute weitgehend zu einem Bewahrer geworden. Bauingenieure beschäftigen sich zunehmend mit der Sanierung von Altbauten und weniger mit Neubauten und Bergleute stärker mit dem Entsorgungs- als dem Gewinnungsbergbau.

Schutz der Umwelt, Schonung der Ressourcen durch Verbesserung der Ressourceneffizienz, Dematerialisierung der Prozesse, Kreislaufwirtschaft und Recycling, so lauten heute die vordringlichen Aufgaben. Seit wann und warum wir darüber verstärkt nachdenken, werde ich im folgenden Abschnitt behandeln.

1.4 Technik und Nachhaltigkeit

In den Wohlstandsgesellschaften der westlichen Welt wurde in den sechziger Jahren eine ökologische Bewusstseinswende (von Lersner 1992) sichtbar. Diese manifestierte sich in unterschiedlicher Weise. Zum ersten wurde Mitte der sechziger Jahre in den USA der Begriff *Technology Assessment* (TA) geprägt. Die TA-Diskussion führte bei uns - ebenso wie in vergleichbaren Ländern - zu wachsenden TA-Aktivitäten und der Einrichtung von entsprechenden Institutionen, die mit den Begriffen Technikbewertung oder Technikfolgenabschätzung verbunden sind. Zum zweiten wurde 1968 der Club of Rome gegründet, der 1972 seine erste Studie „Die Grenzen des Wachstums" (Meadows u.a.1973) vorstellte. Daraus erwuchs drittens eine anschwellende Nachhaltigkeitsdebatte, die über den Bericht „Global 2000" 1980, den Brundtland-Bericht „Unsere gemeinsame Zukunft" (Hauff 1987) mit der Formulierung des Leitbildes *Sustainable Development*, einen vorläufigen Höhepunkt in der Agenda 21, dem Abschlussdokument der Rio-Konferenz für Umwelt und Entwicklung 1992, fand.

Offenbar befinden wir uns „am Ende des Baconschen Zeitalters" (Böhme 1993), wobei wir die neuzeitliche Wissenschaft als die Epoche Bacons bezeichnen. Denn in unserem Verhältnis zur Wissenschaft ist eine Selbstverständlichkeit abhanden gekommen. Nämlich die Grundüberzeugung, dass wissenschaftlicher und technischer Fortschritt zugleich und automatisch humaner und sozialer Fortschritt bedeuten. Die wissenschaftlich-technischen Errungenschaften bewirken neben dem angestrebten Nutzen immer auch Schäden, die als Folge- und Nebenwirkungen die ursprünglichen Absichten konterkarieren. Wir wollen den Verlauf der Bewusstseinswende kurz skizzieren und dabei charakteristische Literatur angeben.

Bis vor gut drei Jahrzehnten war der Fortschrittsglaube überall in der Welt ungebrochen. Insbesondere die Aufbauphase in unserem Land nach dem Zweiten Weltkrieg wurde davon getragen. Die Erde schien über nahezu unerschöpfliche Ressourcen zu verfügen, und die Aufnahmekapazität von Wasser, Luft und Boden für Schadstoffe und Abfälle schien unbegrenzt zu sein. Die Segnungen von Wissenschaft und Technik verhießen geradezu paradiesische Zustände.

Alles schien machbar zu sein, und man glaubte, dass Wohlstand für alle – und damit auch für die Entwicklungsländer – nur eine Frage der Zeit sei. Die Entwicklungsländer huldigten uneingeschränkt – ebenso wie die Länder des ehemals kommunistischen Teils der Welt – dem Fortschrittsglauben, während dieser in der industrialisierten Welt zunehmend ins Wanken geriet. Ironischerweise bedurfte es erst des Wohlstands, damit die im Wohlstand lebenden Gesellschaften die Technik und deren Segnungen zunehmend skeptisch beurteilten. Hierfür lassen sich in der westlichen Welt mehrere Ereignisse exemplarisch festmachen.

1969 landeten zwei US-Astronauten als erste Menschen auf dem Mond. Dies markierte einerseits einen Höhepunkt der Technikeuphorie. Andererseits wurde über die Fernsehschirme die Botschaft zu uns getragen, dass unser Raumschiff Erde endlich ist, und dass wir alle in einem Boot sitzen.

Wenig später erschien 1972 (auf deutsch 1973) der erste Bericht an den Club of Rome unter dem provozierenden Titel „Die Grenzen des Wachstums", und ebenfalls 1972 führten die Vereinten Nationen eine erste Umweltkonferenz in Stockholm durch. Seit jener Zeit werden zunehmend Fragen nach der Zukunftsfähigkeit unserer Gesellschaft gestellt, die als „Herausforderung Zukunft" zusammengefasst lauten (Jischa 1993):

> Die Fortschritte und Segnungen der Technik werden zunehmend von deren Gefahren und Risiken überschattet. Großtechnische Katastrophen, drohende Verelendung der Dritten Welt, Flüchtlingsströme als Folge krasser wirtschaftlicher Unterschiede, Energiekrisen, Treibhauseffekt, Waldsterben und Ozonloch, Müllberge, Verschmutzungen des Bodens, der Gewässer und der Luft, Raubbau an der Natur und Plünderung des Planeten Erde beherrschen zunehmend die Diskussion in den Medien.
>
> Nichts hat die modernen Industriegesellschaften stärker geprägt als technische Innovationen. Nichts verändert Gesellschaften radikaler als der immer rascher fortschreitende technische Wandel. Seit einigen Jahrzehnten ist deutlich, dass bestimmte technische Entwicklungen schwerwiegende und irreversible Folgen haben, die zukünftigen Generationen nicht zu verantwortende Hypotheken aufladen.
>
> Was müssen wir tun, um die Zukunft möglich zu machen? Welche Technologien sind in der Lage, eine dauerhafte und nachhaltige Entwicklung (sustainable development) der Menschheit zu gewährleisten? Die Fragen nach der Umwelt-, der Human-, der Sozial- und der Zukunftsverträglichkeit neuer Techniken erhalten einen immer größeren Stellenwert.

Die Diskussion über die „Herausforderung Zukunft" lässt sich durch drei Problemkreise beschreiben:

– Zunahme der Weltbevölkerung
  Man spricht von Bevölkerungsexplosion, um die Dramatik zu verdeutlichen. Die wachsende Verelendung der Dritten Welt, die Flüchtlingsströme als Folge krasser wirtschaftlicher Unterschiede und das Asylantenproblem haben ihre Ursachen – neben anderen – ganz wesentlich in der Bevölkerungsexplosion.
– Versorgung der wachsenden Weltbevölkerung mit Energie und Rohstoffen
  Das Versorgungsproblem ist bei den mineralischen Rohstoffen durch technologische Maßnahmen wie Recycling und Substitution durch andere Materialien deutlich entschärft worden. Bei den Energierohstoffen und auch bei den natürlichen Ressourcen wie etwa „sauberem" Wasser wird es in naher Zukunft zu Verteilungskämpfen kommen.

– Zerstörung der Umwelt
   Diese ist ursächlich mit den beiden ersten Problemkreisen verknüpft sowie mit
   der Art der Technologien, mit denen wir unseren Wohlstand erhalten oder gar
   mehren. Hierzu gehören im Einzelnen der Treibhauseffekt, das Waldsterben,
   das Ozonloch, die Müllberge, die Verschmutzungen des Bodens, der Gewässer
   und der Luft sowie großtechnische Katastrophen.

Abb. 1.6 zeigt in geraffter Form den Weg von der ökologischen Bewusstseinswende der sechziger Jahre bis zu unserem derzeitigen Diskussionsstand. Auf die
rechts der Zeitachse aufgeführten Ereignisse wird später in Abschnitt 6.3 eingegangen werden, da die neue Disziplin Technikbewertung gesondert behandelt
werden soll.

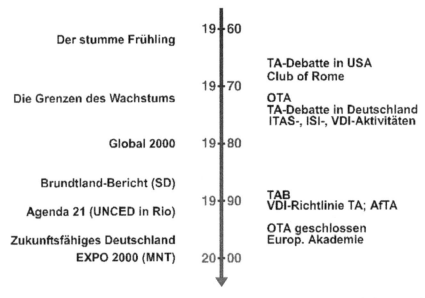

Abb. 1.6. Verlauf der Nachhaltigkeits- und Technikbewertungsdebatte (Jischa 1997 b,
1999)

Ein frühes aufrüttelndes Signal setzte die amerikanische Biologin Carson mit
ihrem inzwischen zum Kultbuch der Ökologiebewegung avancierten Band „Der
stumme Frühling" (Carson 1962). Zehn Jahre später schockierte der bereits
erwähnte Bericht „Die Grenzen des Wachstums" die Öffentlichkeit; das Buch hat
inzwischen eine Auflage von über 10 Mio. erreicht. Knapp zehn Jahre danach
wurde der von J. Carter, dem damaligen Präsidenten der USA, initiierte Bericht
„Global 2000" vorgestellt.

Im Jahr 1987 erschien der Brundtland-Bericht der Weltkommission für Umwelt
und Entwicklung mit dem Titel „Our Common Future" und kurz darauf die
deutsche Version „Unsere gemeinsame Zukunft" (Hauff 1987). Dieser Bericht hat
entscheidenden Verdienst daran, das Leitbild Sustainable Development einer

größeren Öffentlichkeit nahe gebracht zu haben und damit die Diskussion in Gang zu setzen. Der Begriff Sustainability ist jedoch keine Erfindung unserer Tage. Konzeptionell wurde er erstmals im 18. Jahrhundert in Deutschland unter dem Begriff des nachhaltigen Wirtschaftens eingeführt, als starkes Bevölkerungswachstum und zunehmende Nutzung des Rohstoffes Holz (als Energieträger und als Baumaterial) eine einschreitende Waldpolitik erforderlich machten.

Die deutsche Rückübersetzung des Begriffs Sustainable Development ist noch uneinheitlich. Aus der Vielzahl gebräuchlicher Übersetzungen seien genannt: Dauerhafte und nachhaltige Entwicklung, nachhaltige Entwicklung, dauerhaft-umweltgerechte Entwicklung, nachhaltig zukunftsverträgliche Entwicklung, (global) zukunftsfähige Entwicklung, nachhaltiges Wirtschaften, zukunftsfähiges Wirtschaften, Zukunftsfähigkeit.

Der entscheidende Durchbruch hin zum heutigen Diskussionsstand erfolgte nach der Rio-Konferenz für Umwelt und Entwicklung im Jahre 1992. Die Vereinten Nationen hatten geplant, zwanzig Jahre nach der ersten Umweltkonferenz 1972 in Stockholm eine zweite Umweltkonferenz in Rio de Janeiro durchzuführen. Diese war schon in der Vorbereitungsphase von nahezu unüberbrückbaren Gegensätzen gekennzeichnet. Aus Sicht der Industrieländer hatte der Umweltschutz oberste Priorität. Sie sahen die Bevölkerungsexplosion in der Dritten Welt als Hauptursache für die Umweltkrise an. Die Entwicklungsländer hielten dagegen die Verschwendung und den ungebremsten Konsum in der Ersten Welt für die Hauptursache der Umweltkrise und forderten für sich „erst Entwicklung, dann Umweltschutz".

Diese Auseinandersetzung im Vorfeld führte dazu, dass die Weltkonferenz schließlich die Bezeichnung UN-Konferenz für Umwelt *und* Entwicklung (UNCED = United Nations Conference on Environment and Development) trug. Diese Mammutkonferenz hat die Situation, die tragische Ausmaße aufweist, in drastischer Weise deutlich gemacht. Denn gelingt es den Entwicklungsländern, das Wohlstandsmodell der Industrieländer erfolgreich zu kopieren (was sie mit unserer Hilfe mehr oder weniger erfolgreich versuchen), so wäre das der ökologische Kollaps des Planeten Erde. Davon kann man sich leicht überzeugen, wenn man den derzeitigen Verbrauch an Primärenergie und Rohstoffen der Industrieländer sowie die damit verbundenen Umweltprobleme auf die Entwicklungsländer hochrechnet. Somit lautet die schlichte Erkenntnis, dass die Dritte Welt nicht mehr so werden kann, wie die Erste jetzt ist, und die Erste zwangsläufig nicht mehr so bleiben kann, wie sie noch ist. Kurz formuliert: Das Wohlstandsmodell der Ersten Welt ist nicht exportfähig.

Die Ergebnisse der Rio-Konferenz sind in einem Abschlussdokument, der Agenda 21, zusammengestellt. Das hat dazu geführt, dass die Begriffe *Nachhaltigkeit* und *Agenda 21* zunehmend synonym verwendet werden. Alle politischen Parteien und alle gesellschaftlichen Gruppen in unserem Land bekennen sich zu dem Leitbild Nachhaltigkeit. Was darunter einvernehmlich verstanden wird, kann z.B. einem Positionspapier des Verbandes der Chemischen Industrie entnommen werden (VCI 1994):

Die zukünftige Entwicklung muss so gestaltet werden, dass *ökonomische, ökologische* und *gesellschaftliche* Zielsetzungen gleichrangig angestrebt werden. ... Sustainability im *ökonomischen* Sinne bedeutet eine effiziente Allokation der knappen Güter und Ressourcen. Sustainability im *ökologischen* Sinne bedeutet, die Grenze der Belastbarkeit der Ökosphäre nicht zu überschreiten und die natürlichen Lebensgrundlagen zu erhalten. Sustainability im *gesellschaftlichen* Sinne bedeutet ein Höchstmaß an Chancengleichheit, Freiheit, sozialer Gerechtigkeit und Sicherheit.

Die von BUND und MISEREOR initiierte und vom Wuppertal-Institut durchgeführte Studie „Zukunftsfähiges Deutschland" erschien 1996. Im Jahr 2000 hat die EXPO in Hannover unter dem Motto „Mensch – Natur – Technik" mit einem eindeutigen Bezug auf die Agenda 21 stattgefunden. Die Überzeugungskraft des Leitbildes Sustainability = Nachhaltigkeit ist offensichtlich groß. Mindestens ebenso groß scheint jedoch die Unverbindlichkeit dieses Leitbildes zu sein, da die verschiedenen gesellschaftlichen und politischen Gruppen jeweils „ihrer" Säule (entweder der Wirtschaft, der Umwelt oder der Gesellschaft) eine besonders hohe Priorität zuerkennen. Zielkonflikte sind vorprogrammiert, politische und gesellschaftliche Auseinandersetzungen belegen dies. Als Fazit sei festgehalten: Das Leitbild Nachhaltigkeit ist allseits akzeptiert, aber diffus formuliert. Die fällige Umsetzung leidet sowohl an ständigen Zielkonflikten als auch an fehlender Operationalisierbarkeit.

Sowohl der Bericht der Brundtland-Kommission als auch die Dokumente der UNCED 1992 in Rio, die Agenda 21, haben das Leitbild Sustainable Development bewusst vage gehalten. Es hat den Charakter eines allgemeinen Grundsatzprogramms und hält Fragen nach der Operationalisierung und Instrumentalisierung weitgehend offen. Damit wurde ein hohes Maß an internationaler Konsensfähigkeit erreicht. Die unerlässliche Anschluss- und Resonanzfähigkeit des Leitbildes an bestehende und etablierte Konzepte und Paradigmen war damit gegeben.

Der dafür gezahlte Preis war hoch. Das Leitbild lässt völlig offen, wie die konsensstiftende Aussage „die zukünftige Entwicklung muss so gestaltet werden, dass ökonomische, ökologische und gesellschaftliche Zielsetzungen gleichrangig angestrebt werden" umgesetzt werden kann und soll. Das Vernebelungspotenzial des Leitbildes ist enorm und fordert zu Alibihandlungen geradezu auf.

Das Leitbild Nachhaltigkeit erlaubt unterschiedliche Interpretationen. Für Unternehmer und (die meisten) Ökonomen stellt Nachhaltigkeit primär ein Wirtschaftskonzept dar im Hinblick auf die Nutzung von Quellen (Ressourcen) und Senken (für Rest- und Schadstoffe), die Allokation von Mitteln und Erträgen. Umweltschützer und Ökologen werden das Leitbild Nachhaltigkeit eher als rein naturwissenschaftliches Konzept mit dem Ziel des Erhalts und der Bewahrung der natürlichen Umwelt verstehen. Das beinhaltet Fragestellungen nach der Persistenz, der Stabilität und der Elastizität von Ökosystemen. Häufig wird die Ansicht geäußert, das Leitbild Nachhaltigkeit habe keinerlei Neuigkeitswert. Denn nachhaltige Erträge durch vorausschauende Ressourcenbewirtschaftung und zielstrebige Ressourcenentwicklung seien von jeher das entscheidende Wirtschaftsziel gewesen.

Zusammenfassend möchte ich mit Abb. 1.7 verdeutlichen, wie sich jeder in einer „Nachhaltigkeitsmatrix" mühelos positionieren kann. Auf der einen Achse seien drei unterschiedliche Gerechtigkeitsprinzipien dargestellt: 1. Leistungs-, 2. Besitzstands-, 3. Verteilungs- bzw. Bedürfnisgerechtigkeit. Dies sind im politischen Raum die liberale (1), die konservative (2) und die sozialistische Position (3).

Auf der zweiten Achse seien drei denkbare Strategien dargestellt: Effizienz- (1), Konsistenz- (2) und Suffizienz-Strategie (3). Mit Konsistenz ist Vereinbarkeit bzw. Verträglichkeit von anthropogenen mit geogenen Stoffströmen gemeint. Es ist ein empirischer Befund, dass eine Verbesserung der Ressourceneffizienz in der Vergangenheit stets durch eine gleichzeitige Zunahme der Ansprüche und damit des Verbrauchs kompensiert, oft gar überkompensiert worden ist. Dies wird als Bumerang-Effekt bezeichnet. Somit kann eine Verbesserung der Ressourceneffizienz – auch um einen Faktor zehn – nicht die alleinige Antwort sein. Sie muss durch eine Suffizienzstrategie ergänzt werden. Hierfür gibt es zwei Ansatzpunkte. Zum einen eine fiskalische Verteuerung des Produktionsfaktors Ressourcen bei gleichzeitiger Entlastung des Produktionsfaktors Arbeit. Zum zweiten wird ein anderes Verständnis von Gemeinwohl und Eigennutz (EKD 1991) erforderlich sein.

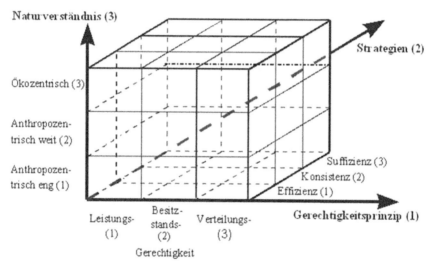

Abb. 1.7. Nachhaltigkeitsmatrix (Jischa 1997 b, 1999)

Auf der dritten Achse seien schließlich drei unterschiedliche Auffassungen zum Naturverständnis aufgetragen. Ein enges anthropozentrisches Naturbild sieht die Natur nur als Quelle und Senke von Stoffen (1). Ein weiter gefasstes anthropozentrisches Naturbild sieht in der Natur auch ein Kulturgut und billigt ihr einen Erholungswert und ästhetische Kategorien zu (2). Ein ökozentrisches Naturbild (3) steht der Natur ein Eigenrecht zu, beispielhaft sei hier das Buch „Praktische Naturphilosophie" (Meyer-Abich 1997) genannt.

Zur Verdeutlichung möchte ich zwei extreme Positionen charakterisieren: Ein „Unternehmer" wird sich durch Leistungsgerechtigkeit (1), Effizienzstrategie (1) und ein enges anthropozentrisches Naturverständnis (1) zum Leitbild Nachhaltigkeit bekennen. An der gegenüberliegenden Ecke des Würfels wird der „Umweltschützer" sich durch Verteilungsgerechtigkeit (3), Suffizienzstrategie (3) und ein ökozentrisches Naturverständnis (3) zu seinem Leitbild Nachhaltigkeit bekennen. Weniger eindeutig lassen sich Vertreter z.B. einer „sozial-ökologischen Modernisierung" zuordnen. Sie werden bezüglich der ersten Achse zu einer Mischung aus Leistungs- (1), Besitzstands- (2) und Verteilungsgerechtigkeit (3) neigen, bezüglich der zweiten Achse zwischen Effizienz- (1) und Konsistenz-Strategie (2) schwanken und sich möglicherweise nur auf der dritten Achse eindeutig zum weiten anthropozentrischen Naturverständnis (2) bekennen.

Nach diesen Bemerkungen zum Leitbild Nachhaltigkeit möchte ich zu den oben erwähnten drei Problemkreisen zurückkehren, die wir als „Herausforderung Zukunft" bezeichnen können: der demographischen Falle, der Versorgungsfalle und der Entsorgungsfalle. Hierbei beginne ich mit dem Hinweis auf die Abb. 2.6, in der zur Schilderung von Wachstumsgesetzen in Abschnitt 2.1 Mathematik die Entwicklung der Weltbevölkerung und des Weltenergieverbrauchs dargestellt sind. Hierzu ein paar Zahlen: Um die Zeit Christi Geburt lebten etwa 1/4 Milliarde (Mrd.) Menschen auf unserem Planeten Erde. Erst um 1600 waren es 1/2 Mrd., 1 Mrd. waren es 1830, 2 Mrd. 1930 und heute sind es über 6 Mrd. Während die Weltbevölkerung von 1900 bis 2000 „nur" um das etwa 3,5-fache (von 1,65 auf 6 Mrd.) gewachsen ist, ist der Primärenergieverbrauch in dem gleichen Zeitraum von 1 Mrd. t SKE (Milliarden Tonnen Steinkohleneinheiten, auf die alle Primärenergieträger zu Vergleichszwecken umgerechnet werden) auf 13 Mrd. t SKE, also um das 13-fache angestiegen. Alle Anzeichen deuten darauf hin, dass der Weltenergieverbrauch auch zukünftig deutlich stärker wachsen wird als die Weltbevölkerung. Zur Verdeutlichung der Versorgungsfalle verweise ich auf die Abb. 1.4, in der die Energiegeschichte der Menschheit skizziert wurde, und auf die dortigen Erläuterungen.

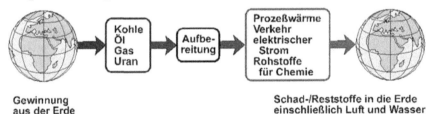

Abb. 1.8. Heutige Energieversorgung (Jischa 1997 a)

Abb. 1.8 verdeutlicht den Zusammenhang zwischen der Versorgungs- und der Entsorgungsproblematik ebenfalls am Beispiel unserer heutigen Energieversorgung. Die Gewinnung der Energierohstoffe *aus* der Umwelt und die Überführung der Schad- und Reststoffe *in* die Umwelt stellen ein offenes System dar, das nicht zukunftsfähig ist. Diese Aussage gilt gleichermaßen für die Versorgungs- und die Entsorgungsseite. Die noch junge Erkenntnis der Entsorgungsfalle hat zahlreiche Aktivitäten hervorgerufen. Umweltschutztechnik wurde in Forschung und Lehre verstärkt. Beispielhaft seien die Gründung der Clausthaler Umwelttechnik-Institut GmbH (CUTEC-Institut) und die Einrichtung des Studienganges Umweltschutztechnik an der TU Clausthal genannt. Generell verschieben sich die

Aktivitäten vieler technischer Disziplinen von der Ver- auf die Entsorgungsseite nach dem Motto „vom Gewinnungs- zum Entsorgungsbergbau".

Halten wir als Fazit fest: Die durch Technik geschaffenen Probleme, d.h. die nichtintendierten Folgen von technischen Entwicklungen, lassen sich nur mithilfe von Technik mildern, korrigieren oder gar beseitigen. Die zentrale Frage lautet jedoch: Welche Technologien sind in der Lage, die Zukunftsfähigkeit der Menschheit zu gewährleisten? Hierzu kann das Konzept Technikbewertung entscheidend beitragen. Darauf werde ich in Abschnitt 6.3 gesondert eingehen.

1.5 Bemerkungen und Literaturempfehlungen

Der Abschnitt 1.2 ist nahezu gleichlautend bereits an anderer Stelle erschienen (Jischa 2003). Er beruht auf einer Zusammenfassung meiner Vorlesung „Zivilisationsdynamik" aus dem Wintersemester 2001/2002 an der TU Clausthal. Aus der dafür verwendeten Literatur nenne ich hier einige Bücher, die hinreichend große Bereiche des Abschnitts 1.2 abdecken:

Crone P (1992) Die vorindustrielle Gesellschaft. dtv, München
Diamond J (1998) Arm und Reich. Fischer, Frankfurt am Main
Jischa MF (1993) Herausforderung Zukunft. Spektrum, Heidelberg
Kennedy P (1989) Aufstieg und Fall der großen Mächte. Fischer, Frankfurt am Main
Landes D (1998) Wohlstand und Armut der Nationen. Siedler, Berlin
Rossi P (1997) Die Geburt der modernen Wissenschaft in Europa. Beck, München
Thomas H (1987) Geschichte der Welt. dtv, München
Toynbee A (1998) Menschheit und Mutter Erde. Ullstein, Berlin

Der Abschnitt 1.4 stellt eine Zusammenfassung eigener Artikel dar:

Jischa MF (1997 a) Zukunftsfähiges Wirtschaften – ökologische, ökonomische und soziale Aspekte. Schweißen & Schneiden 49, Heft 3, S 136-147
Jischa MF (1997 b) Das Leitbild Nachhaltigkeit und das Konzept Technikbewertung. Chemie Ingenieur Technik 69, 12, S 1695-1703
Jischa MF (1999) Technikfolgenabschätzung in Lehre und Forschung. In: Petermann T, Coenen R (Hrsg) Technikfolgen – Abschätzung in Deutschland. Campus, Frankfurt am Main, S 165-195
Jischa MF (2003) Technikgestaltung gestern und heute. In: Grunwald A (Hrsg) Technikgestaltung zwischen Wunsch und Wirklichkeit. Springer, Berlin, S 105-115

Die in Abschnitt 1.4 erwähnten Werke seien gleichfalls aufgeführt, da sie für die Nachhaltigkeitsdiskussion von Bedeutung sind:

BMU (1992) Agenda 21, Konferenz der Vereinten Nationen für Umwelt und Entwicklung 1992 in Rio de Janeiro. Bundesumweltministerium, Bonn
BUND/MISEREOR (Hrsg) (1996) Zukunftsfähiges Deutschland. Birkhäuser, Basel
Böhme G (1993) Am Ende des Baconschen Zeitalters. Suhrkamp, Frankfurt am Main
Carson R (1963) Der stumme Frühling. Beck, München
EKD (1991) Gemeinwohl und Eigennutz. Eine Denkschrift der Evangelischen Kirche in Deutschland. Mohn, Gütersloh

Global 2000 (1980) Der Bericht an den Präsidenten. Zweitausendeins, Frankfurt am Main

Hauff V (Hrsg) (1987) Unsere gemeinsame Zukunft. Der Brundtland-Bericht der Weltkommission für Umwelt und Entwicklung. Eggenkamp, Greven

Lersner H von (1992) Die ökologische Wende. CORSO bei Siedler, Berlin

Meadows D , Meadows D (1973) Die Grenzen des Wachstums. Rowohlt, Reinbek

Meyer-Abich K-M (1997) Praktische Naturphilosophie. Beck, München

VCI (1994) Position der Chemischen Industrie. Verband der Chemischen Industrie e.V.,
Frankfurt am Main

2 Mathematische und naturwissenschaftliche Grundlagen

Mathematik, Physik und Chemie sind klassische Fächer, die den Studienanfängern schon von der Schule her mehr oder weniger geläufig sind. Heute oft eher weniger als mehr, was ich aus vielen Gründen für beklagenswert halte. Denn diese drei Fächer bilden die Basis für *alle* natur- und ingenieurwissenschaftlichen Studiengänge. Sie sind unverzichtbar für angehende Mediziner ebenso wie für Ökonomen, bei letzteren zumindest die Mathematik betreffend. Die Wirtschaftswissenschaften haben unter den gesellschaftswissenschaftlichen Fächern den höchsten Mathematisierungsgrad. Statistische Auswertungen, Optimierungsverfahren und Spieltheorie sind zu unverzichtbaren Bestandteilen geworden.

Die zunehmende Mathematisierung und Formalisierung vieler Bereiche (etwa auch vergleichende Politikwissenschaften) ist zweifellos durch den Siegeszug des Computers enorm vorangetrieben worden. Denn damit ist etwa die numerische Lösung großer linearer Gleichungssysteme wie in der Baustatik oder bei Optimierungsproblemen in der Ökonomie zum Standard geworden.

Der Computer war von Beginn an nicht nur Werkzeug, sondern gleichfalls Forschungsgegenstand. Es gab und gibt Forschung *mit* dem Computer und Forschung *über* den Computer. Daraus hat sich eine neue wissenschaftliche Disziplin entwickelt, für die zunächst englische Begriffe wie Computer Science oder Scientific Computing verwendet wurden. Bei uns hat sich dafür der Begriff Informatik eingebürgert. Er geht auf eine französische Wortschöpfung, vorgeschlagen von der Académie Francaise, zurück.

Die Informatik ist ein neues Fach, das sich vergleichsweise rasch an den Hochschulen und auch teilweise an den Schulen etabliert hat. Es ist verständlicherweise stark im Fluss. Fragen nach dem Selbstverständnis des Faches, was und was nicht zur Informatik gehört, ob die Zukunft den Bindestrich-Informatiken gehören wird wie etwa Medizin-, Bio-, Wirtschafts-Informatik oder Informationstechnik, werden in Fachkreisen intensiv und teilweise recht kontrovers diskutiert. Die Informatik ist noch nicht kanonisiert, während die Klassiker Mathematik, Physik und Chemie über einen nahezu festen Kanon verfügen.

Ich werde diese vier Fächer in unterschiedlicher Weise beschreiben. Warum ich keinen einheitlichen Zugang gewählt habe, wird den jeweiligen Darstellungen zu entnehmen sein.

Es ist fast unnötig zu betonen, dass die Ausführungen in diesem Kapitel ausgesprochen exemplarisch sein werden. Aber eines möchte ich erreichen: Die getroffene Auswahl soll anschaulich und repräsentativ sein. Auf Herleitungen wird weitgehend verzichtet. Dazu wird auf gängige Lehr- und Übungsbücher verwiesen. Herleitungen erfolgen nur dann, wenn sie mir aus didaktischen Gründen sinnvoll erscheinen. Meist werden es eher Plausibilitätsbetrachtungen sein.

2.1 Mathematik

An dieser Stelle folgt keine Kurzfassung von üblichen Lehrbüchern, die in die Mathematik einführen. Erfahrungsgemäß fällt es gerade Studienanfängern schwer, die Sinnhaftigkeit vieler Herleitungen und Beweise einzusehen. Meist wird erst im Laufe des weiteren Studiums anhand von praktischen Aufgabenstellungen einsichtig, wofür die Mathematik benötigt wird.

Mein vorrangiges Ziel wird in diesem Abschnitt darin liegen, Begeisterung für die angeblich so trockene Mathematik zu wecken. Es soll motivierend wirken. Ich versuche dies, indem ich von scheinbar einfachen Alltagsmeldungen und -problemen ausgehe, um daran anknüpfend mathematische Sachverhalte zu entwickeln. Stets wird ein Problem im Vordergrund stehen, an dem die jeweils erforderliche mathematische Herangehensweise erläutert wird. Nachteilig wird sicherlich die unmethodische Vorgehensweise sein. Vorteilhaft wird, so hoffe ich, der stets erkennbare Problembezug sein. Der Ausgangspunkt soll jeweils eine fiktive jedoch realistische Meldung in den Nachrichten sein.

Erste Meldung: „Der Anstieg der Arbeitslosigkeit in Deutschland hat sich im letzten Halbjahr verringert."

Diese Meldung bedeutet keineswegs, dass die Arbeitslosigkeit sich verringert hat, sie nimmt lediglich nicht mehr so rasch zu. Wir wollen uns dies anhand von Abb. 2.1 verdeutlichen. Wir bezeichnen die Arbeitslosigkeit abkürzend mit x und nennen sie *abhängige* Variable. Abhängig deshalb, weil sie sich offenkundig mit der Zeit t, der *unabhängigen* Variablen, ändern kann und somit von dieser abhängt. Wir können uns unter der Variablen x auch viele andere Größen vorstellen: den Benzinpreis, die Inflationsrate, die Zahl der Schulanfänger, die gesamte Bevölkerung, das Bruttosozialprodukt, den Energieverbrauch usw., jeweils für eine definierte Region, sagen wir Deutschland.

Tragen wir eine fiktive Arbeitslosigkeit (in Prozent) über der Zeitachse (unterteilt in Jahrzehnte, Jahre, Monate oder gar noch feiner) auf, so mögen wir das skizzierte Bild erhalten. Hier ist der (unerfreuliche) Fall einer zunehmenden Arbeitslosigkeit dargestellt. Die drei Verläufe unterscheiden sich jedoch dadurch, wie rasch die Variable x zunimmt. Der Anstieg der Arbeitslosigkeit kann wachsen, gleich bleiben oder abnehmen. Hinter der oben angeführten Nachrichtenmeldung, die sich doch recht positiv anhört, verbirgt sich also folgende Aussage: Der Anstieg der Arbeitslosigkeit hat sich verringert, aber die Arbeitslosigkeit selbst wächst weiter.

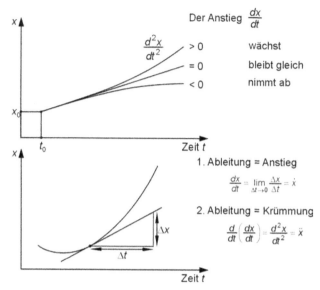

Abb. 2.1. Erläuterung der ersten und zweiten Ableitung

Halten wir fest: Von einer Funktion $x = f(t)$, wobei wir auch $x = x(t)$ schreiben können, ist

$$\frac{dx}{dt} = \dot{x} \qquad \text{die erste Ableitung}$$

$$\frac{d^2x}{dt^2} = \frac{d}{dt}\left(\frac{dx}{dt}\right) = \ddot{x} \qquad \text{die zweite Ableitung}$$

Letztere entspricht der Krümmung. Verläuft eine Kurve mit konstanter Steigung, dann sind $\dot{x} = $ konstant und $\ddot{x} = 0$. Für $\ddot{x} > 0$ nimmt die Steigung mit wachsender Zeit t zu, für $\ddot{x} < 0$ nimmt sie ab. Dieser letzte Fall ist mit der Eingangsmeldung gemeint.

Auch höhere Ableitungen lassen sich bilden, sie treten jedoch selten auf. Es sei schon hier vermerkt, dass der Schöpfer (oder wer immer dafür verantwortlich ist) die Welt „als eine solche von zweiter Ordnung" geschaffen hat. Dabei steht Ordnung für Anzahl der Ableitungen.

Bei Ableitungen nach der Zeit t wird üblicherweise abkürzend ein Punkt verwendet, bei Ableitungen nach dem Ort üblicherweise ein Strich:

$$\frac{dx}{dt} = \dot{x} \qquad ; \qquad \frac{dy}{dx} = y'$$

Wir wollen jetzt charakteristische Wachstumsgesetze kennen lernen, die in der Technik und in der Natur vorkommen. Abnahme bedeutet negatives Wachstum, auch hierzu wird ein Beispiel folgen.

Wenn man Entwicklungen beeinflussen will, muss man wissen, wie sich Größen zeitlich verhalten. Manche sind gutmütig, andere nicht. Es ist wichtig sich klarzumachen, dass das dynamische Verhalten von Wachstumsgrößen qualitativ verschieden sein kann, und dass sich daraus drastische Konsequenzen ergeben können. Die zeitliche Veränderung dynamischer Größen setzt sich aus einem Wachstums– und einem Abnahmeanteil zusammen. So wird etwa die Entwicklung der Weltbevölkerung von der Geburten– und der Sterberate bestimmt.

Wir beschränken uns zunächst auf Wachstum und wollen uns unter der Menge x ein verzinsliches Kapital, die Erdbevölkerung, das Bruttosozialprodukt eines Landes, dessen Energieverbrauch, die Zahl der Verkehrsunfälle pro Jahr oder die Verschuldung eines Entwicklungslandes vorstellen. Bei abnehmenden Mengen x können wir an nicht nachwachsende Rohstoffe, an Primärenergieträger wie Kohle, Erdöl und Erdgas, an Siedlungsraum oder an landwirtschaftlich nutzbare Flächen denken. Mit dieser Aufzählung wird der Bezug zu den Umweltwissenschaften deutlich. Das Verständnis für *Wachstum* (und *Abnahme*) ist von zentraler Bedeutung. Man kann Wachstum auf zweierlei Arten beschreiben und darstellen:

– Durch die Änderung der Menge x in Abhängigkeit von der Zeit t. Wir sagen, die Menge x ist eine Funktion der Zeit t, schreiben kurz $x = f(t)$ und bezeichnen dies als *Wachstumsgesetz*.

– Durch die Änderung der Wachstumsgeschwindigkeit dx/dt (= Rate) in Abhängigkeit von der Menge x. Wir schreiben kurz $dx/dt = F(x)$ und bezeichnen dies als *Ratenansatz*.

Der mathematisch Kundige erkennt sofort, dass beide Beschreibungen über die Operationen Integration bzw. Differenziation miteinander verknüpft sind. Aus dem Ratenansatz folgt durch Integration das Wachstumsgesetz (die integrale Zunahme der Menge). Aus dem Wachstumsgesetz folgt durch Differenziation der Ratenansatz (die differenzielle zeitliche Änderung der Menge). Anhand der folgenden Darstellungen werde ich versuchen, diese Verknüpfungen zu veranschaulichen. In den Bildern ist jeweils links der Ratenansatz und rechts das Wachstumsgesetz dargestellt. Dabei wollen wir typische Fälle unterscheiden.

1. Fall: *Lineares Wachstum*, Abb. 2.2

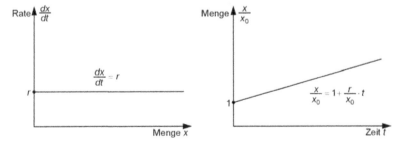

Abb. 2.2. Lineares Wachstum

Die Wachstumsrate dx/dt ist konstant. Aus $dx/dt = r$ folgt nach Integration $\int dx = r \int dt + C$, und es wird $x = r \cdot t + C$. Die Integrationskonstante C wird mit $x(t = 0) = x_0$ zu $C = x_0$, dabei ist x_0 die Anfangsmenge zur Zeit $t = 0$. Es folgt das lineare Wachstumsgesetz

$$\frac{x}{x_0} = 1 + \frac{r}{x_0} t \tag{2.1}$$

In gleichen Zeitabständen Δt wächst die Menge x um gleiche Beträge Δx an. Bei Vergrößerung der Wachstumsrate r würde die Gerade $x(t)$ steiler verlaufen, bei Verkleinerung flacher.

In der Natur kommt lineares Wachstum selten vor. Beispiele sind näherungsweise das Anwachsen einer Oxidschicht oder Eisschicht.

2. Fall: *Exponentielles Wachstum*, Abb. 2.3

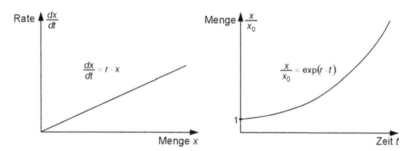

Abb. 2.3. Exponentielles Wachstum

Wachstumsgesetze dieser Art treten sehr häufig auf: die Zunahme der Bevölkerung ist der Bevölkerungsmenge direkt proportional, der Zuwachs des Kapitals infolge Verzinsung ist dem eingesetzten Kapital proportional. Letztere Aussage würde nur bei kontinuierlicher Verzinsung zutreffen, tatsächlich verzinsen die Geldinstitute jedoch diskontinuierlich.

Exponentielles Wachstum bedeutet, dass die Rate linear mit der Menge x anwächst. Je mehr Menschen x vorhanden sind, umso mehr werden geboren und umso mehr sterben in einer Zeiteinheit. In der Regel werden die Geburtenrate b (von birth) und die Sterberate d (von death) auf ein Jahr bezogen, ebenso wie die Wachstumsrate $r = b - d$.

Zur Anschauung seien typische Werte angegeben. Die meisten Industrieländer haben Wachstumsraten unter 1% (pro Jahr), Deutschland hat derzeit ein negatives Wachstum, also eine Abnahme der Bevölkerung. Etliche Entwicklungsländer haben Wachstumsraten von etwa 2 bis teilweise 4%.

Aus dem Ansatz $dx/dt = r \cdot x$ folgt nach Integration $\int dx/x = r \cdot \int dt + C$ oder $\ln x = r \cdot t + C$. Die Integrationskonstante C wird wegen $x(t=0) = x_0$ zu $C = \ln x_0$ und wir erhalten

$$\ln x - \ln x_0 \;=\; \ln \frac{x}{x_0} \;=\; r \cdot t$$

Nach Endlogarithmierung folgt das exponentielle Wachstumsgesetz

$$\frac{x}{x_0} \;=\; \exp(r \cdot t) \tag{2.2}$$

Der Vergleich beider Fälle verdeutlicht anschaulich den mathematischen Zusammenhang zwischen den Darstellungen Ratenansatz und Wachstumsgesetz. Der Ratenansatz stellt die Geschwindigkeit dar, mit der sich die Menge x zeitlich ändert.

Ist die Änderung konstant, so muss der Anstieg (mathematisch die erste Ableitung) der Kurve $x = f(t)$ konstant sein, Fall 1. Im zweiten Fall nimmt die Geschwindigkeit, mit der sich die Menge x zeitlich ändert, mit der Menge selbst zu. Damit muss der Anstieg der Kurve $x = f(t)$ mit wachsender Menge und mit zunehmender Zeit selbst anwachsen. Die Wachstumskurve $x = f(t)$ wird immer steiler.

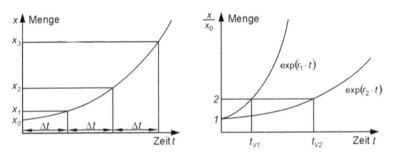

Abb. 2.4. Erläuterung des exponentiellen Wachstums

Da das exponentielle Wachstum eine herausragende Rolle spielt, wollen wir die Diskussion darüber mit Abb. 2.4 noch ein wenig vertiefen. Es ist $x_1/x_0 = x_2/x_1 = x_3/x_2$ usw., somit wächst die Menge x in gleichen Zeitabständen Δt um den gleichen Faktor an (beim linearen Wachstum dagegen um den gleichen Betrag Δx).

Von besonderer Bedeutung ist die Verdopplungszeit t_v: Nach welcher Zeit hat sich ein Anfangswert x_0 verdoppelt, ist also aus x_0 der Wert $2x_0$ geworden?

Wegen $\ln 2 = 0{,}693 = r \cdot t_v$ gilt $t_v \approx 70$ geteilt durch den Wachstumsparameter r in Prozent:

$$t_v \approx \frac{70}{r}, \qquad \text{dabei } r \text{ in \% einsetzen.} \tag{2.3}$$

Eine konstante Zunahme der Bevölkerung von 2 % pro Jahr (dieser Wert ist für einige Länder realistisch) würde zu einer Verdopplungszeit von 35 Jahren führen.

3. Fall: Hyperbolisches Wachstum, Abb. 2.5

Bei exponentiellem Wachstum strebt die Menge x erst nach unendlich langer Zeit gegen unendlich. Bei dem hyperbolischen Wachstum tritt die Katastrophe schon nach endlicher Zeit ein. So nennt man ein Wachstumsgesetz, bei dem die Rate stärker als bei dem linearen Ratenansatz im zweiten Fall anwächst. Wir nehmen hier eine quadratische Zunahme der Zuwachsrate mit der Menge an. Man bezeichnet dieses Anwachsen als hyperbolisch, teilweise auch als überexponentiell oder superexponentiell. Die Zeitspannen, in denen sich die Menge verdoppelt, werden immer kürzer. Hyperbolisches Wachstum führt in biologischen Systemen beim Überschreiten einer Grenze zwangsläufig zu einer Katastrophe.

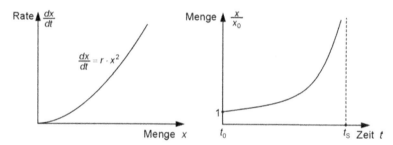

Abb. 2.5. Hyperbolisches Wachstum

Die im Bild dargestellte hyperbolische Funktion strebt schon für endliche Zeiten gegen unendlich große Werte. Man nennt die Stelle, an der die Funktion im Unendlichen verschwindet, eine Singularität. Der Index S soll auf die Singularität hindeuten.

Der hier angenommene Ratenansatz

$$\frac{dx}{dt} = r \cdot x^2$$

spielt in der Ökosystemforschung eine Rolle. So haben Sardinen und ähnliche Fischarten es schwer, sich bei kleiner Populationsdichte x zu vermehren. Ihre Fortpflanzungschancen werden mit steigender Dichte immer besser bis zu einem Niveau, auf dem die Überbevölkerung ihre Fortpflanzung wieder hemmt. Aus diesem Grund werden bei niedrigen Populationsdichten Wachstumsgesetze dieser Art beobachtet.

Die Integration ergibt $\int \dfrac{dx}{x^2} = r \int dt + C$, damit $-\dfrac{1}{x} = r\,t + C$

Die Integrationskonstante C wird wegen $x(t = t_0) = x_0$ zu $C = -\left(r\,t_0 + 1/x_0\right)$ und es folgt

$$\frac{x}{x_0} = \frac{1}{1 - r x_0 \left(t - t_0\right)} \tag{2.4}$$

Dieser Ausdruck geht für $r x_0 \left(t - t_0\right) = 1$ gegen unendlich, die dazugehörige Zeit nennen wir t_S (S = Singularität):

$$t_S = t_0 + \frac{1}{r x_0} \tag{2.5}$$

Je größer der Wachstumsparameter r ist, desto früher wird die Singularität erreicht. Bei hyperbolischem Wachstum wird die Verdopplungszeit ständig kleiner. Ein derartiges Wachstum kann die Natur bestenfalls über einen bestimmten Zeitraum aufrechterhalten. Irgendwann müssen andere Wachstumsgesetze greifen, siehe später Gl. 2.6.

Beispielhaft zeigt Tabelle 2.1 die Entwicklung der Weltbevölkerung. Wir sehen, dass die Verdopplungszeit durch entsprechende Wachstumsschübe zunächst drastisch abgenommen hat und erst in jüngerer Zeit wieder langsam ansteigt. Aus der Verdopplungszeit lässt sich mit Gl. 2.3 jeweils eine mittlere Wachstumsrate ermitteln, wenn man exponentielles Wachstum unterstellen würde.

Tabelle 2.1. Entwicklung der Weltbevölkerung

	Weltbevölkerung	Verdopplungszeit	Wachstumsrate	+ 1 Mrd. nach
8000 v.Chr.	5 Mio.			
Chr. Geburt	250 Mio.			
1600	500 Mio.	1600 J.	0,04 %	
1830	1 Mrd.	230 J.	0,3 %	≈ 1 Mio.
1890	1,5 Mrd.			
1930	2 Mrd.	100 J.	0,7 %	100
1950	2,5 Mrd.			
1960	3 Mrd.	70 J.	1,0 %	30
1974	4 Mrd.	44 J.	1,6 %	14
1987	5 Mrd.	37 J.	1,9 %	13
1999	6 Mrd.	39 J.	1,8 %	12 Jahren

Die Aussagen der Tabelle 2.1 sollen mit der Abb. 2.6 verdeutlicht werden. Diese zeigt die Entwicklung der Weltbevölkerung und des Weltenergieverbrauchs seit der industriellen Revolution. Während die Weltbevölkerung von 1900 bis 2000 „nur" um das gut 3,5fache (von 1.65 auf gut 6 Mrd.) angewachsen ist, so ist der Primärenergieverbrauch in dem gleichen Zeitraum um das 13fache gewachsen! Er betrug 1900 etwa 1 Mrd. t SKE, im Jahr 2000 lag er bei 13 Mrd. t SKE. SKE heißt Steinkohleneinheiten, auf die die anderen Primärenergieträger wie Braunkohle, Erdöl, Erdgas u.a. zu Vergleichszwecken umgerechnet werden. Dabei handelt es sich um ein Maß für den Energieverbrauch pro Jahr; hier sind auch andere Einheiten gebräuchlich.

Der Energiegehalt von 1 kg Steinkohle, also 1 kg SKE, entspricht 8,14 kWh (Kilowattstunden) oder 29,309 MJ (Megajoule = 10^6 J) oder 0,7 kg RÖE (Rohöleinheiten).

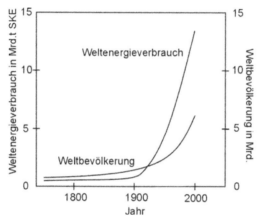

Abb. 2.6. Weltbevölkerung und Weltenergieverbrauch seit der industriellen Revolution

Die drei geschilderten Wachstumsgesetze sind Spezialfälle einer allgemeinen Wachstumsbeziehung $dx/dt = r \cdot x^n$, wobei der Exponent n der Menge x verschiedene Werte annehmen kann. Es sei erwähnt, dass chemische Reaktionen nach ähnlichen Gesetzmäßigkeiten ablaufen; mit dem Exponenten n bezeichnet man dann die Ordnung einer Reaktion. Die Größe r in dem verallgemeinerten Ratenansatz wird Reaktionsgeschwindigkeitskonstante genannt; in ihr ist die Reaktionskinetik (wie rasch läuft eine Reaktion ab?) verborgen. Der Exponent n muss nicht notwendigerweise ganzzahlig sein. Je größer der Exponent n ist, umso rascher wächst die Menge x mit der Zeit t an. Für alle Exponenten n größer Eins liegt überexponentielles Wachstum vor; die Menge x wächst dann schon für endliche Zeiten über alle Grenzen.

Bisher war immer nur das Anwachsen der Menge x dargestellt, das Wachstum. Im Gegensatz dazu ist Abnahme „negatives" Wachstum. Der einzige Unterschied liegt darin, dass die Konstante r in dem Ratenansatz nunmehr negativ ist. In der Realität gibt es immer ein Nebeneinander von Wachstum und Abnahme. Ein Wachstum der Bevölkerung besagt, dass die Geburtenrate größer ist als die

Sterberate. Liegt wie derzeit in Deutschland (auch in Italien und Spanien) die Sterberate über der Geburtenrate, so schrumpft die Bevölkerung.

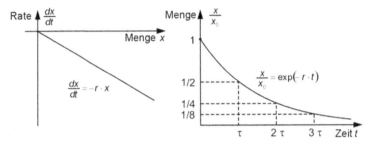

Abb. 2.7. Exponentielle Abnahme

Abb. 2.7 zeigt die exponentielle Abnahme. In dem exponentiellen Wachstumsgesetz nach Abb. 2.3 muss lediglich die Konstante r durch $-r$ ersetzt werden. Zur Charakterisierung der Abnahme wird, analog zur Verdopplungszeit beim Wachstum, die Halbwertszeit τ eingeführt. Das ist diejenige Zeit, nach der von der Ausgangsmenge gerade noch die Hälfte übrig ist. Ein Beispiel ist der radioaktive Zerfall.

Wir kehren nun zu den Wachstumsgesetzen zurück, um die Frage zu behandeln, wie Wachstum mit Begrenzung beschrieben werden kann. Denn in der Natur ist Wachstum stets begrenzt. Die Kapazität K eines Systems, etwa das Nahrungsangebot, begrenzt das Wachstum einer Spezies. Dies führt uns zu dem logistischen Wachstum, Abb. 2.8.

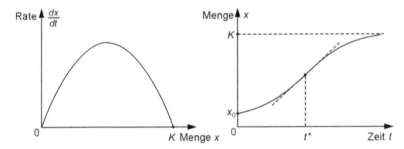

Abb. 2.8. Logistisches Wachstum

Der Ansatz

$$\frac{dx}{dt} = \dot{x} = rx\left(1 - \frac{x}{K}\right) \tag{2.6}$$

besagt, dass für Werte $x \ll K$ die Größe x zunächst exponentiell wächst und das Wachstum mit steigenden x-Werten ständig abnimmt. Zu der Zeit $t = t^*$ liegt maximales Wachstum vor, die Kurve $x(t)$ hat dort den steilsten Anstieg. Dieser nimmt anschließend wieder ab. Auch dieser Ansatz lässt sich geschlossen integrieren. Mit $x = x_0$ für $t_0 = 0$ folgt:

$$\frac{x}{x_0} = \frac{K/x_0}{1 + \left(\dfrac{K}{x_0} - 1\right)\exp(-rt)} \tag{2.7}$$

Für $t = 0$ wird $x = x_0$, für $t \to \infty$ wird $x = K$. Diese Beziehung geht auf Verhulst (1838) zurück, sie spielt in der Ökosystemforschung eine wichtige Rolle. Wir werden ihr später (im Abschnitt 5.2) wieder begegnen. Sie ist jedoch auch in vielen anderen Bereichen von Bedeutung.

Stellen wir uns eine Insel vor, auf der Kaninchen ausgesetzt werden. Diese werden sich anfangs exponentiell vermehren. Das endliche Nahrungsangebot der Insel wird das Wachstum jedoch begrenzen, und die Wachstumskurve wird in einen Endwert einmünden. Wir sprechen auch von einem organischen oder biologischen Wachstum, das Wort logistisch weist auf die Logistik hin. Die Wachstumskurve steigt immer steiler an, um dann nach einem Wendepunkt immer langsamer ansteigend in den Endwert einzumünden. Maximaler Anstieg der Wachstumskurve bedeutet größtes Wachstum.

Ein ähnliches Beispiel hierzu ist die Erhöhung der Arbeitsleistung und damit der Produktivität eines Arbeitnehmers durch imaterielle (Lob, Zuspruch) und materielle (Lohnerhöhung) Zuwendungen. Es ist einleuchtend, dass auch durch große Geldzuwendungen die Arbeitsleistung nur begrenzt gesteigert werden kann. Weiterhin gibt es Sättigungsgrenzen bei dem Absatz von Waren, Produkten und Dienstleistungen, wobei die Aufgabe der Werbung primär darin besteht, die Sättigungsgrenzen nach oben zu verschieben und weiteren „Bedarf" zu wecken.

Daneben gibt es eine zweite Art von Begrenzung, ein Wachstum mit Grenz- oder Schwellenwert. Ein Gummiband wird sich bei Belastung zunächst ausdehnen und bei weiter steigender Belastung reißen. Ein Fahrzeug wird bei zu hoher Kurvengeschwindigkeit von der Straße abkommen, ein Schiff mit zu großer Beladung wird sinken. Ein Ökosystem, etwa ein See, kann bei Überdüngung kippen oder Überfischung kann den Bestand ruinieren.

Wir haben soeben mit Gl. 2.6 eine gewöhnliche Differenzialgleichung (Dgl.) erster Ordnung diskutiert. Diese konnten wir nach Trennung der Variablen geschlossen integrieren, um den zeitlichen Verlauf $x(t)$ zu erhalten.

Wir wollen nun zu unserer Eingangsmeldung zurückkehren und fragen, ob sich diese Meldung zumindest prinzipiell durch eine Dgl. darstellen lässt. Für die zeitliche Entwicklung der Arbeitslosigkeit gibt es zahlreiche Ursachen, z.B. die Konjunktur der Weltwirtschaft, die Zinspolitik der Europäischen Zentralbank, die Investitionsneigung der Wirtschaft, die Nachfrage nach Konsumgütern und vieles andere mehr. Wollte man die zeitliche Entwicklung der Arbeitslosigkeit beschreiben, so müsste man die Ursachen in einem geeigneten *Modell* erfassen. Es gibt zweifellos Ursachen, die von der Zahl der Arbeitslosen völlig unabhängig sind, wie etwa der Preis des Rohöls auf dem Weltmarkt. Die Konsumneigung der

Bevölkerung wird dagegen bei hoher Arbeitslosigkeit deutlich geringer sein als bei niedriger. Wir erkennen an diesem Beispiel, dass es zwei Arten von Ursachen gibt: von der Variablen x unabhängige und von ihr abhängige.

Wenn man nun die Ursachen in geeigneter Weise modelliert (das ist die eigentliche Kunst), dann erhält man für den dynamischen Vorgang der zeitlichen Entwicklung der Variablen x eine Differenzialgleichung. Diese verknüpft die Ableitung der Variablen x (je nach Art des Modells die erste und/oder die zweite Ableitung) mit der Variablen x selbst in mehr oder weniger komplizierter Weise.

Die Aufstellung eines mathematischen Modells, dessen Lösung und anschließende Diskussion, steht nicht nur in den Ingenieurwissenschaften im Zentrum des (Forschungs-) Interesses. Dies gilt für Ökosysteme ebenso wie für Wirtschaftssysteme. Durch die rasante Entwicklung der Computer lassen sich auch komplexe Systeme auf handelsüblichen PCs mit numerischen Verfahren lösen.

Wir wollen an dieser Stelle eine Dgl. zweiter Ordnung behandeln, die freie ungedämpfte Schwingungen beschreibt. Hier verweisen wir auf Abschnitt 3.1 Mechanik, wo wir die Schwingungsgleichung

$$\ddot{x} + v^2 x = 0 \tag{2.8}$$

für ein mathematisches Pendel sowie ein Feder-Masse-Pendel herleiten werden, Gl. 3.25. In v^2 sind jeweils zwei charakteristische Eigenschaften des Pendels enthalten. Wir wollen an dieser Stelle deren Lösung angeben, um exemplarisch zu zeigen, wie konkrete gewöhnliche Dgln. gelöst werden.

Gl. 2.8 bedeutet, dass wir eine Funktion $x(t)$ suchen, die nach zweimaliger Ableitung sich selbst reproduziert und gleichzeitig das Vorzeichen umkehrt. Dies können nur die Funktionen sinus und cosinus, wobei die cosinus-Funktion eine um $\pi/2 = 90°$ verschobene sinus-Funktion ist.

Also besitzt die Schwingungsgleichung 2.8 die allgemeine Lösung

$$x(t) = A \cos vt + B \sin vt \tag{2.9}$$

Davon kann man sich überzeugen, indem man diesen Ansatz in die Dgl. 2.8 einsetzt. Sie ist dann identisch erfüllt. Weiter sieht man, dass aufgrund der zweimaligen Ableitung die Konstante in Gl. 2.8 zweckmäßigerweise quadratisch angesetzt wird.

Die Konstanten A, B folgen aus den Anfangsbedingungen. Zur Zeit $t = 0$ habe das Pendel die Anfangsauslenkung $x = x_0$ und die Anfangsgeschwindigkeit $\dot{x} = \dot{x}_0$. Daraus folgen $A = x_0$ und $B = \dot{x}_0/v$ (Übung!) und somit

$$x(t) = x_0 \cos vt + \frac{\dot{x}_0}{v} \sin vt \tag{2.10}$$

Die Lösung besteht aus der Überlagerung einer cos- und einer sin-Schwingung mit gleicher Frequenz, was wir benutzen können, um die Lösung 2.10 geschickter zu schreiben. Dazu führen wir eine neue Konstante C mit

$$x_0 = C\cos\varphi \quad \text{und} \quad \frac{\dot{x}_0}{v} = C\sin\alpha \quad \text{ein und erhalten}$$

$$x(t) = C(\cos\varphi\cos vt + \sin\varphi\sin vt).$$

Unter Verwendung eines Additionstheorems folgt

$$x(t) = C\cos(vt - \varphi) \tag{2.11}$$

wobei $\quad C = \sqrt{x_0^2 + \left(\dfrac{\dot{x}_0}{v}\right)^2} \quad$ und $\quad \tan\varphi = \dfrac{\dot{x}_0}{vx_0}$ (Übung!)

Gl. 2.11 beschreibt einen harmonisch periodischen Schwingungsvorgang mit der Amplitude C, der Phasenverschiebung φ und der Eigenfrequenz v, siehe Abb. 2.9.

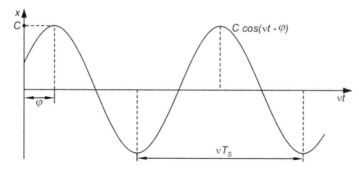

Abb. 2.9. Ungedämpfte Schwingung

Dabei ist die Schwingungszeit T_S die Dauer einer vollen Periode. Diese folgt aus

$$x(t + T_S) = C\cos[v(t + T_S) - \varphi] = C\cos[vt + 2\pi - \varphi] \quad \text{zu} \quad T_S = 2\pi/v$$

In Abschnitt 3.1 werden wir weiterhin die Schwingungsgleichung eines gedämpften Schwingers kennen lernen, Gl. 3.27. Diese lautet

$$\ddot{x} + 2\delta\dot{x} + v_0^2 x = 0 \tag{2.12}$$

Darin beschreibt der zweite Term die zur Geschwindigkeit $\dot{x}$ proportionale Dämpfung, die Abklingkonstante δ charakterisiert den Dämpfer.

Hier wird ein anderer Lösungsansatz zielführend sein als bei dem ungedämpften Schwinger. Darin liegt ja gerade die Kunst zu erkennen, *welcher* Lösungsansatz die jeweilige Dgl. sowie die Anfangsbedingungen erfüllt. Und genau diese Kunst wird in dem Ingenieurstudium in begleitenden Übungen zur Mathematik, Mechanik usw. entsprechend erlernt. Hier machen wir den Lösungsansatz

$x(t) = C\exp(\lambda t)$, denn die exp-Funktion reproduziert sich selbst bei jeder Ableitung. Eingesetzt in Gl. 2.12 folgt nach Division durch $C\exp(\lambda t)$ die charakteristische Gleichung $\lambda^2 + 2\delta\lambda + v_0^2 = 0$ mit den beiden Lösungen

$$\lambda_{1,2} = -\delta \pm \sqrt{\delta^2 - v_0^2} \qquad (2.13)$$

Damit lautet die allgemeine Lösung der Dgl. 2.12 als Linearkombination zweier partikulärer Lösungen

$$x(t) = A\exp(\lambda_1 t) + B\exp(\lambda_2 t) \qquad (2.14)$$

Zur Erläuterung: Da die quadratische Gleichung zwei Lösungen besitzt, liegen zwei sog. partikuläre Lösungen vor. Da die Dgl. 2.12 linear ist, erhalten wir die allgemeine Lösung als Summe beider Partikulärlösungen. Dabei werden die Konstanten A, B aus den Anfangsbedingungen ermittelt.

Das Verhalten des gedämpften Schwingers hängt entscheidend von dem Vorzeichen des Radikanden $\left(\delta^2 - v_0^2\right)$ in Gl. 2.13 ab. Man unterscheidet vier Fälle:

    a)   Keine Dämpfung, d.h. $\delta = 0$

Damit folgt $\lambda_1 = -\lambda_2 = iv_0$, wobei $i = \sqrt{-1}$. Daraus folgt die schon diskutierte Lösung 2.11 des ungedämpften Schwingers. Man kann dies nicht unmittelbar sehen. Wir verzichten an dieser Stelle darauf, diesen (allein rechentechnischen) Übergang zu zeigen und verweisen auf entsprechende Lehrbücher. Denn uns werden hier besonders die Fälle b) und d) interessieren.

    b)   Schwache Dämpfung, d.h. $\delta^2 < v_0^2$

Damit werden λ_1, λ_2 konjugiert komplex. Mit der Abkürzung $v^2 = v_0^2 - \delta^2 > 0$ lauten die konjugiert komplexen Lösungen nach Gl. 2.13
$$\lambda_{1,2} = -\delta \pm iv$$
Dies eingesetzt in die allgemeine Lösung 2.14 ergibt, wobei die Konstanten zweckmäßigerweise umbenannt werden,
$$x(t) = E\exp[(-\delta + iv)t] + F\exp[(-\delta - iv)t]$$
$$= \exp(-\delta t)[E\exp(ivt) + F\exp(-ivt)]$$
Unter Verwendung der Eulerschen Formel (diese folgt aus einem Potenzreihenvergleich der Exponentialfunktion- und Trennung in Real- und Imaginärteil mit den Potenzreihen für die cos- und sin-Funktion)

$$\exp(ivt) = \cos(vt) + i\sin(vt)$$
$$\exp(-ivt) = \cos(vt) - i\sin(vt) \text{ folgt}$$
$$x(t) = \exp(-\delta t)[E(\cos vt + i\sin vt) + F(\cos vt - i\sin vt)]$$
$$= \exp(-\delta t)[(E + F)\cos vt + i(E + F)\sin vt]$$

Auch hier kann wie bei dem ungedämpften Schwinger durch Einführen neuer Konstanten C und φ an Stelle von E und F bzw. A und B

$$A = E + F = C\cos\varphi$$
$$B = i(E - F) = C\sin\varphi \qquad \text{und somit}$$
$$C = \sqrt{A^2 + B^2} \qquad \text{und} \quad \tan\varphi = \frac{B}{A}$$

und unter Verwendung eines Additionstheorems die Lösung $x(t)$ vereinfacht werden zu

$$x(t) = C\exp(-\delta t)\cos(vt - \varphi) \qquad (2.15)$$

Für $\delta = 0$, d.h. keine Dämpfung, folgt die schon bekannte Lösung 2.11. Gl. 2.15 beschreibt eine Schwingung, deren Amplitude exponentiell mit wachsender Zeit abklingt, Abb. 2.10.

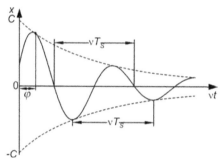

Abb. 2.10. Schwach gedämpfte Schwingung

Man kann weiter zeigen, worauf wir hier verzichten, dass die Schwingungsdauer T_S mit zunehmender Dämpfung ansteigt.

   c)   *Grenzfall* $\delta^2 = v_0^2$

Mit $\lambda_1 = \lambda_2 = -\delta$ erhalten wir eine reelle Doppelwurzel. Dieser Fall wird nicht weiter behandelt.

   d)   *Starke Dämpfung*, d.h. $\delta^2 > v_0^2$

Damit werden die Wurzeln λ_1 und λ_2 zu

$$\lambda_{1,2} = -\delta \pm \sqrt{\delta^2 - v_0^2}$$

und somit reell und negativ. Die Auslenkung

$$x(t) = A\exp(\lambda_1 t) + B\exp(\lambda_2 t)$$

nimmt mit wachsender Zeit exponentiell ab. Das ist kein Schwingungsvorgang mehr im eigentlichen Sinne, sondern eine aperiodische Dämpfung. Aus den Anfangsbedingungen folgen mit

$$x(t=0) = x_0 = A + B \qquad \text{und} \qquad \dot{x}(t=0) = \dot{x}_0 = A\lambda_1 + B\lambda_2$$

die Konstanten A, B zu

$$A = \frac{x_0\lambda_2 - \dot{x}_0}{\lambda_2 - \lambda_1} \; ; \; B = \frac{x_0\lambda_1 - \dot{x}_0}{\lambda_2 - \lambda_1}$$

und die Lösung der Schwingungsgleichung wird damit

$$x(t) = \frac{1}{\lambda_2 - \lambda_1}\left[\left(x_0\lambda_2 - \dot{x}_0\right)\exp\left(-\lambda_1 t\right) - \left(x_0\lambda_1 - \dot{x}_0\right)\exp\left(\lambda_2 t\right)\right] \qquad (2.16)$$

Abb. 2.11 zeigt die Lösung für eine gegebene Anfangsauslenkung x_0 und verschiedene Anfangsgeschwindigkeiten $\dot{x}_0$.

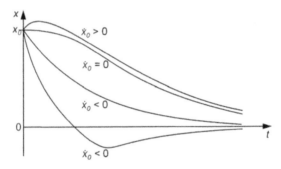

Abb. 2.11. Stark gedämpfte Schwingung

Mit der Behandlung des gedämpften und des ungedämpften Schwingers sollte verdeutlicht werden, dass gewöhnliche Dgln. in der Technik eine sehr wichtige Rolle spielen. Wir werden in Abschnitt 3.1 mit der Dgl. der Biegelinie 3.17 eines Balkens ein weiteres Beispiel kennen lernen und dort entsprechend lösen.

Mit dem letzten Beispiel, der ungedämpften und der gedämpften Schwingung, habe ich die Geduld der Leser arg strapaziert. Dies geschah nicht ohne Grund, wollte ich doch zeigen, dass ohne Mathematik in der Technik „nichts geht". Schwingungslehre ist ein Paradebeispiel in der Mechanik (Abschnitt 3.1), ebenso wie in der Elektrotechnik (Abschnitt 3.4). Die technische Bedeutung der Schwingungen liegt auf der Hand, exemplarisch seien hier aufgelistet: Unwuchten, Eigenfrequenzen, Anregung, Regelung an Fahrzeugen, Schwappen von Treibstoff in Tanks. Sie glauben kaum, wie sich in dem großen Tank eines Motorrades Typ Enduro bei halber Füllung diese aufschaukeln kann!

Alle in Kapitel 3 zu behandelnden technischen Grundlagen sind von Mathematik durchdrungen, was an der Stelle deutlich werden wird. Für die technischen Vertiefungen, Kapitel 4, gilt diese Aussage in ähnlicher Weise. Wir werden jedoch im vierten Kapitel auf Mathematik verzichten und uns auf anschauliche Erläuterungen beschränken. Angst vor Mathematik? Warum eigentlich? Die Mathematik ist wunderschön, sie ist spannend und intellektuell sehr anregend! Nur guter

„Schrauber" zu sein (am Motorrad, Auto, Radio, Segelflugzeug, Segelboot) reicht nicht aus, ein guter Ingenieur zu werden. Zurück zum Thema.

In Abschnitt 5.2 werden wir anhand einer Einführung in Ökosysteme die Behandlung von gekoppelten gewöhnlichen Dgln. kennen lernen, deren Lösung zumeist nur mit numerischen Verfahren möglich ist. Hier gibt es Standard-Methoden wie etwa das Runge-Kutta-Verfahren, das ich nur andeutungsweise schildern möchte.

Die numerische Rechnung läuft hier wie folgt ab. Mit gegebenen Anfangswerten zu der Zeit t_0 wird das Gleichungssystem für den Zeitpunkt $t_1 = t_0 + \Delta t$ gelöst, wobei das Zeitintervall Δt „hinreichend klein" gewählt werden muss. Wie klein, das lernen die Studenten in den Vorlesungen über Numerische Mathematik. Dort lernen sie auch, wie man geschickte iterative Verbesserungen verwendet, um die Rechnungen zu beschleunigen. Die für den neuen Zeitpunkt t_1 gewonnenen Lösungen sind nun ihrerseits die Startwerte für den nächsten Zeitschritt Δt ; die Rechnung läuft in analoger Weise ab. Dies hört sich mühsam und langwierig an und ist es auch, wenn man versucht, es „von Hand" zu lösen; der Computer erledigt dies jedoch unglaublich rasch.

Bislang haben wir nur Probleme behandelt, bei denen die abhängige Variable (hier x) nur von *einer* unabhängigen Variablen (hier t) abhängt. Derartige Fälle werden durch gewöhnliche Dgln. beschrieben.

Stellen wir uns als gesuchte Größen beispielsweise Temperatur, Druck, Dichte, Feuchte und Geschwindigkeit der Luft vor, so hängen diese von der Zeit t und vom Ort ab. Im Falle der Meteorologie wäre der Ort durch die drei Koordinaten geographische Länge und Breite sowie Höhe beschrieben. Somit sind die abhängigen Variablen wie Temperatur usw. als Funktion von vier unabhängigen Variablen gesucht.

In Vorlesungen über „höhere" Strömungsmechanik wird behandelt, wie die Bilanzgleichungen für Masse, Impuls und Energie für diese Fragestellung aussehen. Sie führen auf ein System von nichtlinearen partiellen Dgln. zweiter Ordnung. Hier interessiert uns der Begriff partiell. Er bedeutet, dass eine gesuchte Funktion f von mindestens zwei Variablen x und y abhängt. Diesen Fall stellen wir uns nun vor und erkennen anhand der Abb. 2.12, dass $f(x, y)$ eine Fläche über der x, y-Ebene darstellt.

Um von der Stelle f auf der Fläche $f(x, y)$ zu einer Stelle $f + df$ zu gelangen, können wir etwa zunächst parallel zur x-Achse und somit y = konstant eine (kleine) Wegstrecke dx voranschreiten, anschließend parallel zur y-Achse und somit x = konstant eine (kleine) Strecke dy weitergehen. Reihenfolge und Anzahl der Schrittstufen sind beliebig. In jedem Fall müssen wir partielle Steigungen in zwei Richtungen x und y überwinden, um vom Ort f zu $f + df$ zu gelangen.

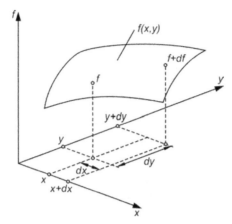

Abb. 2.12. Zur Erläuterung des totalen Differenzials

Die Änderung von f beim Fortschreiten

– nur in x-Richtung ist $\dfrac{\partial f}{\partial x}\,dx$

– nur in y-Richtung ist $\dfrac{\partial f}{\partial y}\,dy$

Diese addieren sich zur Gesamtänderung df, die wir das totale Differenzial von f nennen:

$$df = \frac{\partial f}{\partial x}\,dx + \frac{\partial f}{\partial y}\,dy \qquad (2.17)$$

Dabei ist ∂ das Symbol für eine partielle Ableitung nur in einer Richtung, während die jeweils andere Richtung konstant bleibt.

Auf eine mathematische Präzisierung muss hier verzichtet werden. Hinter dieser „Plausibilitätsbetrachtung" steckt ein Grenzübergang: Für endliche Werte von dx und dy sind sie nur näherungsweise richtig, sie werden asymptotisch für dx und $dy \to 0$ exakt. Die Existenz eines totalen Differenzials df besagt, dass der Schritt von f zu $f + df$ wegunabhängig erfolgt.

Hängt die Funktion f nicht nur von zwei, sondern von mehreren Variablen ab, so müssen die Überlegungen entsprechend erweitert werden. Es sei die Temperatur T eine Funktion von Zeit t und Ort x, y, z. Somit ist

$$dT = \frac{\partial T}{\partial t}\,dt + \frac{\partial T}{\partial x}\,dx + \frac{\partial T}{\partial y}\,dy + \frac{\partial T}{\partial z}\,dz \qquad (2.18)$$

das totale Differenzial von $T\left(x,y,z,t\right)$.

Wir wollen jetzt am Beispiel der Meteorologie eine weitere Komplikation behandeln. Die Zustandsgrößen Temperatur T und Druck p sind skalare Größen, sie sind durch die Angabe einer Maßzahl und ihrer Dimension hinreichend bestimmt, etwa $T = 20°C$ und $p = 1015\,hPa$.

Anders verhält es sich mit der Luftgeschwindigkeit. Diese ist durch Betrag, Dimension *und* Richtung gekennzeichnet, etwa 8 Bf aus Nordost. Derartige Größen nennen wir Vektoren, gekennzeichnet durch Fettdruck. Beispiele für Vektoren sind Wegstrecke x, Geschwindigkeit v, Beschleunigung a, Kraft F, Moment M und Drall L, diese werden wir in Mechanik, Abschnitt 3.1, kennen lernen.

Mit Skalaren kann man wie mit gewöhnlichen Zahlen rechnen; man kann sie addieren, multiplizieren usw. Will man etwa zwei Vektoren addieren oder subtrahieren, so muss dies komponentenweise geschehen. So ist etwa die Geschwindigkeit einer Segelyacht über Grund die vektorielle Summe aus der Geschwindigkeit durch das Wasser und der Strömungsgeschwindigkeit des Wassers über Grund. Analoges gilt für Kräfteparallelogramme. Das ist unmittelbar einleuchtend.

Acht geben muss man bei der Frage, wie man zwei Vektoren multipliziert. Dabei unterscheiden wir das Innen- und das Außenprodukt, was wir uns anschaulich verdeutlichen wollen, Abb.2.13.

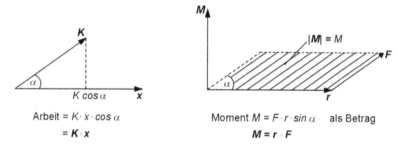

Abb. 2.13. Innen- und Außenprodukt zweier Vektoren

Die Definition der Arbeit führt uns zu dem Innenprodukt oder Skalarprodukt, denn die Aussage Arbeit = Kraft mal Weg ist unzureichend. Sie muss präzise lauten: Arbeit = Kraft mal Weg in Kraftrichtung. Für $\alpha = 0°$ wird die Arbeit maximal, für $\alpha = 90°$ wird sie Null.

Man schreibt das Innenprodukt zweier Vektoren a und b als

$$a \cdot b = (ab) = ab\cos\alpha \tag{2.19}$$

Das Ergebnis ist ein Skalar.

Die Definition des Momentes führt uns zu dem Außenprodukt oder Vektorprodukt. Die Aussage Moment = Kraft mal Hebelarm gilt nur, wenn die Kraft senkrecht an dem Hebelarm angreift. Das weiß jedes Kind, das Radfahren lernt, intuitiv. Man schreibt das Außenprodukt zweier Vektoren a und b als

$$a \times b = [ab] = c \quad ; \quad c = ab\sin\alpha \qquad\qquad (2.20)$$

Das Ergebnis ist ein Vektor c mit dem Betrag $c = ab\,\sin\alpha$. Dabei steht c senkrecht auf der von a, b aufgespannten Ebene, d.h. a, b, c bilden ein Rechtssystem. Das Außenprodukt wird für $\alpha = 90°$ maximal, für $\alpha = 0°$ wird es Null. Das Moment M einer Kraft F mit dem Hebelarm r ist ein Vektor.

Innen- und Außenprodukt sind Beispiele aus der Vektoralgebra. Wollen wir jedoch Methoden der Differenzial- und Integralrechnung auf Vektorfelder anwenden, so führen uns diese Fragen zu den Operatoren Divergenz, Gradient und Rotation. Diese sind in der Strömungsmechanik und der Elektrodynamik von Bedeutung. Wir sprechen dann von Vektoranalysis, worauf wir in Abschnitt 3.4 kurz eingehen werden.

Ebenso wollen wir ebenfalls nur kurz erwähnen, dass es oberhalb von Skalaren und Vektoren weitere physikalische Größen gibt, die Tensoren. In Mechanik, Abschnitt 3.1, werden wir den Spannungstensor und den Trägheitstensor kennen lernen. Auch hierfür existieren spezielle Rechenregeln, auf die wir nicht eingehen.

Wir haben damit die *erste Meldung* „Der Anstieg der Arbeitslosigkeit in Deutschland hat sich im letzten Halbjahr verringert" hinreichend ausgewalzt, wobei wir die Bereiche

– Differenziale sowie gewöhnliche Dgln.
– partielle und totale Differenziale sowie partielle Dgln.
– Vektoralgebra und Vektoranalysis sowie
– komplexe Zahlen

exemplarisch kennen gelernt haben. Vertiefungen hierzu werden in den technischen Grundlagen, Kapitel 3, sowie in Abschnitt 5.2 folgen.

Zweite Meldung: „In dem Land X hat sich im vergangenen Jahr die Einkommensverteilung zugunsten der Reichen verschoben, wodurch die soziale Ungerechtigkeit zugenommen hat."

Diese Aussage führt uns zu Verteilungsfunktionen und damit zur Statistik und Wahrscheinlichkeitsrechnung. Einkommensverteilungen sind in den Wirtschafts- und Sozialwissenschaften interessierende Indikatoren. Wir wollen hier eine technische Fragestellung mit einem Umweltbezug zum Ausgangspunkt unserer Überlegungen machen: Den Partikelfilter für Dieselmotoren.

Dabei soll es hier um die Frage gehen, welche Eigenschaften von festen Partikeln (es gibt auch flüssige Partikeln wie Nebel und Tropfen) von Bedeutung sind, wenn wir mit technischen Anlagen wie Filtern, Sieben, Windsichtern, Zyklonen und Staubabscheidern die Luft, Abgase oder Abwässer reinigen wollen. Es leuchtet unmittelbar ein, dass hier ein direkter Bezug zur Umweltschutztechnik gegeben ist.

Zur Charakterisierung von Partikelgrößenverteilungen unterscheidet man zwei Mengenmaße, das Summenmaß Q_r und das Dichtemaß q_r. Dabei stehen q, Q für den englischen Begriff quantity, der Index r bezeichnet die jeweils betrachtete Partikelart.

Tragen wir die Mengenmaße Q und q über dem Partikeldurchmesser x auf, so erhalten wir zwei Verteilungskurven, die wir im Folgenden diskutieren wollen. Zuvor müssen wir jedoch noch sagen, was wir mit Partikeldurchmesser meinen. Wären die Partikeln ideale Kugeln, dann wäre der Fall klar. Aber realiter sind sie mehr oder weniger unregelmäßig geformt.

Aus diesem Grund werden sogenannte Äquivalentdurchmesser definiert. Darunter versteht man den Durchmesser einer Kugel, die bei der Ermittlung eines bestimmten Partikelmerkmals dieselben physikalischen Eigenschaften (z.B. Sehnenlänge, Umfang, Oberfläche, Volumen, Masse, Sinkgeschwindigkeit, usw.) aufweist wie die unregelmäßig geformte Partikel. Geometrische Äquivalentdurchmesser lassen sich je nach Messgröße unterschiedlich definieren, doch darauf gehen wir hier nicht ein.

Die Verteilungsfunktionen müssen experimentell ermittelt werden, Abb. 2.14 zeigt typische Verläufe. Wir werden Fragen der physikalischen und chemischen Analytik, der Messtechnik und deren Auswertung in einem eigenen Abschnitt 6.6 behandeln. An dieser Stelle wollen wir die Darstellung diskutieren.

Die Summen-Verteilungskurve $Q_r(x)$ ist dimensionslos. Sie gibt die auf die Gesamtmenge bezogene Menge aller Partikeln mit Durchmessern an, die kleiner oder gleich x sind. So bedeutet x_{50}, dass 50% aller Partikeln einen Durchmesser kleiner oder gleich x_{50} haben.

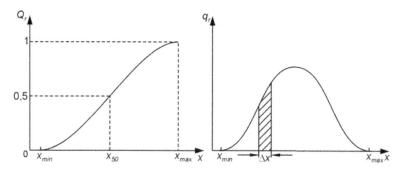

Abb. 2.14. Summen- und Dichte-Verteilungsfunktion

Die Summen-Verteilungskurve $Q_r(x)$ liegt zwischen dem minimalen und dem maximalen Durchmesser der Partikeln. Es gilt die Normierungsbedingung $Q_r(x = x_{\max}) = 1$. Die Ableitung der Summenkurve $Q_r(x)$ wird Dichte-Verteilungsfunktion genannt:

$$q_r(x) = \frac{dQ_r(x)}{dx} \qquad (2.21)$$

Sie besitzt in vielen Fällen die dargestellte Glockenform, wobei eine Verteilung nicht unbedingt immer symmetrisch ist. Die schraffierte Fläche stellt den im Intervall Δx enthaltenen Mengenanteil ΔQ_r der Partikeln mit Durchmessern zwischen x und $x + \Delta x$ dar. Die Fläche unterhalb der Dichte-Verteilungsfunktion ist aufgrund der Normierungsbedingung gleich eins, denn alle Partikeln liegen zwischen $x_{\min}$ und $x_{\max}$:

$$Q_r(x_{\max}) = \int_{x_{\min}}^{x_{\max}} q_r(x)dx = 1 \tag{2.22}$$

Verteilungskurven verlaufen nicht notwendigerweise stetig, wie hier dargestellt wurde. Mitunter werden Intervalle Δx_i von Merkmalen gebildet. Wenn wir etwa die Frage stellen, wie viele Studenten nach einer Mathematikklausur die Noten 1, 2, 3, 4 oder 5 (oder mit + und – noch feiner unterteilt) erhalten haben, so folgt die Verteilungsfunktion als Säulendiagramm, auch Histogramm genannt, Abb. 2.15.

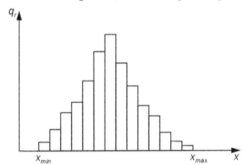

Abb. 2.15. Histogramm einer Dichte-Verteilungsfunktion

In diesem Fall würde die Summen-Verteilungsfunktion treppenförmig verlaufen. Merkmalsintervalle finden sich häufig bei sozialwissenschaftlichen Fragestellungen, als Beispiel sei die Bevölkerungspyramide genannt.

Beide Arten der Darstellung, entweder als Summen-Verteilungsfunktion $Q_r(x)$ oder als Dichte-Verteilungsfunktion $q_r(x)$, geben die Ergebnisse einer Partikelanalyse wieder. Sie enthalten alle für die weitere Auswertung benötigten Informationen.

In guter Näherung lässt sich bei Sanden und vielen Mahlgütern die Dichte-Verteilungsfunktion analytisch durch die Glockenkurve nach Gauß (1777–1855) beschreiben, Abb. 2.16. Diese nennt man auch (Fehler-) Normalverteilung, die nicht nur in Naturwissenschaft und Technik, sondern auch bei vielen anderen statistischen Untersuchungen vorkommt.

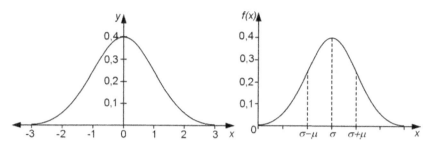

Abb. 2.16. Normalverteilung, Glockenkurve nach Gauß

Wir fanden diese Funktion auf unserem alten Zehnmarkschein, der vor dem Erscheinen dieses Buches gültig war, in der Form:

$$f(x) = \frac{1}{\sigma\sqrt{2\pi}} \exp\left[-\frac{(x-\mu)^2}{2\sigma^2}\right] \tag{2.23}$$

Darin bedeuten μ den Erwartungswert und σ^2 die Varianz der Verteilung. Die normierte Form der Normalverteilung lautet

$$\varphi(x) = \frac{1}{\sqrt{2\pi}} \exp\left(-\frac{x^2}{2}\right) \tag{2.24}$$

Bezüglich weiterer Erläuterungen sei auf entsprechende Lehrbücher insbesondere über Statistik verwiesen. Verteilungsfunktionen sind in den Naturwissenschaften häufig anzutreffen. Hierzu seien zwei Beispiele aus der Physik gezeigt.

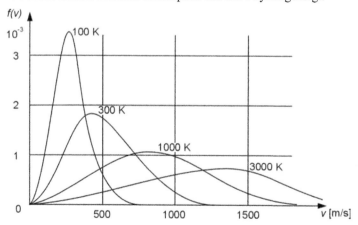

Abb. 2.17. Maxwell-Verteilung der Molekülgeschwindigkeiten für Luft

Die mittlere Molekülgeschwindigkeit in Gasen wächst in etwa proportional mit der Wurzel aus der absoluten Temperatur. Das hat energetische Gründe, wie wir später in Abschnitt 3.3 Strömungsmechanik erkennen können. Für Luft bei Normalbedingungen liegt der Wert bei etwa 500 m/s. Die Abb. 2.17 zeigt die von der absoluten Temperatur T abhängige Verteilungsfunktion, die sog. Maxwell-Verteilung. Das Maximum der Verteilung wird mit zunehmender Temperatur zu höheren Molekülgeschwindigkeiten verschoben.

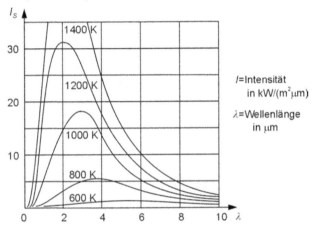

Abb. 2.18. Energieverteilung eines schwarzen Strahlers nach dem Planck'schen Gesetz

Der sogenannte schwarze Strahler hat die höchste Emission und Intensität, die von keinem anderen Wärmestrahler übertroffen wird. Es spielt daher eine ausgezeichnete Rolle. Die abgestrahlte Energie hängt stark von der Wellenlänge ab, Abb. 2.18.

Die Sonnenoberfläche hat eine Temperatur von knapp 6000 K. Sie hat ihr Maximum im Wellenlängenbereich des sichtbaren Lichts zwischen 0,36 und 0,78 μm. Deswegen sind unsere Augen ja so gebaut. Der Draht einer Glühbirne kann nicht annähernd so heiß werden, weil er sonst verdampfen würde. Daher wird über 90% der elektrischen Energie einer Glühlampe zum Heizen vergeudet, nur 10% tragen zum Beleuchten bei.

Die Fläche unter der Kurve des Intensitätsspektrums entspricht der abgestrahlten Energie $E(T)$, wobei $E(T) = \sigma T^4$ ist. Darin ist die Stefan-Boltzmann-Konstante σ eine der Grundkonstanten der Physik.

Nach diesem kleinen Ausflug in die Physik kehren wir zu dem Text der „zweiten Meldung" zurück, um mit Abb. 2.19 die Kluft zwischen der Ersten und der Dritten Welt, zwischen Reich und Arm, durch eine Verteilung ökonomischer und sozialer Indikatoren darzustellen.

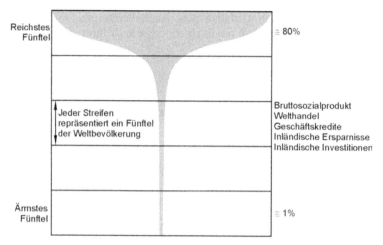

Abb. 2.19. Kluft zwischen Arm und Reich in Prozentanteilen verschiedener Indikatoren, in Anlehnung an Nuscheler F (1996) Lern- und Arbeitsbuch Entwicklungspolitik. Dietz, Bonn

Das ärmste Fünftel der Welt ist an den relevanten ökonomischen Indikatoren mit etwa 1% beteiligt, das reichste Fünftel mit mehr als 80%. Entsprechende Daten hierzu sind in dem Human Development Report der UNDP zu finden, der jährlich erscheint.

Dritte Meldung: „Die drei Ortschaften *A*, *B* und *C* haben den Bau einer gemeinsamen Kläranlage beschlossen. Dabei soll der Standort so gewählt werden, dass die Länge der drei Rohrleitungen minimal wird."

Hier handelt es sich um ein typisches Problem der Variationsrechnung. Es geht dabei immer um die Suche nach einer optimalen Strategie. Vorbereitend wollen wir ein einfaches schon auf Heron von Alexandria zurückgehendes Problem behandeln, das geometrisch gelöst werden kann, Abb. 2.20.

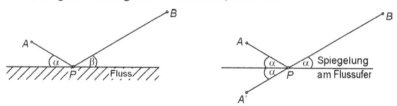

Abb. 2.20. Suche nach dem kürzesten Weg

Ein Cowboy möchte bei Anbruch der Dämmerung vom Weidegrund *A* zur Ranch *B* reiten, muss zuvor jedoch sein Pferd am Fluss tränken. Nach welcher Strategie wird sein Heimweg $\overline{AP} + \overline{PB}$ minimal? Gesucht ist also die optimale Lage des Punktes *P* am Flussufer.

Die Hilfsskizze zeigt die Lösung. *A'* wird durch Spiegelung von *A* am Flussufer gewonnen. Die kürzeste Verbindung ist die Gerade $\overline{A'B}$. Somit muss $\alpha = \beta$

werden, d.h. Einfalls- gleich Ausfallswinkel. Auch die Beugung eines Lichtstrahls kann durch ein Extremalprinzip beschrieben werden, es führt uns zu dem Snelliusschen Brechungsgesetz, Abb. 2.21.

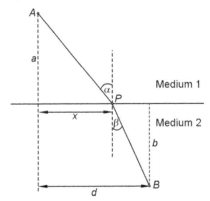

Abb. 2.21. Brechungsgesetz nach Snellius

Die Ausbreitungsgeschwindigkeit des Lichtes hat im Vakuum mit $c = 3 \cdot 10^8 \, \text{m/s}$ ihren größten Wert. Das Verhältnis der Lichtgeschwindigkeit c im Vakuum zur Lichtgeschwindigkeit v im Medium ist der Brechungsindex $n = c/v$, er ist stets > 1.

Das Licht legt den Weg zwischen den Punkten A und B in möglichst kurzer Zeit zurück. Es sei v_1 die Ausbreitungsgeschwindigkeit des Lichtes im Medium 1, entsprechend v_2 im Medium 2. Mit ein wenig Geometrie wird aus

$$t_1 = \frac{\overline{AP}}{v_1} \qquad \text{und} \qquad t_2 = \frac{\overline{PB}}{v_2} \qquad \text{mit}$$

$$\overline{AP}^2 = a^2 + x^2 \qquad \text{und} \qquad \overline{PB}^2 = b^2 + (d-x)^2$$

$$t_1 + t_2 = \frac{1}{v_1}\sqrt{a^2 + x^2} + \frac{1}{v_2}\sqrt{b^2 + (d-x)^2} = f(x)$$

Die Gesamtzeit $t_1 + t_2$ soll minimiert werden, dabei hängt die Lage des Punktes P nur von x ab. Also müssen wir df/dx bilden und gleich Null setzen. Es folgt

$$0 = \frac{x}{v_1\sqrt{a^2 + x^2}} - \frac{d-x}{v_2\sqrt{b^2 + (d-x)^2}} = \frac{x}{v_1\overline{AP}} - \frac{d-x}{v_2\overline{PB}} \qquad \text{und somit}$$

$$0 = \frac{\sin\alpha}{v_1} - \frac{\sin\beta}{v_2} \qquad \text{oder} \qquad \frac{\sin\alpha}{\sin\beta} = \frac{v_1}{v_2} = \frac{n_2}{n_1}$$

Das ist das Brechungsgesetz nach Snellius (1618). Ist $n_2 > n_1$, so nennen wir das Medium 2 optisch dichter als Medium 1. Dringt ein Lichtstrahl aus der Luft

(Medium 1) in Wasser (Medium 2) ein, so wird er zur Oberflächennormalen hin gebrochen, es wird $\beta < \alpha$ wie in Abb. 2.21 dargestellt.

Nach diesen Vorbereitungen kommen wir auf unsere „dritte Meldung" zurück. Es sei P der gesuchte Ort der Kläranlage. Dabei soll die Summe der drei Strecken $\overline{AP} + \overline{BP} + \overline{CP}$ minimal werden, Abb.2.22.

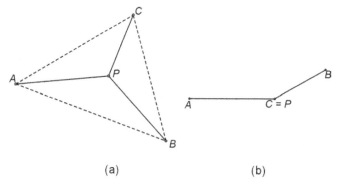

(a)   (b)

Abb. 2.22. Suche nach dem optimalen Standort

Dieses Problem kann ebenfalls noch geometrisch gelöst werden. Wir wollen hier nur die Lösung angeben. Diese hängt davon ab, wie die Punkte A, B, C zueinander liegen. Mit den Punkten A, B, C können wir ein Dreieck aufspannen. Sind alle Winkel in dem Dreieck kleiner als 120°, dann liegt P innerhalb des Dreiecks und zwar so, dass die Winkel APC, APB und BPC alle gleich sind und damit 120° betragen (Fall a). Ist jedoch in dem Dreieck ein Winkel 120° oder größer, etwa der bei C, dann stimmt P mit diesem Punkt, hier C, überein.

Mit ein wenig Fantasie lassen sich weitere Beispiele finden. Wie soll ein Straßennetz mit möglichst geringer Straßenlänge gebaut werden, das drei oder mehr Orte miteinander verbindet? Deutlich komplizierter wird das Problem, wenn sog. Nebenbedingungen zu erfüllen sind. Etwa wenn Hindernisse umgangen werden müssen, oder wenn etwa Naturschutzgebiete mit einer hohen ökologischen Sensibilität betroffen sind, Abb. 2.23.

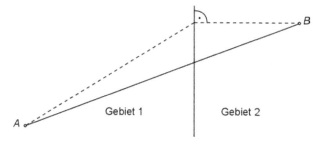

Abb. 2.23. Optimale Streckenführung bei unterschiedlicher ökologischer Befindlichkeit

Haben beide Gebiete die gleiche Befindlichkeit, dann ist die direkte Verbindung von A und B optimal. Ist die Sensibilität des Gebietes 2 sehr viel größer als die des Gebietes 1, dann wird die gestrichelte Variante optimal sein. Sie weist den kürzesten Weg in der Region 2 aus, hat aber den längsten Gesamtweg.

Im Realfall wird eine optimale Lösung zwischen den skizzierten Varianten liegen. Die Behandlung eines derartigen Variationsproblems kann etwa so erfolgen, dass die Bereiche 1 und 2 durch unterschiedliche ökologische Widerstände, analog zu Ohmschen Widerständen in der Elektrotechnik, beschrieben werden.

Realiter treten stets Nebenbedingungen auf. Wir haben an dieser Stelle technische Fragestellungen behandelt. Es ist aber unmittelbar einleuchtend, dass etwa Fragen wie optimaler Einsatz von Menschen, Maschinen und Material bei Produktionsprozessen im Mittelpunkt des unternehmerischen Interesses stehen. In der Ökonomie wird dieser Bereich als Unternehmensforschung, meist englisch Operations Research, bezeichnet. Es ist die Wissenschaft, die sich mit der (optimalen) Lösung von ökonomischen und technischen Fragestellungen befasst und dabei mathematische Methoden anwendet.

2.2 Informatik

Keine andere wissenschaftliche Disziplin ist so stark gleichzeitig Subjekt und Objekt des technischen Wandels, der offenbar mit ständig zunehmender Beschleunigung abläuft, wie die Informatik. Die Informatik ist geradezu ein Lehrbuchbeispiel für die Interaktion zwischen den Treibern dieser Dynamik. Denn wer treibt hier eigentlich wen?

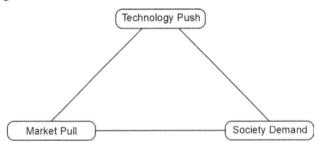

Abb. 2.24. Die Treiber technischer Innovationen

Die Technik drückt, der Markt zieht und die Gesellschaft fordert, so kann man dies übersetzen, Abb. 2.24. Wir sollten uns hier sogleich an die Dominanz englischer Begriffe gewöhnen, ebenso an international geläufige Abkürzungen wie IT (Information Technologies), wobei hier der deutsche Begriff die gleiche Abkürzung liefert. Der deutsche Terminus IuK = Informations- und Kommunikationstechnologien wird wohl verschwinden.

Dies ist nicht der Ort, über die zunehmende Dominanz der englischen Sprache zu lamentieren. Vielleicht wäre die Entwicklung anders verlaufen, wenn Bill Gates, Steve Jobs und all die anderen aus dem Silicon Valley Chinesen oder Franzosen gewesen wären.

Die Informatik ist weiter ein exzellentes Anschauungsbeispiel für das Zusammenwirken von Naturwissenschaft und Technik. Die Auffassung, Technik sei angewandte Naturwissenschaft, ist ebenso weit verbreitet wie falsch. Natürlich ist sie das auch. Aber weit häufiger ist bislang der umgekehrte Fall: Die Technik treibt die Naturwissenschaft. Experimentelle Naturwissenschaft ist angewandte Technik, darauf werden wir in Abschnitt 6.6 Analytik, Messtechnik und Auswertung gesondert eingehen.

Jahrhunderte lang gab es nur zwei Wege zum Erkenntnisgewinn, die Theorie und das Experiment. Aus naturwissenschaftlichen Grundgesetzen wie dem Satz von der Energieerhaltung oder dem Impulssatz lassen sich konkrete Probleme lösen, wir sprechen von Deduktion. Andererseits sind gerade die Naturgesetze die konzentrierteste Form aller Erfahrungen. Sie sind aus unzähligen Experimenten gewonnen. Wir sprechen von Induktion. Aus vielen Beobachtungen wird auf allgemeingültige Zusammenhänge geschlossen. Für Studienanfänger mag das überraschend klingen. Aber der Satz von der Energieerhaltung kann ebenso wenig bewiesen werden wie der Impulssatz. Deswegen gibt es immer noch Bastler und Tüftler, die (natürlich vergebens) ein perpetuum mobile realisieren wollen.

Der Siegeszug des Computers hat einen dritten Weg möglich gemacht, die Simulation, Abb. 2.25. Dabei machen wir uns ein Modell von der Realität, um aus diesem Modell entsprechende Folgerungen zu ziehen. Diese Vorgehensweise ist prinzipiell nicht neu, der Computer erlaubt jedoch die numerische Behandlung außerordentlich komplexer Modelle. Beispiele hierfür sind Modelle in der Klimaforschung, der Wirtschaft (die Ökonometrie), der Technik und vielen anderen Bereichen der Naturwissenschaften.

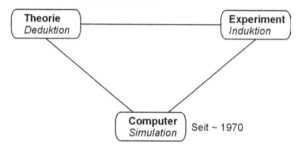

Abb. 2.25. Wege zum Erkenntnisgewinn

Die Modellbildung ist ein ganz wesentliches Element in der Tätigkeit von Ingenieuren. Und deshalb muss diese Modellierung im Studium so früh wie möglich anhand technischer Probleme gelehrt und geübt werden. Das ist der Grund dafür, dass neben der Mathematik (hier als Werkzeug) die Mechanik (hier als Anwendung) den breitesten Raum in diesem Band einnimmt.

Aus der Beschäftigung mit dem und über den Computer ist die Computerwissenschaft entstanden, die wir seit den späten sechziger Jahren Informatik (nach dem französischen Begriff informatique) nennen. Zu meiner Studienzeit Anfang der sechziger Jahre an der TH (heute Universität) Karlsruhe gab es diesen Begriff noch nicht, aber es begann die Beschäftigung mit dem Computer.

Erfahrungsgemäß interessieren sich Studenten stark für persönliche Erfahrungen und Erlebnisse, weil ihnen daran die Entwicklungsdynamik deutlich wird. Aus diesem Grund gebe ich hier eine Kurzfassung von teils längeren Geschichten, die ich in Vorlesungen gerne erzählt habe (denn wozu brauchten wir sonst überhaupt noch Vorlesungen?).

Anfang der sechziger Jahre wurden Programmierkurse angeboten. Ich lernte die an der TH Darmstadt entwickelte maschinenunabhängige Programmierung ALGOL, daneben gab es die von IBM eingeführte Programmiersprache FORTRAN. Als „Groß" –Rechner stand an der TH Karlsruhe dafür ein Zuse-Rechner zur Verfügung, dessen Grundkonzept auf Entwicklungen des Bauingenieurs Konrad Zuse während des Zweiten Weltkriegs zurückging. Dieser Computer war mit Röhren bestückt, ebenso wie frühe IBM-Computer. Das Aus- und Eingabemedium waren Lochstreifen.

Es war für mich als Studienanfänger verblüffend, wie die Experten (meist junge Assistenten) nicht nur die Lochstreifen gegen das Licht gehalten wie ein Buch lesen konnten, sondern auch hörten, was der Computer bestehend aus Röhren und Mechanik gerade tat. Lange Iterationsschleifen konnten akustisch nachvollzogen werden.

Der nächste Fortschrittsschub war wie so oft technischer Art. Die Elektronenröhren wurden durch Transistoren ersetzt, die weitere Entwicklung lief über integrierte Schaltungen und Halbleiterspeicher. Heute ist der Chip (englisch für Splitter) zentrales Element integrierter Schaltungen, der sämtliche Komponenten wie Transistoren und Widerstände auf winzigen Halbleiterplättchen zusammenfasst.

Ende der sechziger Jahre erlebte ich an der TU Berlin als Großrechner einen der IBM 360er Serie. Das Aus- und Eingabemedium waren nunmehr Lochkarten, die in gewaltigen Stapeln von Doktoranden zwischen den Instituten und dem Rechenzentrum hin- und hergetragen wurden. Diese Rechenzentren waren die organisatorische Antwort der Universitäten zum Verwalten, Warten und Betreuen der Großrechner. Insbesondere galt es, die enorm rasch wachsende Inanspruchnahme zu verwalten. Deshalb erwarben findige Doktoranden sogenannte Operatorscheine, um vorzugsweise nachts selbst am Rechner arbeiten zu können.

An der Ruhr-Universität Bochum machte ich Anfang der siebziger Jahre Bekanntschaft mit dem Großrechner TR 440, einem mit staatlichen Mitteln geförderten deutschen Konkurrenzprodukt zu IBM, gebaut von Telefunken. Schließlich erlebte ich Mitte der siebziger Jahre an der Universität GH Essen die ersten noch nicht programmierbaren, aber mit vielen Funktionen versehenen Taschenrechner von Hewlett Packard. Nach meiner Erinnerung kosteten die legendären HPs fast ein halbes Professorengehalt.

Zu der Zeit kamen zahlreiche dezentrale mittelgroße Rechner auf, meist als integraler Bestandteil von Messwerterfassungsanlagen wie z.B. die PTB 11. Über diesen Trick konnte man sich Institutsrechner anschaffen, was offiziell nicht gestattet war, denn es gab ja den teuren Großrechner.

Die Welt der PCs (Personal Computer), eingeführt von IBM, habe ich in den späten achtziger Jahren und insbesondere in jüngerer Zeit an der TU Clausthal miterleben können. Aber darüber wissen die jungen Studenten in der Regel deutlich besser Bescheid als ich.

Mit dieser persönlichen historischen Reminiszenz habe ich die außerordentliche Dynamik der Computerentwicklung nachzeichnen wollen, die ich in meiner beruflichen und wissenschaftlichen Tätigkeit beginnend mit dem Rechenschieber (ich verwende auch ihn noch gerne) bis heute erlebt habe.

Heute wachsen junge Leute vor einem anderen Erfahrungshintergrund auf. Mikroprozessoren sind derzeit integrale Bestandteile nicht nur von Computern. Sie sind geradezu allgegenwärtig: In digitalen Fotokameras und Camcordern, in Mobiltelefonen, in GPS- und Navigationsgeräten. Sie nehmen einen ständig wachsenden Anteil in der Wertschöpfungskette klassischer technischer Produkte wie Maschinen, Fahrzeugen und Antrieben bis hin zu zahlreichen Aggregaten in den Haushalten ein.

Mit dieser vergleichsweise langen Einführung möchte ich verdeutlichen, dass das Fach Informatik in Schulen und Hochschulen im Vergleich zu den Klassikern Mathematik, Physik und Chemie extrem jung ist. Es ist demzufolge noch in keiner Weise kanonisiert, es ist absolut im Fluss. Was in Mathematik, Physik und Chemie gelehrt werden sollte, ist in zahlreichen Curricula und Lehrbüchern erprobt und bewährt. Leichte Variationen betreffen veränderte didaktische Zugänge (wie Einsatz der Computer) und unterschiedliche Anwendungen und Schwerpunktsetzungen. Das betrifft aber nicht die geradezu klassische Struktur dieser Fächer.

Im Gegensatz dazu veralten einführende Lehrbücher zur Informatik fast so schnell wie PCs, wie Hardware und Software. Die Verfallsdaten sind extrem kurz. Aus diesem Grund ist die nun folgende Schilderung einerseits die subjektive Sicht eines Ingenieurs und andererseits eine kurze Zusammenfassung der zentralen Frage: Wozu und was ist Informatik? Mit Gewinn habe ich für die Behandlung dieser Frage das Buch „Informatik und Gesellschaft" (Friedrich u. a. 1995) verwendet.

Die Informatik ist ebenso wie die Mathematik primär eine Strukturwissenschaft. Strukturen, Formen, Algorithmen und Organisationsfragen prägen diese Disziplin. Sekundär wird die Frage angesehen, welche Problemstellungen mit der Informatik sinnvoll behandelt werden können. Zweifellos gibt es auch theoretische Informatiker, die jeder Anwendung ablehnend gegenüberstehen. Diese Einstellung erinnert mich an die Bemerkung eines reinen Mathematikers zur Frage, warum Ingenieure und Mathematiker mitunter Verständigungsprobleme hätten. Er meinte, diese Frage sei völlig irrelevant, denn Ingenieure und Mathematiker hätten nichts miteinander zu tun.

Es ist nun in der Tat so, dass innerhalb der Wissenschaftsgemeinde der Mathematiker die reinen Mathematiker (noch) deutlich überwiegen. Es ist jedoch erfreulich aus der Sicht der Ingenieure (und ebenso von Ökonomen, die gleichfalls problemlösungsorientiert arbeiten), dass sich Mathematiker zunehmend auch für die Anwendungen interessieren. Stellvertretend hierfür sei der Studiengang Technomathematik, in dem Mathematiker mit Informatikern und Ingenieuren gemeinsam arbeiten, erwähnt. Das ist auch notwendig, denn wir erleben gerade durch den Computer eine zunehmende Mathematisierung und Informatisierung vieler Wissenschaftsbereiche.

Die Informatik ist nicht nur Strukturwissenschaft, sie ist auch partiell eine Ingenieurwissenschaft. Denn es geht ganz wesentlich auch um hard- und softwaretechnische Realisierungen. So waren die Informatiker der ersten Stunde überwiegend Mathematiker, Physiker und Elektroingenieure. Die Wurzeln prägen bis heute Selbstwahrnehmung und Curriculum der Informatik. Danach gibt es in der Informatik fünf Schwerpunkte (nach Friedrich u. a. 1995, S.6):

1.   Theoretische Informatik
Sie ist die mathematische Basis der Informatik mit Teilgebieten wie Komplexitätstheorie, Automatentheorie, Algorithmentheorie, Theorie formaler Sprachen, Theorie der Berechenbarkeit, formale Semantik und formale Spezifikation.
2.   Praktische Informatik
Sie entwickelt u.a. Methoden und Modelle für Programmier- und Dialogsprachen, Softwaretechnik und für Datenbanken und Informationssysteme.
3.   Technische Informatik
Sie befasst sich u.a. mit der Rechnerorganisation, dem Entwurf und der Architektur hochintegrierter Schaltungen und der Modellierung von Rechensystemen.
4.   Angewandte Informatik
Sie umfasst die Entwicklung und Analyse von Methoden, die bei der Anwendung der Informatik in anderen Wissenschaften eingesetzt werden, und beschäftigt sich mit Problemen, die mehreren Anwendungsgebieten gemeinsam sind.
5.   Informatik und Gesellschaft
Dieses Fachgebiet analysiert die Wirkungen des Einsatzes der Informatik in unterschiedlichen Bereichen und entwickelt Kriterien und Methoden zur Gestaltung sozialverträglicher Informatiksysteme.

Es scheint unter Informatikern unstrittig, dass die Theoretische, Praktische und Technische Informatik zu deren Kerngebieten gehört. Bei der Angewandten Informatik, etwa Wirtschafts-, Medizin- oder Bio-Informatik, gibt es zwei Lager, nennen wir diese Fundis und Realos. Erstere befürchten sicher nicht ganz zu unrecht, dass dadurch die Informatik Gefahr laufen könne, zu einer High-Tech-Hilfswissenschaft degradiert zu werden. Letztere befürchten (sehr zu Recht aus meiner Sicht), dass eine Praktische Informatik ohne Anwendungsbezug in die Gefahr gerät, an den Anforderungen der Praxis zu scheitern.

Diese Diskussionen sind absolut nicht neu. Mathematiker, Physiker und Chemiker bekämpfen ständig und glücklicherweise erfolgreich gerade an den Technischen Universitäten Versuche von einigen wenigen Ingenieuren, sie mögen doch bitte ihre Aktivitäten auf diejenigen Fragen lenken, mit denen die Ingenieure sich beschäftigen.

Eine derartige Instrumentalisierung gemessen an momentanen Erfordernissen wäre in unverantwortlicher Weise kurzsichtig und kontraproduktiv. Leider wird dieser Tendenz durch die allzu einseitige Fokussierung auf die Einwerbung von Drittmitteln von administrativer Seite (Ministerium und Hochschulleitung) Vorschub geleistet. Praxisbezug ist gut und richtig, wo er Sinn macht. Er kann aber nicht zum allgemeingültigen Maßstab gemacht werden. Ein Blick in die Geschichte der Mathematik und Naturwissenschaften fördert zahlreiche Beispiele dafür zutage, dass frühe scheinbare praxisferne Erkenntnisse urplötzlich hochaktuell wurden.

Wir wissen heute, dass die Arbeitsweise der Computer auf dem Dualsystem, den binären Zahlen, beruht (ja/nein bzw. ein/aus). Die Grundlagen hierfür haben Leibniz (1646–1716) mit seiner Arbeit über die Dualrechnung sowie Boole (1815–64) und de Morgan (1806–71) mit der Erarbeitung der formalen Aussagelogik gelegt. Damit waren erste brauchbare mechanische Schaltungen zur Darstellung und Berechnung logischer Aussagen möglich. Ihnen folgten elektromechanische Relais, später die Elektronenröhren, die schnellere Schaltkreise und Datenspeicher erlaubten. Diese wurden wiederum durch Transistoren ersetzt, verdrängt ab etwa 1960 durch die jüngste Technologie der integrierten Halbleiterschaltungen, der Chips. Stellen wir uns vor, die genannten Forscher hätten damals etwas zur Frage der Praxisrelevanz ihrer Forschungsarbeiten sagen sollen!

Die zunehmende Ausstrahlung der Informatik in viele Bereiche hat zu diversen Bindestrich-Informatiken geführt, bei denen der jeweilige Anwendungsbezug im Vordergrund steht. Genannt seien hier Tätigkeitsfelder und Studiengänge wie Medizin-, Bio-, Geo-, Rechts- und Wirtschafts-Informatik sowie die Informationstechnik.

Der fünfte Punkt in der Auflistung der fünf Schwerpunkte der Informatik lautet „Informatik und Gesellschaft", er bildet die Schnittstelle zu den Sozialwissenschaften. Niemand bestreitet, dass die Informationstechnologien mit beschleunigter Dynamik nicht nur die Arbeitswelt, sondern zunehmend auch die Lebenswelt irreversibel und tiefgreifend verändert haben und weiter verändern werden. Die Beschäftigung mit dieser Frage findet innerhalb der Informatik derzeit praktisch nicht statt, auch nicht in den Natur- und Ingenieurwissenschaften. Weil ich darin eine Schwäche unserer derzeitigen Ausbildungsstrukturen und Inhalte sehe, werde ich in dem Kapitel 7 darauf zurückkommen.

2.3 Physik

Neben der Mathematik ist die Physik die älteste naturwissenschaftliche Disziplin. Ihr Name geht auf das Werk „physika" (Naturlehre) des Aristoteles (384-322 v.Chr.) zurück, wobei die heutige Physik mit der damaligen Naturlehre, die eher eine Naturphilosophie war, nur noch wenig gemein hat.

Unter Physik verstehen wir die Lehre von den Eigenschaften, den Strukturen und Vorgängen der unbelebten Materie. Sie bildet eine untrennbare Einheit aus experimenteller Beobachtung und theoretischer, d.h. mathematischer Beschreibung. Demzufolge gibt es eine Unterteilung in experimentelle und theoretische (auch mathematische) Physik. Daneben gibt es die angewandte (auch technische) Physik als Brücke zu den Ingenieurwissenschaften.

Eine Einteilung der Physik nach Fachgebieten umfasst die Bereiche Mechanik, Thermodynamik, Elektrizität, Magnetismus, Festkörperphysik, Akustik und Optik.

Es gibt kaum eine naturwissenschaftliche Disziplin, die ähnlich viele Verzahnungen mit anderen Disziplinen aufweist. Angewandte Physik ist die Brücke zur Technik, mathematische Physik zur Mathematik, Astrophysik zur Astronomie, medizinische Physik zur Medizin, Biophysik zur Biologie, Geophysik zur Geologie und Physikalische Chemie zur Chemie.

In welcher Art kann eine Einführung in die Physik für Studienanfänger der Ingenieurwissenschaften ausgeführt werden? Erschwerend kommt hinzu, dass der Wissensstand der Schulabgänger in Physik, gleichfalls in Mathematik und Chemie, in extremer Weise unterschiedlich ist. Angesichts dieser Situation gibt es zwei Lösungsvorschläge.

Die erste Lösung nenne ich Lückenvariante. Sie wird von einigen Ingenieurskollegen damit begründet, dass die Stundenten wesentliche Bereiche der Physik wie Mechanik und Strömungsmechanik, Thermodynamik, Elektro- und Werkstofftechnik, also Elektrizität, Magnetismus und Festkörperphysik in den technischen Grundlagen vermittelt bekommen. Somit würden „nur" die Akustik und die Optik fehlen, die dann gelehrt werden sollten. Entsprechende Versuche hat es gegeben, sie waren alles andere als erfolgreich.

Die zweite und bessere Lösung besteht in einer ganzheitlichen, jedoch didaktisch geschickt verkürzten Variante, unter Einbezug von praktischem Alltagswissen. Ich will nicht behaupten, dass dieser Idealfall in allen Studiengängen, in denen Physik ein einführendes Fach im Grundstudium ist, erreicht wird. Denn es gilt unter Physikern verständlicherweise nicht unbedingt als erstrebenswert, Ingenieure, Chemiker, Biologen, Mediziner usw. in die Denkweise der Physiker einzuführen.

Im Folgenden möchte ich aus einem mir sehr gelungen erscheinendem „Skriptum Physik – Eine Einführung für Studierende mit dem Nebenfach Physik" (Vogel 1987) berichten. Darin schreibt der Autor in seiner Einführung: Ganz ohne Mathematik geht es nicht. Scheinbar sind derartige Warnungen immer angebracht, da viele Studienanfänger einen offenkundigen Horror vor der Mathematik haben.

Der Autor zerlegt die Menschheit in drei Gruppen. Entweder betreiben sie überwiegend theoretische oder experimentelle Physik (wie die Physiker), oder sie betreiben angewandte Physik. Zu dieser letzten und größten Gruppe gehören wir alle: wir fahren mit dem Rad oder Auto, fällen Bäume und hacken Holz, mähen den Rasen oder gießen die Blumen, wir segeln und surfen, fliegen mit dem Drachen oder dem Gleitschirm, fahren Schlitten oder Ski, telefonieren und fotografieren. Der einzige, aber wesentliche Unterschied zu den Physikern besteht darin, dass die Physiker das Beobachten zum Messen verfeinern und das Nachdenken zum Rechnen. Die Physiker arbeiten qualitativ und quantitativ. Sie fragen nicht nur „wie" und „warum", sondern auch „wie viel".

In der mathematischen Einführung des erwähnten Buches geht es um Funktionen (exponentielle und trigonometrische) und deren Ableitungen, um Integrale, Vektoren, Flächen und Volumina. Im Abschnitt Messen geht es um Messgrößen und deren Genauigkeit, um Fehlerfortpflanzung und die Fehlerreduktion durch Vielfachmessung. Dabei taucht die Normalverteilung nach Gauß auf, die wir in Abschnitt 2.1 Mathematik behandelt haben, Gl. 2.23.

Der Abschnitt Teilchen behandelt Bewegungen, sowohl die Translation als auch Rotation. Dazu werden die Begriffe Energie, Leistung und Impuls eingeführt. Schwingungen, Stöße und Reibung werden behandelt. In dem Abschnitt Teilchensysteme geht es um die Begriffe Druck, Oberflächen, Viskosität und damit Widerstände sowie Festigkeit.

Der Abschnitt Wärme führt in die Thermodynamik ein. Die Grundlagen der Wärmekraftmaschinen werden besprochen, ebenso das Schmelzen und Sieden.

Der Abschnitt Felder entwickelt die Gemeinsamkeit der Felder. Erklärt werden Strömungs-, Temperatur-, Strahlungs- und Schwerefelder sowie elektrische und magnetische Felder. Letztere leiten über zur Induktion und den Wechselströmen, den Grundlagen der elektrischen Maschinen.

Der Abschnitt Wellen behandelt Schwingungen und deren Überlagerung, führt die Begriffe Frequenz, Amplitude und Phase ein, behandelt die Ausbreitung und Überlagerung von Wellen (Interferenz) sowie deren Reflexion und Brechung. Optische Geräte, Spektren, elektromagnetische Wellen und Schallwellen runden dies ab. Der letzte Abschnitt ist den Teilchenwellen gewidmet. Es geht um die Lichtgeschwindigkeit, um Photonen und das Strahlungsgesetz, das wir in Abschnitt 2.1 Mathematik kennen gelernt haben. Elektronen, Atome und Spektren, Kerne und Elementarteilchen werden behandelt.

Der Text ist von anschaulichen Aufgaben durchsetzt, deren Lösungen im Anhang diskutiert und angegeben werden. So stelle ich mir ein einführendes Lehrbuch vor, das physikalische Allgemeinbildung vermittelt.

Warum gibt es so wenige Lehrbücher der soeben geschilderten Art? Weil sie einer wissenschaftlichen Karriere kaum förderlich sind. Weil etliche Fachkollegen naserümpfend von Trivialisierung der Wissenschaft sprechen. Ich bin jedoch der Auffassung, dass wir Professoren eine Verpflichtung der Gesellschaft gegenüber haben, unsere Forschungs- und Lehraktivitäten anschaulich zu erläutern. Neben unserer Bringeschuld gibt es jedoch auch eine Holeschuld der interessierten Laien.

Die vorliegende fünfbändige Reihe, die mit diesem Band abgeschlossen sein wird, ist ja gerade wegen der genannten Defizite entstanden. In dem Band Naturwissenschaften (Härdtle 2002) gibt es eine für mich sehr überzeugende und anschauliche Darstellung von B. Kallenrode „Wind, Wasser, Wellen: Umweltphysik exemplarisch". Ich empfehle diesen Beitrag nachdrücklich.

Diesen Abschnitt Physik habe ich recht kurz gehalten. Denn in dem dritten Kapitel, den technischen Grundlagen, werden wesentliche Bereiche der Physik wie Mechanik, Thermodynamik, Strömungsmechanik und Elektrotechnik behandelt. Dort werden zwar die technischen Anwendungen im Vordergrund stehen, aber der Bezug zu den physikalischen Grundlagen wird stets deutlich werden.

2.4 Chemie

Neben der Physik ist die Chemie die zweite grundlegende Naturwissenschaft, die für Ingenieure von Bedeutung ist. Wodurch unterscheiden sich die Physik und die Chemie voneinander? Machen wir uns dies am Beispiel des Wassers deutlich.

Wenn Eis zu Wasser schmilzt, und wenn Wasser zu Wasserdampf wird, so bleibt der Stoff dabei erhalten. Hier handelt sich um einen physikalischen Vorgang.

Unterwirft man jedoch das Wasser einer Elektrolyse, so verändert sich hierbei der Stoff. Aus der homogenen Flüssigkeit Wasser entstehen zwei unterschiedliche Gase, nämlich Wasserstoff und Sauerstoff. Dies ist ein chemischer Vorgang. Diese beiden Gase können ihrerseits in der Knallgasreaktion wieder zu Wasser zusammentreten:

$$2H_2 + O_2 \rightarrow 2H_2O + Energie \tag{2.25}$$

Die Physik untersucht die Zustände und die Zustandsänderungen der Stoffe. Die Chemie hingegen befasst sich mit der Charakterisierung, der Zusammensetzung und der Umwandlung von Stoffen. Eine klare Trennungslinie zwischen Physik und Chemie zu ziehen ist mitunter schwierig oder gar sinnlos. Insbesondere in der Kernphysik wird dies besonders deutlich. Einerseits ist die Spaltung des Urans U durch Neutronen n ein physikalischer Vorgang:

$$U + n \rightarrow Xe + Sr + Energie \tag{2.26}$$

Makroskopisch betrachtet wird jedoch das Schwermetall Uran in das Edelgas Xenon Xe und das Leichtmetall Strontium Sr umgewandelt, anscheinend ein Prozess aus der Chemie. Es gibt viele weitere Beispiele, bei denen der Übergang zwischen Physik und Chemie fließend ist.

Die Chemie als die Lehre von den Stoffen und deren Umwandlung können wir allein durch alltagspraktische Überlegungen unterteilen. Die materielle Welt, die wir beobachten, ist offensichtlich aus verschiedenen Stoffen zusammengesetzt. Diese unterscheiden sich durch ihre Eigenschaften wie etwa Dichte, Härte, Struktur der Oberfläche, die elektrische Leitfähigkeit und Löslichkeit. Offenbar können Stoffe einheitlich oder uneinheitlich aufgebaut sein, also unterscheiden wir homogene von heterogenen Systemen.

Auch hier ist keine eindeutige Unterscheidung möglich, wie wir uns am Beispiel der Luft klarmachen wollen. Die Luft besteht im Wesentlichen aus Stickstoff- und Sauerstoff-Molekülen. Beide Komponenten haben ähnliche Moleküleigenschaften wie etwa die Molmassen und sie reagieren nicht miteinander. So erscheint uns die Luft wie ein homogenes Gas. Es gibt aber extreme Situationen, in denen der heterogene Charakter der Luft spürbar wird. Ein Beispiel dafür ist die Entmischung von Stickstoff und Sauerstoff infolge Druckdiffusion durch die enormen Druckgradienten im Bereich eines Verdichtungsstoßes. Ein anderer Fall liegt bei Verbrennungsprozessen vor, denn bei hohen Temperaturen beginnen die Sauerstoff- und bei noch höheren Temperaturen die Stickstoff-Moleküle zu dissoziieren. Die Luft ist dann zu einem heterogenen System aus Molekülen und Atomen geworden.

Hinzu kommt eine weitere Unterscheidung: Man nennt eine Substanz einphasig, wenn sie aus nur einer Phase besteht. Diese kann fest, flüssig oder gasförmig sein. Bei extrem hohen Temperaturen wird Luft, nach dem die Dissoziation abgeschlossen ist, durch Ionisation elektrisch leitend, wir sprechen dann von einem Plasma. In der Praxis treten häufig Systeme auf, die aus zwei oder drei Phasen bestehen. Beispiele hierfür sind der Transport von Kohleschlamm (fest-flüssig), die Staubabscheidung in einem Zyklon (fest-gasförmig) oder die Förderung von Erdöl. Hier handelt es sich gar um dreiphasiges System, denn neben dem Öl werden gleichzeitig Sand und Gestein sowie Gas (und auch Wasser) gefördert.

Das, was wir heute als moderne Chemie bezeichnen, geht auf das Ende des 18. Jahrhunderts zurück. Die Chemie als Wissenschaft in unserem heutigen Sinne ist somit jünger als die Physik, deren Beginn als Wissenschaft mit Galilei und Newton im 17. Jahrhundert lag.

Chemie als Kunst im Sinne einer Handwerkskunst finden wir bereits im Altertum vor. Die Gewinnung von Metallen wie Kupfer aus Erzen, Töpferei, Brauerei, Backkünste sowie die Herstellung von Farbstoffen und Heilmitteln waren bereits in Mesopotamien und im alten Ägypten bekannt. Bei den genannten Prozessen laufen chemische Reaktionen ab, die jedoch allein auf Grund praktischer Erfahrungen rein empirisch weiterentwickelt wurden. Theoretische Konzepte, warum Metalle schmelzen, wie aus Nahrungsmitteln durch den Prozess der Gärung berauschende Getränke entstehen oder warum gar Heilmittel wirken, dies alles war zu der damaligen Zeit völlig unbekannt.

Erst im antiken Griechenland wurden die Fragen nach dem Warum gestellt. Auf der Suche nach grundlegenden Prinzipien, mit denen sich die Natur verstehen lässt, entwickelten die Griechen zwei tragfähige Theorien, die weit in die folgende Zeit hinein wirkten. Dabei handelt es sich zum einen um die Vorstellung, dass alle irdischen Stoffe aus Elementen aufgebaut sind. Man war damals der Meinung, dass alle Stoffe aus den vier Elementen Erde, Luft, Feuer und Wasser in jeweils unterschiedlichen Mengenverhältnissen aufgebaut seien. Die zweite tragfähige Theorie lag in der Vorstellung, dass alle Stoffe aus kleinsten Teilchen, den unteilbaren Atomen, bestehen würden.

Aus einer Verbindung der alten ägyptischen Handwerkskünste und der griechischen Philosophie erwuchs in Ägypten, insbesondere in Alexandria, die Alchemie. Die Herkunft des Begriffs Chemie wird unterschiedlich beurteilt. Er kann griechischen Ursprungs sein; es wird auch angenommen, dass das arabische Wort chemi für schwarz auch für die aus Ägypten übernommene Wissenschaft galt. In Büchern aus Alexandria, den ältesten Schriften über chemische Themen, finden sich Darstellungen chemischer Apparate und Beschreibungen von Laboroperationen, die wir heute Destillation und Kristallisation nennen.

Von vorherrschendem Interesse war im Mittelalter der Wunsch, unedle Metalle wie Eisen und Blei in das Edelmetall Gold umwandeln zu können. Die Alchemisten jener Zeit glaubten an die Existenz eines wirkungsvollen Agens, mit dessen Hilfe die gewünschten Veränderungen realisiert werden könnten; später Stein der Weisen genannt. Mit der Ausbreitung des Islam ab dem 7. Jahrhundert eroberten die Araber die Zentren der hellenistischen Kultur in Ägypten. So wurden die griechischen Texte über Alchemie ins Arabische übersetzt, aus dem Stein der Weisen wurde El-Iksir, worauf unser Begriff Elixier zurückgeht. Neben dem Wunsch, aus unedlen Metallen Gold herzustellen, wollte man ein Lebenselixier finden, das Menschen unsterblich machen sollte.

Erstmalig im 17. Jahrhundert wurden die Theorien der Alchemisten angezweifelt. So hat Robert Boyle 1661 "The Sceptical Chemist" publiziert. Darin kritisierte er die alchemistische Denkweise und betonte, dass chemische Theorien auf experimentellen Beobachtungen aufgebaut werden müssten. Die Umwandlung von Metallen in Gold hielt jedoch auch er für möglich.

Eine bis in das 18. Jahrhundert hinein maßgebliche Theorie war die Vorstellung, in jeder brennbaren Substanz sei Phlogiston, ein "Feuerprinzip", enthalten. Jede Substanz würde bei der Verbrennung ihr Phlogiston verlieren und dann zu einem einfachen Stoff reduziert werden. Nach dieser Vorstellung war Holz aus Asche und Phlogiston aufgebaut. Die Tatsache, dass brennendes Holz sein Phlogiston zwar verliert, die entstehende Asche jedoch weniger wiegt als das ursprüngliche Holz, konnte damit nicht erklärt werden. Dennoch lassen sich Parallelen zu unserer heutigen Anschauung ziehen, wenn man unter Phlogiston das versteht, was wir heute Energie nennen.

Die moderne Chemie begann mit den Arbeiten von A.L. de Lavoisier (1743-94). Er hatte sich das Ziel gesetzt, die Phlogiston-Theorie zu widerlegen. Dabei stützte er sich auf quantitative Experimente, vornehmlich die Waage, um chemische Erscheinungen zu erklären. Von grundlegender Bedeutung ist das von ihm formulierte Gesetz der Erhaltung der Masse: Die Gesamtmasse aller reagierenden Stoffe (der Edukte) ist gleich der Gesamtmasse aller Produkte.

Dieser Satz ging über die alten Vorstellungen weit hinaus. Es erwies sich zunächst experimentell als außerordentlich schwierig, die Massen der beteiligten Gase zu berücksichtigen. Dies wurde erst später möglich, als man Gase zu handhaben, zu messen und zu identifizieren lernte. Die heute gültigen Definitionen für Elemente und Verbindungen gehen auf Lavoisier zurück. In seinem Buch "Traité Elementaire de Chimie" von 1789 führte er die heute übliche Terminologie ein. Das Jahr der Französischen Revolution markiert somit gleichzeitig den Beginn der modernen Chemie. Lavoisier wurde in den Revolutionswirren als ehemaliger Steuerpächter angeklagt und 1794 hingerichtet. „Die Revolution braucht keine Chemiker", so hieß es damals. Wie oft hat sich in der Geschichte Ähnliches ereignet.

Der heutige Lehrstoff der Chemie beinhaltet das, was seit Lavoisier in nunmehr gut 200 Jahren an Erkenntnissen zusammengetragen wurde. Wie jede andere wissenschaftliche Disziplin hat sich die Chemie im Laufe ihrer Zeit weiter ausdifferenziert. Im Folgenden sei die heute gängige Aufteilung der Chemie in verschiedene Fachgebiete dargestellt, wobei gleichzeitig auf die jeweiligen Inhalte kurz eingegangen wird.

Allgemeine und Anorganische Chemie: Zunächst werden die gemeinsamen Grundlagen behandelt, die in allen Teilgebieten von Bedeutung sind. Der Aufbau der Atome und der Stoffe, das Periodensystem der Elemente, chemische Bindungen und chemische Reaktionen, Zustandsgleichungen für Gase und Lösungen, chemisches Gleichgewicht sowie Oxidation und Reduktion. Es folgt eine Behandlung der Elemente des Periodensystems, unterteilt in die Hauptgruppen. Diese Themen sind Bestandteil einer Einführung in die Chemie für praktisch alle Studiengänge in den Ingenieurwissenschaften, so etwa für den Maschinenbau.

In einer großen und wachsenden Anzahl von Studiengängen spielt die Chemie eine immer wichtigere Rolle, in Verfahrenstechnik, Chemieingenieurwesen, Metallurgie, Werkstofftechnik, Kunststofftechnik und Umweltschutztechnik. Hier nimmt die Chemie einen breiteren Raum ein als im Maschinenbau.

Organische Chemie: Damit ist die Chemie der Kohlenstoffverbindungen gemeint, daher mitunter auch Kohlenstoffchemie genannt. Neben Kohlenstoff und insbesondere Wasserstoff können die Moleküle der organischen Verbindungen noch weitere Anteile wie Sauerstoff, Stickstoff, Schwefel und Phosphor enthalten. Die Unterteilung in anorganische und organische Chemie ist historisch zu verstehen. Ursprünglich vermutete man, dass nur Lebewesen die Kohlenstoffverbindungen aufbauen können. Durch die Harnstoffsynthese 1828 durch Wöhler wurde diese Trennungslinie aufgehoben. Obwohl es keine scharfe Abgrenzung zwischen der anorganischen und der organischen Chemie geht, ist diese Unterscheidung nach wie vor von praktischem Nutzen.

Aus der Organischen Chemie haben sich die Biochemie- und die Physiologische Chemie entwickelt. Die Biochemie, teilweise auch molekulare Biologie genannt, befasst sich mit der Chemie, die in lebenden Organismen abläuft. Die Physiologische Chemie hat einen engen Bezug zu Medizin (hier als Fach Physiologie), Pharmazie und Landwirtschaft. Die Biochemie gehört zu den Wissensbereichen der Naturwissenschaften, die sich in der zweiten Hälfte des 20. Jahrhunderts am schnellsten entwickelt haben.

Physikalische Chemie: Sie ist das Grenzgebiet zwischen Chemie und Physik. Sie befasst sich mit den physikalischen Prinzipien, die dem Aufbau und der Umwandlung von Stoffen zu Grunde liegen. Dazu gehören die Thermodynamik, die Reaktionskinetik, Phasen und Phasenänderungen sowie Transportvorgänge wie Diffusion und Wärmeleitung.

Neben der Allgemeinen und Anorganischen Chemie sind auch die Organische und die Physikalische Chemie Bestandteil im Grundstudium der Verfahrenstechnik, des Chemieingenieurwesens, der Metallurgie und Werkstofftechnik, der Kunststofftechnik und der Umweltschutztechnik.

Den meisten Ingenieurstudenten liegt die Physik näher als die Chemie. Jedoch ist alles Chemie, ist man fast geneigt zu sagen. Denn die Produkte der Chemie sind aus unserem täglichen Leben nicht mehr wegzudenken. Daneben ist die Chemie eine faszinierende Disziplin, denn sie lehrt uns, dass eins und eins mehr als zwei sind. Natrium ist ein unedles und schlecht handhabbares sehr reaktionsfreudiges Leichtmetall. Chlor ist unter Normalbedingungen ein Gas von stechendem Geruch und ebenfalls extrem reaktionsfreudig. Eine Verbindung dieser beiden unfreundlichen Elemente ergibt Natriumchlorid, bekannt als das überaus nützliche Kochsalz. Dieses war im Mittelalter ein außerordentlich bedeutsames Handelsprodukt, denn in Ermanglung von Kühlanlagen war die Beigabe von Salz die einzige Möglichkeit, Lebensmittel wie Fleisch oder Fisch über eine längere Zeit genießbar zu halten. Fisch aus Skandinavien gegen Salz aus den Lüneburger Salinen, das war ein typischer Seehandel der mittelalterlichen Hanse. Salzstraßen wurden zu bedeutenden Handelswegen.

Ich empfinde es nach wie vor als ein "Wunder", dass aus nur gut 100 chemischen Elementen unsere Welt und unser Leben aufgebaut ist. Gegenwärtig sind 111 Elemente bekannt, davon 88 natürliche und 23 künstliche. Die Zahl der uns bekannten Verbindungen ist außerordentlich hoch. Man kennt über 12.000 anorganische und mehr als 5 Millionen organische Verbindungen. Bei letzteren kommen pro Jahr etwa 300.000 hinzu, entweder durch Entdeckungen in der Natur oder durch Synthese.

2.5 Bemerkungen und Literaturempfehlungen

Die hier behandelten Grundlagenfächer werden bereits in der Schule mehr oder weniger ausführlich behandelt. Leider teilweise eher weniger als mehr, weil ein Ausweichen in bequemere Fächer durch das Kurssystem möglich war und mitunter noch ist. Hier ist nicht die richtige Stelle um darüber zu lamentieren. Aber ein Hinweis auf die „gute alte Zeit" erscheint mir angebracht.

Natürlich hat jede Generation in dieser und anderer Hinsicht ihre „gute alte Zeit" gehabt. Ich meine hiermit meine Studienzeit Ende der 50er und Anfang der 60er Jahre. Seinerzeit studierten nur etwa 5% eines Altersjahrgangs. Heute liegt der Anteil mit regionalen Unterschieden bei 30 bis 40%. Hinzu kommt ein zweiter oben angesprochener Aspekt. „Damals" gab es auf den Gymnasien nur die Wahl zwischen einem sprachlichen und einem naturwissenschaftlichen Zweig. Hinzu kamen ein paar Humanisten, die zahlenmäßig kaum ins Gewicht fielen.

Die Studienanfänger in den Natur- und Ingenieurwissenschaften kamen überwiegend aus einem naturwissenschaftlichen Zweig mit dem Wissen eines nahezu festgefügten Kanons. Die Professoren meiner Studienzeit wussten, mit welchem Vorwissen sie rechnen konnten, in Mathematik, in Physik und in Chemie. Wie sieht dies heute aus? Nach wie vor erleben wir Studienanfänger mit exzellenten Kenntnissen in diesen Fächern. Aber wir erleben in nicht gerade geringer Zahl auch solche, die davon fast unbeleckt zu sein scheinen. Und die sich dennoch entschließen, Ingenieurwissenschaften zu studieren.

Wie glücklich wären wir, die Professoren, wenn unsere Erstsemester Leistungskurse in Mathematik, Physik und in Chemie hätten. Stellen Sie sich diesen Lehrstoff vor, dann haben Sie schon eine Ahnung davon, was Sie in den ersten Semestern erwartet, natürlich noch ein wenig mehr.

Da Sie in jedem Fall eine Vorstellung davon haben, was unter den drei genannten Fächern zu verstehen ist, möchte ich keine Lehrbücher anführen. Ausführliche Angaben finden Sie zunehmend auf den Selbstdarstellungen der Technischen Universitäten im Netz (etwa unter www.tu-clausthal.de). Dort finden Sie Vorlesungsgliederungen ebenso wie Hinweise auf empfohlene Literatur.

Ich möchte vorwiegend auf Bücher hinweisen, die in diese Gebiete auf andere Weise einführen, entweder allgemeinverständlich, oder spielerisch, oder geschichtlich. Derartige „populär-wissenschaftliche" Bücher sind nach meiner Erfahrung sehr zu empfehlen, wenn Sie sich in fremde Bereiche einlesen möchten. Glücklicherweise gibt es vermehrt Bücher dieser Art. Es folgt eine subjektive

Auswahl an Büchern, die ich schätze. Dabei nenne ich die Ausgaben, die mir vorliegen, auch wenn diese entweder nicht mehr im Handel (dann aber noch über die Fernleihe) verfügbar sind oder durch neue Auflagen ersetzt wurden. Zur Mathematik:

Aigner M, Behrends E (Hrsg) (2000) Alles Mathematik – von Pythagoras zum CD-Player. Vieweg, Braunschweig
Basieux P (1995) Die Welt als Roulette – Denken in Erwartungen. Rowohlt TB, Reinbek
Basieux P (1999) Abenteuer Mathematik – Brücken zwischen Fiktion und Wirklichkeit. Rowohlt TB, Reinbek
Bell ET (1967) Die großen Mathematiker. ECON, Düsseldorf
Beutelspacher A (1996) In Mathe war ich immer schlecht, .. .Vieweg, Braunschweig (Der Autor hat 2000 den erstmals verliehenen Communicator Preis der Deutschen Forschungsgemeinschaft erhalten. Seine Ausstellung „Mathematik zum Anfassen" wurde bisher in über 50 Städten gezeigt, daraus ist das Mathematische Museum in Gießen entstanden. Aus diesem Grund ist ein zweites Buch des Autors genannt.)
Beutelspacher A (1997) Geheimsprachen. Beck Wissen, München
Davis PJ, Hersh R (1986) Erfahrung Mathematik. Birkhäuser, Basel
Devlin K (1992) Sternstunden der modernen Mathematik. dtv Wissenschaft, München
Gardner M (1977) Mathematischer Karneval. Ullstein, Frankfurt am Main
Neunzert H, Rosenberger B (1991) Schlüssel zur Mathematik. ECON, Düsseldorf
Popp W (1981) Wege des exakten Denkens – Vier Jahrtausende Mathematik. Ehrenwirth, München
Randow G von (1993) Das Ziegenproblem – Denken in Wahrscheinlichkeiten. Rowohlt TB, Reinbek

Die Informatik ist als junge und dynamische Disziplin mit Büchern der genannten Art naturgemäß noch wenig vertreten. Hier nenne ich:

Desel J (Hrsg) (2001) Das ist Informatik. Springer, Berlin
Fachlexikon Computer (2003). Brockhaus, Leipzig
Friedrich J, Herrmann T, Peschek M, Rolf A (Hrsg) (1995) Informatik und Gesellschaft. Spektrum, Heidelberg
Rechenberg P (2000) Was ist Informatik? Hanser, 3. Auflage, München
Wilhelm R (1996) Informatik. Beck Wissen, München

Die kurzgefasste Darstellung von Wilhelm und die ausführlichere von Rechenberg führen sehr anschaulich in die Informatik ein. Desel fasst Beiträge einer Vortragsreihe aus dem Jahre 1999 zusammen. Dabei ging es um die Frage, was das Fach Informatik ausmacht bzw. was es ausmachen sollte. Die Antworten darauf gehen stark auseinander und bewegen sich in dem Spannungsfeld zwischen (eher geisteswissenschaftlicher) Grundlagendisziplin und Ingenieurwissenschaft. Die Dynamik des Faches Informatik wird daran sehr schön deutlich gemacht. In dem Band von Friedrich u.a. wird der gesellschaftliche Bezug der Informatik hervorgehoben. Das soeben erschienene Brockhaus-Lexikon ist mehr als ein Lexikon, es ist eine wahre Fundgrube.

Offenkundig bietet sich die Physik in besonderer Weise für populärwissenschaftliche Bücher an:

Dürr H-P (Hrsg) (1986) Physik und Transzendenz. Scherz, Bern
Einstein A, Infeld I (1956) Die Evolution der Physik. Rowohlt TB, Reinbek
Epstein LC (1988) Epsteins Physikstunde. Birkhäuser, Basel
Feynman RP (1988) „Sie belieben wohl zu scherzen, Mr. Feynman!" Piper, München
Heisenberg W (1965) Das Naturbild der heutigen Physik. Rowohlt TB, Reinbek
Hermann A (1981) Weltreich der Physik. Bechtle, Esslingen
Hund F (1978) Geschichte der physikalischen Begriffe, 2 Bände. Bibliographisches Institut,
    Mannheim
Krauss LM (1996) „Nehmen wir an, die Kuh ist eine Kugel." DVA, Stuttgart
Locqueneux R (1989) Kurze Geschichte der Physik. UTB Vandenhoeck, Göttingen
Meÿenn K von (Hrsg) (1997) Die großen Physiker, 2 Bände. Beck, München
Segré E (1986) Von den fallenden Körpern zu den elektromagnetischen Wellen. Piper,
    München
Sexl RU (1982) Was die Welt zusammenhält. DVA, Stuttgart
Simonyi K (1995) Kulturgeschichte der Physik. Harri Deutsch/ Thun, Frankfurt am Main
Teller E (1993) Die dunklen Geheimnisse der Physik. Piper, München
Trefil J (1994) Physik in der Berghütte. Rowohlt TB, Reinbek
Vogel H (1987) Skriptum Physik – Eine Einführung für Studierende mit Nebenfach Physik.
    Springer, Berlin
Weizsäcker CF von (1988) Aufbau der Physik. dtv, München
Weizsäcker CF von, Juilfs J (1958) Physik der Gegenwart. Vandenhoeck, Göttingen

Auch zur Chemie gibt es seit einiger Zeit eine Reihe empfehlenswerter einführender, populärwissenschaftlicher oder geschichtlicher Darstellungen:

Atkin PW (2000) Im Reich der Elemente. Spektrum, Heidelberg
Bilow U (1999) Auf der Spur der Elemente. dtv, München
Böhme G, Böhme H (1996) Feuer, Wasser, Luft und Erde. Beck, München
Brock WH (1997) Viewegs Geschichte der Chemie. Vieweg, Braunschweig
Emsley J (1997) Parfum, Portwein, PVC, ... VCH, Weinheim
Schwedt G (2001) Experimente mit Supermarktprodukten. Wiley – VCH, Weinheim
Schwedt G (2002) Chemische Experimente in Schlössern, Klöstern und Museen. Wiley –
    VCH, Weinheim

Sehr empfehlenswert ist generell die Reihe der dtv- Atlanten, hier:

dtv – Atlas zur Mathematik (2 Bände)
dtv – Atlas zur Informatik (1 Band)
dtv – Atlas zur Physik (2 Bände)
dtv – Atlas zur Chemie (2 Bände)

Ferner sei auf den Band Naturwissenschaften dieser Buchreihe verwiesen, insbesondere auf die Beiträge zur Umweltphysik und Umweltchemie:

Härdtle W (Hrsg) (2002) Naturwissenschaften. Springer, Berlin

3 Technische Grundlagen

3.1 Mechanik

Die Mechanik ist die älteste Teildisziplin der Physik. Aristoteles (384-322 v.Chr.) hat nicht nur ein Modell des Kosmos entworfen, das Aristotelische Weltbild, sondern sich auch mit praktischen Problemen wie der Wurfbahn eines Körpers befasst. Seine Überlegungen hierzu waren allerdings fehlerhaft. Erst Galilei (1564-1642) hat die Wurfbewegung korrekt beschrieben. Archimedes (285-212 v.Chr.) benutzte bereits Idealisierungen in der Mechanik und führte Begriffe wie Hebel, Flaschenzug, Keil und Schraube ein.

Die ersten bedeutenden Leistungen im Sinne der heutigen Mechanik sind von Galilei 1638 in seinen „Discorsi" niedergelegt worden, so die Gesetze des freien Falles und des schiefen Wurfes sowie seine Überlegungen über die Tragfähigkeit eines Balkens, die den Beginn der Festigkeitslehre darstellen, siehe Abb. 1.3.

Newton (1642-1727) war der große Vollender in der Grundlegung der klassischen Mechanik. Seine geniale Leistung war die Erkenntnis, dass für die irdischen Körper und die Himmelskörper dasselbe allgemeine Gravitationsgesetz gilt. Mit dem Impulssatz und dem Drallsatz schuf er *die* zentralen Beziehungen der Mechanik.

Zur Beschreibung von Veränderungen begründete Newton die Fluxuationsrechnung zeitgleich mit der Formulierung des Infinitesimalkalküls durch Leibniz (1646-1716). Diese Lehre von den stetigen Veränderungen mathematischer Größen war die entscheidende Voraussetzung für den Aufbau der klassischen Mechanik und der Physik überhaupt. Die Differenzial- und Integralrechnung waren geboren.

Die dritte zentrale Beziehung in der Mechanik ist der Satz von der Erhaltung der Energie, der erst im 19. Jahrhundert formuliert wurde. Er geht auf Mayer (1814-1878), Joule (1818-1889) und Helmholtz (1821-1894) zurück.

Die drei fundamentalen Sätze der Mechanik lauten, wobei t die Zeit bedeutet:

Impulssatz $$\frac{d\boldsymbol{p}}{dt} = \sum \boldsymbol{F} \qquad (3.1)$$

Drallsatz $$\frac{d\boldsymbol{L}}{dt} = \sum \boldsymbol{M} \qquad (3.2)$$

Energiesatz $\qquad \sum E = \text{konst.}$ $\hfill$ (3.3)

In Worten:

- Die zeitliche Änderung des Impulses p (bzw. des Dralles L) eines abgeschlossenen Systems ist gleich der Summe aller von außen an dem System angreifenden Kräfte F (bzw. Momente M).
- Die Summe aller Energien E in einem abgeschlossenen System ist konstant.

Es ist wichtig zu vermerken, dass diese drei Sätze *nicht* bewiesen werden können. Sie stellen die konzentrierteste Form aller Beobachtungen und Erfahrungen dar.

Impuls- und Drallsatz sind vektorielle Gleichungen. Sie müssen für die Anwendung komponentenweise behandelt werden. Der Impuls p ist das Produkt aus der Masse m eines Körpers und dessen Geschwindigkeit v:

Impuls $\qquad\qquad p = m \cdot v$ $\hfill$ (3.4)

Impuls p und Geschwindigkeit v sind Vektoren, beide haben stets die gleiche Richtung. Der Drall L, auch Drehimpuls oder Impulsmoment genannt, eines Massenpunktes der Masse m, der sich mit der Geschwindigkeit v bewegt, ist das Vektorprodukt (auch Außenprodukt genannt) aus dem Ortsvektor r und dem Impuls p des Massenpunktes:

Drall $\qquad\qquad L = r \times p = r \times m \cdot v$ $\hfill$ (3.5)

Der Impuls p ist stets der Geschwindigkeit v direkt proportional, die Proportionalitätskonstante ist die Masse m. Ein analoger, jedoch komplizierterer Zusammenhang existiert zwischen dem Drall L und der Winkelgeschwindigkeit ω (auch ein Vektor), worauf wir später eingehen. Der Impulssatz beschreibt Translationsbewegungen, der Drallsatz hingegen Drehbewegungen.

Der Energiesatz ist eine skalare Gleichung. Die Gesamtenergie E setzt sich stets aus mehreren Anteilen zusammen. In der Mechanik fester Körper sind nur die kinetische Energie und die potentielle Energie von Bedeutung. Ihre Formulierung erfolgt später bei den beispielhaften Erläuterungen.

Die Mechanik befasst sich mit Bewegungen, Kräften und Momenten. Der Ruhezustand ist hierbei ein Sonderfall, den wir *Statik* nennen. In diesem Fall degenerieren die zwei Grundgleichungen 3.1 und 3.2 zu den Aussagen:

$$\sum F = 0 \qquad \text{und} \qquad \sum M = 0 \hspace{3cm} (3.6)$$

Die Summe aller Kräfte und die Summe aller Momente (die durch Kräfte erzeugt werden) ist Null.

In der *Festigkeitslehre* gehen wir gleichfalls vom Ruhezustand aus. Dabei interessieren uns jedoch innere Kräfte von belasteten Bauteilen, um daraus Bemessungsvorschriften zur Dimensionierung unter Berücksichtigung der Materialeigenschaften herzuleiten.

Der dritte Bereich der Mechanik ist die *Dynamik*, die Lehre von den Kräften und den Bewegungen. Wir werden nunmehr die drei Bereiche durch charakteristische Anwendungsbeispiele behandeln.

Zur **Statik**:

Die Grundgleichungen 3.6 $\sum F = 0$ und $\sum M = 0$

bedeuten im räumlichen Fall sechs und im ebenen Fall drei Gleichgewichtsbedingungen, Abb. 3.1.

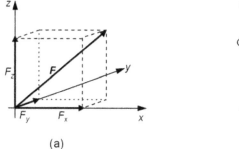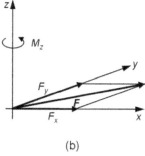

(a)   (b)

Abb. 3.1. Räumliche (a) und ebene (b) Statik

Im räumlichen Fall (a) hat die Kraft F die drei Komponenten F_x, F_y, F_z. Diese Kräfte erzeugen drei Komponenten des Momentes M: M_x, M_y, M_z. Mit M_x ist dabei das Moment um die x-Achse gemeint, analoges gilt für M_y und M_z. Im ebenen Fall (b) erzeugen die Kraftkomponenten F_x, F_y nur ein Moment M_z um die z-Achse.

In den folgenden Beispielen beschränken wir uns auf den ebenen Fall. Dies erscheint ausreichend, um die Arbeitsprinzipien der Statik zu erläutern.

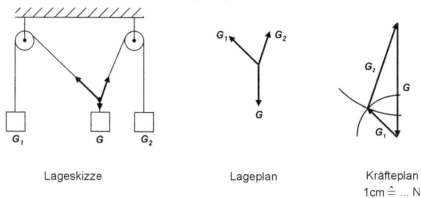

Lageskizze   Lageplan   Kräfteplan
1cm $\hat{=}$ ... N

Abb. 3.2. Anwendung der Gleichgewichtsbedingung $\sum F = 0$

Über zwei glatte Stifte laufe ein Seil, das an beiden Enden durch zwei Gewichts-
kräfte G_1, G_2 und dazwischen durch eine Gewichtskraft G belastet wird, Abb. 3.2.
Gesucht sind die Seilrichtungen im Gleichgewichtszustand.

Aus der Lageskizze erhalten wir den Lageplan, wobei die drei Seilkräfte den
jeweiligen Gewichtskräften entsprechen. Hierbei ist von G zunächst nur die
Richtung bekannt, die Richtungen von G_1 und G_2 sind gesucht. Daher zeichnen
wir in den Kräfteplan zunächst G nach Betrag und Richtung ein, wobei zuvor ein
Kräftemaßstab der Art 1 cm = ... N festgelegt wird. Um den Anfang und das Ende
des G-Pfeiles schlagen wir zwei Bögen mit Radien, die den Beträgen von G_1 und
G_2 entsprechen. Der Schnittpunkt liefert die gesuchten Seilrichtungen. Denn
$\sum F = 0$ verlangt, dass das Krafteck geschlossen sein muss.

Hierbei handelt es sich um eine zeichnerische Lösung, die besonders anschau-
lich ist. Natürlich lässt sich mit ein wenig Trigonometrie auch eine rechnerische
Lösung angeben. Dies wollen wir jedoch an dem nächsten Beispiel vorführen,
Abb. 3.3.

Eine Kugel mit dem Radius r vom Gewicht G hängt an einem Seil der Länge a
an einer Wand. Gesucht ist die Seilkraft S. Freischneiden bedeutet, die an dem
System Kugel angreifenden Kräfte anzubringen. Von G sind Betrag und Richtung
bekannt, von der Seilkraft S und der Normalkraft N, mit der die Kugel auf die
Wand drückt und umgekehrt (Prinzip actio = reactio), sind nur die Richtungen
bekannt.

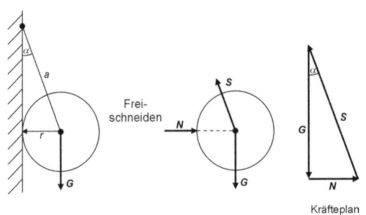

Kräfteplan

Abb. 3.3. Zum Prinzip des Freischneidens

Entscheidend ist auch hier der Kräfteplan. Die Bedingung $\sum F = 0$ erfordert ein
geschlossenes Krafteck, wobei die zeichnerische Lösung analog zu Beispiel 3.2
verläuft. Rechnerisch folgt der Betrag S der Seilkraft S

$$\text{mit}\quad \sin\alpha = \frac{r}{a}\qquad \text{zu}\qquad S = \frac{G}{\cos\alpha} = \frac{G}{\sqrt{1-(r/a)^2}}$$

wegen $\sin^2\alpha + \cos^2\alpha = 1$.

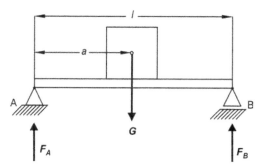

Abb. 3.4. Balken auf zwei Stützen mit Einzellast **G**

Es folgen weitere charakteristische Beispiele. In Abb. 3.4 wird ein Balken auf zwei Stützen A und B durch eine Einzellast **G** belastet. Das Lager A nennen wir Festlager, es kann Kräfte in vertikaler und horizontaler Richtung (letztere treten hier nicht auf) aufnehmen. Lager B ist ein Loslager, das nur Vertikalkräfte aufnehmen kann. Wäre B auch als Festlager ausgelegt, so könnten beispielsweise Wärmespannungen auftreten. Das System wäre statisch überbestimmt, es würde klemmen. In der Praxis sieht man etwa bei Straßenbrücken Dehnfugen vor.

Die Belastung **G** und deren Lage seien vorgegeben. Welche Lagerkräfte F_A und F_B ergeben sich? Wir haben hier zwei Möglichkeiten der Bestimmung:

a) $$\left.\begin{array}{lll} \sum F = 0 & : & F_A + F_B - G = 0 \\ \sum M_{ZA} = 0 & : & l \cdot F_B - a \cdot G = 0 \end{array}\right\} F_A, F_B$$

b) $$\sum M_{ZA} = 0 \quad : \quad l \cdot F_B - a \cdot G = 0 \quad \Rightarrow \quad F_B = \frac{a}{l} G$$

$$\sum M_{ZB} = 0 \quad : \quad -l \cdot F_A + (l-a)G = 0 \quad \Rightarrow \quad F_A = (1 - \frac{a}{l})G$$

Man sieht, dass die Variante mit den zwei Momentengleichgewichten etwas rascher zum Ziel führt. Der Index z bedeutet das Moment um die z-Achse (senkrecht zur Zeichenebene), die Indizes A und B bedeuten das Moment bezüglich Punkt A bzw. B. Im Prinzip ist es willkürlich, in welche Richtung das Moment positiv gewählt wird. Üblicherweise wird der Uhrzeigersinn positiv definiert.

Zwei Sonderfälle des Gleichgewichts ebener Systeme sind von Bedeutung, Abb. 3.5. Greifen an einem System nur zwei Kräfte an, so sind diese entgegengesetzt gleich groß. Als Beispiel ist ein Flugzeug im horizontalen stationären Flug gezeichnet, Abb. 3.5(a). Normalerweise gibt es jedoch einen (kleinen) Abstand zwischen den Wirkungslinien der Gewichtskraft **G** und der Auftriebskraft **A**, somit ein Moment. Dieses muss durch eine aerodynamische Kraft am Höhenleitwerk, die ein Gegenmoment erzeugt, ausgeglichen werden. Greifen an einem System drei Kräfte an (b), so müssen sich wegen $\sum F = 0$ deren Wirkungslinien in einem Punkt schneiden. Hierzu ein Beispiel aus der Gartenarbeit, Abb. 3.6.

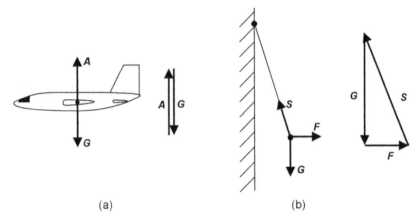

(a)   (b)

Abb. 3.5. Ebenes System mit zwei (a) und mit drei Kräften (b)

Eine Schubkarre mit dem Gewicht G soll auf einer schiefen Ebene mit der Neigung α gehalten werden. Gesucht ist die Haltekraft F nach Betrag und Richtung. Die Gewichtskraft G ist nach Größe und Lage gegeben. Ihre Wirkungslinie wird mit der gleichfalls bekannten Wirkungslinie der Normalkraft N, die senkrecht zur Oberfläche wirkt, zum Schnitt gebracht. Durch diesen Schnittpunkt muss dann auch die Wirkungslinie der gesuchten Kraft F gehen. Der Kräfteplan liefert analog zu Abb. 3.3 die grafische Lösung. Es geht natürlich auch mit ein wenig Trigonometrie zu rechnen, versuchen Sie es.

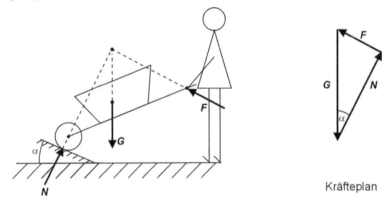

Kräfteplan

Abb. 3.6. Haltekraft F an einer Schubkarre

Die folgende Aufgabe knüpft an Abb. 3.4 an und wird den Übergang zur Festigkeitslehre darstellen. Die Belastung F hat jedoch hier eine vertikale und eine horizontale Komponente, Abb. 3.7.

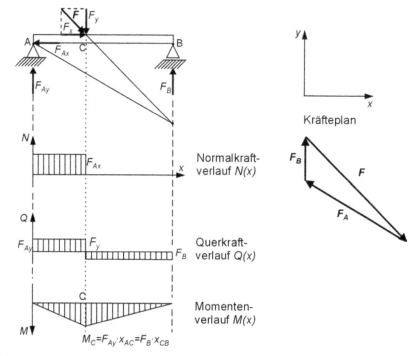

Abb. 3.7. Normalkraft-, Querkraft- und Momentenverlauf in einem Balken

Die Belastung F ist gegeben. Deren Wirkungslinie muss mit der bekannten Wirkungslinie des Loslagers B zum Schnitt gebracht werden. Durch diesen Schnittpunkt muss die Wirkungslinie von F_A gehen. Aus dem Kräfteplan folgen in nun schon gewohnter Weise F_A und F_B.

Zwischen A und C muss der Balken nunmehr eine Normalkraft $N = F_{AX}$ aufnehmen, hier eine Zugkraft. Der Abschnitt CB ist frei von Normalkräften. Eine Querkraft Q tritt in beiden Abschnitten auf. Im Teil AC ist $Q = F_{AY}$, im Teil CB ist $Q = F_B$. Der Einfachheit halber gebe ich hier nur die Beträge an und verzichte auf das Vorzeichen.

Die Querkräfte erzeugen einen Momentenverlauf im Balken, wobei das Moment zweckmäßigerweise nach unten positiv gezählt wird, siehe hierzu die folgende Festigkeitslehre. Die beiden (Gelenk-)Lager können kein Moment aufnehmen. Wegen Q = konst. wächst $M(x)$ linear mit dem Abstand von A bzw. B, und es nimmt bei C den maximalen Wert an.

Zum Abschluss der Statik soll die Reibung kurz behandelt werden. In Abb. 3.8 ist ein Klotz auf einer schiefen Ebene dargestellt.

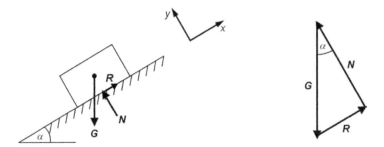

Abb. 3.8. Klotz auf schiefer Ebene mit Haftreibung

Es ist ein experimenteller Befund, dass die Reibkraft R der Normalkraft N (hier die Beträge) direkt proportional ist:

$$R = \mu \cdot N \; ; \quad \mu = \text{Reibungsbeiwert} \tag{3.7}$$

Wann fängt der Klotz mit dem Gewicht G an zu rutschen?
Aus $\sum F_X = 0$ folgt $R = G \cdot \sin\alpha$ und aus $\sum F_Y$ folgt $N = G \cdot \cos\alpha$.
Mit $R = \mu \cdot N$ wird daraus $\mu = \tan\alpha$. Dabei ist α der Grenzwinkel, bei dem der Körper gerade noch nicht abrutscht. Realistische Werte von μ liegen bei etwa 0,3 bis 0,8.
Ein letztes Beispiel betrifft die Seilreibung, Abb. 3.9. Wer hat sich noch nicht darüber gewundert, wie leicht ein schwerer Tanker mit wenigen Seilumschlingungen an einem Poller gehalten werden kann?

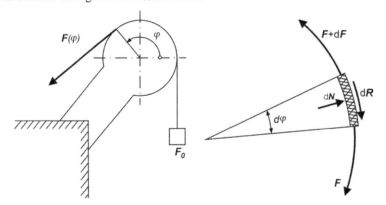

Abb. 3.9. Zum Eulerschen Seilreibungsgesetz

Das Seil läuft über einen festen Zylinder, einen Poller. Zunächst nehmen wir an, dass das Gewicht F_0 durch die Kraft $F(\varphi)$ heraufgezogen wird. Daraus folgt die Richtung von dR, sie ist der Bewegungsrichtung entgegengesetzt. Das Kräftegleichgewicht an einem Seilelement mit dem kleinen Öffnungswinkel $d\varphi$ (Freischneiden!) lautet, wobei hier die Beträge betrachtet werden:

$$dN = 2F \cdot \sin\frac{d\varphi}{2} = F d\varphi \qquad \text{und} \qquad dF = dR = \mu \cdot F \, d\varphi$$

Nach Integration wird

$$\int_{F_0}^{F} \frac{dF}{F} = \ln F - \ln F_0 = \ln \frac{F}{F_0} = \mu \int_0^{\varphi} d\varphi = \mu \cdot \varphi \qquad \text{und es erfolgt}$$

$$F = F_0 \exp(\mu \cdot \varphi) \qquad \text{Eulersches Seilreibungsgesetz} \tag{3.8}$$

Dabei ist der Winkel φ im Bogenmaß einzusetzen. Das Verhältnis F/F_0 wächst exponentiell mit zunehmendem Umschlingungswinkel φ an. Für $\mu = 0,5$ folgen die Zahlenwerte:

Umschlingung	halb	einfach	dreifach
φ	π	2π	6π
F/F_0	4,8	23	$\approx 1,2 \cdot 10^4$

Bei mehrfacher Umschlingung genügt eine kleine Kraft, um einer großen Kraft am anderen Ende das Gleichgewicht zu halten. Der Durchmesser des Pollers geht in das Ergebnis nicht ein.

Zur *Festigkeitslehre*:

Hier wird es um die Beanspruchung von Bauteilen gehen, um innere Kräfte und entsprechende Verformungen. Die zentralen Fragen sind dabei:

– Wie kann der *Spannungszustand* in einem Bauteil beschrieben werden?
– Wie lässt sich der *Verformungszustand* beschreiben?
– Wie hängen Spannungs- und Verformungszustand zusammen? An dieser Stelle werden die *Materialeigenschaften* ins Spiel kommen.

Wir beginnen mit einer Darstellung der Grundbeanspruchungen, der einfachen Belastungsfälle, Abb. 3.10. Diese treten in der Praxis häufig überlagert auf.

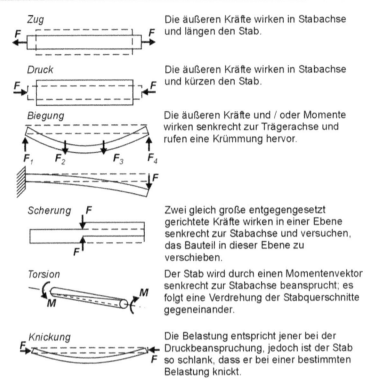

Abb. 3.10. Arten der Grundbeanspruchung

Betrachten wir einleitend einen Zugstab belastet mit der Kraft F in Richtung der Stabachse, Abb. 3.11.

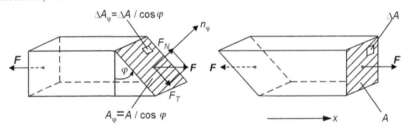

Abb. 3.11. Einachsiger Spannungszustand

Im Stab wirkt die Normalspannung $\sigma_x = F / A$, dabei ist A die Querschnittsfläche. Wir wollen den Stab gedanklich unter dem Winkel φ schneiden („Freischneiden"). Die Kraft F kann nun in zwei Anteile zerlegt werden,

$F_N = F \cos \varphi$ in Richtung der Normalen $\mathbf{n}_\varphi$, also senkrecht zur Schnittfläche

$F_T = F \sin \varphi$ tangential zur Schnittfläche

In der geneigten Schnittfläche $A_\varphi = A/\cos\varphi$ haben wir nunmehr eine Normal- und eine Tangentialspannung, hierfür sind die Symbole σ und τ üblich:

$$\sigma_\varphi = \frac{F_N}{A_\varphi} = \frac{F}{A}\cos^2\varphi = \sigma_x \cos^2\varphi = \frac{1}{2}\sigma_x(1+\cos 2\varphi)$$

$$\tau_\varphi = \frac{F_T}{A_\varphi} = \frac{F}{A}\sin\varphi\cos\varphi = \sigma_x \sin\varphi\cos\varphi = \frac{1}{2}\sigma_x \sin 2\varphi$$

Bei der letzten Umformung wurden bekannte Additionstheoreme verwendet.

σ_φ und τ_φ beschreiben den Spannungszustand für jeden Punkt in der geneig-ten Schnittfläche und für jede beliebige Neigung. Ein einachsiger Zug in einem Stab erzeugt also eine Normal- *und* eine Tangentialspannung (auch Scher- oder Schubspannung genannt) in dem Stab. Wir erkennen, dass für $\varphi = 45°$ und $\varphi = 135°$ jeweils $\sin 2\varphi = 1$ wird, damit wird τ_φ maximal, Abb. 3.12.

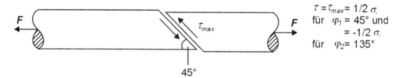

Abb. 3.12. Einachsiger Spannungszustand, in zwei Richtungen werden die Schubspannun-gen maximal

Die Schubspannungen τ haben die Tendenz, ein Gleiten der Flächen unter $45°$ hervorzurufen. Die Normalspannungen σ suchen eine direkte Trennung der Querschnittsflächen zu bewirken. Einige Materialien versagen durch Gleiten, andere durch Zug.

Aus den Beziehungen für σ_φ und τ_φ erhält man eine übersichtliche grafische Darstellung für die Abhängigkeit der Normalspannung σ_φ und der Tangential-spannung τ_φ vom Winkel φ der Schnittfläche, indem man die Gleichungen für σ_φ und τ_φ quadriert, addiert und die Identität $\sin^2\alpha + \cos^2\alpha = 1$ verwendet:

$$\left(\sigma_\varphi - \frac{1}{2}\cdot\sigma_x\right)^2 + \tau_\varphi^2 = \left(\frac{\sigma_x}{2}\right)^2 \tag{3.9}$$

Diese Beziehung beschreibt einen Kreis, den Spezialfall des sog. Mohrschen Spannungskreises für den einachsigen Spannungszustand, Abb. 3.13.

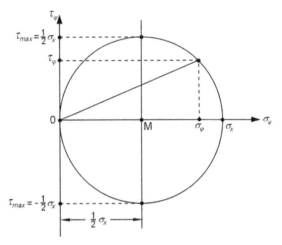

Abb. 3.13. Mohrscher Spannungskreis als Ort aller denkbaren Spannungen σ_φ und τ_φ

Mit ein wenig Phantasie kann man sich vorstellen, dass Erweiterungen auf den ebenen (Belastung eines Bleches) und den räumlichen Spannungszustand (Belastung eines Körpers) möglich sind. Ich möchte den Weg dahin wenigstens ansatzweise skizzieren, weil dahinter die Entdeckung des Tensors steckt, einer neuen mathematischen und physikalischen Qualität.

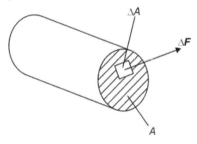

Abb. 3.14. Zum Spannungszustand

Im Inneren eines beanspruchten Bauteils treten Spannungen auf, hervorgerufen durch einen kleinen Kraftvektor ΔF auf ein kleines Flächenelement ΔA, Abb. 3.14. Der Spannungsvektor hängt dabei vom Ort und der Orientierung der Schnittfläche im Raum ab. Im Raum können wir drei mögliche Schnittflächen, dargestellt jeweils durch den darauf senkrecht stehenden Normalenvektor, angeben, Abb. 3.15.

In der x-Fläche, aufgespannt durch die y, z-Achsen, wirkt senkrecht die Normalspannungskomponente σ_x, tangential die beiden Schubspannungskomponenten τ_{xy} und τ_{xz}. Bei letzteren gibt der erste Index die Lage der Schnittfläche durch die darauf senkrecht stehende Achse (hier x) an, während der zweite Index die Richtung der Schubspannungskomponente (hier y bzw. z) angibt.

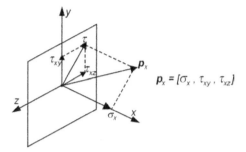

Abb. 3.15. Spannungsvektor in der zur x –Achse senkrechten Fläche

Ein zu Abb. 3.15 analoges Bild können wir auch für p_y sowie p_z zeichnen. Somit erhalten wir für den allgemeinen räumlichen Spannungszustand insgesamt $3 \cdot 3 = 9$ Komponenten, Abb. 3.16.

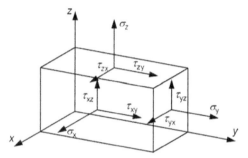

Abb. 3.16. Zum Spannungstensor

Die drei Vektoren p_x, p_y, p_z, können wir zu einer Größe zusammenfassen, die wir seit Cauchy (1789–1857) als Spannungstensor τ bezeichnen.

$$\tau = \begin{bmatrix} \sigma_x & \tau_{xy} & \tau_{xz} \\ \tau_{yx} & \sigma_y & \tau_{yz} \\ \tau_{zx} & \tau_{zy} & \sigma_z \end{bmatrix} = \left[p_x, p_y, p_z \right] \tag{3.10}$$

Er besteht aus drei Komponenten σ_x, σ_y, σ_z der Normalspannungen und drei Komponenten der Tangentialspannungen. Wegen des Momentengleichgewichtes sind die einander zugeordneten Schubspannungen gleich, d.h. $\tau_{xy} = \tau_{yx}$, $\tau_{xz} = \tau_{zx}$, $\tau_{yz} = \tau_{zy}$.

Das war die Geburtsstunde des Tensors. Cauchy führte 1822 den Begriff Spannungstensor ein, wobei Tensor von tendere (lat. spannen) abgeleitet wurde. Vor Cauchy bestand die Welt der Wissenschaftler nur aus Skalaren und Vektoren. Die Analyse des Spannungszustandes in einem Kontinuum führte zu der Erkenntnis, dass es neben skalaren physikalischen Größen wie Masse, Energie, Temperatur usw. (mit $3^0 = 1$ Komponente) und vektoriellen Größen wie Strecke, Geschwindigkeit, Beschleunigung, Kraft, Impuls, Moment, Drall usw. (mit $3^1 = 3$ Komponenten) höherwertige physikalische Größen gibt. Der Spannungstensor hat $3^2 = 9$ Komponenten, wovon jedoch nur 6 unabhängig sind. Der Spannungstensor ist symmetrisch.

Es ist naheliegend, allgemein von Tensoren n-ter Stufe zu sprechen mit 3^n Komponenten. Tensoren 3. und 4. Stufe sind in der Turbulenztheorie und in Verbundmaterialien von Bedeutung. Der Spannungstensor ist ein Tensor 2. Stufe, wir werden in der Dynamik mit dem Trägheitstensor einen weiteren Tensor 2. Stufe kennen lernen.

Zunächst werden wir zu den einfachen Belastungsfällen in Abb. 3.10 zurückkehren, um daran exemplarisch den Zusammenhang zwischen dem Spannungs- und Verformungszustand zu diskutieren. Wir kommen damit zu der Frage, wie das jeweilige Material auf Belastungen reagiert. Dieser Zusammenhang wird durch *Stoffgrößen*, durch *Materialkennwerte*, beschrieben, die aus Experimenten gewonnen werden. Wir beginnen mit dem ersten Belastungsfall, der Beanspruchung durch *Zug / Druck*, Abb. 3.17.

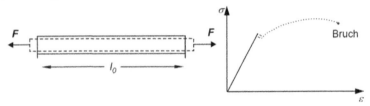

Abb. 3.17. Zugversuch und Spannungs-Dehnungs-Diagramm

Sehr viele Materialien (z.B. Metalle) zeigen in weiten Bereichen im Zugversuch einen linearen Zusammenhang zwischen angelegter Spannung σ ($= F / A$, Kraft pro Fläche) und der sich einstellenden Dehnung $\varepsilon = \Delta l / l_0$, der relativen Längenänderung. Dabei ist l_0 die Länge des unbelasteten Stabes und Δl die entsprechende Längenänderung. Man nennt nach Hooke (1635–1703) die Beziehung

$$\sigma = E \cdot \varepsilon \qquad \text{Hookesches Gesetz (bei Zug/Druck)} \qquad (3.11)$$

und nennt E den werkstoffspezifischen Elastizitätsmodul. Er hat dieselbe Dimension wie die Spannung σ, also Kraft pro Fläche:

$$1 \frac{\text{N}}{\text{mm}^2} = 10^6 \, \frac{\text{N}}{\text{m}^2} = 1 \, \text{MPa} \quad \text{(Mega-Pascal)}$$

Das Hookesche Gesetz gibt es gleichermaßen bei Druckbelastung. Wir kommen nun zu dem nächsten Belastungsfall, der *Scherung*. Legen wir an ein Bauteil eine Schubspannung an, so ergibt sich gleichfalls in weiten Bereichen ein linearer Zusammenhang zwischen Schubspannung τ und Scherwinkel γ, Abb. 3.18.

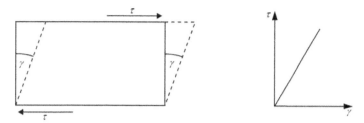

Abb. 3.18. Scherversuch

$$\tau = G \cdot \gamma \qquad \text{Hookesches Gesetz (bei Scherung)} \qquad (3.12)$$

Dabei ist G der Gleitmodul, auch Schub- oder Schermodul genannt. Typische Werte für E und G zeigt Tabelle 3.1.

Tabelle 3.1. Elastizitätsmodul E und Gleitmodul G

In 10^3 N/mm²	E	G
Legierte Stähle	186–216	76-86
Aluminium	72	27,2
Grauguss	63-130	25-52
Glas	40-90	16-35

Wir stellen uns im Folgenden einen Zugstab mit veränderlichem Querschnitt $A(x)$ vor, Abb. 3.19.

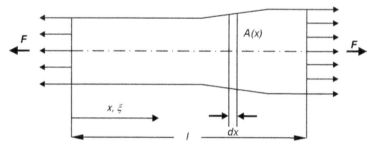

Abb. 3.19. Zugversuch mit veränderlichem Querschnitt

$$\sigma(x) = \frac{F}{A(x)} \qquad \text{ist die örtliche Spannung,}$$

$$\varepsilon(x) = \frac{d\xi}{dx} = \frac{\sigma(x)}{E} = \frac{F}{A(x) \cdot E} \qquad \text{die örtliche Dehnung}$$

Dabei ist $\xi(x)$ die Verschiebung eines Stabquerschnittes. Die gesamte Verlänge-
rung eines Stabquerschnittes wird

$$\Delta l = \int_0^l d\xi = \int_0^l \varepsilon(x)\, dx = \frac{F}{E} \int_0^l \frac{1}{A(x)}\, dx$$

Bei konstantem Querschnitt $A(x) = A$ folgt $\Delta l = \dfrac{F \cdot l}{E \cdot A}$

Man nennt $E \cdot A$ die Zug- bzw. Drucksteifigkeit, und $\dfrac{E \cdot A}{l} = c$ die Federkon-

stante des Stabes. Dabei ist die Federkonstante c der Faktor, mit dem die Verlän-
gerung Δl multipliziert werden muss, um die Kraft F zu erhalten: $F = c \cdot \Delta l$.

Wir stellen uns nun die Frage, wie bei einem Stab für den Fall der Belastung
allein durch das Eigengewicht der Querschnittsverlauf gewählt werden muss, so
dass die Spannung in jedem Querschnitt konstant bleibt, Abb. 3.20.

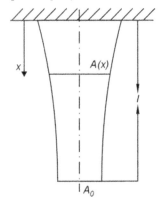
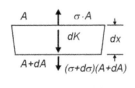

Kräftegleichgewicht
an freigeschnittenem Element

Abb. 3.20. Stab gleicher Zugbeanspruchung

Die Gewichtskraft des freigeschnittenen Elementes ist

$d\kappa = \rho \cdot g \cdot A(x)\, dx$ $\rho = $ Dichte, $g = $ Erdbeschleunigung

Das Kräftegleichgewicht lautet: $-\sigma \cdot A + (\sigma + d\sigma) \cdot (A + dA) + d\kappa = 0$

Nach dem Ausmultiplizieren vernachlässigen wir $d\sigma \cdot dA$ gegenüber $A \cdot d\sigma$
und $\sigma \cdot dA$ (wir linearisieren). Somit folgt

$$\sigma\, dA + A\, d\sigma = d(A \cdot \sigma) = -d\kappa = -\rho \cdot g \cdot A \cdot dx$$

Mit der Forderung $\sigma(x) = \sigma = $ konst. wird daraus $\dfrac{dA}{A} = -\dfrac{\rho \cdot g}{\sigma}\, dx$ und durch

unbestimmte Integration folgt $\ln A = -\dfrac{\rho \cdot g}{\sigma} \cdot x + C$. Dabei wird die Integrationskonstante C aus der Bedingung $A = A_0$ für $x = l$ zu $C = \ln A_0 + \dfrac{\rho \cdot g \cdot l}{\sigma}$. Also wird

$\ln A - \ln A_0 = \ln \dfrac{A}{A_0} = \dfrac{\rho \cdot g}{\sigma} \cdot (l - x)$ und somit

$$\frac{A}{A_0} = \exp\left[\frac{\rho \cdot g}{\sigma}(l - x)\right] \tag{3.13}$$

Die Querschnittsfläche $A(x)$ ändert sich exponentiell. Man erhält ein analoges Ergebnis für den Querschnittsverlauf eines Druckstabes, der durch sein Eigengewicht belastet wird und in dem die Druckspannung σ konstant sein soll.

Wir wollen nun die *Torsion* behandeln. Dabei wird ein Stab durch ein Moment verdreht. Hier interessiert der Zusammenhang zwischen dem angreifenden Torsionsmoment M_t, dem Spannungszustand im Stab und der auftretenden Verformung, hier dem Verdrillungswinkel φ.

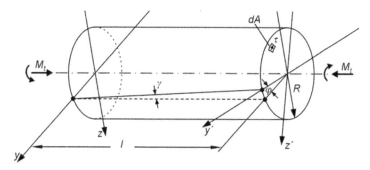

Abb. 3.21. Torsion einer Welle mit Kreisquerschnitt

Die Endquerschnitte seien um den Winkel φ verdreht, wobei $R \cdot \varphi = l \cdot \gamma$ ist. Dies gilt auch an einer beliebigen Stelle r auf dem Querschnitt, was wir sogleich benötigen werden.

Das Flächenelement dA überträgt die Schubspannung τ, deren Moment ist $dM = r \cdot \tau \, dA$. Über den Querschnitt integriert muss dieses innere Moment mit dem äußeren Moment M_t im Gleichgewicht sein:

$$M_t = \int_A dM = \int_A r \cdot \tau \, dA$$

Mit $l \cdot \gamma = r \cdot \varphi$ sowie $\tau = G \cdot \gamma$ nach Gl. 3.12 wird $\tau = G \cdot r \cdot \varphi/l$ und es folgt

$$M_t = \frac{G \cdot \varphi}{l} \cdot \int_A r^2 dA = \frac{G \cdot \varphi \cdot J_p}{l} \tag{3.14}$$

Man nennt

$$J_p = \int_A r^2 dA \quad \text{das polare Flächenträgheitsmoment} \qquad (3.15)$$

Damit wird der Verdrillungswinkel der Welle

$$\varphi = \frac{M_t \cdot l}{G \cdot J_p} \qquad \left(\text{analog zu } \Delta l = \frac{F \cdot l}{E \cdot A} \text{ beim Zugstab}\right)$$

$$G \cdot J_p \qquad = \text{Torsionssteifigkeit (analog zur Zug-/Drucksteifigkeit } EA)$$

$$\frac{G \cdot J_p}{l} = c \qquad = \text{Torsions-Federkonstante des Stabes}$$

$$\left(\text{analog zu } \frac{E \cdot A}{l} = c \text{ bei Zug/Druck}\right)$$

Damit können wir $M_t = c \cdot l$ analog zu $F = c \cdot l$ schreiben.

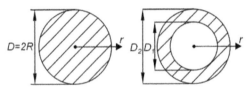

Abb. 3.22. Kreis- und Kreisring-Querschnitt als Beispiele für die Ermittlung des polaren Flächenträgheitsmomentes

Das polare Flächenträgheitsmoment hängt nur von der Querschnittsform ab, es ist wie die Querschnittsfläche A eine reine Geometriegröße. Hierzu zwei Beispiele, Abb. 3.22. Für den Kreisquerschnitt wird wegen $A(r) = \pi \cdot r^2$ das Differenzial zu $dA = 2 \cdot \pi \cdot r dr$:

$$J_p = \int_A r^2 dA = 2 \cdot \pi \cdot \int_0^R r^3 dr = \frac{\pi}{2} \cdot R^4 = \frac{\pi}{32} \cdot D^4$$

Für den Kreisringquerschnitt folgt analog

$$J_p = 2 \cdot \pi \cdot \int_{R_1}^{R_2} r^3 dr = \frac{\pi}{32} \cdot \left(D_2^4 - D_1^4\right)$$

Wegen $J_p \sim D^4$ steigt bei einer Verdopplung des Durchmessers D der Wert für J_P um das sechzehnfache!

Wir kommen nun zur *Biegung*. Hier interessiert der Zusammenhang zwischen den wirkenden Querkräften (auch Längenbelastungen), dem Spannungszustand im Stab und den auftretenden Verformungen, hier den Durchbiegungen.

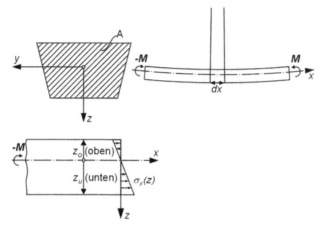

Abb. 3.23. Spannungsverteilung an einem Biegebalken

Hierzu stellen wir uns einen durch ein Momentenpaar M und $-M$ gebogenen Balken vor, Abb. 3.23. Nach dem Schnittprinzip muss in jedem Querschnitt das konstante Moment M übertragen werden. Damit wird die Verformung des Balkens von x unabhängig sein, und die Stabachse wird einen Kreisbogen beschreiben. Der Balken wird an der Oberseite gestaucht, dort ist die Dehnung $\varepsilon < 0$. Die Unterseite wird dagegen gedehnt, es wird dort $\varepsilon > 0$. Dabei gibt es eine Faser mit $\varepsilon = 0$, die neutrale Faser. Wenn wir die z-Achse zweckmäßigerweise von der neutralen Faser aus zählen, so folgen für die Ober- bzw. die Unterseite $\varepsilon = \varepsilon_x(z) = \varepsilon_0 \cdot z / z_0$. Wegen $\sigma = E \cdot \varepsilon$ wird $\sigma = \sigma_x(z) = \sigma_0 \cdot z / z_0$. Die Spannungsverteilung ist linear. Spannungen bedeuten Normalkräfte in x-Richtung, somit lautet das Kräftegleichgewicht

$$N = \int_A \sigma_x \, dA = \frac{\sigma_0}{z_0} \int_A z \, dA = \frac{\sigma_0}{z_0} z_s \cdot A = 0$$

Die Koordinate z_S des Flächenschwerpunktes wird Null, also geht die neutrale Faser durch den Flächenschwerpunkt. Das Momentengleichgewicht liefert

$$-M + \int_A z \cdot \sigma_x \, dA = 0 \text{ , somit } M = \frac{\sigma_0}{z_0} \int_A z^2 \, dA = \frac{\sigma_0}{z_0} J_y$$

Wir nennen J_y das axiale Flächenträgheitsmoment. Der Index y weist auf die Biegung um die y-Achse hin. Analog gibt es ein J_z für die Biegung um die z-Achse:

$$J_y = \int_A z^2 \, dA \quad ; \quad J_z = \int_A y^2 \, dA \tag{3.16}$$

Bei der Torsion hatten wir das polare Flächenträgheitsmoment J_P, Gl. 3.15, kennen gelernt. Wegen $r^2 = y^2 + z^2$ gilt der Zusammenhang $J_p = J_y + J_z$ Wir wollen die Flächenträgheitsmomente für typische Querschnitte ermitteln, Abb. 3.24.

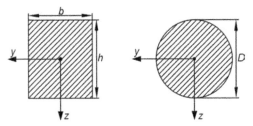

Abb. 3.24. Ermittlung axialer Flächenträgheitsmomente

Für den Rechteckquerschnitt wird

$$J_y = \int_A z^2 \, dA = b \int_{-h/2}^{h/2} z^2 \, dz = b \left. \frac{z^3}{3} \right|_{-h/2}^{h/2} = \frac{b \cdot h^3}{12}$$

Entsprechend wird $J_z = \dfrac{h \cdot b^3}{12}$ und $J_p = J_y + J_z = \dfrac{h \cdot b}{12}\left(h^2 + b^2\right)$.

Im Sonderfall eines quadratischen Querschnitts wird mit $b = h = a$

$$J_y = J_z = \frac{a^4}{12} \quad \text{und} \quad J_p = \frac{a^4}{6}$$

Für den Kreisquerschnitt folgt mit dem aus der Torsion bekannten Ausdruck für J_P, Abb. 3.22,

$$J_y = J_z = \frac{1}{2} J_p = \frac{\pi}{64} D^4$$

Wir wollen jetzt nach der Gleichung für die Biegelinie fragen. Dies führt zu einer der wichtigsten Differenzialgleichungen in der Mechanik, Abb. 3.25.

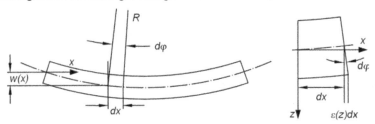

Abb. 3.25. Zur Herleitung der Biegelinie

Die Biegelinie beschreibt die Verbindung der Querschnittschwerpunkte eines gebogenen Balkens. Ihre Ermittlung folgt aus geometrischen Überlegungen zusammen mit statischen Beziehungen. Zwei ursprünglich parallele Querschnittsflächen im Abstand dx sind um einen Winkel $d\varphi$ geneigt. Der lokale Krümmungsradius sei R, wobei

$$\frac{1}{R} = \frac{d\varphi}{dx}, \text{ mit } z\,d\varphi = \varepsilon(z)dx \text{ wird } \frac{1}{R} = \frac{\varepsilon}{z}$$

Die gesuchte Gleichung der Biegelinie $w(x)$ hängt mit der Krümmung k zusammen über (siehe entsprechende Lehrbücher zur Mathematik)

$$k = -\frac{1}{R} = \frac{w''}{\left(1 + w'^2\right)^{3/2}} \approx w''$$

Hierbei seien kleine Verformungen angenommen, also $w' \ll 1$ gesetzt. Dabei bedeutet „ein Strich" die erste und „zwei Strich" die zweite Ableitung nach x. Das Minuszeichen bedeutet, dass der skizzierte Balken eine negative Krümmung besitzt. Mit $\sigma = E \cdot \varepsilon$ wird

$$\sigma(z) = \frac{M}{J_y} z = E \cdot \varepsilon(z), \text{ also } \frac{\varepsilon(z)}{z} = \frac{M}{E \cdot J_y} \ .$$

Wegen $\dfrac{\varepsilon}{z} = \dfrac{1}{R} = -w''$ folgt mit

$$E \cdot J_y \cdot w'' = -M(x) \tag{3.17}$$

die Dgl. der *Biegelinie*. Man bezeichnet $E \cdot J_y$ als Biegesteifigkeit analog zur Zug-/Drucksteifigkeit $E \cdot A$ und zur Torsionssteifigkeit $G \cdot J_p$. Derartige Produkte aus einem Materialkennwert E bzw. G und einer Geometriegröße sind für die Festigkeitslehre typisch.

Man kann sich leicht überlegen (worauf wir hier verzichten und auf die Lehrbücher verweisen), dass es zwischen den Verläufen des Momentes $M(x)$, der Querkraft $Q(x)$ und der Streckenlast $q(x)$ Zusammenhänge gibt:

$$\frac{dQ(x)}{dx} = -q(x) \quad \text{und} \quad \frac{dM(x)}{dx} = Q(x)$$

Moment M und Querkraft Q haben wir schon in Abb. 3.7 kennen gelernt. Die Streckenlast q ist eine Belastung pro Längeneinheit, also etwa ein Belag eines Balkens mit Sand. Die Querkraft Q folgt aus einer Integration der Streckenlast q, und das Moment M folgt aus einer Integration der Querkraft Q. Also können wir anstelle von Gl. 3.17 auch schreiben:

$$E \cdot J_y \cdot w''' = -Q(x) \quad \text{und} \quad E \cdot J_y \cdot w^{(4)} = q(x) \tag{3.18}$$

Wir wollen die Dgl. der Biegelinie für zwei Anwendungsfälle integrieren, für einen eingespannten Balken mit Einzellast und für einen beidseitig eingespannten Balken mit einer Streckenlast. Wir beginnen mit dem ersten Fall, Abb. 3.26.

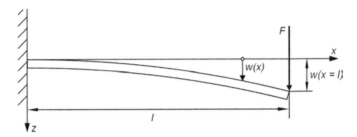

Abb. 3.26. Eingespannter Balken mit Einzellast

Aus Gl. 3.18 folgt nach Integration

$$E \cdot J_y \cdot w''' = -Q(x) = -F$$

$$E \cdot J_y \cdot w'' = -F \cdot x + C_1$$

$$E \cdot J_y \cdot w' = -\frac{1}{2}F \cdot x^2 + C_1 \cdot x + C_2$$

$$E \cdot J_y \cdot w = -\frac{1}{6}F \cdot x^3 + \frac{1}{2}C_1 \cdot x^2 + C_2 \cdot x + C_3$$

Die drei Integrationskonstanten müssen an die Randbedingungen angepasst werden. Aus $w(x=0)=0$ folgt $C_3 = 0$, aus $w'(x=0)=0$ folgt $C_2 = 0$ und aus $w''(x=l)=0$ folgt $C_1 = F \cdot l$. Damit erhalten wir für die Biegelinie

$$w(x) = \frac{F \cdot x^2}{2E \cdot J_y}\left(l - \frac{x}{3}\right)$$

Die maximale Durchbiegung liegt bei $x = l$ vor, sie wird

$$w_{max} = w(x=l) = \frac{F \cdot l^3}{3E \cdot J_y}$$

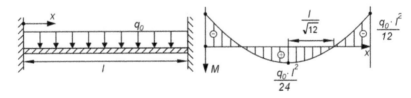

Abb. 3.27. Beidseitig eingespannter Balken mit Streckenlast und Momentenverlauf

Den Fall eines beidseitig eingespannten Balkens nennen wir statisch unbestimmt, der Balken „klemmt", Abb. 3.27. Die Momentenlinie kann hierbei nur über die Ermittlung der Biegelinie erfolgen. Der Balken sei mit einer konstanten Streckenlast q_0 belastet. Somit wird, wobei wir vereinfachend $J_y = J$ schreiben:

$$E \cdot J \cdot w^{(4)} \quad = q(x) \quad = q_0$$

$$-E \cdot J \cdot w''' \quad = Q(x) \quad = -q_0 \cdot x + C_1$$

$$-E \cdot J \cdot w'' \quad = M(x) \quad = -\frac{1}{2} q_0 \cdot x^2 + C_1 \cdot x + C_2$$

$$-E \cdot J \cdot w' \qquad = -\frac{1}{6} q_0 \cdot x^3 + \frac{1}{2} C_1 \cdot x^2 + C_2 \cdot x + C_3$$

$$-E \cdot J \cdot w \qquad = -\frac{1}{24} q_0 \cdot x^4 + \frac{1}{6} C_1 \cdot x^3 + \frac{1}{2} C_2 \cdot x^2 + C_3 \cdot x + C_4$$

Die vier Integrationskonstanten folgen aus den Randbedingungen $w'(x = 0) = 0$, $w(x = 0) = 0$, $w'(x = l) = 0$ und $w(x = l) = 0$ (Übung!). Damit folgen der Momentenverlauf und die maximale Durchbiegung (Übung!) zu

$$M(x) = -\frac{q_0 \cdot l^2}{12} \left[1 - 6\frac{x}{l} + 6\left(\frac{x}{l}\right)^2 \right]$$

$$w_{\max} = w\left(x = \frac{l}{2}\right) = \frac{q_0 \cdot l^4}{384 E \cdot J}$$

Wir wollen mit diesen beiden Anwendungsbeispielen die Biegung beenden. Der Leser wird sich mit ein wenig Phantasie vorstellen können, dass die Ermittlung der Biegelinie und der dazu erforderlichen Flächenträgheitsmomente deutlich aufwendiger wird, wenn etwa ein U-Profil, ein Doppel-T-Träger oder gar ein unsymmetrischer Träger durch Biegung beansprucht werden. Im letzten Fall liegt eine schiefe Biegung vor und es gibt dann für jedes Profil ausgezeichnete Richtungen, in denen die Flächenträgheitsmomente Extremwerte (Minimum bzw. Maximum) annehmen.

Damit beschließen wir die kurze Einführung in die Festigkeitslehre, wobei wir nur einfache Belastungsfälle wie Zug/Druck, Scherung, Torsion und Biegung behandelt haben. Es liegt auf der Hand, dass bei der Auslegung von konkreten Maschinenteilen meist zusammengesetzte Belastungen auftreten.

Zur *Dynamik*:

Wir kommen damit zum letzten Teil der Mechanik fester Körper, der Dynamik. Wie bisher wollen wir die Anwendung der fundamentalen Sätze anhand charakteristischer Beispiele behandeln, wobei wir hier erstmalig auch den Energiesatz anwenden werden.

In der Dynamik wird der Zusammenhang zwischen den einwirkenden Kräften und Momenten und den daraus resultierenden Bewegungen untersucht. Darin ist die Kinematik, die Geometrie von den Lagebeziehungen und den Bewegungen, ein Teilgebiet. Kinematische Beziehungen lassen sich durch die Grundgrößen Weg und Zeit ausdrücken, von besonderem Interesse sind Geschwindigkeit und Beschleunigung.

Die Dynamik untersucht, warum und wie sich ein Körper unter der Einwirkung äußerer Kräfte und Momente bewegt. Der Impulssatz 3.1 ist *die* zentrale Beziehung der Dynamik, hinzu kommen Drallsatz und Energiesatz. Wir beginnen mit einem Beispiel zur Anwendung des Impulssatzes, Abb. 3.28.

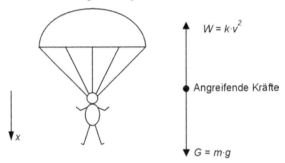

$$W = k \cdot v^2$$

Angreifende Kräfte

$$G = m \cdot g$$

Abb. 3.28. Dynamik eines Fallschirmspringers

Wir nehmen vereinfachend an, dass der Fallschirmspringer seinen Fallschirm unmittelbar nach Verlassen des Flugzeuges öffnet. Zu dem Zeitpunkt können wir seine Anfangsfallgeschwindigkeit v_0 mit Null ansetzen. Die Frage lautet, wie sich die Fallgeschwindigkeit v mit der Zeit t ändert, und welche Endgeschwindigkeit sich ergibt.

Für die physikalischen Symbole haben sich weitgehend englische Abkürzungen eingebürgert. So bezeichnet t die Zeit (time), v die Geschwindigkeit (velocity), a die Beschleunigung (acceleration), F die Kraft (force). Der Impulssatz 3.1

$$\frac{d}{dt}(m \cdot v) = \sum F \quad \text{führt mit } \dot{x} = v \text{ und } \ddot{x} = a \text{ zu}$$

$$m\frac{dv}{dt} = m \cdot a = m \cdot \ddot{x} = m \cdot g - k \cdot v^2$$

Wir haben die Längenkoordinate x nach unten positiv angenommen, also in Richtung der Erdbeschleunigung g (gravity) und damit der Gewichtskraft $G = m \cdot g$. Der Fallschirm erzeugt eine Widerstandskraft W, die nach den Gesetzen der Strömungsmechanik, Abschnitt 3.3, quadratisch von der Geschwindigkeit v abhängt. In die Proportionalitätskonstante k gehen die Größe und die aerodynamische Güte des Fallschirms ein. Die Widerstandskraft muss negativ angesetzt werden, da sie der gewählten x-Richtung entgegengesetzt gerichtet ist.

Die Frage nach der Endgeschwindigkeit lässt sich sofort beantworten. Hierfür wird die Beschleunigung $a = 0$, der Fallschirmspringer hat dann seine konstante Endgeschwindigkeit erreicht:

$$v_{end} = v(a \to 0) = \sqrt{m \cdot g / k}$$

Dieser Zusammenhang leuchtet unmittelbar ein. Ein größerer Fallschirm, ausgedrückt durch k, verringert die Endgeschwindigkeit, während ein schwererer Fallschirmspringer, ausgedrückt durch die Masse m, zu einer höheren Endgeschwindigkeit führt. Die Endgeschwindigkeit folgt auch aus der allgemeinen Lösung $v(t)$, der wir uns nunmehr zuwenden. Hierzu müssen wir im Impulssatz die Variablen v und t trennen, um anschließend integrieren zu können. Aus

$$\frac{dv}{dt} = g - \frac{k}{m} v^2 \qquad \text{folgt} \qquad \frac{dv}{g - k \cdot v^2 / m} = dt$$

und nach Integration

$$\int_0^v \frac{dv}{g - k \cdot v^2 / m} = \int_0^t dt = t$$

Auch das Integral der linken Seite lässt sich geschlossen angeben. Eine Suche in dem für Ingenieure unverzichtbaren „Taschenbuch der Mathematik" (Bronstein und Semendjajew 2001) ergibt dafür die Lösung

$$\sqrt{\frac{m}{g \cdot k}} \, \text{artanh}\left(\sqrt{\frac{k}{m \cdot g}} \, v \right) = t \qquad \text{, aufgelöst nach } v \text{ folgt}$$

$$v(t) = \sqrt{\frac{m \cdot g}{k}} \, \tanh\left(\sqrt{\frac{g \cdot k}{m}} \, t \right)$$

Für $t \to \infty$ folgt wegen $\tanh \to 1$ die schon bekannte Endgeschwindigkeit.

Wir haben an diesem einfachen Beispiel gesehen, dass die Beantwortung der Frage nach dem Geschwindigkeitsverlauf $v(t)$ auf die Lösung einer gewöhnlichen Dgl. hinausläuft. Das ist sehr häufig der Fall, aber nicht immer lassen sich diese geschlossen integrieren. Bei nur unwesentlich komplizierteren Fragestellungen muss i.d.R. numerisch integriert werden. Wie dieses zu bewerkstelligen ist, lernen Ingenieurstudenten in der Ingenieurmathematik. Das Standardverfahren zur Integration gewöhnlicher Dgln. (auch Systeme mehrerer Dgln.) ist jenes nach Runge und Kutta.

Die beiden folgenden Beispiele werden dagegen direkt zu der jeweils gesuchten Lösung führen. Diese sind so ausgewählt, das zunächst der Drallsatz (zusammen mit dem Impulssatz) zur Anwendung kommt, und anschließend der Energiesatz.

Vorbereitend dazu müssen wir uns zunächst dem in Gl. 3.5 mit $\boldsymbol{L} = \boldsymbol{r} \times m \cdot \boldsymbol{v}$ beschriebenen Drallvektor zuwenden. Und wir müssen die Frage nach der kinetischen Energie eines bewegten Körpers der Masse m behandeln. Letztere besteht aus zwei Anteilen, einer Translations- und einer Rotationsenergie. Die folgenden Überlegungen sind eine starke, aber noch vertretbare Vereinfachung üblicher Herleitungen in der Mechanik, bei denen ich teilweise an die kreative Phantasie der Leser appellieren muss.

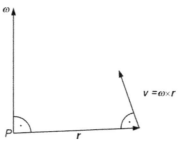

Abb. 3.29. Drallvektor und Vektor der Winkelgeschwindigkeit

Der Vektor ω der Winkelgeschwindigkeit eines rotierenden Körpers steht definitionsgemäß senkrecht auf der vom Radiusvektor r und dem Geschwindigkeitsvektor v aufgespannten Fläche. Denken wir an die Drehbewegung eines Rades, so ist v die Umfangsgeschwindigkeit, die stets senkrecht auf dem Radiusvektor r steht. Der Drallvektor L wird für den Drehpunkt P zu $L = r \times m \cdot v$, woraus die differenzielle Form $dL = r \times v\,dm$ folgt. Umfangsgeschwindigkeit v und Winkelgeschwindigkeit ω, wobei ab hier nur die Beträge betrachtet zu werden brauchen (v steht senkrecht auf r), hängen über $v = r \cdot \omega$ zusammen. Dies eingesetzt in die Beziehung für dL führt nach Integration zu

$$L = \int_m r \cdot v\,dm = \omega \int_m r^2\,dm = J \cdot \omega \tag{3.19}$$

Man bezeichnet in Analogie zu dem in der Festigkeitslehre bedeutsamen (axialen und polaren) Flächenträgheitsmomentes den Ausdruck

$$J = \int_m r^2\,dm = \rho \int_V r^2 dV \tag{3.20}$$

als Massenträgheitsmoment. Es spielt im Drallsatz mit $L = J \cdot \omega$ die gleiche Rolle wie die Masse m im Impulssatz, wobei $p = m \cdot v$ ist. In das Massenträgheitsmoment geht entscheidend die Verteilung der Masse ein, was wir uns für zwei typische Rotationskörper sogleich klar machen wollen, Abb. 3.30.

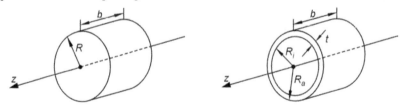

Abb. 3.30. Massenträgheitsmoment für Kreisscheibe und Kreisring

Hierbei kommt es zur Lösung des Integrals 3.20 darauf an, das differenzielle Volumenelement dV geeignet auszudrücken. An einer variablen Stelle r ist $2\pi r$ der Kreisumfang, $2\pi\,r \cdot dr$ eine differenzielle Kreisringfläche und entsprechend ist $dV = b \cdot 2\pi\,r \cdot dr$ ein infinitesimales Volumenelement. Nach Integration über das gesamte Volumen, also von $r = 0$ bis zum Außenradius $r = R$ folgt

$$J = \rho \int_V r^2\,dV = b \cdot 2\pi \cdot \rho \int_0^R r^3 dr = \frac{1}{2}b \cdot \pi \cdot \rho \cdot R^4$$

Mit der Masse $m = \rho \cdot \pi\,R^2 \cdot b$ der Kreisscheibe wird daraus

$$J = \frac{1}{2} m \cdot R^2 \tag{3.21}$$

Für den Kreisring folgt analog, wobei hier die Integrationsgrenzen R_i und R_a lauten und wir eine dünne Wandstärke $t = R_a - R_i << R_a$ annehmen wollen,

$$J = b \cdot 2\pi \cdot \rho \int_{R_i}^{R_a} r^3 dr = \frac{1}{2} b \cdot \pi \cdot \rho \cdot \left(R_a^4 - R_i^4\right)$$

und wegen $R_a^4 - R_i^4 = \left(R_a^2 + R_i^2\right) \cdot \left(R_a^2 - R_i^2\right) \approx 2R_a^2\left(R_a^2 - R_i^2\right)$

sowie $m = \rho \cdot \pi \cdot b\left(R_a^2 - R_i^2\right)$ wird

$$J = m \cdot R^2 \text{, wobei } R = R_a \tag{3.22}$$

Wir wollen die beiden hier gewonnenen Ergebnisse verallgemeinern zu der Aussage $J = C \cdot mR^2$, wobei die Konstante C nur von der Massenverteilung abhängt. Sie kann Werte von Null (alle Masse ist im Drehpunkt vereinigt) bis eins (alle Masse ist auf dem Außenradius R vorhanden) annehmen. Eine entsprechende Integration lässt sich für verschiedene Drehkörper durchführen.

Im Falle einer Kugel ist eine Transformation auf Kugelkoordinaten sinnvoll, mit ein wenig Rechnung folgt für die Konstante C der Wert 2/5 (Übung!). Es leuchtet unmittelbar ein, dass C für die Kugel kleiner sein muss als für die Kreisscheibe. Bei der Kugel nimmt die Masse zum Drehpunkt hin ständig zu.

Mit den nun gewonnenen Erkenntnissen können wir das zweite Beispiel angehen, bei dem der Impuls- und der Drallsatz angesetzt werden müssen, Abb. 3.31.

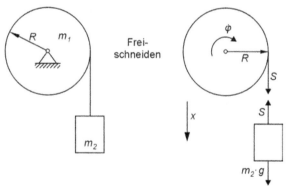

Abb. 3.31. Walze zum Abrollen einer Last

Auf einer zylindrischen Walze der Masse m_1 ist ein (masseloses) Seil aufgewickelt, an dem die Masse m_2 hängt. Die Walze soll sich frei drehen können. Gesucht sind die Beschleunigung $\ddot{x}$ der Masse m_2 und die Seilkraft S.

Mit der Methode des Freischneidens trennen wir das System in zwei Teilsysteme, wobei wir an der Schnittstelle die gesuchte Seilkraft anzusetzen haben. Für das System Walze setzen wir den Drallsatz an, wobei $\omega = \dot{\varphi}$ ist:

$$\frac{dL}{dt} = J\frac{d\omega}{dt} = J \cdot \ddot{\varphi} = R \cdot S$$

Für das System Masse m_2 liefert der Impulssatz:

$$\frac{dp}{dt} = m_2 \cdot \ddot{x} = m_2 \cdot g - S$$

Somit haben wir zwei Gleichungen mit zunächst drei Unbekannten $\ddot{x}$, $\ddot{\varphi}$ und S. Also benötigen wir eine weitere Beziehung, eine kinematische Bindung, aus der Forderung, das Seil solle abrollen und nicht durchrutschen. Also muss $R \cdot \dot{\varphi} = \dot{x}$ sein, die Umfangsgeschwindigkeit $R \cdot \dot{\varphi}$ der Walze muss mit der Geschwindigkeit $\dot{x}$ der Masse m_2 übereinstimmen. Wenn wir weiter das uns bekannte Massenträgheitsmoment der Walze $J = m \cdot R^2/2$ einsetzen, so liefern der Impuls- und der Drallsatz nach Auflösung die gesuchten Größen:

$$\ddot{x} = \frac{2m_2}{m_1 + 2m_2}g \qquad \text{und} \qquad S = \frac{m_1}{m_1 + 2m_2}m_2 \cdot g$$

Mit ein wenig Übung kann man sich die Struktur dieser Resultate sofort klar machen. Derartige Überlegungen sind stets nützlich zur Überprüfung der Frage, ob die Ergebnisse überhaupt richtig sein *können*. Hier war die Rechnung vergleichsweise einfach, aber man stelle sich bei komplizierten Systemen langwierige Umformungen vor, bei denen die Gefahr eines Fehlers immer gegeben ist. Also überprüfen wir hier beispielhaft die beiden Resultate, ohne auf den Drall- und den Impulssatz zurückzugreifen. Dabei variieren wir gedanklich nur das Verhältnis der beiden Massen m_1 zu m_2.

In dem einen Grenzfall $m_2 \gg m_1$ können wir die Walze m_1 vernachlässigen und somit wegdenken. Es wäre dann so, als würde die Masse m_2 im freien Fall herunterfallen. Die Beschleunigung $\ddot{x}$ kann maximal gleich der Erdbeschleunigung g werden. In dem anderen Grenzfall $m_2 \ll m_1$ würde sich die Last praktisch gar nicht in Bewegung setzen, es wäre dann $\ddot{x} = 0$.

Eine analoge Betrachtung liefert für die gesuchte Seilkraft S die Aussage $S = m_2 \cdot g$, falls $m_2 \ll m_1$ wird. Das entspricht einer Blockade der Walze, sie rührt sich nicht. Damit haben wir den Maximalwert der Seilkraft. Die Seilkraft geht jedoch gegen Null für $m_2 \gg m_1$, da sich dann die Last im freien Fall befindet. Also müssen die Resultate die Form

$$\ddot{x} = f_1\left(\frac{m_1}{m_2}\right) \cdot g \qquad \text{und} \qquad S = f_2\left(\frac{m_1}{m_2}\right) \cdot m_2 \cdot g$$

haben, wobei die Funktionen f_1 und f_2 nur von dem Massenverhältnis abhängen können. Wie diese im Einzelfall aussehen, kann nur die oben angegebene Lösung zeigen. Die Betrachtung der Grenzfälle schränkt die Lösung sofort ein. Es muss $0 < \ddot{x} < g$ und $0 < S < m_2 \cdot g$ sein.

Der hier verwendete Zusammenhang zwischen dem Drallvektor und dem Vektor der Winkelgeschwindigkeit in der Form $L = J \cdot \omega$ gilt *nur* für den Fall, dass die Drehachse durch den Massenmittelpunkt des Körpers geht und keine Unwuchten auftreten. Wir wollen den davon abweichenden allgemeinen Fall kurz erläutern, ohne jedoch tiefer einzusteigen. Denn dies würde uns in die komplizierte Kreiseldynamik führen, was dem Zweck dieser Einführung nicht gerecht würde.

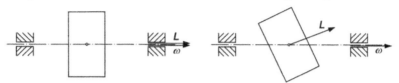

Abb. 3.32. Symmetrischer und unsymmetrischer Rotor

Im symmetrischen Fall haben L und ω die gleiche Richtung, die Verknüpfung liefert das skalare Massenträgheitsmoment J, Abb. 3.32. Im unsymmetrischen Fall sind L und ω weiterhin linear miteinander verknüpft. Beide Vektoren haben nunmehr jedoch verschiedene Richtungen, ihre Verknüpfung erfolgt nun über einen Tensor zweiter Stufe, den Trägheitstensor. Er hat ähnliche Eigenschaften wie der Spannungstensor, den wir in der Festigkeitslehre kennen gelernt haben.

Ein praktisches Beispiel des unsymmetrischen Rotors ist die Trommel einer Waschmaschine. Diese ist fliegend und nicht etwa starr gelagert, und sie zentriert sich mit steigender Schleuderdrehzahl selbsttätig. Die Konstrukteure von Waschmaschinen müssen also einiges von Kreiseldynamik verstehen.

Im folgenden Beispiel wollen wir (erstmalig) den Energiesatz verwenden. Dazu müssen wir uns vorbereitend mit der kinetischen Energie eines Körpers beschäftigen, der eine Translations- und eine Rotationsbewegung ausführt. Aus der Physik sollte die kinetische Energie eines Massenpunktes m, der sich mit der Geschwindigkeit v bewegt, bekannt sein. Es ist

$$E_{trans} = \frac{1}{2} m \cdot v^2, \text{ allgemein} = \frac{1}{2} \int_m v^2 \, dm \qquad (3.23)$$

Zur Bestimmung der Rotationsenergie müssen wie auf die allgemeine Beziehung zurückgreifen, da diese maßgeblich von der Massenverteilung abhängen wird. Die kinetische Energie der Rotation ist die Summe der rotationskinetischen Energie aller seiner Massenpunkte. Mit $v = r \cdot \omega$ wird damit

$$E_{rot} = \frac{1}{2} \omega^2 \int_m r^2 \, dm = \frac{1}{2} J \cdot \omega^2 \qquad (3.24)$$

Wir erkennen daran, dass auch hier das schon bekannte Massenträgheitsmoment aus Gl. 3.20 auftritt.

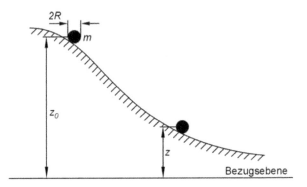

Abb. 3.33. Rollende Kugel auf geneigter Bahn

Eine Kugel der Masse m mit dem Radius R möge einen Hügel herunterrollen ohne zu gleiten, Abb. 3.33. Welche Geschwindigkeit hat die Kugel in einer Höhe z, wenn sie in der Ausgangshöhe z_0 stoßfrei losgelassen wird?

Die Lösung der Aufgabe folgt aus dem Energiesatz: Die Summe aus kinetischer Energie (der Translation und der Rotation) und der potentiellen Energie bleibt konstant. Im Anfangszustand z_0 steckt die gesamte Energie in der potentiellen Energie $m \cdot g \cdot z_0$, somit lautet der Energiesatz

$$\frac{1}{2} m \cdot v^2 + \frac{1}{2} J \cdot \omega^2 + m \cdot g \cdot z = m \cdot g \cdot z_0$$

Auch hier brauchen wir die Abrollbedingung $v = R \cdot \omega$, ebenso wie das vorher bereitgestellte Massenträgheitsmoment für die Kugel mit $J = C \cdot m \cdot R^2$ und $C = 2/5$. Es folgt

$$v^2 (1 + C) = 2g(z - z_0) \qquad \text{und somit} \qquad v = \sqrt{\frac{2g(z - z_0)}{1 + C}}$$

Für dem Sonderfall des Gleitens geht diese Beziehung für $C = 0$ wegen $\omega = 0$ über in $v = \sqrt{2g \cdot h}$ mit $h = (z - z_0)$. Dies entspricht der Geschwindigkeit für den freien Fall. Die rollende Kugel erreicht eine geringere Geschwindigkeit, da die potentielle Energie sich auf einen Translations- und einen Rotationsanteil aufteilt.

Der Energiesatz ist im Gegensatz zum Impuls- und Drallsatz eine skalare Beziehung. Somit kann man damit nur den Betrag, aber nicht die Richtung der Geschwindigkeit ermitteln. Bei der behandelten Aufgabe ist die Richtung der Bahnkurve vorgegeben.

Zum Abschluss dieses Abschnitts wollen wir die Schwingungsgleichung für den ungedämpften und den gedämpften Fall herleiten, deren Lösung wir im Abschnitt 2.1 Mathematik behandelt haben. Wir beginnen mit dem ungedämpften Schwinger, Abb. 3.34.

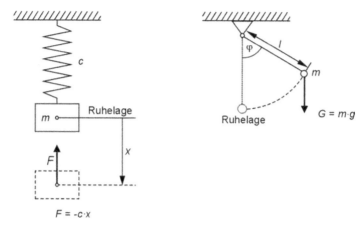

Abb. 3.34. Feder-Masse-Pendel und Punktpendel

Wir betrachten zunächst das linke Pendel bestehend aus der Masse m, die an einer Feder mit der Federkonstanten c hängt. Eine Auslenkung aus der Ruhelage führt zu einer Rückstellkraft $F = -c \cdot x$, womit wir den Impulssatz ansetzen können: $m \cdot \ddot{x} = F = -c \cdot x$, daraus wird

$$\ddot{x} + v^2 \cdot x = 0 \quad \text{mit} \qquad v^2 = \frac{c}{m} \tag{3.25}$$

Man nennt v die Kreisfrequenz des Schwingers. Diese enthält jeweils zwei Systemeigenschaften. Für das Feder-Masse-Pendel ist $v = \sqrt{c/m}$.

Das rechte Bild zeigt ein Punktpendel, auch mathematisches Pendel genannt. Dabei sind die Masse m und die Pendellänge l die entsprechenden Systemeigenschaften. Lenken wir das Pendel um einen Winkel φ aus, so wirkt hier ein Rückstellmoment $M = -m \cdot g \cdot l \cdot \sin \varphi$. Auch hier bedeutet das negative Vorzeichen, ebenso wie beim Feder-Masse-Pendel, dass das Rückstellmoment der Auslenkung entgegengerichtet ist. Hier verwenden wir, da es sich um eine Drehbewegung handelt, den Drallsatz. Mit dem Drall $L = m \cdot l \cdot v = m \cdot l^2 \cdot \dot{\varphi}$ wegen $v = l \cdot \dot{\varphi}$ lautet der Drallsatz

$$m \cdot l^2 \cdot \ddot{\varphi} = -m \cdot g \cdot l \cdot \sin \varphi$$

Für kleine Auslenkungswinkel kann $\sin \varphi$ durch φ (im Bogenmaß) ersetzt werden und es folgt die Schwingungsgleichung zu

$$\ddot{\varphi} + v^2 \cdot \varphi = 0 \quad \text{mit} \quad v^2 = \frac{g}{l} \tag{3.26}$$

Sie hat die gleiche Form wie jene für das Feder-Masse-Pendel. Auch bei Drehschwingungen, bei der Schwingung eines Körperpendels und einem elektrischen

Schwingkreis, bestehend aus einer Spule und einem Kondensator, erhalten wir die gleiche Schwingungsgleichung.

Als letztes Beispiel behandeln wir eine gedämpfte Schwingung, wobei wir den Feder-Masse-Schwinger um einen hydraulischen Dämpfer ergänzen, Abb. 3.35.

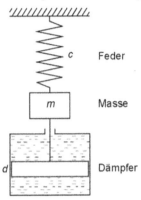

Abb. 3.35. Gedämpfte Schwingung

Die Dämpfungskraft D wird bei geringen Geschwindigkeiten proportional zur Geschwindigkeit $\dot{x}$ sein, sie wirkt der Auslenkung entgegen. Wir setzen $D = -d \cdot \dot{x}$, dabei beschreibt d die Dämpfungseigenschaften. Der Impulssatz liefert dann in Erweiterung der Gl. 3.25 mit

$m \cdot \ddot{x} = F(x) + D(x)$ die Schwingungsgleichung

$$\ddot{x} + \frac{d}{m}\dot{x} + \frac{c}{m}x = 0$$

Mit den geläufigen Abkürzungen

$$v_0{}^2 = \frac{c}{m} \quad \text{und} \quad \frac{d}{m} = 2\delta \qquad (\delta = \text{Abklingkonstante})$$

wird daraus

$$\ddot{x} + 2\delta \cdot \dot{x} + v_0{}^2 x = 0 \tag{3.27}$$

Auch diese gewöhnliche Dgl. zweiter Ordnung hatten wir in Abschnitt 2.1 gelöst.

Zahlreiche Lehrbücher repräsentieren den Stoff, der in einem zwei- oder dreisemestrigen Zyklus in (Technischer) Mechanik behandelt wird. Übungen zu den Vorlesungen sind stets ein unverzichtbarer Bestandteil, denn die Modellbildung in der Mechanik lernt man nur durch aktive Anwendung. Die in der Mechanik vermittelte Vorgehensweise kann als typisch für die Arbeitsweise in den Ingenieurwissenschaften angesehen werden. Sie besteht aus den folgenden Schritten:

1. Formulieren und Abgrenzen der Aufgabe
2. Schaffung eines mechanischen Ersatzmodells, d.h. Fortlassen alles Unwesentlichen

3. Schaffung eines mathematischen Ersatzmodells, d.h. Übersetzung in die Sprache der Mathematik
4. Lösen des Problems im mathematischen Bereich
5. Rückübertragung der mathematischen Lösung in den mechanischen Bereich
6. Deutung und Diskussion der Ergebnisse

Wir werden dieser Vorgehensweise ständig begegnen, so insbesondere in dem zweiten wichtigen technischen Grundlagenfach für Ingenieure, der Thermodynamik.

3.2 Thermodynamik

Neben der Mechanik ist die Thermodynamik das zweite wichtige Teilgebiet der Physik für nahezu alle Ingenieurdisziplinen. Die Thermodynamik ist eine allgemeine Energielehre, sie befasst sich mit den verschiedenen Erscheinungsformen der Energie und insbesondere mit der Energieumwandlung. Da Energieumwandlungen eng mit den Eigenschaften der Materie verknüpft sind, spielen auch letztere eine wichtige Rolle in der Thermodynamik.

Technische Prozesse mit Energieumwandlung treten in unterschiedlicher Weise auf. Denken wir etwa an Otto- oder Dieselmotoren, an Kraftwerke, an Brennstoffzellen oder an Flugtriebwerke. Denken wir weiter an den großen Bereich der Wärme-, Kälte- und Klimatechnik. Hinzu kommt die Verfahrenstechnik, sie liefert die allgemeinen Gesetze der Stofftrennung, die stets über Energieumwandlungen ablaufen. Die Aufgabe der Thermodynamik besteht nun im Wesentlichen darin, allgemeine Gesetzmäßigkeiten unabhängig von den jeweiligen speziellen technischen Prozessen zu beschreiben.

Somit verfolgt die Lehre von der Thermodynamik für Ingenieure folgende Ziele: Sie soll einerseits die allgemeinen Gesetze der Energieumwandlung bereitstellen, andererseits die Eigenschaften der Materien untersuchen, um letztlich diese Gesetze auf technische Prozesse anzuwenden.

In einer Einführung in die Thermodynamik, so wie sie hier beschrieben wird, werden zwei grundlegende Einschränkungen gemacht. Zum einen werden nur Energieumwandlungen beim Übergang von einem Gleichgewichtszustand in einen anderen behandelt. Somit können Aussagen über den zeitlichen Verlauf von technischen Prozessen nicht gemacht werden. Die zweite Einschränkung liegt darin, dass die betrachtete Materie durch makroskopische Größen wie Temperatur und Druck beschrieben wird, und somit auf eine mikroskopische Beschreibung, wie etwa Bewegung der einzelnen Moleküle, verzichtet wird.

Grundlegend ist der Begriff des *thermodynamischen Systems*. Hiermit ist ein materielles Gebilde gemeint, das es zu untersuchen gilt. Dabei kann es sich um ein Gas, eine Flüssigkeit, ein Gemisch oder um einen Festkörper handeln. Das System grenzt den zu behandelnden Prozess durch seine *Systemgrenze* von der Umgebung ab. Es liegt auf der Hand, dass eine Systemgrenze jeweils geeignet gewählt werden muss. Hier liegt eine Analogie zu der „Kunst" des Freischneidens in der Mechanik, Abschnitt 3.1, vor.

Bezüglich der Abgrenzung unterscheidet man drei Arten von Systemen. Ein *abgeschlossenes* System tauscht mit seiner Umgebung weder Energie noch Materie aus, es ist vollständig von seiner Umgebung isoliert. Ein *geschlossenes* System ist undurchlässig für Materie, kann jedoch Energie mit seiner Umgebung austauschen. Ein *offenes* System schließlich kann Materie und Energie mit seiner Umgebung austauschen. Nennen wir einige Beispiele für die genannten drei Systeme: eine ideal isolierte und verschlossene Thermoskanne ist ein abgeschlossenes System, eine Wärmflasche ist ein geschlossenes System und ein Triebwerk oder eine Turbine sind offene Systeme.

Ein thermodynamisches System wird durch seine physikalischen Eigenschaften beschrieben. Diese werden in der Thermodynamik *Zustandsgrößen* oder *Zustandsvariablen* genannt. Auch hier müssen wir zunächst einige Begriffe definieren. Beispielhaft machen wir uns dies an einem Druckluftkessel deutlich, wobei wir die Größe des Kessels gedanklich verändern. Wenn wir den Kessel halbieren, so werden die Temperatur T und der Druck p unverändert bleiben, wir sprechen dann von *intensiven* Zustandsvariablen. Das Volumen V und die Masse m werden jedoch von der Größe des Systems abhängen, wir nennen sie *extensive* Zustandsvariablen. Beziehen wir diese extensiven Zustandsvariablen auf die Masse m des Systems, so gelangen wir zu den *spezifischen* Zustandsvariablen. So schreiben wir:

$$v = \frac{V}{m} = \frac{1}{\rho} \; ; \qquad u = \frac{U}{m} \; ; \qquad h = \frac{H}{m} \; ; \qquad s = \frac{S}{m} \qquad (3.28)$$

Wir nennen v das spezifische Volumen, deren Kehrwert ist die Dichte ρ in kg/m^3. Auf die innere Energie U, die Enthalpie H sowie die Entropie S gehen wir weiter unten ein.

Wir stellen nun die Frage nach allgemeinen Beziehungen zwischen den Zustandsvariablen, den sog. *Zustandsgleichungen*. Diese wurden, wie stets in der Geschichte der Naturwissenschaften und der Technik, zunächst empirisch ermittelt; auf eine spätere theoretische Begründung mit Hilfe der statistischen Thermodynamik geht ein einführender Kurs nicht ein. Aus den Experimenten von Boyle und Mariotte sowie Gay-Lussac folgt für Gase die Aussage:

$$\frac{p \cdot V}{T} = \text{konst.} \qquad (3.29)$$

Was folgt nun aus dieser empirischen Beziehung, deren Gültigkeit für sog. ideale Gase erst deutlich später theoretisch nachgewiesen werden konnte? Hierzu stellen wir uns drei Prozesse vor, bei denen jeweils eine der drei Zustandsvariablen gedanklich konstant gehalten wird. Für T = konstant ist das Produkt aus $p \cdot V$ konstant; anders formuliert: mit wachsendem Druck p nimmt das Volumen V ab und umgekehrt. Halten wir jedoch den Druck p konstant, so ändert sich das Volumen V linear mit der Temperatur T. Hier können wir uns einen Luftballon vorstellen, dessen äußerer Druck durch den Umgebungsdruck vorgegeben ist.

Steigt die Temperatur etwa durch Sonneneinstrahlung, so nimmt das Volumen zu. In einem dritten gedanklichen Prozess halten wir das Volumen V konstant, hierbei ändert sich der Druck p linear mit der Temperatur. Diese Situation ist bei einem Dampfdrucktopf realisiert. Durch Wärmezufuhr wächst die Temperatur in dem Kochtopf, der Druck steigt.

Es ist offenkundig, dass die Konstante in Gl. 3.29 einerseits der Masse m proportional ist und andererseits von der Art des betrachteten Gases abhängt, also schreiben wir:

$$p \cdot V = m \cdot R \cdot T \qquad \text{oder} \qquad p \cdot v = \frac{p}{\rho} = R \cdot T \qquad (3.30)$$

Wir nennen R die individuelle oder spezielle Gaskonstante, da sie von der Art des Gases abhängt. Die individuelle Gaskonstante lässt sich auf eine universelle Gaskonstante R^* zurückführen, die ihrerseits der Boltzmann-Konstanten sowie der Avogadro-Konstanten, früher auch Loschmidt-Zahl genannt, proportional ist. Es gilt der Zusammenhang:

$$R = \frac{R^*}{M} \text{ , wobei } M = \text{Molmasse}$$

Ein Gas mit einer niedrigen Molmasse M, wie etwa Wasserstoff, hat also eine größere Gaskonstante als etwa Sauerstoff oder Stickstoff.

Wir nennen Gl. 3.30 die *thermische Zustandsgleichung* eines idealen Gases, sie verknüpft die thermischen Zustandsgrößen Temperatur, Druck und Dichte miteinander. Daran erkennen wir, dass zwei Zustandsvariablen zur Beschreibung des thermischen Zustands ausreichen; die dritte Zustandsvariable folgt aus der thermischen Zustandsgleichung.

Wir kommen nun zu einem weiteren Begriff, dem der *Zustandsänderung*. Abb. 3.36 zeigt verschiedene Zustandsänderungen in einem p, v-Diagramm. Wie wir schon wissen, lässt sich jede Zustandsvariable als Funktion zweier anderer Zustandsvariablen ausdrücken. Die Frage, wie sich z.B. der Druck p mit dem spezifischen Volumen v ändert, bedarf einer weitern Angabe bezüglich einer zweiten unabhängigen Zustandsvariablen.

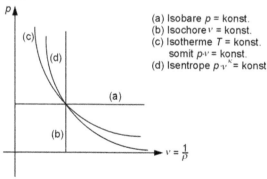

Abb. 3.36. Zustandsänderungen

Drei der dargestellten Zustandsänderungen haben wir bei der Diskussion der Gl. 3.29 bereits kennen gelernt. Isobaren heißen Linien p = konstant, diese sind uns von Wetterkarten geläufig. Segler und Segelflieger wissen, dass ein enger Abstand der Isobaren einen starken Druckgradienten, d.h. Druckzunahme bzw. Druckabnahme, und somit hohe Windgeschwindigkeiten bedeutet. Den Zusammenhang zwischen Druck und Geschwindigkeit werden wir mit Gl. 3.58 in Abschnitt 3.3 Strömungsmechanik kennen lernen.

Isochoren sind Linien konstanten spezifischen Volumens v bzw. konstanter Dichte ρ. Diese sind ebenso wie die Isobaren Geraden parallel zu den jeweiligen Achsen des p-v-Diagramms. Isothermen sind Linien konstanter Temperatur T; auf ihnen gilt $p \cdot v$ = konstant nach Gl. 3.30. Das sind Hyperbeln ebenso wie die Isentropen, die jedoch wegen $\kappa > 1$ eine andere Steigung aufweisen als die Isothermen, sie verlaufen steiler. Zu den Isentropen wollen wir an dieser Stelle zunächst nur sagen, dass es sich um reversible Adiabaten (kein Wärmeaustausch) handelt, siehe hierzu später Gl. 3.44.

Wir kommen nun zum *ersten Hauptsatz* der Thermodynamik, der speziellen Formulierung des Satzes von der Energieerhaltung 3.3. Es spielt eine zentrale Rolle und lautet in differenzieller Form:

$$du = dq + dw, \quad \text{wobei} \quad dw = dw_{rev} + dw_{irr} \tag{3.31}$$

In Worten: Die Änderung der inneren Energie u eines geschlossenen Systems ist gleich der Summe aus der zu- bzw. abgeführten Wärme und der an dem System geleisteten Arbeit. Letztere zerlegen wir in zwei Anteile, siehe Abb. 3.37.

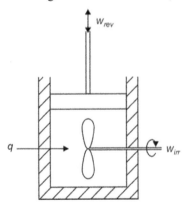

Abb. 3.37. Zum ersten Hauptsatz der Thermodynamik

Mit dq bezeichnen wir die zu- bzw. abgeführte Wärme (pro Masse). Wird an dem System keine Arbeit dw geleistet, so führt eine Wärmezufuhr zu einer entsprechenden Zunahme der inneren Energie und damit der Temperatur T. Mikroskopisch gesprochen speichern die Gasmoleküle die innere Energie in verschiedener Weise: als Translationsenergie und bei zwei- oder mehratomigen Molekülen auch als Rotations- und als Schwingungsenergie. Auch hier kommen die Materialeigenschaften über die Stoffgröße Wärmekapazität c zum Tragen. Es gilt bei idealen Gasen:

$$du = c_v \cdot dT + \text{konst.} \tag{3.32}$$

Darin ist c_v die Wärmekapazität bei konstantem Volumen. Eine weitere Wärmekapazität c_p (bei konstantem Druck) lernen wir später kennen, Gl. 3.39.

Die an dem System geleistete Arbeit besteht aus zwei Anteilen. Denken wir uns den Kolben langsam in den Zylinder hineingedrückt, so führen wir reversibel von außen Verschiebearbeit zu:

$$dw_{rev} = -pdv \tag{3.33}$$

Dabei nimmt das (spezifische) Volumen ab, wenn wir Arbeit zuführen. Zugeführte Energie wollen wir positiv ansetzen, daher das Minuszeichen. Wird Arbeit nach außen abgegeben, so nimmt das Volumen zu. Die irreversible Zufuhr von Arbeit, etwa durch den dargestellten Rührer, erhöht die innere Energie des Systems in gleicher Weise wie die reversible Arbeit. An dieser Stelle müssen wir kurz auf die Begriffe reversibel und irreversibel eingehen, die wir uns mit Abb. 3.38 anschaulich verdeutlichen wollen.

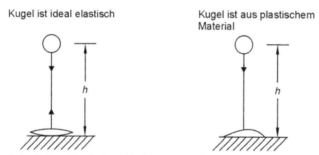

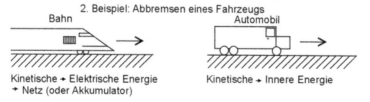

Abb. 3.38. Reversible (links) und irreversible Energieumwandlung (rechts)

Im ersten Beispiel fällt eine Kugel aus einer Höhe h auf eine Unterlage. Sind Kugel und Unterlage ideal elastisch, so wird die Kugel (z.B.: ein Gummiball) nach dem Loslassen wieder ihre Ausgangshöhe erreichen. Der Prozess der Energieumwandlung verläuft wie folgt: Die potentielle Energie der Kugel wird in kinetische Energie umgesetzt, welche sich beim Auftreffen der Kugel auf die Unterlage in Verformungsenergie umwandelt. Die Rückwandlung in kinetische Energie lässt die Kugel auf die Ausgangshöhe zurückschnellen. Eine derartige Energieumwandlung heißt *reversibel* (= umkehrbar).

Eine *irreversible* (nicht umkehrbare) Energieumwandlung liegt vor, wenn in dem betrachteten Beispiel die Kugel aus einem plastischen Material gewählt wird. Aus der potentiellen wird kinetische Energie und daraus letztlich Verformungsenergie. Wir haben das Gefühl, hier sei etwas verloren gegangen. Die Energie ist natürlich erhalten geblieben, jedoch hat die Wertigkeit oder die Umwandelbarkeit der Energie gelitten.

Im zweiten Beispiel soll ein Fahrzeug zum Stillstand gebracht werden. Ist dieses Fahrzeug ein Automobil, so ist es heute leider noch üblich, die kinetische Energie über eine Reibungsbremse irreversibel in innere Energie umzuwandeln. Die Bremsscheiben geben ihre Wärmeenergie an die umgebende Luft ab. Es wird uns nicht gelingen, in umgekehrter Weise durch äußere Aufheizung der Bremsscheiben das Automobil in Bewegung zu setzten. Die ursprüngliche kinetische Energie ist nicht mehr nutzbar.

Diese ausgesprochen unintelligente Art der Abbremsung ist nicht zwingend nötig. Es ist technisch möglich, so z.B. bei der neuen Berliner S-Bahn, die Bremsleistung wieder in das Stromnetz einzuleiten. Die Schlüsseltechnologien hierfür sind Mikro- und Leistungselektronik. Mit ihrer Hilfe kann der elektrische Energiefluss in extrem kurzer Zeit gesteuert und umgekehrt werden. Aber auch eine solche Energieumwandlung ist nur in der Theorie reversibel. Bei realen Prozessen treten stets Verluste infolge von Reibung auf. Es ist eine wesentliche Aufgabe der Ingenieure, derartige Verluste zu minimieren.

Die angeführten Beispiele haben verdeutlicht, dass den einzelnen Energieformen eine unterschiedliche Wertigkeit zuzuordnen ist. Der Thermodynamiker sagt, die Energie besteht aus *Exergie* und *Anergie*. Die Exergie (= Arbeitsfähigkeit) ist derjenige hochwertige Energieanteil, der beliebig in andere Energieformen überführt werden kann. Bei einer reversiblen Energieumwandlung bleibt der Exergieanteil erhalten. Jede Irreversibilität dagegen reduziert den Exergieanteil zugunsten der Anergie. Bei dem Fall des abgebremsten Autos ist die hochwertige Energie (reine Exergie) irreversibel in minderwertige innere Energie (reine Anergie) umgewandelt worden.

In der Umgangssprache wird häufig fälschlicherweise von Energieverlust geredet. Man meint damit Exergieverlust, also eine Verringerung der Arbeitsfähigkeit der Energie. Energie selbst kann nicht verloren gehen, sie kann nur von einer Form in eine andere umgewandelt werden. Wir erkennen, dass der Satz von der Energieerhaltung allein nicht ausreicht, um die angeschnittenen Fragen zu beantworten. Dieser Satz sagt lediglich aus, dass bei allen Prozessen der Energieumwandlung die Summe aus Exergie und Anergie, also die Energie, konstant bleibt. Über die Höhe der Exergieverluste sagt der Energieerhaltungssatz nichts aus. Um es anschaulich zu formulieren: Der Satz von der Energieerhaltung würde z.B. gestatten, dass sich eine Wagen durch Aufheizen der Bremsen in Bewegung setzt, dass Wasser von selbst bergauf fließt und dass Wärme von selbst von einem Körper mit niedriger Temperatur auf einen Körper mit hoher Temperatur übergeht. Derartige Prozesse widersprechen unserer Erfahrung. Wir sagen, sie seien unmöglich.

Auf der Suche nach einem Kriterium, welches das offenbar nicht ausreichende Prinzip von der Energieerhaltung ergänzt, haben die Thermodynamiker eine eigenständige neue Zustandsgröße, die *Entropie*, eingeführt. Dieses geschah bereits 1865 durch Rudolf J.E. Clausius, also nur wenig später als die Formulierung des Satzes von der Energieerhaltung. Damit war neben der Energie (griechisch *energeia* = Wirkungsvermögen) der zweite zentrale thermodynamische Begriff Entropie (griechisch *entrepo* = umkehren) geboren. Das Wort Entropie drückt auch Verwandlung aus. Das Entropieprinzip wird als *zweiter Hauptsatz* der Thermodynamik bezeichnet, er lautet:

$$ds \geq \frac{dq}{T} \tag{3.34}$$

Die neue Zustandsgröße Entropie S bzw. $s = S/m$ hat folgende Eigenschaften: In einem abgeschlossenen System nimmt die Entropie bei realen (also irreversiblen) Zustandsänderungen stets zu; im idealen Fall reversibler Zustandsänderungen bliebe sie konstant. Bei realen Prozessen und Vorgängen ist der Fall der Entropieerhaltung nur als theoretischer hypothetischer Grenzfall anzusehen. Reale Prozesse haben stets eine Entropiezunahme (weil Exergieabnahme) zur Folge. Der Chemiker Wilhelm Ostwald (1873-1940) hat den zweiten Hautsatz als das „Gesetz des Geschehens" bezeichnet.

In den Lehrbüchern gibt es unterschiedliche Zugänge zu der insbesondere für „Anschaulichkeitspuristen" mysteriösen Zustandsgröße Entropie. Darauf können wir hier nicht eingehen, wollen jedoch eine anschauliche Deutung geben. Dabei müssen wir zunächst Zustands- von Prozessgrößen unterscheiden. Zustandsgrößen haben wir bereits kennen gelernt und wissen, dass durch die Angabe von zwei Zustandesgrößen ein thermodynamisches System eindeutig beschrieben werden kann. In dem ersten Hauptsatz 3.31 ist die innere Energie eine Zustandsgröße. Die Wärme q und die Arbeit w nennen wir Prozessgrößen, es sind keine Zustandsgrößen. Beziehen wir jedoch die zugeführte Wärme wie in Gl. 3.34 auf die absolute Temperatur T und damit auf den Energieinhalt eines Systems, so wird daraus die Zustandsgröße Entropie.

Der zweite Hauptsatz ist nun die notwendige Ergänzung zum ersten Hauptsatz. Auch hier eine anschauliche Leseart: Der erste Hauptsatz spielt die Rolle eines Buchhalters, der Soll und Haben ins Gleichgewicht bringt, jedoch keine strategische Entscheidung über Geschäftsprozesse trifft. Dieses macht der zweite Hauptsatz, er macht eine Aussage über die Richtung der Prozesse. Prozesse, bei denen die Entropie abnimmt, sind thermodynamisch unmöglich. Bei realen Prozessen wächst die Entropie, bei idealen Prozessen bleibt sie konstant. Damit lässt sich „beweisen", dass Wasser nicht von selbst bergauf fließt und Wärme nicht von selbst von einem Körper niedriger Temperatur zu einem Körper höherer Temperatur fließt.

Die neue Zustandsgröße Entropie wird bei der nun folgenden Analyse von Prozessen der Energieumwandlung eine zentrale Rolle spielen. Derartige Prozesse verlaufen in einer Maschine, einem Apparat oder einer Anlage. Kurz zu diesen Begriffen: Sobald sich in einem Apparat eine Komponente bewegt (meist durch Drehung), wird er Maschine genannt. Mehrer Apparate und/oder Maschinen zusammen bilden eine Anlage. Ein Warmwasserboiler, ein Dampftopf und ein Backofen sind Apparate; ein Elektrorasierer, ein Fahrraddynamo, ein Windrad, eine Wasserturbine und ein Automotor sind Maschinen; eine Öl- oder Gasheizung, ein Kraftwerk und ein Hochofen sind Anlagen.

Eine der wichtigste Energiewandler ist die *Wärmekraftmaschine*. Wer hat sich dieses Wortungetüm, in dem die Begriffe Wärme und Kraft in unzulässiger Weise verknüpft sind, ausgedacht? Dampf- und Gasturbinen, Diesel- und Ottomotoren sowie die historische Dampfmaschine sind Wärmekraftmaschinen. Sie verrichten Arbeit, wobei bei hoher Temperatur ständig Wärme zu- und bei niedriger Temperatur Wärme abgeführt wird. Dabei werden periodisch gleiche Zustände durchlaufen. Der Prozess verläuft sozusagen im Kreis, man spricht daher von einem Kreisprozess. Entscheidend für den Wirkungsgrad ist, dass nur der Exergieanteil der zugeführten Wärme in mechanische Arbeit umgewandelt werden kann. Der Anergieanteil der Wärme geht dabei von einem Zustand hoher Temperatur in einen Zustand niedriger Temperatur (meist Umgebungstemperatur) über.

Wir wollen uns nun mit dem Kreisprozess der Energieumwandlung in einer optimalen Wärmekraftmaschine befassen. Wir werden dabei erkennen, dass man auch mit einer verlustfrei arbeitenden Wärmekraftmaschine niemals einen Wirkungsgrad von 100% erreichen kann. Ein verlustfreier idealer Prozess ist der Carnotsche Kreisprozess, wie ihn Sadi N.L. Carnot 1824 erstmals beschrieben hat. Hierzu stellen wir uns in Abb. 3.39 einen Zylinder vor, in dem ein Kolben bewegt wird. In dem Zylinder möge sich ein Gas befinden, dessen innere Energie durch zwei Prozesse verändert werden kann: durch eine Wärmezu- bzw. -abfuhr über die Zylinderwand sowie durch eine Zufuhr bzw. Entnahme von (Kompressions- bzw. Expansions-) Arbeit über den Kolben. Dabei stellen wir diesen Kreisprozess in drei verschiedenen Zustandsdiagrammen dar, wobei wir die Erläuterung an dem T, V-Diagramm vornehmen.

Wir starten den Kreisprozess bei der Temperatur T_1 und dem Volumen V_1 und beginnen mit einer isentropen Kompression (1). Dazu müssen wir Arbeit zuführen; der Kolben wird in den Zylinder gedrückt und verdichtet das Gas. Nach dem ersten Hauptsatz der Thermodynamik bewirkt die zugeführte Arbeit eine Erhöhung der inneren Energie und damit eine Erhöhung der Temperatur. Die Temperatur steigt von T_1 auf T_2, und das Volumen nimmt von V_1 auf V_2 ab. Es schließt sich eine isotherme Expansion an (2); die Temperatur T_2 bleibt konstant und das Volumen wächst von V_2 nach V_2'. Damit die innere Energie konstant bleiben kann, muss die nach außen abgegebene Expansionsarbeit durch eine entsprechende Wärmezufuhr Q_2 kompensiert werden. Es schließt sich eine isentrope Expansion an (3). Durch die nach außen abgegebene Expansionsarbeit nimmt die innere Energie und damit die Temperatur von T_2 nach T_1 ab, während das Volumen von

V_2' nach V_1' wächst. Der Kreis wird durch eine isotherme Kompression geschlossen (4). Dabei wird das Gas auf das Ausgangsvolumen V_1 verdichtet. Die dem Gas von außen zugeführte Kompressionsarbeit wird durch die Wärmeabgabe Q_1 ausgeglichen.

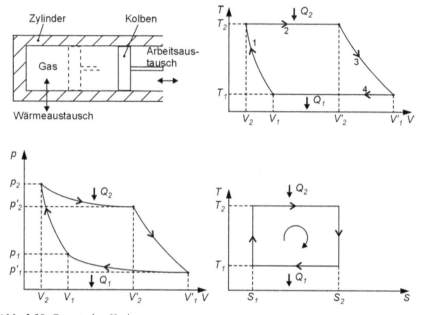

Abb. 3.39. Carnotscher Kreisprozess

Nach Durchlaufen dieses Kreisprozesses ist das Gas in seinen Ausgangszustand T_1, V_1 zurückgeführt. Es hat somit die gleiche innere Energie wie zu Beginn des Zyklus. Nach dem ersten Hauptsatz der Thermodynamik ist die gewonnene Arbeit gleich der Differenz zwischen der zu- und der abgeführten Wärme, somit ist $W = Q_2 - Q_1$. Wegen der Reversibilität des Prozesses bleibt die Entropie konstant. Mit diesen beiden Aussagen lässt sich der Wirkungsgrad des Carnotschen Kreisprozesses ermitteln:

Erster Hauptsatz: $W = Q_2 - Q_1$

Reversibilität: $\Delta S = \dfrac{Q_2}{T_2} - \dfrac{Q_1}{T_1} = 0$

Der Wirkungsgrad ist das Verhältnis von gewonnener Arbeit W zu zugeführter Wärme Q_2. Es folgt:

$$\eta_C = \frac{W}{Q_2} = \frac{Q_2 - Q_1}{Q_2} = 1 - \frac{Q_1}{Q_2} = 1 - \frac{T_1}{T_2} \tag{3.35}$$

Der Wirkungsgrad hängt nur von dem Verhältnis der beiden Temperaturen ab, bei denen die Wärme zu- (T_2) bzw. abgeführt wird (T_1). Der Wirkungsgrad wird umso größer, je höher die Arbeits- und je niedriger die Abgastemperatur ist. Der effektive Wirkungsgrad η_{eff} einer Wärmekraftmaschine ist immer kleiner als der Carnotsche Wirkungsgrad η_C, da stets Irreversibilitäten auftreten.

Die Antriebsmaschinen unserer heutigen Massenverkehrsmittel haben einen Wirkungsgrad von etwa 40% (Dieselmotor) bzw. 30% (Ottomotor). Die Begrenzung ist wesentlich durch den naturbedingten Carnotschen Wirkungsgrad gegeben. Der höher verdichtende Dieselmotor erreicht höhere Arbeitstemperaturen als der Ottomotor, woraus ein besserer Wirkungsgrad resultiert. Der Wunsch nach einer Wärmekraftmaschine mit einem Wirkungsgrad nahe 100% ist unrealistisch, wie der Carnotsche Wirkungsgrad des idealen Vergleichsprozesses zeigt. Da die Abgastemperatur nicht unter der Umgebungstemperatur liegen kann, ist der Wirkungsgrad nur durch eine Anhebung der Arbeitstemperatur zu verbessern. Es gibt Energiewandlungsprozesse von nahezu 100%, so bei großen Generatoren. Hierbei wird mechanische in elektrische Energie umwandelt. Große Elektromotoren haben Wirkungsgrade von über 90%.

Warum haben große Anlagen höhere Wirkungsgrade als kleine? Stellen wir uns vor, die Anlage habe die Form einer Kugel mit dem Durchmesser d. Unvermeidliche Reibungswärme in den Lagern entsteht im Inneren der Anlage, also im Volumen V, der Wärmeaustausch mit der Umgebung erfolgt über die Oberfläche A. Wegen $V \sim d^3$ und $A \sim d^2$ wird das Verhältnis von Wärmeabgabe zu Wärmeproduktion $\sim 1/d$, also mit größeren d-Werten immer günstiger.

Genau aus denselben Gründen ist es plausibel, warum es in der Natur keine sehr kleinen Warmblüter gibt. Sie können gar nicht soviel Nahrung zu sich nehmen, um die Wärmeabgabe auszugleichen. Das ist ein schönes Beispiel für nichtlineare Zusammenhänge.

Die mechanische und die elektrische Energie gehören zu den edelsten Energieformen. Sie können theoretisch mit einem Wirkungsgrad von 100 % ineinander umgewandelt werden; ihre Energie besteht aus reiner Exergie. Auf der anderen Seite haben die fossilen Primärenergieträger Kohle, Öl und Gas und die daraus gewonnenen Sekundärenergieträger Benzin, Diesel oder Heizöl einen hohen Anergieanteil. Auch mit der thermischen Energie des Meerwassers lässt sich kein Schiff antreiben.

In Abb. 3.39 haben wir einen rechtsläufigen Energiewandlungsprozess beschrieben, den einer „Wärmekraftmaschine". Die zugeführte Wärme Q_2 ist dabei größer als die abgeführte Wärme Q_1, der Differenzbetrag ist die nach außen abgegebene Arbeit W. Betreiben wir den Carnotschen Kreisprozess in umgekehrter Richtung, also linksläufig, so muss Arbeit zugeführt werden, um Wärme von einem niedrigeren auf ein höheres Niveau zu heben. Das ist das Prinzip eines Kühlschranks oder einer Wärmepumpe, hier liegen linksläufige Energiewandlungsprozesse vor, Abb. 3.40.

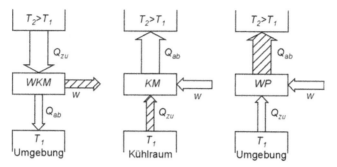

Abb. 3.40. Wärmekraftmaschine WKM, Kältemaschine KM, Wärmepumpe WP

In der Abb. 3.40 ist jeweils der „Nutzen" durch eine Schraffur markiert. Die Breite der Flusspfeile ist quantitativ zu verstehen. Die Wärmekraftmaschine soll Arbeit leisten, ihr Wirkungsgrad lautet entsprechend Gl. 3.35

$$\eta = \frac{W}{Q_{zu}} = 1 - \frac{T_1}{T_2} \tag{3.36}$$

Dabei ist stets $\eta < 1$. Bei der Kältemaschine, dem Kühlschrank, soll das Arbeitsmedium bei niedriger Temperatur Wärme aus dem Kühlraum aufnehmen. Diese wird zusammen mit der aus der erforderlichen mechanischen (Kompressor-) Arbeit entstehenden zusätzlichen Wärme bei einer höheren (Umgebungs-) Temperatur abgeführt. Statt Wirkungsgrad spricht man von einer Leistungszahl ε als Verhältnis von Nutzen zu Aufwand. Es ist

$$\varepsilon_{KM} = \frac{Q_{zu}}{W} = \frac{T_1}{T_2 - T_1} \tag{3.37}$$

Ein analoges Flussbild gilt für die Wärmepumpe. Jedoch besteht im Gegensatz zur Kältemaschine ihre Aufgabe darin, möglichst viel Wärme an eine Heizungsanlage abzugeben. Diese wird z.T. der Umgebung (Boden, Fluss, See) niedriger Temperatur entnommen, hinzu kommt die aufzuwendende mechanische (Kompressor-) Arbeit. Die Leistungszahl wird hier zu

$$\varepsilon_{WP} = \frac{Q_{ab}}{W} = \frac{T_2}{T_2 - T_1} \tag{3.38}$$

Eine beliebte Prüfungsfrage lautet: Wird es in einem Raum kälter oder wärmer, wenn die Kühlschranktür offen steht? Antwort: Es wird wärmer, denn dem System wird Arbeit zugeführt, betragsmäßig ist $Q_{ab} > Q_{zu}$.

Wir hatten die innere Energie und die Wärmekapazität bei konstantem Volumen c_v erwähnt. Das wollen wir noch einwenig vertiefen und dabei eine weitere

Wärmekapazität, c_p, kennen lernen. Allgemein beschreibt die Wärmekapazität c die zum Erwärmen eines Körpers von 1 kg Masse um 1 Grad Temperaturdifferenz erforderliche Wärmemenge in kJ; damit hat c die Dimension kJ/(kg K). Während es bei festen Körpern nur eine Wärmekapazität gibt, können wir bei Gasen zwei Arten unterscheiden, c_v und c_p.

- Zu c_v: Die zugeführte Wärmemenge Q erhöht nur die Temperatur, der Druck steigt, aber das Gasvolumen bleibt konstant. Es wird $Q = mc_v\Delta T$.
- Zu c_p: Die zugeführte Wärmeenergie Q erhöht die Temperatur, der Druck bleibt konstant, das Gasvolumen wächst und verrichtet dabei mechanische Arbeit. Es wird dann $Q = mc_p\Delta T = mc_v\Delta T + p\Delta V$.

Zusammen mit der thermischen Zustandsgleichung 3.30 in der Form $p\,\Delta V = mR\,\Delta T$ folgt damit

$$c_p - c_v = R \tag{3.39}$$

Damit ist eine anschauliche Deutung der Gaskonstanten R möglich. Sie gibt an, welche Arbeit 1 kg des Gases verrichten kann, wenn es um 1 K erwärmt wird. Die Existenz der Wärmekapazität bei konstantem Druck c_p hängt zusammen mit der Definition der Enthalpie h:

$$h = u + p \cdot v = u + \frac{p}{\rho} = u + R \cdot T \tag{3.40}$$

Sie stellt die Summe aus innerer Energie und Verschiebearbeit (Kompressions- oder Expansionsarbeit) dar. Ihre Verwendung erweist sich bei offenen Systemen als zweckmäßig, bei geschlossenen Systemen wird die innere Energie u verwendet.

An dieser Stelle können wir die Erläuterung der isentropen Zustandsänderung, Abb. 3.36, nachholen. Eine Isentrope ist eine reversible Adiabate, d.h. $dq = 0$ (kein Wärmeaustausch mit der Umgebung) und s = konst. Damit wird unter Verwendung des ersten und zweiten Hauptsatzes

$0 = du + p \cdot dv$ und mit den Gln. 3.30, 3.32, 3.39 folgt

$0 = c_v dT + RT \cdot \dfrac{dv}{v}$ bzw. $-c_v \dfrac{dT}{T} = \left(c_p - c_v\right)\dfrac{dv}{v}$.

Nach Integration und mit der Abkürzung

$$\kappa = \frac{c_p}{c_v} \text{, genannt Isentropenexponent} \tag{3.41}$$

folgt damit

$$-c_v \int_1^2 \frac{dT}{T} = \left(c_p - c_v \right) \int_1^2 \frac{dv}{v} \quad \text{und}$$

$$-\ln \frac{T_2}{T_1} = (\kappa - 1) \ln \frac{v_2}{v_1}, \quad \text{somit}$$

$$\frac{T_1}{T_2} = \left(\frac{v_2}{v_1} \right)^{\kappa - 1} \quad \text{bzw. } T \cdot v^{\kappa - 1} = \text{konst.} \tag{3.42}$$

Nach kurzer Umformung (Übung!) folgen analog

$$\frac{T_1}{T_2} = \left(\frac{p_1}{p_2} \right)^{\frac{\kappa - 1}{\kappa}} \quad \text{bzw. } T^{-\kappa} \cdot p^{\kappa - 1} = \text{konst.} \tag{3.43}$$

$$\frac{p_1}{p_2} = \left(\frac{v_2}{v_1} \right)^{\kappa} \quad \text{bzw. } p \cdot v^{\kappa} = \text{konst.} \tag{3.44}$$

Diese drei Beziehungen beschreiben die Zusammenhänge zwischen T, p und v bei isentropen Zustandsänderungen. In einem p,v-Diagramm ist die Isentrope eine Übergangskurve zwischen zwei Isothermen, da sich alle diese Zustandsgrößen p, T und v ändern. Wegen $\kappa > 1$ (bei zweiatomigen Gasen wie Sauerstoff und Stickstoff ist $\kappa = 7/5 = 1,4$) verläuft die Isentrope steiler als die Isotherme.

Die Thermodynamik schließen wir mit einigen Bemerkungen zu den verschiedenen Aggregatzuständen und den Phasenänderungen ab. Bei Festkörpern dominieren die intermolekularen Wechselwirkungskräfte, bei Gasen dominieren die regellosen Brownsche Molekularbewegungen. Bei Flüssigkeiten sind beide Mechanismen wirksam. Phasenübergänge sind mit Energieaustausch verbunden. Jede Substanz besitzt eine bestimmte Schmelz- oder Verdampfungswärme. Diese muss von außen zugeführt werden, bzw. sie wird der Umgebung entzogen. Deshalb neigen wir zum Frieren, wenn wir nach dem Schwimmen die Haut an der Luft trocknen lassen. Bei den entgegengesetzten Prozessen, dem Kondensieren und Erstarren, wird Energie nach außen abgegeben.

Bei niedrigen Temperaturen gibt es einen direkten Übergang von der festen in die Gasphase, genannt Sublimationsenthalpie, gleich der Summe aus Schmelz- und Verdampfungsenthalpie. Abb. 3.41 zeigt in einem p,T-Diagramm die Grenzkurven zwischen den drei Phasen.

Es gibt einen Zustand, bei dem fester Stoff, Flüssigkeit und Dampf miteinander im Gleichgewicht sind, genannt Tripelpunkt. Dieser legt für jeden Stoff ein Wertepaar von Druck und Temperatur fest. So wird die sog. thermodynamische Temperaturskala heute durch den Tripelpunkt des Wassers mit dem Wert $T = 273,16$ K (und $p = 6,1$ mbar) festgelegt. Der Tripelpunkt liegt so nahe am

Eispunkt mit dem Wert $T = 273,15$ K (entsprechend $0°$ C), dass eine Unterscheidung nicht notwendig ist.

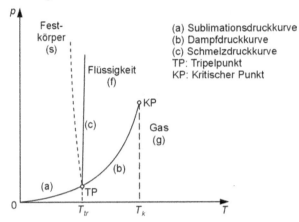

Abb. 3.41. p, T-Diagramm mit den Grenzkurven der Phasen

Zur Erläuterung der Abb. 3.41 stellen wir uns einen Druck oberhalb des Tripelpunktes vor. Bei niedrigen Temperaturen liegt der Stoff als fester Körper vor, z.B. Eis. Wird die Temperatur erhöht, so wird der Stoff bei der sog. Schmelztemperatur vom festen in den flüssigen Zustand übergehen, Eis schmilzt zu Wasser. „Normale" Stoffe haben eine Schmelzdruckkurve mit positiver Steigung, jedoch Wasser nicht. Wasser dehnt sich beim Gefrieren aus, also kann man durch Drucksteigerung den Gefrierpunkt senken, umgekehrt muss dieser bei Druckminderung steigen. Die Schmelzdruckkurve von Wasser hat eine negative Steigung, sie ist als gestrichelte Linie dargestellt. Eine weitere Erhöhung der Temperatur durch Wärmezufuhr führt beim Überschreiten der Dampfdruckkurve zum Übergang von Wasser zu Wasserdampf.

In dem Bild ist durch die Steigung der Dampfdruckkurve angedeutet, dass die Siedetemperatur z.B. von Wasser stark vom Druck abhängt. So kocht Wasser auf dem Brocken (Höhe = 1140 m, Druck $p = 884$ hPa) schon bei einer Temperatur von 95 °C. Die Dampfdruckkurve endet in einem kritischen Punkt, in dem flüssige und gasförmige Phasen stetig ineinander übergehen. Die Sublimationsdruckkurve trennt die feste und die gasförmige Phase voneinander.

In der Verfahrenstechnik und in der Metallurgie spielen Mehrstoffsysteme eine wichtige Rolle. Stellen wir uns z.B. ein binäres Gemisch aus Wasser und Alkohol vor. Die Siedepunkte der beiden reinen Stoffe haben unterschiedliche Werte. Das führt dazu, dass anstelle von Phasengrenzkurven sog. Phasengrenzgebiete auftreten. Das sind konzentrationsabhängige Zustandsbereiche, in denen beide Phasen des Gemisches miteinander im thermischen Gleichgewicht sind.

3.3 Strömungsmechanik

In nahezu allen Maschinen und Anlagen strömt irgendetwas. So in Motoren und Turbinen, in Pumpen und Ventilatoren, in Rohren und Leitungen, in verfahrenstechnischen Anlagen wie etwa chemischen Reaktoren. Daneben gibt es eine zweite große Gruppe von Problemstellungen, in denen nicht das Durchströmen, sondern das Umströmen im Vordergrund steht. So bei Tragflügelprofilen, bei Kraftfahrzeugen und bei Gebäuden.

Die Strömungsmechanik stellt neben der Mechanik und der Thermodynamik ein weiteres zentrales Grundlagenfach in nahezu allen Ingenieurdisziplinen dar. Bei der Umströmung von Körpern geht es um die Ermittlung von Geschwindigkeits- und Druckfeldern, um daraus wirkende Kräfte, wie etwa die Auftriebs- und die Widerstandskraft, zu ermitteln. Im Falle des Durchströmens von Anlagen geht es um die Ermittlung von Druckverlusten. In der Praxis treten häufig Kombinationen beider Möglichkeiten aus, so bei Strömungsmaschinen und Wärmeaustauschern.

Gegenstand der Strömungsmechanik ist das Studium der Bewegung von Gasen und Flüssigkeiten, von sog. strömenden Medien. Hierfür hat sich der englische Begriff Fluid eingebürgert. Die zentralen Zustandsvariablen in der Strömungsmechanik sind die Geschwindigkeit und der Druck. Zu ihrer Ermittlung stehen die Kontinuitätsgleichung (aus dem Prinzip der Massenerhaltung) sowie die Kräftegleichung (aus dem Impulssatz) zur Verfügung. Wenn die Kompressibilität des Fluides berücksichtigt werden muss, dann treten die Energiegleichung und thermodynamische Zustandsgleichungen zur Ermittlung der Temperatur, der Dichte und weiterer thermodynamischer Variablen hinzu.

Wir wollen uns zunächst der Frage zuwenden, wodurch sich Fluide von festen Körpern unterscheiden. Dazu untersuchen wir das Verhalten unter dem Einwirken von Kräften und fragen nach den dadurch hervorgerufenen Verformungen. In Abb. 3.42 wollen wir einen festen Körper einer Schubspannung aussetzen, siehe auch Abb. 3.18.

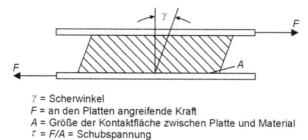

γ = Scherwinkel
F = an den Platten angreifende Kraft
A = Größe der Kontaktfläche zwischen Platte und Material
τ = F/A = Schubspannung

Abb. 3.42. Materialgesetz eines festen Körpers

Bei Festkörpern haben Spannungen endliche Verformungen zur Folge. Eine Scherspannung τ führt zu einem endlichen Scherwinkel γ, abhängig von dem jeweils betrachteten Material. Wir hatten mit Gl. 3.12 das Hookesche Gesetz

$\tau = G \cdot \gamma$ kennen gelernt, wobei der Gleitmodul G die Materialeigenschaften berücksichtigt.

Ein Fluid reagiert in anderer Weise. Bei einer bestimmten Scherspannung stellt sich kein fester Scherwinkel ein, das Material fließt. An die Stelle des Scherwinkels tritt nunmehr die Änderungsgeschwindigkeit des Scherwinkels, was wir uns an Hand der Abb. 3.43 verdeutlichen wollen.

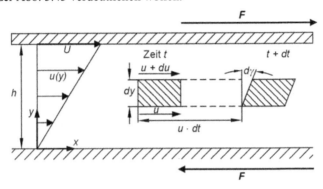

Abb. 3.43. Fließgesetz eines Fluids

Dazu betrachten wir eine sog. Couette-Strömung. Die obere Platte bewege sich mit der Geschwindigkeit U, die untere Platte ruht. Das Fluid haftet an einer festen Berandung, wir nennen das die Haftbedingung. Es bewegt sich also an der oberen Platte mit der Geschwindigkeit U und ruht an der unteren Platte. Zwischen den Platten wächst die Geschwindigkeit linear mit dem Abstand y an, was wir an dieser Stelle jedoch nicht zeigen können.

Aus der Strömung sei ein Fluidelement herausgegriffen, das zu der Zeit t die Form eines Quaders mit der Höhe dy hat. Da die Oberkante des Elements eine größere Geschwindigkeit $(u+du)$ als die Unterkante (u) besitzt, hat sich nach der Zeit dt der Quader zu einem Parallelepiped verformt. Das Fluid hat an der Oberkante den Weg $(u+du)dt$ und an der Unterkante den Weg $u dt$ zurückgelegt. Es folgt für den Scherwinkel $d\gamma$ zu der Zeit $(t+dt)$:

$$d\gamma = \frac{(u+du)dt - u\,dt}{dy} = \frac{du}{dy}dt \quad , \text{somit} \qquad \dot{\gamma} = \frac{d\gamma}{dt} = \frac{du}{dy}$$

Die Scherwinkelgeschwindigkeit $d\gamma/dt$ ist somit gleich dem Geschwindigkeitsgradienten du/dy. Somit erwarten wir einen Zusammenhang der Form $\tau = f(\dot{\gamma})$ für das Fließgesetz eines Fluids. Für die meisten Fluide gilt ein linearer Zusammenhang zwischen der Schubspannung und dem Geschwindigkeitsgradienten. Wir sprechen dann von einem Newtonschen Fluid:

$$\tau = \eta \frac{d\gamma}{dt} = \eta \frac{du}{dy} \tag{3.45}$$

Die Proportionalitätskonstante in dem Newtonschen Gesetz nennen wir dynamische Scherzähigkeit, kurz Zähigkeit oder Viskosität genannt. Sie hat die Dimension $kg/(m \cdot s)$. Gl. 3.45 sagt aus, dass ein hochviskoses Fluid wie Öl auf eine bestimmte Scherspannung mit einem kleineren Geschwindigkeitsgradienten reagiert als ein niedrigviskoses Fluid wie Wasser oder Luft. Beziehen wir die dynamische Viskosität η auf die Dichteρ, so nennen wir dies die kinematische Viskosität $\upsilon = \eta/\rho$. Sie hat die Dimension m²/s.

Gase und die meisten Flüssigkeiten haben ein Newtonsches Materialverhalten. Es gibt jedoch auch Fluide mit einem davon abweichenden Materialverhalten wie Suspensionen, hochpolymere Schmelzen oder Ölfarben. Wir bezeichnen sie als nicht-Newtonsche oder als rheologische Fluide. Diese spielen insbesondere in der Kunststofftechnik und in verschiedenen Bereichen der Verfahrenstechnik eine Rolle. Abb. 3.44 zeigt verschiedene Fließgesetze.

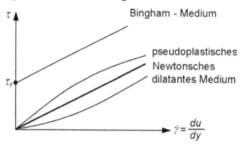

Abb. 3.44. Verschiedene Fließgesetze

Ein Bingham-Medium ist ein Fluid, das sich bei Schubspannungen unterhalb einer Fließgrenze wie ein Hookescher Festkörper verhält, oberhalb davon wie ein Newtonsches Fluid. Beispiele hierfür sind Zahnpasta, Ölfarben oder Kohleschlamm. Pseudoplastische Medien sind solche, bei denen die Viskosität mit wachsender Schubspannung abnimmt. Bei dilatanten Medien wächst hingegen die Viskosität mit wachsender Schubspannung. Es findet eine Verfestigung statt. Schließlich kann das Materialverhalten noch von der Zeit abhängen. Beispielhaft seien Finger- und Fußnägel genannt, die sich nach einem warmen Bad leichter schneiden lassen. Auch im abgekühlten Zustand erinnert sich das Material. Das hier skizzierte Spezialgebiet wird Rheologie genannt.

Um ein besseres Verständnis für die Materialgröße Viskosität zu gewinnen, wollen wir mit Abb. 3.45 eine einfache kinetische Deutung vornehmen.

Es sei μ die Masse eines Gasmoleküls und l dessen mittlere freie Weglänge. Das ist der Weg, den ein Molekül im Mittel zwischen zwei Stößen zurückgelegt. Für Luft unter Normalbedingungen ist l etwa 10^{-7}m, wobei l der Dichte umgekehrt proportional ist. Weiter sei $\bar{c}$ die mittlere Molekülgeschwindigkeit. Diese ist von gleicher Größenordnung wie die Schallgeschwindigkeit, die wir mit Gl. 3.65 kennen lernen werden und sie ist ebenso wie diese proportional $\sqrt{T}$. Weiter sei N die Teilchenzahl im Volumen V und $n = N/V$ die Teilchendichte.

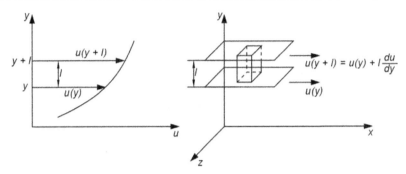

Abb. 3.45. Kinetische Deutung der Viskosität

Gelangt nun ein Gasmolekül auf Grund der regellosen Molekularbewegung in eine um die Weglänge l entfernt liegende Schicht, so besitzt es gegenüber dieser einen Über- oder Unterschuss an Geschwindigkeit $\Delta u = \pm\, l\, \dfrac{du}{dy}$ und damit auch an Impuls $\Delta I = \mu\, \Delta u = \mu\, l\, \dfrac{du}{dy}$. Die Schubspannung τ entspricht dem Impuls, der pro Zeiteinheit durch die Flächeneinheit transportiert wird. Vereinfachend nehmen wir an, dass $n/3$ Moleküle mit der Geschwindigkeit $\bar c$ von oben und von unten durch die skizzierte Flächeneinheit treten. In Verbindung mit dem Newtonschen Schubspannungsansatz 3.45 folgt dann:

$$\tau \;=\; \eta\,\frac{du}{dy} \;=\; \frac{n}{3}\,\mu\,\bar c\, l\, \frac{du}{dy}\;;\qquad n\mu \;=\; \frac{N}{V}\,\mu \;=\; \rho$$

$$\eta \;=\; \frac{1}{3}\,\rho\,\bar c\, l\;;\qquad \text{mit } \bar c \sim \sqrt{T}\ \text{und } l \sim \frac{1}{\rho}\ \text{folgt}\qquad \eta \sim \sqrt{T}$$

Diese einfachen Überlegungen der kinetischen Gastheorie sind näherungsweise bei verdünnten Gasen gültig. Uns interessiert hier der qualitative Befund, dass bei Gasen die Viskosität mit wachsender Temperatur zunimmt. Bei Flüssigkeiten hingegen nimmt die Viskosität mit wachsender Temperatur ab. Das liegt daran, dass die Verschiebbarkeit der einzelnen Moleküle, die in einer Flüssigkeit sehr viel dichter gepackt sind als in einem Gas, mit steigenden Temperaturen zunimmt. Während bei Gasen der molekulare Aufbau der Materie im Wesentlichen durch die regellose Molekularbewegung beherrscht wird und die intermolekularen Kräfte vernachlässigbar sind, spielen letztere bei den Flüssigkeiten (und insbesondere bei Festkörpern) eine wesentliche Rolle.

Ähnlich wie die Mechanik fester Körper können wir die Strömungsmechanik in Statik (Ruhezustand) und Dynamik (das Fluid ist in Bewegung) unterteilen. Hinzu kommt eine Unterscheidung bezüglich der Dichte, siehe Tabelle 3.2 mit den entsprechenden Bezeichnungen, die für sich sprechen. Später werden wir zeigen, dass bei Gasströmungen mit Geschwindigkeiten kleiner als etwa 100 m/s (= 360 km/h) die Dichteänderungen so klein sind, dass man näherungsweise mit konstanter Dichte rechnen und somit die Gesetze der Hydrodynamik anwenden kann.

Tabelle 3.2. Einteilung der Strömungsmechanik

	Statik der Fluide	Dynamik der Fluide
Hydromechanik ρ = konst. (inkompr.)	Hydrostatik	Hydrodynamik
Aeromechanik $\rho \neq$ konst. (kompr.)	Aerostatik	Aerodynamik Gasdynamik

Wir beginnen mit der **Statik der Fluide**, um die Grundgleichungen, den statischen Auftrieb sowie die barometrische Höhenformel kennen zu lernen.

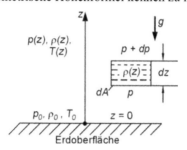

Abb. 3.46. Zur Grundgleichung der Aerostatik

Dazu betrachten wir das in Abb. 3.46 dargestellte infinitesimale Fluidelement mit der horizontalen Querschnittsfläche dA und der Höhe dz. Die vertikale Koordinate sei nach oben positiv orientiert, wobei wir uns den Bezugspunkt $z = 0$ etwa als Erdoberfläche bei Normal Null oder als Wasseroberfläche vorstellen können. Im Ruhezustand wird aus dem Impulssatz 3.1 die Aussage: Summe aller Kräfte gleich Null. An dem freigeschnittenen Fluidelement greifen nur Druck- und Gewichtskraft an, aus $\sum F = 0$ folgt:

$$p\,dA - (p + dp)\,dA - \rho(z)\,g\,dz\,dA = 0$$

Daraus erhalten wir die *Grundgleichung der Aerostatik*:

$$\frac{dp}{dz} = -\rho(z)\,g \tag{3.46}$$

Für konstante Dichte folgt nach Integration unmittelbar die *Grundgleichung der Hydrostatik*:

$$p(z) = p_0 - \rho \cdot g \cdot z \tag{3.47}$$

Darin ist p_0 der Druck an der Stelle $z = 0$. Diese Beziehung sagt aus, dass in Punkten gleicher Tiefe gleicher Druck herrscht, und dass der Druck linear mit der Tiefe anwächst. Man beachte, dass die nach oben positiv gerichtete z-Achse zu dem Minuszeichen führt. Bei einer nach unten positiv gerichteten z-Achse würde ein Pluszeichen stehen. Setzen wir die Dichte für Wasser ein, so erkennen wir, dass der Druck einer 10 m hohen Wassersäule etwa dem Normaldruck an der Erdoberfläche entspricht:

$$p = 1000 \frac{\text{kg}}{\text{m}^3} \cdot 9{,}81 \frac{\text{m}}{\text{s}^2} \cdot 10\text{m} = 981\,\text{hPa}$$

Mit der Grundgleichung der Hydrostatik können wir sofort einsehen, warum ein Schiff schwimmt. Stellen wir uns etwa einen vollständig eingetauchten Holzklotz vor, so erfährt dieser einen statischen Auftrieb, weil der Druck an der Unterseite des Klotzes größer ist als an der Oberseite. Eine Integration des Druckes, dessen Verlauf mit der Höhe wir nunmehr kennen, ergibt das nach Archimedes benannte Gesetz für den *statischen Auftrieb* (Übung!):

$$F_A = \rho \cdot g \cdot V \tag{3.48}$$

Darin ist ρ die Dichte des umgebenden Fluids und V das verdrängte Fluidvolumen. Wir nennen dies den statischen Auftrieb, weil es einen weiteren, den dynamischen Auftrieb gibt.

Im Fall variabler Dichte muss für die Integration

$$z = \int\limits_0^z dz = -\frac{1}{g} \int\limits_{p_0}^{p(z)} \frac{dp}{\rho}$$

der Zusammenhang zwischen Druck und Dichte bekannt sein. Hierzu verweisen wir auf Abb. 3.36 in dem Abschnitt 3.2 Thermodynamik und erkennen daran, dass wir eine Information über die Art der Zustandsänderung benötigen. Probeweise nehmen wir eine Integration für zwei Fälle vor:

a) Isotherme Atmosphäre $T = T_0 =$ konst.:
   Mit der Zustandsgleichung für ideale Gase $p = \rho R T$ nach Gl. 3.30 ist

$$\frac{1}{\rho} = R T_0 \frac{1}{p} \,.$$

   Damit folgt nach Integration $z = -H_0 \ln\dfrac{p(z)}{p_0}$ mit $H_0 = \dfrac{R T_0}{g}$.

   Nach Endlogarithmierung erhalten wir $\dfrac{p(z)}{p_0} = \dfrac{\rho(z)}{\rho_0} = \exp\left(-\dfrac{z}{H_0}\right)$

b) Isentrope Atmosphäre:
   Mit den Gln. 3.42 bis 3.44 haben wir die Beziehungen zwischen Druck, Dichte und Temperatur bei der Isentropen in Abschnitt 3.2 kennen gelernt.

   Mit $\dfrac{p}{\rho^\kappa} = \dfrac{p_0}{\rho_0^\kappa} =$ konst. folgt nach Integration der Gl. 3.46

$$z = H_0 \frac{\kappa}{\kappa-1} \left(1 - \left[\frac{p}{p_0}\right]^{\frac{\kappa-1}{\kappa}} \right) \qquad \text{mit} \qquad H_0 = \frac{p_0}{\rho_0 g} = \frac{RT_0}{g}$$

Die Umkehrung liefert den Druckverlauf in isentroper Atmosphäre

$$\frac{p(z)}{p_0} = \left(1 - \frac{\kappa-1}{\kappa} \frac{z}{H_0} \right)^{\frac{\kappa}{\kappa-1}} \tag{3.49}$$

Dichte- und Temperaturverlauf lauten dann

$$\frac{\rho(z)}{\rho_0} = \left(\frac{p}{p_0}\right)^{\frac{1}{\kappa}} = \left(1 - \frac{\kappa-1}{\kappa} \frac{z}{H_0} \right)^{\frac{1}{\kappa-1}} ;$$

$$\frac{T(z)}{T_0} = \left(\frac{p}{p_0}\right)^{\frac{\kappa-1}{\kappa}} = 1 - \frac{\kappa-1}{\kappa} \frac{z}{H_0} \tag{3.50}$$

Für den Temperaturgradienten folgt

$$\frac{dT}{dz} = -\frac{\kappa-1}{\kappa} \frac{T_0}{H_0}$$

Bei isentroper Atmosphäre nimmt die Temperatur somit linear mit der Höhe ab.

Messungen von Druck, Dichte und Temperatur in Abhängigkeit von der Höhe zeigen, dass weder die isotherme noch die isentrope Zustandsänderung die reale Atmosphäre beschreiben. Die isotherme Zustandsänderung setzt einen vollkommenen Wärmeaustausch mit der Umgebung voraus, bei der isentropen Zustandsänderung ist jeder Wärmeaustausch unterbunden. In der Realität lässt sich beides nicht vollständig erreichen. Die reale Zustandsänderung der Atmosphäre liegt zwischen der Isothermen und der Isentropen, man nennt sie eine Polytrope, dargestellt durch:

$$\frac{p}{\rho^n} = \frac{p_0}{\rho_0^n} = \text{konst.} \qquad \text{(n = Polytropenexponent)} \tag{3.51}$$

Die Polytrope schließt die Isentrope $n = \kappa$ und die Isotherme $n = 1$ ein, wodurch wir uns bei Letzterer durch einen Grenzübergang überzeugen können. Die Erdatmosphäre ist bis zu einer Höhe von 11 km gut durch eine Polytrope darstellbar mit $n = 1{,}235$. Man definiert eine Standardatmosphäre durch die in der Tabelle 3.3 für $z = 0$ angegebenen Werte. Damit werden $H = 8424$ m und $dT/dz = -0{,}0065$ K/m, die Temperatur nimmt mit wachsender Höhe um 0,65 K je 100 m ab. Die Tabelle 3.3 zeigt die entsprechenden Werte bis zu 11 km Höhe.

Tabelle 3.3. Zahlenwerte für die Standardatmosphäre

z in km	p in hPa	ρ in kg/m^3	T in K
0	1013,25	1,2250	288,15
1	898,8	1,112	281,7
2	795,0	1,007	275,2
3	701,2	0,909	268,7
4	616,6	0,819	262,2
5	540,5	0,736	255,7
6	472,2	0,660	249,2
7	411,1	0,590	242,7
8	356,5	0,526	236,2
9	308,0	0,467	229,7
10	265,0	0,414	223,3
11	227,0	0,365	216,8

Wir kommen zur **Dynamik der Fluide**, dem für die Anwendung bedeutsamen Bereich der Strömungsmechanik. Die Unbekannten sind im inkompressiblen Fall Druck und Geschwindigkeit, und wir müssen zunächst die beschreibenden Gleichungen formulieren. Das sind die Kontinuitätsgleichung und die Eulersche Kräftegleichung, wobei aus letzterer die Bernoullische Gleichung folgt.

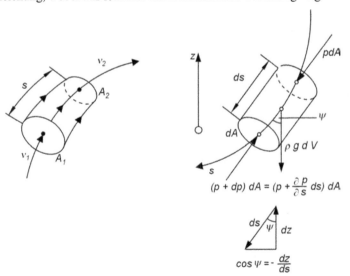

Abb. 3.47. Kontinuitätsgleichung und Eulersche Kräftegleichung der Stromfadentheorie

Vereinfachend wollen wir eine (eindimensionale) Stromfadentheorie betreiben, dabei seien die Geschwindigkeit v und der Druck p über den Querschnitt A einer Stromröhre konstant und nur von der Bogenlänge s und ggf. von der Zeit t abhängig, Abb. 3.47. Es sei darauf hingewiesen, dass in Abschnitt 3.2 Thermodynamik mit v das spezifische Volumen gemeint war. In der Strömungsmechanik bevorzugen wir die Dichte, also den Kehrwert des spezifischen Volumens, sodass es keine Verwechselung mit der Geschwindigkeit v geben kann.

Die Massenerhaltung verlangt, dass der in die Stromröhre eintretende Massenstrom konstant ist, also

$$\dot{m} = \rho_1 \cdot v_1 \cdot A_1 = \rho_2 \cdot v_2 \cdot A_2 = \text{konst.}$$

Somit lautet die *Kontinuitätsgleichung*

$$\dot{m} = \rho \cdot v \cdot A = \text{konst.} \tag{3.52}$$

Im inkompressiblen Fall ist wegen $\rho = $ konst. auch der Volumenstrom $\dot{V} = v \cdot A$ konstant. Bei einer Verengung des Querschnitts A nimmt die Geschwindigkeit v zu und umgekehrt.

Die Kräftegleichung erhalten wir aus dem Impulssatz 3.1, angewendet auf das skizzierte Fluidelement $dV = dA \cdot ds$ aus: Masse · Beschleunigung gleich Summe der von außen angreifenden Kräfte. Die Beschleunigung a ist die (totale) zeitliche Änderung der Geschwindigkeit, d.h. $a = dv/dt$. Die Geschwindigkeit ist ihrerseits vom Ort s und der Zeit t abhängig, somit folgt die Beschleunigung zu

$$a = \frac{dv}{dt} = \frac{\partial v}{\partial t} + \frac{\partial v}{\partial s} \cdot \frac{ds}{dt} = \frac{\partial v}{\partial t} + v \frac{\partial v}{\partial s} \tag{3.53}$$

Die totale Beschleunigung besteht somit aus zwei Anteilen. Die lokale Beschleunigung $\partial v/\partial t$ beschreibt die zeitliche Änderung der Geschwindigkeit an einem festen Ort. Dieser Anteil ist nur bei instationären Strömungen (also Anfahren und Abbremsen) von Bedeutung, er wird Null bei stationären Strömungen. Der zweite Anteil $v \, \partial v/\partial s$ wird konvektive Beschleunigung genannt. Er beschreibt die Änderung der Geschwindigkeit mit dem Ort bei festgehaltener Zeit. Es sei an dieser Stelle an Abb. 2.12 sowie die Gln. 2.17 und 2.18 in Abschnitt 2.1 Mathematik erinnert, wo wir den Begriff des totalen Differenzials und partielle Ableitungen behandelt haben.

Wir kommen nun zu den angreifenden Kräften, das sind die Druckkraft und die Schwerkraft, wie bei der Statik der Fluide, Abb. 3.46. Hinzu kommt bei bewegten Fluiden die Reibungskraft. Wir wollen diese zunächst vernachlässigen, was bei vielen Anwendungen in erster Näherung zulässig ist. Wir sprechen dann von reibungsfreien Strömungen. An dem Fluidelement greifen an:

Druckkraft $\qquad p \, dA - \left(p + \frac{\partial p}{\partial s} ds \right) dA = -\frac{\partial p}{\partial s} \, dV$

Schwerkraft $\qquad \rho \, dV \, g \, \cos\psi = -\rho \, dV \, g \, \dfrac{dz}{ds}$

Damit geht der Impulssatz mit $dm = \rho \, dV$ über in

$$\rho \, dV \left(\frac{\partial v}{\partial t} + v \frac{\partial v}{\partial s} \right) = -\rho \, dV \left(\frac{1}{\rho} \frac{\partial p}{\partial s} + g \frac{dz}{ds} \right)$$

und nach Division durch dm folgt die *Eulersche Kräftegleichung* zu

$$\frac{\partial v}{\partial t} + v \frac{\partial v}{\partial s} = -\frac{1}{\rho} \frac{\partial p}{\partial s} - g \frac{dz}{ds} \qquad (3.54)$$

Das war die historisch erste Formulierung einer partiellen Differenzialgleichung durch L. Euler (1707–1783), erhalten durch Anwendung des Newtonschen Impulssatzes auf ein infinitesimal kleines Fluidelement!

Wir beschränken uns ab jetzt auf den stationären Fall, wobei wir dann die partiellen durch die totalen Ableitungen ersetzen können. Es folgt mit Beachtung der sog. Kettenregel für die linke Seite:

$$v \frac{dv}{ds} = \frac{d}{ds}\left(\frac{v^2}{2} \right) = -\frac{1}{\rho} \frac{dp}{ds} - g \frac{dz}{ds} \qquad (3.55)$$

Dabei beschreiben die drei Terme die jeweils auf die Masse bezogene Trägheits-, Druck- und Schwerkraft. Eine Integration längs des Weges s zwischen zwei beliebigen Zuständen 1 und 2 des Stromfadens ergibt:

$$\int\limits_1^2 d\left(\frac{v^2}{2} \right) + \int\limits_1^2 \frac{dp}{\rho} + g \int\limits_1^2 dz = 0 \qquad (3.56)$$

Für den Sonderfall eines inkompressiblen Fluids können wir die Integration sofort ausführen, es folgt

$$\frac{v_2^2}{2} - \frac{v_1^2}{2} + \frac{1}{\rho}\left(p_2 - p_1 \right) + g\left(z_2 - z_1 \right) \qquad \text{bzw.}$$

$$\frac{v^2}{2} + \frac{p}{\rho} + g\,z = \text{konst.} \qquad (3.57)$$

Das ist die berühmte *Bernoulli-Gleichung*, so benannt nach D. Bernoulli (1700–1782). Er war ein Zeitgenosse Eulers, beide gelten als Begründer der *Hydrodynamik*. Gl. 3.57 hat die Dimension Energie pro Masse. Sie sagt aus, dass die Summe aus kinetischer Energie, Druckenergie und potentieller Energie konstant bleibt. Es ist jedoch zu beachten, dass die Bernoullische Gleichung aus einer Integration der Eulerschen Kräftegleichung gewonnen wurde, somit nur mechanische Energien beinhalten kann. Sie stellt also keine allgemeine, sondern nur eine spezielle Energiegleichung dar.

Bevor wir zu interessanten Anwendungen gelangen, wollen wir zwei alternative Formulierungen angeben:

$$\frac{\rho}{2} v^2 + p + \rho\, g\, z = \text{konst.} \tag{3.58}$$

$$\frac{v^2}{2\, g} + \frac{p}{\rho\, g} + z = \text{konst.} \tag{3.59}$$

Dabei hat Gl. 3.58 die Dimension Druck. Die drei Terme beschreiben den dynamischen und den statischen Druck (zusammen auch Gesamtdruck genannt) und den geodätischen Druck. Gl. 3.59 hat die Dimension Länge, die drei Terme beschreiben eine Geschwindigkeits-, eine Druck- und eine geodätische Höhe. Anwendungsbeispiele sollen die Bernoullische Gleichung anschaulich werden lassen. Dabei beginnen wir mit der Ausflussformel von E. Torricelli (1608–1647), einem Schüler Galileis, Abb. 3.48.

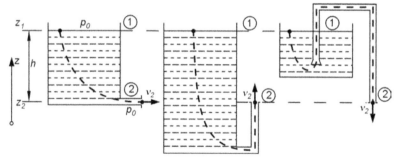

Abb. 3.48. Ausflussformel von Torricelli

Gegeben sei ein offener Behälter, der bis zur Höhe h mit einer Flüssigkeit gefüllt sei. Der Querschnitt A_1 sei sehr groß gegenüber der Ausflussöffnung A_2, so dass die Sinkgeschwindigkeit des Flüssigkeitsspiegels vernachlässigt werden kann. Wir wenden die Bernoulli-Gleichung auf eine vom Spiegel bis in die Ausflussöffnung (gedacht) führende Stromlinie an. Es sind $p_1 = p_2 = p_0 =$ Atmosphärendruck und $v_1 = 0$:

$$\frac{v_2^2}{2} + \frac{p_0}{\rho} + g\, z_2 = 0 + \frac{p_0}{\rho} + g\, z_1$$

Mit $h = z_1 - z_2$ folgt

$$v_2 = \sqrt{2\, g\, h} \tag{3.60}$$

Die Ausflussgeschwindigkeit hängt nur von der Höhendifferenz ab; sie ist gerade so groß, als fielen die Fluidteilchen die Höhe h frei herab. Die Dichte hat keinen Einfluss.

Das folgende Beispiel soll die Begriffe statischer, dynamischer und Gesamtdruck verdeutlichen, Abb. 3.49.

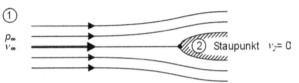

Abb. 3.49. Gesamtdruck

Bei der Umströmung eines Körpers wird der Druck im Staupunkt (Geschwindigkeit gleich Null) gesucht. Wir betrachten einen Stromfaden, der im Staupunkt endet (oder sich dort aufspaltet und um den Körper fließt) und setzen die Bernoulli-Gleichung zwischen dem weit stromaufwärts gelegenen Punkt 1 (ungestörte Anströmung) und dem Staupunkt 2 an:

$$\frac{\rho}{2} v_\infty^2 \;+\; p_\infty \;=\; 0 \;+\; p_2 \;=\; p_g$$

Der Druck im Staupunkt ist gleich dem Gesamtdruck p_g. Er setzt sich aus dem statischen Druck und dem durch Aufstau erzeugten dynamischen Druck, auch Staudruck genannt, zusammen. Bei vielen technisch wichtigen Strömungsvorgängen spielen Höhenunterschiede im Strömungsfeld keine große Rolle. Druckunterschiede gehen dann im Wesentlichen auf Geschwindigkeitsunterschiede zurück. Die Bernoulli-Gleichung lautet dann vereinfacht:

$$\frac{\rho}{2} v^2 \;+\; p \;=\; \text{konst.} \;=\; p_g \;=\; \text{Gesamtdruck} \qquad (3.61)$$

Bei den folgenden Beispielen wird das Höhenglied vernachlässigt. Dabei werden wir zunächst eine wichtige Methode zur Messung der Strömungsgeschwindigkeit kennen lernen, das Prandtl-Rohr, Abb. 3.50.

An der mittigen Bohrung wirkt der Gesamtdruck nach Gl. 3.61, während an der Bohrung in der Seitenwand der statische Druck herrscht. Deren Differenz ist der dynamische Druck, der in dem Bild mit einem U-Rohr-Manometer unter Verwendung der Grundgleichung der Hydrostatik 3.47 gemessen wird. Somit wird

$$p_g - p = \frac{\rho}{2} v^2 = \rho_{MF}\, g\, h \qquad \text{und es folgt}$$

$$v \;=\; \sqrt{2\, \frac{\rho_{MF}}{\rho}\, g\, h} \qquad (3.62)$$

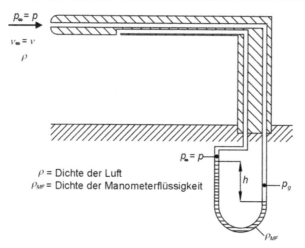

ρ = Dichte der Luft
ρ_{MF} = Dichte der Manometerflüssigkeit

Abb. 3.50. Prandtl-Rohr

Damit haben wir die Messung der Strömungsgeschwindigkeit auf die Messung einer Druckdifferenz zurückgeführt, wobei wir als Messgröße eine Höhendifferenz ablesen. Um ein Gefühl für den Anwendungsbereich zu haben, folgt ein Zahlenbeispiel: Es sei

$$\rho_{MF} = 1000 \, \frac{\text{kg}}{\text{m}^3} \qquad \text{für Wasser als Messflüssigkeit}$$

$$\rho = 1{,}25 \, \frac{\text{kg}}{\text{m}^3} \qquad \text{Dichte der strömenden Luft.}$$

Damit wird $\quad v = \sqrt{2 \cdot \dfrac{10^3 \, \frac{\text{kg}}{\text{m}^3} \cdot 9{,}81 \, \frac{\text{m}}{\text{s}^2} \cdot h}{1{,}25 \, \frac{\text{kg}}{\text{m}^3}}}$.

Näherungsweise folgt die „Laborformel"

$$v\left(\text{in } \frac{\text{m}}{\text{s}}\right) = 4 \sqrt{10^3 \, h \, (\text{in m})} = 4 \sqrt{h \, (\text{in mm})}$$

Derartige Faustformeln sind Experimentatoren geläufig. Ausgedrückt in Zahlen bedeutet das, wobei WS Wassersäule heißt:

$$h = 1 \text{ mm WS} \qquad : v = 4 \, \frac{\text{m}}{\text{s}} = 14{,}6 \, \frac{\text{km}}{\text{h}}$$

$$h = 100 \text{ mm WS} \qquad : v = 40 \, \frac{\text{m}}{\text{s}} = 146 \, \frac{\text{km}}{\text{h}}$$

$$h = 10^4 \text{ mm WS} = 10 \text{ m WS} \qquad : v = 400 \, \frac{\text{m}}{\text{s}} = 1460 \, \frac{\text{km}}{\text{h}}$$

Die Geschwindigkeit eines Radfahrers wird sich wegen des geringen Ausschlags h kaum messen lassen. Dagegen finden wir das Prandtl-Rohr an der Rumpfnase von Segel- und Sportflugzeugen. Dabei wird aus naheliegenden Gründen die Druckdifferenz nicht mit einem Flüssigkeitsmanometer gemessen, sondern etwa mit einer Druckmessdose, bei der die Druckdifferenz durch den Ausschlag einer Feder gemessen wird. Der letzte Wert soll lediglich zeigen, dass durch den Aufstau einer

Luftströmung von 400 m/s ein Staudruck erzeugt wird, der dem Atmosphärendruck von etwa 1000 hPa entspricht.

Das Messgerät geht auf L. Prandtl (1875–1953) zurück, der in Göttingen wir-
kend die heutige Strömungsmechanik maßgeblich geprägt hat.

Wir wollen jetzt einen kurzen Ausflug in die *Gasdynamik* vornehmen, also die
Dichte als Variable hinnehmen. Wir werden sehen, dass dies bei hohen Geschwindigkeiten geschehen muss. Dabei wenden wir uns zunächst der Schallgeschwindigkeit c zu, einer Größe, die mit der Kompressibilität eines Mediums eng
verbunden ist.

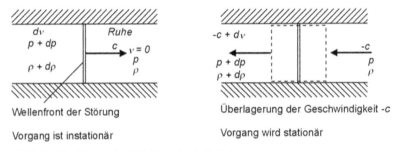

Abb. 3.51. Zur Herleitung der Schallgeschwindigkeit

Mit Abb. 3.51 wollen wir die Frage beantworten, wovon die Schallgeschwindigkeit in einem Gas abhängt. Dazu betrachten wir ein mit einem Gas gefülltes Rohr,
und in das ruhende Gas soll eine Schallwelle hineinlaufen. Hinter der Schallfront,
der Wellenfront der Störung, sind die Zustandsgrößen $v = 0$, p und ρ um die
„kleinen" Größen dv, dp und $d\rho$ gestört. Der Vorgang ist instationär; die Wellenfront läuft an dem ruhenden Beobachter vorbei.

Durch Überlagerung der gesuchten Schallgeschwindigkeit $-c$ können wir
daraus einen stationären Vorgang erhalten. Der auf der Wellenfront gedachte
Beobachter sieht das ungestörte Fluid mit der Geschwindigkeit $-c$ auf sich
zuströmen. An den Kontrollflächen des skizzierten Fluidelements können wir nun
die integralen Bilanzgleichungen anwenden. Aus der Kontinuitätsgleichung 3.52
folgt mit $A =$ konstant:

$$-c\,\rho = \left(-c + dv\right)\left(\rho + d\rho\right)$$
$$= -c\,\rho \; - \; c\,d\rho \; + \; \rho\,dv \; + \; \underbrace{dv\,d\rho}_{\text{von 2. Ordnung klein} = 0\,\left(\varepsilon^2\right)}$$

somit $\dfrac{d\rho}{\rho} = \dfrac{dv}{c}$

Damit haben wir die Störungen, die von zweiter Ordnung klein sind, gegenüber
jenen von erster Ordnung vernachlässigt. Wir haben linearisiert, was bei kleinen
Störungen wie in der Akustik zulässig ist.

Mit $\rho\,v =$ konstant können wir aus der differenziellen Bilanzgleichung für den
Impuls, der Eulergleichung 3.55 für stationäre Strömungen, bei Vernachlässigung
des Höhengliedes (da $z =$ konstant) aus

$$\rho v \, dv \;=\; -dp \,, \qquad \text{d.h.} \; d\left(\rho v^2 + p\right) \;=\; 0$$

die integrale Impulsbilanz

$$\rho v^2 + p \;=\; \text{konst.} \tag{3.63}$$

gewinnen. Diese wenden wir auf das integrale Kontrollelement an:

$$
\begin{aligned}
p + \rho c^2 &= p + dp + \left(\rho + d\rho\right)\left(-c + dv\right)^2 \\
&= p + dp + \rho c^2 - 2c\rho \, dv + c^2 \, d\rho + 0\!\left(\varepsilon^2\right)
\end{aligned}
$$

Es folgt $\quad \dfrac{dp}{\rho} - 2\,c\,dv + c^2\,\dfrac{d\rho}{\rho} \;=\; 0$. Mit $\dfrac{dp}{\rho} = \dfrac{dv}{c}$ aus der Massenbilanz

wird daraus $\qquad\qquad -2\,c\,dv \;=\; -2\,c^2\,\dfrac{d\rho}{\rho}$, also

$$c^2 \;=\; \frac{dp}{d\rho} \tag{3.64}$$

Die Schallgeschwindigkeit ist durch Druck- und Dichteänderung bestimmt. Sie ist ein Maß für die Kompressibilität des Fluids. Hierzu stellen wir uns zunächst ein inkompressibles Fluid vor. Wegen $\rho = $ konstant ist $d\rho = 0$, somit geht c gegen unendlich. Dies ist ein theoretischer Grenzfall, da alle Fluide mehr oder weniger kompressibel sind. Flüssigkeiten sind „fast" inkompressibel, sie haben (wie auch feste Körper) eine deutlich höhere Schallgeschwindigkeit als Gase. Die weitere Auswertung nehmen wir für ideale Gase vor.

Zur Auswertung der Gl. 3.64 müssen wir die Ableitung $dp/d\rho$ bilden. Hierzu benötigen wir eine zusätzliche Information über die Art der Zustandsänderung. In Abb. 3.36 haben wir verschiedene Zustandsänderungen kennen gelernt. Man kann zeigen (was wir hier nicht tun), dass schwache Störungen isentrop verlaufen. Also können wir die isentropen Zustandsgleichungen 3.42 bis 3.44 verwenden. Dort haben wir mit v das spezifische Volumen bezeichnet, hier ist mit v die Geschwindigkeit gemeint. Da in der Strömungsmechanik die Dichte ρ, also der Kehrwert des spezifischen Volumens v verwendet wird, kann es nicht zu Verwechslungen kommen. Wegen der Isentropie wird aus

$$c^2 \;=\; \frac{dp}{d\rho} \;=\; \left(\frac{\partial p}{\partial \rho}\right)_{\!s} \qquad ; \text{mit } p = p_0 \left(\frac{\rho}{\rho_0}\right)^{\!\kappa} \text{ nach 3.44 folgt}$$

$$c^2 \;=\; \frac{p_0}{\rho_0{}^\kappa} \cdot \frac{\partial \rho^\kappa}{\partial \rho} \;=\; \frac{p_0}{\rho_0{}^\kappa}\,\kappa\,\rho^{\kappa-1} \;=\; \kappa\,\frac{p}{\rho^\kappa}\,\rho^{\kappa-1} \;=\; \kappa\,\frac{p}{\rho}$$

Zusammen mit der thermischen Zustandsgleichung 3.30 folgt für die Schallgeschwindigkeit idealer Gase:

$$c = \sqrt{\kappa \frac{p}{\rho}} = \sqrt{\kappa\,R\,T} = \sqrt{\kappa \frac{R^*}{M} T} \qquad (3.65)$$

Die Schallgeschwindigkeit ist der Wurzel aus der absoluten Temperatur proportional. Gase mit einer geringen Molmasse M wie Wasserstoff H_2 haben eine höhere Schallgeschwindigkeit als solche mit einer größeren Molmasse wie Sauerstoff O_2 oder Stickstoff N_2. Welchen Wert hat die Schallgeschwindigkeit von Luft bei 15°C, entsprechend 288,15 K?

$$R^* = 8,315 \frac{J}{K\,mol} \qquad \text{universelle Gaskonstante}$$

$$\kappa = 1,4 \qquad \text{und} \qquad M \approx 29 \frac{g}{mol} \qquad \text{für Luft}$$

$$\text{Mit} \quad J = Nm \qquad \text{und} \qquad N = kg \frac{m}{s^2} \qquad \text{folgt}$$

$$c = \sqrt{1,4 \cdot \frac{8,315}{29} \frac{J}{K\,mol} \cdot \frac{mol}{g} \cdot \frac{Nm}{J} \cdot \frac{kg \cdot m}{N\,s^2} \cdot \frac{10^3\,g}{kg} \cdot 288,15\,K}$$

$$= \sqrt{11,57 \cdot 10^4 \frac{m^2}{s^2}} = 340 \frac{m}{s}$$

An diesem Zahlenbeispiel haben wir den bekannten Tatbestand verwendet, dass wir mit Dimensionen genauso erweitern und kürzen können wie mit Zahlen. In drei Sekunden legt der Schall die Strecke von 1 km zurück. Hiermit können wir die Entfernung eines Gewitters abschätzen.

Beziehen wir die Geschwindigkeit v eines Objektes (Flugzeug, Raumflugkörper oder Fluidteilchen) auf die Schallgeschwindigkeit, so nennt man dies *Mach–Zahl*, benannt nach dem österreichischen Physiker und Philosophen E. Mach (1838-1916):

$$Ma = \frac{v}{c} \qquad (3.66)$$

Sie ist die entscheidende Kennzahl bei kompressiblen Strömungen und sie erlaubt folgende Klassifizierung:

$Ma \quad \ll 1:$ „inkompressibel" $\left(c \rightarrow \infty\right)$

$ \quad < 1:$ Unterschall

$ \quad \approx 1:$ Schallnah

$ \quad > 1:$ Überschall

$ \quad \gg 1:$ Hyperschall

Bis zu welcher Ma–Zahl wir Gasströmungen näherungsweise als inkompressibel ansehen können, werden wir sogleich ermitteln. Zunächst wollen wir uns mit Abb. 3.52 den unterschiedlichen Charakter von Unterschallströmungen einerseits und Überschallströmungen andererseits verdeutlichen.

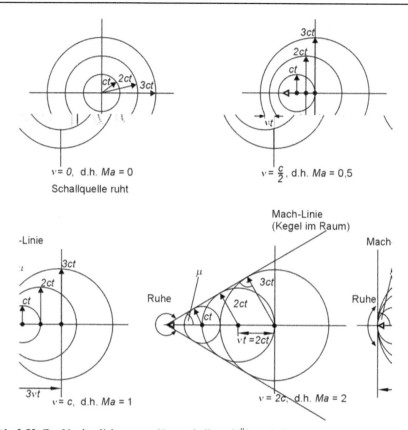

Abb. 3.52. Zur Verdeutlichung von Unterschall- und Überschallströmungen

Dazu stellen wir uns eine Schallquelle vor, die in konstanten Zeitintervallen t jeweils einen Ton aussendet. Dabei soll sich die Schallquelle mit unterschiedlicher Geschwindigkeit bewegen. Im Ruhezustand ($Ma = 0$) breitet sich der Schall auf konzentrischen Kreisen aus, der Radius ist jeweils c mal Zeitintervall. Für $Ma = 0,5$ rücken die Schalllinien in Bewegungsrichtung (in „luv") zusammen, in „lee" werden sie auseinander gezogen. Bei $Ma = 1$ bewegt sich das Objekt genau mit der Geschwindigkeit, mit der sich der Schall in Bewegungsrichtung ausbreitet. Für $Ma = 2$, allgemein für $Ma > 1$, bewegt sich das Objekt schneller als der Schall.

Ein am Boden stehender Beobachter sieht ein Überschallflugzeug über sich hinweg fliegen, bevor er etwas hört. Störungen breiten sich nur innerhalb eines so genannten *Mach*-Kegels aus, der von *Mach*–Linien begrenzt wird. Dabei folgt der *Mach*–Winkel μ aus

$$ sin\,\mu \;=\; \frac{c \cdot t}{u \cdot t} \;=\; \frac{1}{Ma} \qquad \text{zu} \qquad \mu \;=\; arcsin\frac{1}{Ma} \qquad (3.67) $$

Für $Ma = 1$ wird $\mu = 90°$, für $Ma \to \infty$ ist $\mu \to 0$. Es sei hier erwähnt, dass bei realen ausgedehnten Flugkörpern schiefe Verdichtungsstöße mit einer deutlich hörbaren Druckzunahme auftreten.

Wir wenden uns nun dem Integral $\int \frac{dp}{\rho}$ in Gl. 3.56 zu, das wir im inkompressiblen Fall unmittelbar integrieren konnten. Dies gestaltet sich im kompressiblen Fall schwieriger. Auch hier müssen wir wissen, von welcher Art die Zustandsänderung ist, siehe hierzu Abb. 3.36.

Nehmen wir wie bisher vereinfachend eine reibungsfreie Strömung an; weiter soll keine Wärme mit der Umgebung ausgetauscht werden. Man kann nun zeigen, dass eine reibungsfreie und adiabate Strömung isentrop verläuft, also reversibel. Dies kann man (mit mäßigem Aufwand) beweisen, was wir hier nicht tun wollen, denn die Aussage erscheint plausibel. Im isentropen Fall ist der Zusammenhang zwischen Druck, Dichte und Temperatur bekannt, siehe die Gln. 3.42 bis 3.44. Also kann mit

$$\frac{p}{\rho^\kappa} = \frac{p_0}{\rho_0{}^\kappa} \quad \text{das Integral ausgewertet werden:}$$

$$\int \frac{dp}{\rho} = \frac{p_0{}^{1/\kappa}}{\rho_0} \int p^{-1/\kappa}\, dp = \frac{\kappa}{\kappa-1}\frac{p}{\rho} = c_p\, T = h \tag{3.68}$$

Letzterer Zusammenhang folgt mit $R = c_p - c_v$ nach Gl. 3.39 und $\kappa = \dfrac{c_p}{c_v}$ nach Gl. 3.41. Somit lautet die „kompressible" Bernoulli–Gleichung:

$$h + \frac{v^2}{2} + g\,z = u + \frac{p}{\rho} + \frac{v^2}{2} + g\,z = \text{konst.} \tag{3.69}$$

Vernachlässigen wir auch hier wie in Gl. 3.61 den Höhenterm, so schreiben wir

$$h + \frac{v^2}{2} = h_0 = \text{konst.} \tag{3.70}$$

und nennen h_0 die Gesamtenthalpie als Summe von statischer Enthalpie und kinetischer Energie. Somit gilt: In reibungsfreien und adiabaten (= isentropen) Strömungen bleibt die Gesamtenthalpie, auch totale Enthalpie genannt, konstant. Der Energiesatz 3.70 führt sofort zu einer anschaulichen Deutung, wenn wir die sich an der Nase (dem Staupunkt) eines Flugkörpers einstellende Temperatur bestimmen, Abb. 3.53.

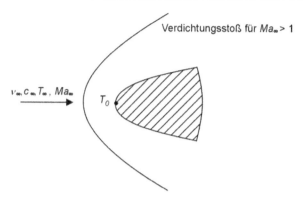

Abb. 3.53. Stautemperatur an der Nase eines Flugkörpers

Im Staupunkt wird die totale Enthalpie durch Aufstau in statische Enthalpie umgewandelt. Aus dem Energiesatz 3.70 folgt mit $h = c_p\,T + \text{konstant}$:

$$\frac{v^2}{2} + c_p\,T_\infty \;=\; c_p\,T_0 \;\Rightarrow\; \frac{T_0}{T_\infty} \;=\; 1 + \frac{v_\infty^2}{2\,c_p\,T_\infty}$$

Mit den nunmehr bekannten Größen Schallgeschwindigkeit und *Mach*–Zahl sowie

$$R = c_p - c_v \qquad \text{und} \qquad \kappa \;=\; \frac{c_p}{c_v} \qquad \text{wird der Ausdruck}$$

$$\frac{v^2}{2\,c_p\,T} \;=\; \frac{v^2}{c^2}\,\frac{\kappa\,R\,T}{2\,c_p\,T} \;=\; \frac{\kappa-1}{2}\,Ma^2 \;,\text{ somit}$$

$$\frac{T_0}{T_\infty} \;=\; 1 + \frac{\kappa-1}{2}\,Ma^2 \tag{3.71}$$

Die quadratische Abhängigkeit von der *Mach*–Zahl führt bei Raumflugkörpern zu enormen Temperaturen. Wir sprechen von einer aerodynamischen Aufheizung. Die Tabelle 3.4 zeigt einige Zahlenwerte.

Tabelle 3.4. Aerodynamische Aufheizung, dabei sei $T_0 = 300K$, $\kappa = 1{,}4$ für Luft

Machzahl	0	1	2	5	10
T_0/T_∞	1	1,2	1,8	6	21
T_∞ in K	300	360	540	1800	6300

Einschränkend muss gesagt werden, dass bei *Mach*–Zahlen deutlich über 1 die Luft nicht mehr als ideales Gas angesehen werden kann. Die realen Temperaturerhöhungen liegen etwas niedriger, aber das Kernproblem bleibt: Wie können diese hohen Temperaturen beherrscht werden? Bei Flugzeugen, die wie die Concorde, die Phantom u.a. maximal mit $Ma \approx 2$ fliegen, müssen an den gefährdeten Stellen hochwarmfeste Leichtmetalllegierungen auf Titanbasis vorgesehen werden. Dies reicht bei Raumflugkörpern, die in der Erdatmosphäre *Mach*–Zahlen von 10 und darüber erreichen, nicht mehr aus. Hier wird eine „Ablationskühlung" vorgesehen, bei der sich ein auf der Oberfläche angebrachtes Material „opfert", in dem die entstehende Wärme als Sublimationsenergie abgeführt wird.

Wir wollen die Gasdynamik mit Behandlung der eingangs gestellten Frage abschließen, bis zu welchen Geschwindigkeiten wir Gasströmungen als inkompressibel ansehen können. Hierzu gehen wir von der Gl. 3.71 für die Stautemperatur aus und fragen nach der dazugehörigen Dichteänderung. Diese folgt aus der schon mehrfach verwendeten Isentropenbeziehung, hier in der Form 3.43, zu

$$\frac{\rho_0}{\rho} = \left(\frac{T_0}{T}\right)^{\frac{1}{\kappa-1}} = \left(1 + \frac{\kappa-1}{2}Ma^2\right)^{\frac{1}{\kappa-1}} = \left(1+\varepsilon\right)^{1/n}$$

Dabei sei $\varepsilon = \dfrac{\kappa-1}{2}Ma^2 \ll 1$ angenommen, so dass wir die Reihenentwicklung

$$\left(1+\varepsilon\right)^{1/n} = 1 + \frac{1}{n}\varepsilon + 0\left(\varepsilon^2\right) + \dots$$

nach dem linearen Glied abbrechen können. Es folgt:

$$\frac{\rho_0}{\rho} = 1 + \frac{1}{2}Ma^2$$

Für die relative Dichteänderung als Maß für die Kompressibilität folgt dann

$$\frac{\rho_0-\rho}{\rho} = \frac{\Delta\rho}{\rho} = \frac{Ma^2}{2}$$

Frage: Bei welcher Geschwindigkeit v_∞ ist die relative Dichteänderung 1% bzw. 5%?

$$\frac{\Delta\rho}{\rho} = 1\%: \quad Ma^2 = 0{,}02\,; \quad Ma = 0{,}14\,; \quad v_\infty \approx 50\frac{m}{s} = 180\frac{km}{h}$$
$$= 5\%: \quad Ma^2 = 0{,}10\,; \quad Ma = 0{,}37\,; \quad v_\infty \approx 110\frac{m}{s} \approx 400\frac{km}{h}$$

Fazit: Bei mäßigen Geschwindigkeiten können Gase als inkompressible Fluide angesehen werden!

Bislang haben wir stets die Vorraussetzung gemacht, das Fluid sei reibungsfrei. Abschließend wollen wir den Einfluss der *Reibung* behandeln, wobei nunmehr der Newtonsche Schubspannungsansatz 3.45 eine zentrale Rolle spielt.

Dazu betrachten wir eine ausgebildete laminare Rohrströmung. Wir können beobachten, dass es zwei unterschiedliche Strömungsformen gibt. Bei niedriger Strömungsgeschwindigkeit (besser: kleine Reynolds–Zahl, siehe später) liegt eine „geordnete" laminare (von lamina = Blättchen) Strömung vor, bei höheren Geschwindigkeiten wird die Strömung turbulent. Dies können wir bei einem Wasserstrahl, einem Bunsenbrenner oder aufsteigendem Rauch oder Dampf beobachten. Mathematisch liegt ein Stabilitätsproblem vor, aber in diese (schwierige) Materie steigen wir hier natürlich nicht ein.

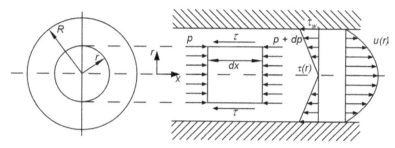

Abb. 3.54. Laminare Rohrströmung

In Abb. 3.54 schneiden wir ein zylindrisches Fluidelement von der Länge dx und dem Radius r heraus und formulieren daran das Kräftegleichgewicht. Da der Impuls sich nicht ändert, ist die Summe aus den angreifenden Kräften gleich Null. Hier greifen in Strömungsrichtung x nur die Druckkraft (auf der Kreisfläche) und die Reibungskraft (auf die Mantelfläche) an. Es wird

$$\left[p - \left(p + dp \right) \right] \pi r^2 \; + \; \tau\left(r\right) 2 \pi r \, dx \; = \; 0$$

somit
$$\frac{dp}{dx} \; = \; 2 \frac{\tau\left(r\right)}{r} \; \overset{!}{=} \; \text{konst.}$$

Da die linke Seite nur eine Funktion von x und die rechte Seite nur eine Funktion von r ist, müssen beide Seiten konstant sein, ansonsten ist die Gleichung nicht erfüllt! Wenn das Fluid in positiver x–Richtung strömt, dann muss der Druck $p\left(x\right)$ mit x abnehmen. Es sei l die Rohrlänge, p_1 der Druck am Eintritt und p_2 der Druck am Austritt des Rohres, dann können wir schreiben

$$\frac{dp}{dx} \; = \; \frac{p_2 - p_1}{l} \; = \; -\frac{p_1 - p_2}{l} \; = \; -\frac{\Delta p}{l} \; .$$

Dabei ist $\Delta p = p_1 - p_2$ der Druckabfall. Weiter folgt, dass sich die Schubspannung τ linear mit dem Radius r ändert:

$$\tau\left(r\right) \; = \; -\frac{\Delta p \, r}{2 l}$$

Rohrmitte bedeutet $\qquad r = 0 \; : \; \tau = 0$

Rohrwand bedeutet $\qquad r = R \; : \; \tau = \tau_w = -\frac{\Delta p \, r}{2 \, l}$

Aus dem nunmehr bekannten Schubspannungsverlauf erhalten wir die Geschwindigkeitsverteilung, wobei wir den Newtonschen Schubspannungsansatz 3.45 einsetzen. Es folgt aus

$$\frac{dp}{dx} \; = \; -\frac{\Delta p}{l} \; = \; 2 \frac{\tau}{r} \; = \; \frac{2 \, \eta}{r} \frac{du}{dr} \quad \text{und}$$

nach Trennung der Variablen eine gewöhnliche Differenzialgleichung für $u\left(r\right)$:

$$du \; = \; -\frac{\Delta p}{2 \eta \, l} \; r \, dr \; , \text{ die wir unmittelbar integrieren können:}$$

$$u = -\frac{\Delta p}{2\eta\, l} \cdot \frac{r^2}{2} + c \text{ , wobei } c = \frac{\Delta p}{2\eta\, l} \cdot \frac{R^2}{2}$$

aus der Randbedingung $u(r = R) = 0$ folgt. Damit erhalten wir die nach Hagen und Poisseuille benannte parabolische Geschwindigkeitsverteilung

$$u(r) = \frac{\Delta p}{4\eta\, l}\left(R^2 - r^2\right) \tag{3.72}$$

Die maximale Geschwindigkeit haben wir in der Rohrmitte. Es wird

$$u(r = 0) = u_{max} = \frac{\Delta p}{4\eta\, l}\, R^2 \quad \text{somit} \quad \frac{u(r)}{u_{max}} = 1 - \left(\frac{r}{R}\right)^2 \tag{3.73}$$

Aus der bekannten Geschwindigkeitsverteilung können wir durch eine Integration über die Querschnittsfläche A nunmehr den Volumenstrom $\dot{V}$ ermitteln:

$$\dot{V} = \int_A u\, dA = \int_0^R 2\pi r\, u(r)\, dr = \frac{\pi\,\Delta p}{2\eta l}\int_0^R \left(R^2 - r^2\right) r\, dr$$

unter Verwendung von $A(r) = \pi r^2$ und damit $dA = 2\pi r\, dr$. Es folgt das Gesetz von Hagen–Poisseuille:

$$\dot{V} = \frac{\pi\,\Delta p\, R^4}{8\eta l} \tag{3.74}$$

Das wollen wir anschaulich deuten. Wollen wir bei einer Verdopplung der Rohrlänge l den gleichen Volumenstrom $\dot{V}$ fördern, so müssen wir Δp verdoppeln, also eine entsprechend stärkere Pumpe vorsehen. Ebenso müssen wir Δp erhöhen, wenn etwa bei einer Ölpipeline im Winter die Viskosität zunimmt. Besonders interessant ist die starke Abhängigkeit vom Rohrradius bzw. Rohrdurchmesser wegen der vierten Potenz. Das bedeutet, dass schon kleine Änderungen des Durchmessers d zu einer drastischen Änderung des Volumenstroms führen. Eine Zunahme des Durchmessers um 10% führt wegen $1,1^4 = 1,46$ zu einer Zunahme des Volumenstroms um 46%! Die starke Abhängigkeit des Volumenstromes vom Rohrdurchmesser wird in unserem Blutkreislauf verwertet. Die Adern sind elastisch, bei erhöhter Muskeltätigkeit können sie sich erweitern und eine Steigerung des Durchflusses wird erleichtert. Daneben wird bei starker körperlicher Anstrengung über die Herzfrequenz auch Δp erhöht. Der umgekehrte Fall liegt bei der Arterienverkalkung vor. Eine Abnahme des Durchmessers um 10% führt wegen $0,9^4 = 0,66$ dazu, dass nur noch 66% des ursprünglichen Volumenstromes fließen.

Wir wollen durch Umstellung der Gl. 3.74 eine Kennzahl kennen lernen, die bei reibungsbehafteten (also realen) Strömungen eine zentrale Rolle spielt, die Reynolds–Zahl. Dazu definieren wir zunächst eine mittlere Durchflussgeschwindigkeit u_m, indem der Volumenstrom $\dot{V}$ durch die Querschnittsfläche A dividiert wird. Für die laminare Rohrströmung folgt

$$u_m = \frac{\dot{V}}{A} = \frac{\Delta p\, R^2}{8\eta l} = \frac{1}{2} u_{max} \quad ; \quad \dot{V} = \frac{\pi \Delta p\, R^4}{8\eta l} = u_m\, \pi R^2$$

Dies lösen wir nach dem Druckverlust Δp auf und erweitern geeignet:

$$\Delta p = \frac{u_m\, 8\eta l}{R^2} \cdot \frac{u_m\, \rho}{u_m\, \rho} = \frac{\rho}{2} u_m^2 \frac{64\,\nu l}{u_m\, d^2} \quad \text{und erhalten}$$

$$\Delta p = \frac{\rho}{2} u_m^2 \frac{l}{d} \cdot \frac{64}{Re} \quad \text{mit} \quad Re = \frac{u_m\, d}{\nu}$$

Man definiert eine Widerstandszahl λ für die Rohrströmung durch

$$\Delta p = \lambda \cdot \frac{l}{d} \cdot \frac{\rho}{2} \cdot u_m^2 \, ,$$

wobei der Druckverlust Δp geeignet dimensionslos gemacht wurde. Ein Vergleich mit dem obigen Resultat für die laminare Rohrströmung ergibt

$$\lambda = \frac{64}{Re} \tag{3.75}$$

Damit ist

$$Re = \frac{u_m\, d}{\nu} = \frac{\rho\, u_m\, d}{\eta} \tag{3.76}$$

die nach O. Reynolds (1842–1912) benannte *Reynolds–Zahl*. Er stellte in seinem berühmten Farbfadenversuch (Farbe diente der Sichtbarmachung) 1883 fest, dass eine laminare Rohrströmung oberhalb einer kritischen Grenze in eine turbulente Rohrströmung umschlägt. Aus Experimenten fand er diese kritische Grenze für $Re \approx 2300$. Die Re–Zahl lässt sich physikalisch als Verhältnis von Trägheitskraft zu Reibungskraft deuten, wobei wir uns hier an Abb. 3.54 orientieren:

$$\frac{\text{Trägheitskraft}}{\text{Reibungskraft}} \approx \frac{\rho\, u_m^2}{\eta \dfrac{du}{dr}} \approx \frac{\rho\, u_m^2}{\eta \dfrac{u_{max}}{R}} \approx \frac{\rho\, u_m\, d}{\eta} = Re$$

Auch bei turbulenter Rohrströmung ist die Widerstandszahl λ eine Funktion der Re–Zahl, sie hängt weiter von der Rohrrauigkeit ab, Abb. 3.55. Dabei ist k_s/d ein geeignetes Maß für die Rauigkeit, mit dem Index s ist eine äquivalente Sandrauigkeit gemeint.

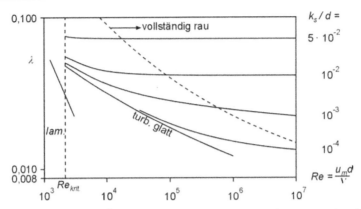

Abb. 3.55. Widerstandszahl λ der laminaren und turbulenten Rohrströmung für glatte und raue Oberflächen, doppelt logarithmische Auftragung

Die Abb. 3.55 wird Nikuradse–Diagramm genannt. Neben der exakten Lösung 3.75 für die laminare Rohrströmung sind experimentelle Befunde für die turbulente Rohrströmung dargestellt. Eine häufig verwendete Approximation ist jene nach Blasius

$$\lambda = 0{,}3164\, Re^{1/4} \qquad (3.77)$$

für glatte Rohre. Auch für raue Rohre existieren geeignete Ansätze, die hier nicht angegeben werden. Ergänzend sie gesagt: Auch bei turbulenten Strömungen ist man nicht nur auf Experimente angewiesen. Mit geeigneten Turbulenzmodellen kann man zusammen mit Numerischer Mathematik einiges „vorausberechnen". Es ist letztlich generelles Ziel vieler Forschungsarbeiten in den Ingenieurwissenschaften, das, was man empirisch weiß, theoretisch zu untermauern und zu begründen.

Zum Verständnis eine für die Praxis relevante Frage: In welcher Weise hängt der Druckabfall Δp von dem Volumenstrom $\dot{V}$ bzw. der mittleren Durchflussgeschwindigkeit u_m ab?

Ausgehend von $\Delta p = \lambda \cdot \dfrac{l}{d} \cdot \dfrac{\rho}{2} \cdot u_m^2$ folgt

a) laminar: $\lambda = \dfrac{64}{Re} \sim \dfrac{1}{u_m} \Rightarrow \Delta p \sim u_m \sim \dot{V}$

b) turbulent, hydraulisch glatt:

$\lambda = \dfrac{0{,}3164}{Re^{1/4}} \sim \dfrac{1}{u_m^{1/4}} \Rightarrow \Delta p \sim u_m^{7/4} \sim \dot{V}^{7/4}$

c) turbulent, vollständig rau:

$\lambda = \lambda(k_s/d)$ unabhängig von $Re \Rightarrow \Delta p \sim u_m^2 \sim \dot{V}^2$

Nur im Fall c ist der Druckverlust dem Staudruck (gebildet mit der mittleren Geschwindigkeit) und damit dem Quadrat des Volumenstromes direkt proportional. Bei hinreichend großen *Re*–Zahlen gilt generell die Aussage, dass die Widerstandskraft umströmter Körper proportional dem Quadrat der Geschwindigkeit v ist. Hierzu ein Beispiel:

Es wird ein PKW betrachtet, dessen Fahrgeschwindigkeit v variiert werden soll. Der Fahrwiderstand F setzt sich aus dem bei schneller Fahrt dominierenden Luftwiderstand und dem Rollwiderstand zusammen, er ist näherungsweise proportional dem Quadrat der Geschwindigkeit v. Die zur Überwindung des Fahrwiderstandes notwendige Leistung P ist gleich dem Produkt aus F und v und somit proportional zur dritten Potenz der Geschwindigkeit. Das bedeutet: Eine Verdopplung der Motorleistung erhöht die Geschwindigkeit um 26% ($\sqrt[3]{2} = 1{,}26$), eine Verdreifachung um 44% ($\sqrt[3]{3} = 1{,}44$) und erst eine Verachtfachung der Leistung würde zu einer Verdopplung der Geschwindigkeit führen ($\sqrt[3]{8} = 2$). Dies sei an einem konkreten Fall verdeutlicht: Ein älterer VW-Golf erreicht mit einem 60 PS (44 kW) -Motor eine maximale Geschwindigkeit von etwa 160km/h. Ein gleichfalls älterer Golf GTI erreicht bei etwa doppelter Motorleistung mit ungefähr 200 km/h nur eine um 25% höhere Endgeschwindigkeit. Eine Verdopplung der Geschwindigkeit von 160 km/h würde eine Leistung von $8 \cdot 60\,\text{PS} = 480\,\text{PS}$ erfordern.

3.4 Elektrotechnik

Neben der Mechanik, der Thermodynamik und der Strömungsmechanik kommen wir nunmehr zu dem vierten Themengebiet der Physik, das für Ingenieure seit jeher von Bedeutung ist. Diese Bedeutung hat in jüngerer Zeit durch den Siegeszug der Elektronik stark zugenommen. In der Mechanik und der Strömungsmechanik haben wir Begriffe und Größen kennen gelernt, die weitgehend anschaulich sind. Schon die Thermodynamik ist begrifflich deutlich schwieriger, denn nur wenige zentrale Größen wie Druck, Temperatur und Dichte sind der Anschauung direkt zugänglich. Größen wie die innere Energie, die Enthalpie oder gar die Entropie gewinnen Anschauung erst durch Übung und Gewöhnung. In der Elektrotechnik droht unsere Anschauung vollends zu versagen. Wir können elektrische Sachverhalte nur durch deren Wirkungen begreifen.

Die Elektrotechnik ist als Fachgebiet derart umfangreich und ausdifferenziert, dass sie als eigenständiger klassischer Studiengang existiert. Um nicht gleich mit den begrifflichen Schwierigkeiten zu beginnen, möchte ich hier mit einer kurzen historischen Einleitung starten. Alsdann werde ich beschreiben, welche Ziele eine Einführung in die Elektrotechnik verfolgt.

Dass man mit Reibung Elektrizität erzeugen kann, wurde zuerst an versteinertem Harz, dem Bernstein, entdeckt. Das griechische Wort Elektron für Bernstein wurde zum Begriff für die neue Disziplin. 1752 schlug der amerikanische Wissenschaftler, Unternehmer und Politiker B. Franklin einen Blitzableiter vor. Der Italiener A. Volta erklärte 1799 das galvanische Element, das erste Batterieelement in der Geschichte. Verbindet man zwei unterschiedliche Metallplatten, zwischen die eine leitende Flüssigkeit (ein Elektrolyt) gebracht wird, so fließt ein elektrischer Strom. Dies war der Beginn der Elektrochemie.

Der Däne H.C. Oersted hielt 1820 eine Magnetnadel unter einen stromführenden Draht einer elektrochemischen Batterie und stellte dabei eine Ablenkung der Magnetnadel fest. Der Engländer M. Faraday entdeckte 1831 den umgekehrten Effekt, das Prinzip der elektromagnetischen Induktion. Damit lag eine theoretische Grundlage vor, um elektrische Generatoren zur Stromerzeugung zu bauen. Diese realisierte 1866 W. von Siemens. Er erkannte, dass man keine mit der Zeit nachlassenden Stabmagneten für die Dynamomaschinen mehr brauchte. Der Restmagnetismus des Eisenkerns reichte aus, um durch Selbstinduktion genügend starke elektromagnetische Felder zur Stromerzeugung aufzubauen. Die Starkstromtechnik war geboren, der elektrische Strom wurde zum bedeutendsten Sekundärenergieträger. Damit konnte die Dampfmaschine zur Stromerzeugung genutzt und die elektrische Energie über große Distanzen transportiert werden. Durch eine dezentrale Abnahme des elektrischen Stroms und Umwandlung in mechanische Energie mittels Elektromotoren konnten kleine Manufakturen entstehen.

Der Siegeszug der elektrischen Kraftwerkstechnik und der elektrischen Fernübertragung setzte jedoch erst mit der Glühlampe ein. H. Goebel, ein in den USA lebender Deutscher, entwickelte die erste Glühlampe mit Kohlefäden 1854. Der Durchbruch erfolgte durch eine entsprechende Weiterentwicklung 1878 durch den Amerikaner T.A. Edison.

Aus der elektrischen Messtechnik entwickelte sich die Nachrichtentechnik, die Übertragung elektrischer Signale über große Entfernungen. Schon C. F. Gauß und W. Weber hatten 1833 in Göttingen einen elektromagnetischen Telegrafen als physikalischen Grundlagenversuch gebaut. Der Amerikaner S. Morse schuf den ersten Schreibtelegraf und führte das nach ihm benannte Alphabet ein. Der Amerikaner G. Bell erhielt 1876 das Patent für ein Telefon.

Der Weg zur drahtlosen Telegrafie wurde durch den Schotten J.C. Maxwell vorbereitet. Er schuf die Theorie der elektromagnetischen Erscheinungen. Die nach ihm benannten Gleichungen beschreiben den Zusammenhang zwischen zeitlich veränderlichen elektrischen und magnetischen Feldern. Diese Gleichungen der elektromagnetischen Felder haben ihre Entsprechung in den Newtonschen Grundgesetzen der Mechanik. Die Maxwellschen Gleichungen müssen durch Materialgleichungen für Größen wie die elektrische Leitfähigkeit, die Permeabilität, die elektrische bzw. magnetische Feldkonstante sowie die Suszeptibilität ergänzt werden. Die Existenz der von Maxwell vorausgesagten elektromagnetischen Wellen wies 1887 H. Hertz in Karlsruhe experimentell nach.

Wenden wir uns nun dem Stoff einer einführenden Vorlesung in die Elektrotechnik zu. Sie soll die Grundlagen für drei große Anwendungsbereiche zur Verfügung stellen. In der *elektrischen Energietechnik* geht es um die Erzeugung von elektrischer Energie, deren Übertragung und Verteilung sowie deren Anwendung. Dieser Bereich wurde früher Starkstromtechnik genannt. Er handelt von elektrischen Maschinen, die je nach der Richtung des Energieflusses Generatoren oder Motoren genannt werden. Generatoren sind ein Kernstück in der Energie- und Kraftwerkstechnik. Diese werden bei Kohle-, Kern-, Öl- oder Gaskraftwerken, die Heißdampf erzeugen, von Dampfturbinen angetrieben. Hinzu kommen Wasserturbinen und mit steigender Tendenz Windräder. Elektromotoren treiben Anlagen verschiedener Größe an, von Walzstraßen über Lokomotiven, Werkzeugmaschinen, Pumpen und Ventilatoren, Küchen- und Heimwerkergeräte.

Der zweite große Bereich ist die *Nachrichtentechnik*, früher Schwachstromtechnik genannt. Hier geht es um die Erfassung, die Codierung und anschließende Übermittlung, danach die Decodierung und die Wiedergabe von Informationen. Der dritte große Anwendungsbereich, die *Elektronik*, erfährt derzeit eine ständig wachsende Anwendung. Dies betrifft sowohl die Mikroelektronik in der Informationsverarbeitung als auch die Energieelektronik, die Umformung elektrischer Energie unter Anwendung des Elektronenflusses in verschiedenen Medien. Wir wollen uns hier exemplarisch auf die elektrische Energietechnik beschränken. Dazu müssen zuvor einige Grundlagen bereitgestellt werden.

Einleitend soll zunächst eine Vorstellung über die Größenordnung typischer elektrischer Leistungen vermittelt werden. Am unteren Ende, der Schwachstromtechnik, finden wir Signale in Fernsehempfangsantennen mit 10 nW (n = nano = 10^{-9}). Glühlampen liegen bei 25 bis 100 W, Haushaltsgeräte bei 100 bis 1000 W. Die Stromnetze im Haushalt sind mit 16 A abgesichert, die Dauerleistung beträgt 3,5 kW. Dies folgt aus

$$P = U \cdot I \tag{3.78}$$

mit P = Leistung (Power) in Watt W, U = Spannung in Volt V und I = Stromstärke in Ampere A: $220V \cdot 16A \approx 3500W$, wobei $1W = 1V \cdot 1A$.

Lichtmaschinen in Kraftfahrzeugen liegen bei 400 W. Da die Leistungsaufnahme ständig steigt, geht man in der Luxusklasse von 12 V auf 42 V-Netze über, um die Leitungsquerschnitte klein zu halten. Noch in den sechziger Jahren reichten 6V-Netze aus. Elektrisch betriebene Lokomotiven haben Leistungen von 2 bis 6 MW. In gleicher Größenordnung liegen Windräder. Gängige Leistungen liegen derzeit bei 1,5 MW, eine Anlage mit 4,5 MW ist kürzlich installiert worden. Am oberen Ende der Starkstromnetze liegen mit gut 1000 MW = 1 GW (M = Mega = 10^6, G = Giga = 10^9) die Generatoren der Kraftwerke.

Es ist hilfreich, einleitend die Analogie zwischen einem Wasserkreislauf und einem Stromkreislauf zu betrachten, Abb. 3.56. In der Tabelle 3.5 sind die unterschiedlichen Begriffe und Bauelemente gegenübergestellt.

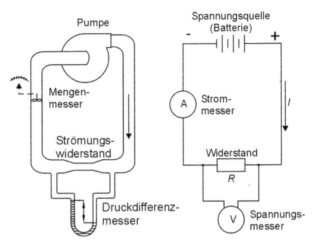

Abb. 3.56. Analogie zwischen Wasserkreislauf und Stromkreislauf

Tabelle 3.5. Begriffe und Bauelemente in der Analogie

Wasserkreislauf	Stromkreislauf
Volumenstrom $\dot{V}$	Elektrischer Strom I
Druckverlust Δp_v durch Strömungswiderstand	Elektrischer Widerstand R durch „Elektrische Reibung"
Pumpe erzeugt Druckdifferenz Δp	Spannungsquelle erzeugt Spannung U
Rohrleitungen	Stromleitungen
Mengenmesser	Strommesser
Druckdifferenzmesser	Spannungsmesser

Was *ist* der elektrische Strom? Er basiert auf der Energie von Elektronen. Jedes Atom enthält in seiner Hülle so viele Elektronen, wie die Ordnungszahl angibt. Das Elektron ist ein elektrisch negativ geladenes stabiles Elementarteilchen, Symbol e^-. Seine Masse ist etwa 1840 mal kleiner als die des (positiv geladenen) Protons p^+ und des (elektrisch neutralen) Neutrons n , den Bausteinen der Atomkerne. In einem Festkörper ist eine Zuordnung zwischen einzelnen Atomen und Elektronen nicht mehr möglich, da sie ständig untereinander ausgetauscht werden. Die Austauschprozesse sind Ursache für die verschiedenen Arten chemischer Bindungen.

In Metallen können die Elektronen sich in den Zwischenräumen des Kristallgitters bewegen, man spricht von einem Elektronengas. Die freie Beweglichkeit der Elektronen ist Ursache der guten elektrischen Leitfähigkeit wie auch der Wärmeleitfähigkeit. Um eine Vorstellung zu haben: Die Anzahl der freien Elektronen pro cm^3 liegt in Metallen bei 10^{21} bis 10^{23}, in Halbleitern bei 10^{11} bis 10^{15} und sie ist bei Isolatoren kleiner 10^{10}.

Das   Elektron   hat   die   Elementarladung $e = 1{,}602 \cdot 10^{-19}\,\mathrm{C}$
($1\mathrm{C} = 1\mathrm{Coulomb} = 1\mathrm{A} \cdot \mathrm{s}$), das ist eine Naturkonstante. Jede vorkommende
elektrische Ladung Q ist ein ganzzahliges Vielfaches der Elementarlandung.

Neben den Elektronen gibt es mit den Ionen weitere Ladungsträger. Der Begriff
stammt von dem griechischen Wort Ion für das Gehende. Ionen sind bewegliche
positiv oder negativ geladene Atome oder Moleküle in dissoziierten Flüssigkeiten
oder Gasen.

Wenn sich Ladungsträger (Elektronen oder Ionen) bewegen, so entsteht ein
elektrischer Strom I, definiert als Ladung (oder Elektrizitätsmenge) pro Zeit:

$$I = \frac{dQ}{dt} \qquad \text{oder} \qquad Q = \int I dt \qquad\qquad (3.79)$$

Von besonderer Bedeutung ist der elektrische Strom in metallischen Leitern.
Technisch wichtig sind weiter Ladungstransporte in Halbleitern (Transistoren,
Dioden, integrierte Schaltkreise), in Elektrolyten (galvanische Elemente, Galvani-
sieren) sowie in Gasen (Leuchtstofflampen, Funkenüberschlag in Luft) und im
Hochvakuum (Elektronenröhren). Die aufgeführten Medien unterscheiden sich
wesentlich durch den Widerstand, den die bewegten Ladungsträger zu überwinden
haben. Der Antrieb hierzu ist die Spannung einer Spannungsquelle.

Ist wie in den meisten Fällen die Stromstärke I der anliegenden Spannung U
direkt proportional , so sprechen wir von Ohmschen Widerständen:

$$U = R \cdot I \qquad \text{Ohmsches Gesetz} \qquad\qquad (3.80)$$

Dabei ist R der Ohmsche Widerstand mit der Einheit 1 Ohm, wobei $\Omega = \mathrm{V/A}$.
Stellen wir uns einen Metalldraht mit der Querschnittsfläche A und der Länge l
vor, so wird $R \sim l/A$ sein. Der Proportionalitätsfaktor ρ wird spezifischer
Widerstand (auch Resistivität) genannt:

$$R = \rho \frac{l}{A} \qquad \text{bzw.} \qquad \rho = R \frac{A}{l} \qquad\qquad (3.81)$$

Übliche Einheiten von ρ sind $1\frac{\Omega \cdot \mathrm{mm}^2}{\mathrm{m}} = 1\mu\Omega \cdot \mathrm{m}$ ($\mu = $ *mikro* $= 10^{-6}$)

Das erlaubt eine anschauliche Deutung: $\rho = 1\Omega \cdot \mathrm{mm}^2/\mathrm{m}$ bedeutet, dass ein
Draht mit 1 mm^2 Querschnitt und 1 m Länge den Widerstand 1 Ω hat. Bei etlichen
Metallen ist unterhalb einer sog. Sprungtemperatur keine Resistivität mehr
messbar. Das ist der Bereich der Supraleitung, der eine verlustfreie Übertragung
ermöglicht und daher von besonderem Interesse ist.

Wir wenden uns nun einem zentralen Anwendungsbereich zu, der *elektrischen
Energietechnik*. Generatoren, auch Dynamomaschinen genannt, wandeln mecha-
nische in elektrische Energie um. Ihre Wirkungsweise beruht auf dem Prinzip der
Induktion. Motoren wandeln elektrische in mechanische Energie um. Deren
Wirkungsweise beruht auf der Kraftwirkung (und dem daraus resultierenden
Drehmoment) auf elektrische Ströme in Magnetfeldern.

Um die Wirkungsweise von Generatoren und Motoren verstehen zu können, müssen wir in die Grundlagen der *elektrischen und der magnetischen Felder* einführen. Dabei werden wir auf Analogien zum Schwerefeld der Erde zurückgreifen. Dieses ist uns sehr vertraut. Wir haben ein Gefühl für die Gewichtskraft, die eine Masse im Schwerefeld der Erde besitzt. Wir nehmen das Schwerefeld der Erde nicht direkt wahr, sondern indirekt deren Wirkung, die Gewichtskraft. Elektrische und magnetische Felder können wir ebenfalls nur über deren Wirkungen wahrnehmen. Wir besitzen dafür keine Sensoren im Gegensatz zu einigen Tieren, die offenbar durch die Wahrnehmung von Magnetfeldern navigieren können.

Beginnen wir mit den *elektrischen Feldern*. In der Umgebung eines elektrisch geladenen Körpers existiert ein elektrisches Feld, dargestellt durch Feldlinien. Sie verlaufen definitionsgemäß von der positiven zur negativen Ladung. Abb. 3.57 zeigt typische Feldlinienbilder.

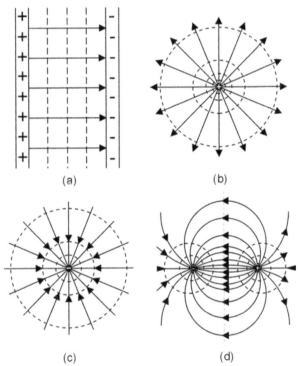

Abb. 3.57. Feldlinienbilder (gestrichelt: Äquipotentiallinien)

Bild (a) stellt ein homogenes Feld zwischen zwei Platten dar. Die Bilder (b) und (c) stellen das Feld jeweils einer Punktladung dar, einer Quelle (b) bei positiver Ladung und einer Senke (c) bei negativer Ladung. Bild (d) zeigt das Feldlinienbild zweier entgegengesetzt gleichgroßer Ladungen, einen sog. Dipol. Magnetische Feldlinien, auf die wir im Anschluss zu sprechen kommen, sehen im Falle eines

Dipols (d) genauso aus. Letztere kann man leicht optisch sichtbar machen, indem man etwa Eisenfeilspäne auf eine Glasplatte gibt, und diese auf die Enden, die beiden Pole, eines Hufeisenmagneten legt. Die Späne richten sich in Richtung der Feldlinien aus, in diesem Fall nach Bild (d). Die gestrichelten Linien stellen Äquipotentiallinien dar, die wir anschließend kennen lernen werden.

Elektrische Felder können durch ihre Wirkungen nachgewiesen werden. Bringen wir eine Probeladung Q in ein elektrisches Feld, so wirkt auf diese eine Kraft F proportional zur Ladung Q und zur Feldstärke E, die sog. Coulombkraft:

$$F_e = Q \cdot E \tag{3.82}$$

Kräfte und Felder sind Vektoren. Der Index e soll darauf hinweisen, dass es sich um eine Kraft, hervorgerufen durch ein elektrisches Feld, handelt. Eine entsprechende Kraft F_m, hervorgerufen durch ein Magnetfeld, werden wir anschließend kennen lernen. Die Einheit des elektrischen Feldes E ist gemäß Gl. 3.82 gleich Kraft in Newton (N) durch Ladung in Coulomb ($C = A \cdot s$), somit N/C = V/m. Hierzu sei auch auf Abschnitt 8.1 Einheiten verwiesen. Vorstellung: An einer Position im elektrischen Feld existiert eine Feldstärke 1 N/C (bzw. 1 V/m), wenn an dieser Stelle auf die Ladung 1 C die Kraft 1 N wirkt. Abb. 3.58 zeigt die Analogie zwischen der Schwerkraft, der Newtonschen Gravitationskraft einerseits, und der Coulombschen Kraft andererseits.

In Abb. 3.58 sind die Kräfte als skalare Größen dargestellt. Betrachtet werden zwei Punktmassen (die Masse eines Körpers wird in dessen Schwerpunkt versammelt angenommen = Massenpunkt) einerseits und zwei Punktladungen andererseits. Das Newtonsche Gravitationsgesetz ist gut hundert Jahre älter als das Coulombsche Gesetz. Beide sind typische Fernwirkungsgesetze, die keine Aussage über die Vermittlung der Kraft machen. Nach der auf Faraday zurückgehenden Feldtheorie geschieht die Kraftwirkung mit Hilfe des Feldbegriffes. Dieser Feldbegriff ist ein Hilfsmittel, um unsere Vorstellungen von physikalischen Zusammenhängen zu unterstützen. Das Feld ist eine Eigenschaft des Raumes und bedarf keines Überträgers, es existiert also auch im leeren Raum.

Beide Gesetze stellen die Beschreibung von Beobachtungen und gezielten Experimenten dar. Beide enthalten jeweils eine Naturkonstante, eine sog. Fundamentalkonstante, die über die jeweiligen Gesetze definiert ist und über diese empirisch bestimmt werden muss. Aus historischen und praktischen Gründen wird die Konstante in dem Coulombschen-Gesetz als $1/(4\pi\varepsilon_0)$ geschrieben.

Die Schwerkraft, mit der ein Körper zum Erdmittelpunkt gezogen wird, ist ein Sonderfall der allgemeinen Gravitationskraft. Dieser ist in Abb. 3.58 zusammen mit dem analogen Fall einer elektrischen Ladung in einem radialen Quell-Senkenfeld, Abb. 3.57, dargestellt. Dabei sollen die beiden Ladungen Q_1 und Q_2 ein unterschiedliches Vorzeichen besitzen. Dann ziehen sie sich ebenso wie zwei Massen durch die Wirkung der Gravitation an. Für Ladungen mit gleichen Vorzeichen ist die Kraft abstoßend. Die Gravitationskraft ist außerordentlich klein verglichen mit der Coulombkraft, sie verhalten sich wie 1 zu $8{,}4 \cdot 10^{37}$.

Gravitationskraft (Index G)	Coulombkraft (Index C)

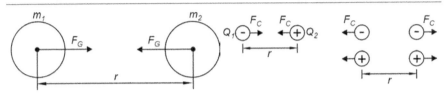

$$F_G = \gamma \frac{m_1 \cdot m_2}{r^2} \sim \frac{1}{r^2}$$

$$F_C = \frac{1}{4\pi\varepsilon_0} \cdot \frac{Q_1 \cdot Q_2}{r^2} \sim \frac{1}{r^2}$$

formuliert 1667 von I. Newton

formuliert 1784 von Ch. Coulomb

$$\gamma = 6{,}673 \cdot 10^{-11}\ \frac{m^3}{kg \cdot s^2}$$

$$\varepsilon_0 = 8{,}854 \cdot 10^{-12}\ \frac{C^2}{J \cdot m}$$

Gravitationskonstante

Elektr. Feldkonstante

Bsp. Schwerkraft im Erdfeld

Bsp. Ladung im Quell-/Senkenfeld

$m_1 = m_E$ Erdmasse $= 5{,}97 \cdot 10^{24}\,kg$

Q_1 pos. Ladung der Quelle

$m_2 = m$ fallender Körper

Q neg. Ladung im Abstand r

$r = R$ Erdradius $= 6370$ km

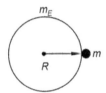

$$F_G = \gamma \frac{m_E}{R^2} \cdot m = g \cdot m$$

$$F_C = \frac{Q_1}{4\pi\varepsilon_0 \cdot r^2} \cdot Q = E \cdot Q$$

d.h. $g = \gamma \dfrac{m_E}{R^2} = 9{,}81 \dfrac{m}{s^2}$

d.h. $E = \dfrac{Q_1}{4\pi\varepsilon_0 \cdot r^2}$

Erdbeschleunigung

elektr. Feldstärke

Abb. 3.58. Analogie zwischen Gravitationskraft und Coulombkraft

Wir wollen noch drei weitere Größen kennen lernen, die für elektrische Felder zweckmäßigerweise eingeführt werden: den elektrischen Fluss ψ, die elektrische Flussdichte $\boldsymbol{D}$ und das elektrische Potential φ. Zunächst zu den ersten beiden Größen, Abb. 3.59.

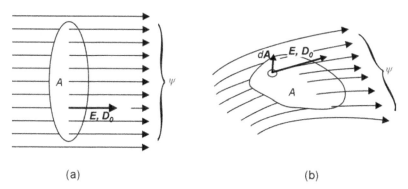

(a)   (b)

Abb. 3.59. Zur Definition des elektrischen Flusses ψ und der elektrischen Flussdichte D_0 im Vakuum (Hütte 2000)

Der elektrische Fluss ψ ist eine geeignete Größe zur Beschreibung eines allgemeinen Zusammenhangs zwischen Ladung Q und Feldstärke E. Die folgenden Betrachtungen gelten zunächst nur für das elektrische Feld im Vakuum, können aber leicht erweitert werden. Im linken Bild ist ein homogenes Feld dargestellt. Darin sind der elektrische Fluss ψ durch eine zur Feldrichtung senkrechte Fläche A und die elektrische Flussdichte D_0, hier in Beträgen, definiert durch

$$\psi = \varepsilon_0 \cdot E \cdot A \quad \text{bzw.} \qquad D_0 = \frac{\psi}{A} = \varepsilon_0 \cdot E \tag{3.83}$$

Dabei ist D_0 ein Vektor in Richtung der Feldstärke E. Eine Verallgemeinerung für allgemeine inhomogene Felder, rechtes Bild, folgt nach Integration zu

$$\psi = \varepsilon_0 \int_A E \cdot dA = \int_A D_0 \cdot dA \tag{3.84}$$

Die Einheit des Flusses ist $A \cdot s = C$, die der Flussdichte ist C/m^2. Der von einer Ladung Q insgesamt ausgehende elektrische Fluss ergibt sich durch Integration über eine geschlossene Oberfläche, z.B. über eine zu Q konzentrische Kugeloberfläche (Übung!):

$$\psi = \oint_A \varepsilon_0 \cdot E \cdot dA = \oint_A D_0 \cdot dA = 4\pi\varepsilon_0 \cdot E \cdot r^2 = Q \tag{3.85}$$

Das bedeutet: Der resultierende elektrische Fluss durch eine geschlossene Oberfläche, gekennzeichnet durch das Symbol $\oint$, ist gleich der eingeschlossenen Ladung Q.

Wir kommen nun zu dem Begriff des elektrischen Potentials φ. Dazu stellen wir uns in Abb. 3.60 ein homogenes elektrisches Feld E vor, und wir wollen darin eine Ladung Q um Δr verschieben.

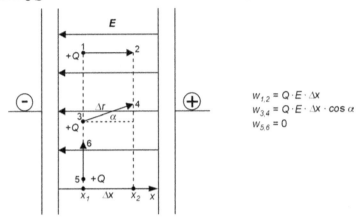

$$W_{1,2} = Q \cdot E \cdot \Delta x$$
$$W_{3,4} = Q \cdot E \cdot \Delta x \cdot \cos \alpha$$
$$W_{5,6} = 0$$

Abb. 3.60. Zur Arbeit im elektrischen Feld

Die dazu erforderliche Arbeit W ist das Skalarprodukt aus Kraft F und Weg Δr : $\Delta W = F \cdot \Delta r = -Q \cdot E \cdot \Delta r$. Daraus folgt die allgemeine Formulierung

$$W_{1,2} = -\int_{r_1}^{r_2} F \cdot dr = -Q \int_{r_1}^{r_2} E \cdot dr \qquad (3.86)$$

Mit dem negativen Vorzeichen ist vereinbart, dass W negativ ist, wenn F und dr in die gleiche Richtung weisen. Die Arbeit ist unabhängig von dem Verschiebungsweg von 1 nach 2. Das muss so sein, denn wäre die Arbeit W auf einem Weg größer als auf einem anderen, so könnte man bei entsprechend gewähltem Kreisweg laufend Arbeit gewinnen. Das wäre dann ein perpetuum mobile, das wegen des Satzes von der Erhaltung der Energie unmöglich ist. Da die Arbeit W somit nur von der Anfangs- und Endposition abhängt, kann man eine skalare Funktion, genannt elektrisches Potential φ, definieren durch

$$W = Q[\varphi(\text{B}) - \varphi(\text{A})] = Q \cdot \Delta \varphi \qquad (3.87)$$

Dabei sind $\varphi(\text{A})$ und $\varphi(\text{B})$ die Werte des Potentials am Ort A bzw. B und $\Delta \varphi$ die Potentialdifferenz zwischen den Orten A und B. Das Potential hat die Einheit J/C = V. Verschiebt man eine Ladung Q in einem elektrischen Feld E, dann geht von dem Verschiebungsvektor Δr nur die Komponente parallel zur Feldlinie ein, Abb. 3.60. Verschiebt man eine Ladung senkrecht zu den Feldlinien, so wird die Arbeit Null, denn auf diesem Weg ist E konstant und $\Delta \varphi = 0$. Somit stehen die

Linien φ = konstant, Äquipotentiallinien genannt, stets senkrecht auf den Feldlinien. In Abb. 3.57 hatten wir die Äquipotentiallinien in die jeweiligen Feldlinienbilder bereits eingezeichnet. Auch hier sei auf die Analogie Abb. 3.58 hingewiesen. Äquipotentiallinien im Schwerefeld sind Linien konstanter Höhe, Arbeit kann nur senkrecht dazu geleistet werden.

Über den Vektoroperator grad (Gradient) kann man einen Zusammenhang zwischen dem vektoriellen elektrischen Feld $E(r)$ und dem skalaren Potentialfeld $\varphi(r)$ herstellen: Es ist $E = -grad\ \varphi$. Somit kann man ein elektrisches Feld entweder als Vektorfeld oder als Skalarfeld beschreiben. Zur Vorstellung sei hier ohne weitere Begründung gesagt: grad φ ist ein Vektor; seine Richtung stimmt mit der größten Steigung von φ überein und sein Betrag ist gleich der größten Änderung von φ.

Wie wollen nun die Grundlagen der *Magnetfelder* behandeln. Der Begriff geht auf Magnetit zurück, so wird der Magneteisenstein Fe_3O_4 genannt. Dieser wurde zuerst in der Nähe der Siedlung Magnesia in Kleinasien abgebaut. Magnetische Wechselwirkungen treten im Gegensatz zur Gravitation nicht bei allen Körpern auf. Auffälliges Merkmal des Magnetismus sind Kräfte und Momente, die Magnete oder ferromagnetische Materie (insbes. Eisen) erfahren, wenn sie in ein Magnetfeld gebracht werden. Schon im 10. Jahrhundert war in China der Kompass bekannt. Seine Wirkungsweise besteht darin, dass sich eine horizontal frei drehbar aufgehängte Kompassnadel infolge des Magnetfeldes der Erde in Nord-Süd-Richtung einstellt (abgesehen von der Deklination).

Jeder Magnet besitzt zwei Pole, genannt Nord- und Südpol. Er ist somit ein magnetischer Dipol. Nähert man zwei Magnete einander, so stoßen sich gleichnamige Pole ab und ungleichnamige an. Die beiden Pole eines Magneten lassen sich nicht trennen. Zerschneidet man einen Magneten, so entstehen zwei neue Magnete. Manche Materialien werden in unmittelbarer Umgebung eines Magneten selbst zu einem Magneten, sie werden magnetisiert. Permanentmagnete (Dauermagnete) verlieren nach der Magnetisierung nur ganz langsam ihre magnetische Eigenschaft, z.B. die Kompassnadel. So können äußere Einwirkungen wie etwa Hämmern oder Erwärmen über die sog. Curie-Temperatur die magnetische Wirkung schwächen oder ganz verschwinden lassen.

Für die Kraft, die zwei isoliert gedachte Pole aufeinander ausüben, gilt in gleicher Weise wie bei elektrischen Ladungen das Coulomb-Gesetz 3.82. An die Stelle des elektrischen Feldes der Stärke E tritt hier die Vorstellung eines analogen Magnetfeldes, genannt magnetische Induktion oder magnetische Flussdichte B. Bei der Elektrostatik und der Magnetostatik ist jedoch zu beachten, dass es kein Pendant zur elektrischen Ladung Q und damit zum elektrischen Strom I gibt. Es gibt keine magnetische Ladung und keinen magnetischen Strom.

Das magnetische Feld ist ebenso wie das elektrische Feld eine Eigenschaft des Raumes, es bedarf keines Überträgers, existiert also auch im leeren Raum. Man kann B-Induktionslinien (genauer die magnetischen Feldlinien H, siehe später) sichtbar machen, wenn Eisenfeilspäne auf eine Glasplatte oder steifes Papier gebracht werden, unter dem ein Hufeisenmagnet angebracht ist. Die Späne werden in dem Magnetfeld magnetisiert, sie sind dann einzelne kleine magnetische Dipole und richten sich entlang der **B**-Induktionslinien aus, analog zu Abb. 3.57(d). Ebenso wie elektrische Felder können Magnetfelder homogen oder inhomogen sein.

Wird ein Ladungsträger Q mit der Geschwindigkeit v in einem Magnetfeld mit der Flussdichte **B** bewegt, so wirkt auf diesen Ladungsträger eine Kraft:

$$F_m = Q \cdot v \times B \qquad (3.88)$$

Der Index m deutet auf ein Magnetfeld als Ursache auf die Kraft hin, siehe auch die korrespondierende Gl. 3.82 für die Coulomb-Kraft F_e in einem elektrischen Feld **E**. F_m wird Lorentzkraft genannt nach dem niederländischen Physiker H.A. Lorentz (1853-1928). Die Beziehung sagt aus, dass auf eine ruhende Ladung keine magnetische Kraft wirkt; dass ebenfalls keine Kraft wirkt, wenn der Ladungsträger Q sich entlang der **B**-Induktionslinien bewegt, und dass die Kraft maximal wird, wenn die Bewegung v senkrecht zu den **B**–Induktionslinien erfolgt. Der Ladungsträger wird dann senkrecht zu seiner Bewegungsrichtung abgelenkt.

Die Flussdichte **B** wird in T = Tesla gemessen, benannt nach N. Tesla (1856-1943). Mit Gl. 3.88 ist die Einheit

$$1\,T = 1\frac{N \cdot s}{C \cdot m} = \frac{N}{A \cdot m} = \frac{V \cdot s}{m^2}.$$

Vorstellung: Fließt in einem 1 m langen Draht ein Strom mit der Stromstärke 1 A, so wirkt auf den Draht die Kraft 1 N, wenn er sich vollständig in einem Magnetfeld mit der magnetischen Flussdichte 1 T befindet.

Somit werden das magnetische wie das elektrische Feld durch Kräfte auf elektrisch geladene Körper definiert, Tabelle 3.6.

Tabelle 3.6. Elektrische und magnetische Felder

Elektrisches Feld	Magnetisches Feld
$F_e = Q \cdot E$	$F_m = Q \cdot v \times B$
Elektr. Kraft = Ladung mal elektr. Feldstärke	Magnet. Kraft = Ladung mal Außenprodukt aus Ladungsträgergeschwindigkeit und magnetischer Flussdichte
Unterschied der Felder folgt aus dem Experiment:	
Wirkt die Kraft auf ruhende und bewegte geladene Körper in gleicher Weise, dann beruht sie auf einem elektrischen Feld.	Wirkt die Kraft nur auf bewegte, nicht aber auf ruhende geladene Körper, dann beruht sie auf einem Magnetfeld.

Stationäre und auch zeitlich veränderliche elektrische und magnetische Felder überlagern sich ohne gegenseitige Beeinflussung. Auf einen bewegten elektrisch geladenen Körper üben elektrische und magnetische Felder eine resultierende Kraft aus, die gleich der vektoriellen Summe beider Kräfte in Tabelle 3.6 ist, genannt allgemeine Lorentz-Kraft:

$$F_{ges} = F_e + F_m = Q(E + v \times B)$$ (3.89)

Bei elektrischen Feldern hatten wir die elektrische Feldstärke E, den elektrischen Fluss ψ und die elektrische Flussdichte D_0 kennen gelernt. Analoge Größen gibt es bei magnetischen Feldern, die wir jetzt kennen lernen wollen.

Fließt ein elektrischer Strom durch einen Draht, so baut er im Vakuum um sich herum ein magnetisches Feld auf. Dabei charakterisiert die magnetische Feldstärke H jeden Punkt des magnetischen Feldes im Vakuum. In Materie, etwa in Luft, beobachtet man um den stromdurchflossenen Draht herum die magnetische Induktion, beschrieben durch die bereits erwähnte magnetische Flussdichte B, auch magnetische Induktion genannt. In magnetisch isotroper Materie sind die Vektoren B und H gleichgerichtet, sie sind über die Permeabilität μ verknüpft:

$$B = \mu \cdot H$$ (3.90)

Tabelle 3.7. Analogie zwischen elektrischem und magnetischem Feld

Elektrisches Feld	Magnetisches Feld
Elektr. Feldstärke $E = \dfrac{F_e}{Q}$	Magnet. Feldstärke H
Elektr. Fluss $\psi = \varepsilon_0 \int_A E \cdot dA = \int_A D_0 \cdot dA$	Magnet. Fluss $\Phi = \mu \int_A H \cdot dA = \int_A B \cdot dA$
Elektr. Flussdichte $D_0 = \varepsilon_0 \cdot E$	Magnet. Flussdichte $B = \mu \cdot H$
$\varepsilon = \varepsilon_r \cdot \varepsilon_0 = $ Permittivität	$\mu = \mu_r \cdot \mu_0 = $ Permeabilität
$\varepsilon_r = $ relative Permittivitätszahl	$\mu_r = $ relative Permeabilitätszahl
$\varepsilon_0 = 8{,}854 \cdot 10^{-12} \dfrac{C^2}{J \cdot m}$ $= $ elektr. Feldkonstante	$\mu_0 = 4\pi \cdot 10^{-7} \dfrac{V \cdot s}{A \cdot m}$ $= $ magnet. Feldkonstante
wobei $\varepsilon_0 \cdot \mu_0 \cdot c^2 = 1$ ($c = $ Lichtgeschwindigkeit)	

In Tabelle 3.7 ist die Analogie zwischen elektrischen und magnetischen Feldern dargestellt. Der Tabelle ist zu entnehmen, dass analog zur elektrischen Feldkonstanten ε_0, Abb. 3.58, eine magnetische Feldkonstante μ_0 existiert. Die Permittivität ε in elektrischen Feldern und die Permeabilität μ in magnetischen Feldern entsprechen einander. Beide sind den Fundamentalkonstanten ε_0 bzw. μ_0 direkt proportional. Die vom Material abhängige (relative) Permittivitäts- bzw. Permeabilitätszahl ε_r bzw. μ_r ist jeweils Eins im Vakuum.

Tabelle 3.7 zeigt die hier besprochenen und auch weitere Analogien wie jene zwischen dem elektrischen Fluss ψ und dem magnetischen Fluss Φ. Darauf werden wir hier nicht weiter eingehen. Ebenso ist vermerkt, dass die beiden Naturkonstanten ε_0 bzw. μ_0 über die Lichtgeschwindigkeit c miteinander verknüpft sind.

Bevor wir mit den nunmehr gewonnenen Erkenntnissen über elektrische und magnetische Felder eine Einführung in die Wirkungsweise von Generatoren und Elektromotoren geben können, wollen wir in einem kühnen Sprung die berühmten Maxwellschen Gleichungen kurz behandeln und einige Folgerungen daraus ziehen.

Zunächst sei daran erinnert, dass die gesamte Mechanik, Abschnitt 3.1, in den beiden Newtonschen Grundgesetzen, dem Impulssatz 3.1 und dem Drallsatz 3.2, zusammen mit dem Energiesatz 3.3 enthalten ist. Hinzu kommen sog. Materialgleichungen, wie etwa der Zusammenhang zwischen Spannungen und Verformungen, beschrieben durch das Hookesche Gesetz 3.11 bzw. 3.12. Der „Rest" besteht aus geeigneter Modellbildung und angewandter Mathematik, wenn es um das Lösen konkreter Aufgaben geht.

Ebenso wenig wie die beiden Newtonschen Grundgesetze, von Newton 1687 in seinem berühmten Hauptwerk „Philosophiae naturalis principia mathematica" veröffentlicht, wie auch der Satz von der Energieerhaltung, zurückgehend auf Mayer, Joule und Helmholtz Mitte des 19. Jahrhunderts, bewiesen werden können, so können auch die vier Maxwellschen Gleichungen nicht bewiesen werden. Die hier aufgeführten sog. „Grundgesetze" stellen die konzentrierteste Form aller bisherigen Beobachtungen dar. Mit ihnen lassen sich nicht nur alle bisherigen Beobachtungen erklären, sie erlauben darüber hinaus auch die Erklärung zuvor unbekannter Phänomene.

Der Schotte J.C. Maxwell (1831-79) formulierte 1864 die nach ihm benannten vier *Maxwellschen Gleichungen*. Sie gehören ebenso wie die Newtonschen Gesetze zu den bedeutensten Leistungen der theoretischen Physik. Sie fassen nicht nur alle bisherigen experimentellen Erfahrungen (von Faraday, Coulomb u.a.) zusammen, sondern sie gehen weit darüber hinaus. So sagte Maxwell anhand dieser Gleichungen die Existenz elektromagnetischer Wellen voraus, die 1887 von H. Hertz experimentell bestätigt wurden. Die vier Maxwellschen Gleichungen lauten in differenzieller Form:

$$\begin{aligned} &div\ \boldsymbol{D} = \rho \quad (a) \qquad\qquad rot\ \boldsymbol{E} = -\frac{\partial \boldsymbol{B}}{\partial t} \quad (b)\\[2mm] &div\ \boldsymbol{B} = 0 \quad (c) \qquad\qquad rot\ \boldsymbol{H} = \frac{\partial \boldsymbol{D}}{\partial t} + \boldsymbol{j} \quad (d) \end{aligned} \qquad (3.91)$$

Die korrespondierende integrale Form wird hier nicht angegeben. Diese Bilanzgleichungen müssen durch die Materialgleichung ergänzt werden, die wir schon kennen gelernt haben:

$$\boldsymbol{D} = \varepsilon \cdot \boldsymbol{E} \; ; \qquad \boldsymbol{B} = \mu \cdot \boldsymbol{H} \; ; \qquad \varepsilon_0 \cdot \mu_0 \cdot c^2 = 1 \tag{3.92}$$

Die Permittivität ε verknüpft die elektrische Flussdichte $\boldsymbol{D}$ mit der elektrischen Feldstärke $\boldsymbol{E}$, die Permeabilität μ verknüpft die magnetische Flussdichte $\boldsymbol{B}$ mit der magnetischen Feldstärke $\boldsymbol{H}$. In den Gln. 3.91 bedeutet ρ die elektrische Ladungsdichte (Ladungsmenge pro Volumeneinheit) und j die elektrische Stromdichte (Ladung, die pro Zeiteinheit durch eine Flächeneinheit fließt). Die elektrische Ladungsdichte ρ ist nicht mit dem spezifischen Widerstand ρ nach Gl. 3.81 zu verwechseln. Das Symbol t bedeutet Zeit, $\partial / \partial t$ beschreibt die partielle Ableitung nach der Zeit bei festgehaltenem Ort.

Die Symbole *div* (= Divergenz) und *rot* (= Rotation) sind mathematische Differenzialoperatoren, ebenso wie *grad* (= Gradient). Sie werden in Grundvorlesungen der Mathematik erklärt und eingeführt, das ist Gegenstand der Vektoralgebra. Weiter wird im Rahmen der Vektoranalysis gelehrt, welche Zusammenhänge zwischen diesen drei Differenzialoperatoren bestehen. Das führt zu den für Anwendungen in der hier diskutierten Elektro- und Magnetodynamik ebenso wie in der Strömungsdynamik bedeutsamen Integralsätzen von Gauß, Stokes und Green. Darauf können wir im Rahmen dieses Buches nicht eingehen, wollen jedoch stattdessen eine anschauliche Deutung eines Differenzialoperators skizzieren.

Aus Wetterkarten sind uns Isobaren vertraut, das sind Linien konstanten Drucks. Liegen diese eng beisammen, dann deutet das auf starke Druckunterschiede und damit auf kräftigen Wind hin. Der Operator *grad p* (= Druckgradient) beschreibt die Änderung des Drucks. In Richtung einer Isobaren ändert sich der Druck nicht, es ist *grad p* = 0. Die Druckänderung wird maximal in Richtung senkrecht zu den Isobaren. Das bedeutet, dass der Gradient einer skalaren Größe (hier Druck p) ein Vektor ist, er besitzt eine Richtung neben dem Betrag. Als weiteres Beispiel sei ein Temperaturgradient erwähnt. Wärme fließt stets in Richtung abnehmender Temperatur. Der Wärmestromvektor q ist dem Temperaturgradienten proportional, die Proportionalitätsgröße ist die Materialgröße λ = Wärmeleitfähigkeit: $q = -\lambda \cdot grad\,T$. Das negative Vorzeichen bedeutet, dass Wärme stets in Richtung abnehmender Temperatur fließt.

Nun gibt es nicht nur Skalarfelder, sondern auch Vektorfelder (und auch Tensorfelder), z.B. ein Geschwindigkeitsfeld v, und die $\boldsymbol{D}$-, $\boldsymbol{E}$-, $\boldsymbol{B}$- und $\boldsymbol{H}$-Felder in den Maxwellschen Gleichungen. Wir haben in Abschnitt 2.1 Mathematik kennen gelernt, dass wir zwei Vektoren nicht so einfach miteinander multiplizieren können wie zwei Skalare. In der idealen Gasgleichung $p = R \cdot \rho \cdot T$ können wir ohne weiteres die skalaren Variablen Dichte ρ und die Temperatur T miteinander multiplizieren, Gl. 3.30. Dagegen müssen wir bei der Multiplikation von zwei Vektoren zwischen dem Innenprodukt (= Skalarprodukt) und dem Außenprodukt (=Vektorprodukt) unterscheiden, siehe Abb. 2.13 und die Gln. 2.19 und 2.20. So führt das Produkt aus Kraft mal Weg (in Kraftrichtung) zur Arbeit, dargestellt durch das Innenprodukt 2.19. Andererseits ist das Produkt aus Kraft mal Hebelarm gleich dem Moment, und das ist ein Vektor, ein Moment besitzt eine Richtung. Dies wird durch das Außenprodukt 2.20 dargestellt.

Ebenso scheint es einleuchtend, dass Ortsableitungen nach den drei Koordinatenrichtungen bei Skalaren zu einem einzigen Differenzialoperator führen, genannt Gradient. Analog zu dem Innen- und dem Außenprodukt führen Ortsableitungen von Vektoren zu zwei möglichen Differenzialoperatoren, genannt Divergenz und Rotation. Dabei ist die Divergenz eines Vektors, etwa $div\,\boldsymbol{D}$ in den Gln. 3.91, ein Skalar, während die Rotation eines Vektors, etwa $rot\,\boldsymbol{E}$, wiederum ein Vektor ist.

Nach diesen eingeschobenen Bemerkungen kehren wir zu den Maxwellschen Gln. 3.91 zurück und wollen diese zunächst für den Sonderfall diskutieren, dass alle Größen nicht von der Zeit t abhängen. Das führt uns zu den Gleichungen der Elektrostatik

$$div\,\boldsymbol{D} = \rho \quad \text{und} \quad rot\,\boldsymbol{E} = 0 \tag{3.93}$$

und den Grundgleichungen der Magnetostatik

$$div\,\boldsymbol{B} = 0 \quad \text{und} \quad rot\,\boldsymbol{H} = \boldsymbol{j} \tag{3.94}$$

Im statischen Fall sind somit beide Felder entkoppelt! Elektrizität und Magnetismus sind getrennte Phänomene, solange die Ladungen und Ströme stationär sind. Erst wenn die zeitlichen Änderungen hinreichend rasch erfolgen, hängen elektrische und magnetische Felder voneinander ab, sie beeinflussen sich gegenseitig.

Die Elektrostatik ist ein treffendes Beispiel für ein wirbelfreies (= rotationsfreies) Vektorfeld bei vorgegebener Divergenz. Die Magnetostatik ist ein treffendes Beispiel eines quellfreien Vektorfeldes (Divergenz Null) bei vorgegebener Rotation.

Die Maxwellschen Gleichungen 3.91 für den allgemeinen instationären Fall bilden die Grundgleichungen für die Elektrodynamik. Wir wollen die vier Gleichungen kurz diskutieren. Gl. (a) beschreibt den Zusammenhang zwischen elektrischen Ladungen und der elektrischen Flussdichte, daraus folgt das Coulombsche Gesetz. Gl. (c) geht auf magnetische Felder ein; daraus folgt, dass es keine magnetische Ladung und keine magnetischen Ströme gibt. Magnetische und elektrische Erscheinungen sind also nicht symmetrisch. Die Gln. (b) und (d) verknüpfen zeitlich veränderliche Magnetfelder mit elektrischen Feldern (b) bzw. zeitlich veränderliche elektrische Felder mit Magnetfeldern (d). Das bedeutet: Ändert sich ein elektrisches Feld mit der Zeit, so erzeugt es um sich herum ein magnetisches Feld; der elektrische Strom ist von einem Magnetfeld umgeben. Ändert sich ein Magnetfeld mit der Zeit, so induziert es in einem elektrischen Leiter einen elektrischen Strom, es bestätigt das Faradaysche Induktionsgesetz. Ein zeitlich veränderliches magnetisches Feld erzeugt um sich herum ein elektrisches Feld.

Damit verlassen wir die Maxwellschen Gleichungen und wollen abschließend die prinzipielle Wirkungsweise von *Generatoren* einerseits und *Elektromotoren* andererseits behandeln. Grundlage dafür ist die elektromagnetische Induktion, oft nur Induktion genannt. Das Induktionsgesetz

$$U_{ind} = -N\frac{d\Phi}{dt} \tag{3.95}$$

wurde 1831 von M. Faraday experimentell gefunden. N ist die Windungszahl einer Spule, es ist $N = 1$ bei nur einer Leiterschleife. U_{ind} ist die induzierte Spannung und Φ der magnetische Fluss. Das negative Vorzeichen besagt, dass Induktionsspannung und Induktionsstrom der sie erzeugenden Flussänderung entgegenwirken (Lenzsche Regel).

Voraussetzung einer Induktion ist stets die zeitliche Veränderung des magnetischen Flusses, die entweder durch eine zeitliche Veränderung des Magnetfeldes oder durch Bewegung des Leiters im Feld erzielt werden kann. Der magnetische Fluss ändert sich auch bei Änderung der magnetischen Flussdichte **B**, wenn etwa ein Material mit anderer Permeabilitätszahl in das Magnetfeld eingebracht wird. Abb. 3.61 zeigt den Aufbau im Fall einer rotierenden Leiterschleife in einem stationären Magnetfeld. Darin bedeuten N = Nordpol und S = Südpol.

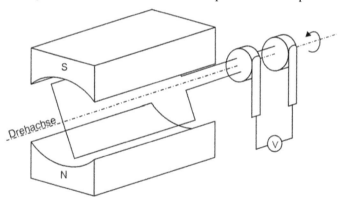

Abb. 3.61. Zum Prinzip der magnetischen Induktion

Das Induktionsprinzip beherrscht die gesamte Elektrotechnik. Ausgehend von Abb. 3.61 können wir sogleich zum Prinzip eines Wechselstromgenerators kommen. Abb. 3.62 zeigt wie in Abb. 3.61 eine rotierende Leiterschleife in einem homogenen Magnetfeld. Man kann sich leicht überlegen, dass der magnetische Fluss Φ und damit auch dessen zeitliche Ableitung, die induzierte Spannung nach Gl. 3.95, sinusförmig verläuft. Das gilt ebenso für den fließenden Strom, wenn die Enden des rotierenden Leiters mit einem äußeren Stromkreis verbunden werden. Wir sprechen dann von Wechselstrom.

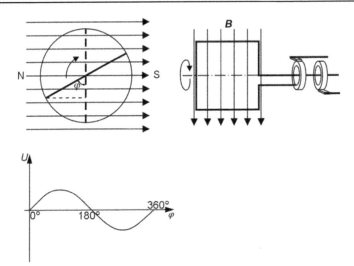

Abb. 3.62. Prinzip des Wechselstromgenerators, nach Kuchling H (1995) Taschenbuch der Physik. Fachbuchverlag, Leipzig

Dabei bedeuten $\varphi = \omega \cdot t$ den Drehwinkel, T die Dauer einer Umdrehung des Leiters (in Abb. 3.63), t die Zeit und ω die Winkelgeschwindigkeit.

Ein Gleichstromgenerator entspricht im Prinzip einem Wechselstromgenerator. Er hat jedoch anstelle der beiden Schleifringe in Abb. 3.62 zwei gegeneinander isolierte Halbringe, sog. Kommutatoren. Diese dienen dazu, die Anschlüsse in dem Augenblick umzupolen, in dem die Spannung ihre Richtung ändert. Es entsteht ein pulsierender Gleichstrom, der seine Richtung nicht mehr ändert. Seine Stärke nimmt jedoch weiterhin sinusförmig zu und ab, Abb. 3.63.

Das Pulsieren des Stroms lässt sich fast vollständig mindern, wenn anstelle einer Leiterschleife mehrere auf einem Anker gegeneinander verdrehte Spulen angeordnet werden. Statt der pulsierenden Gleichspannung erhält man eine geglättete Gleichspannung. Die noch vorhandene leichte Welligkeit kann durch elektrische Schaltelemente weitgehend beseitigt werden.

Solange ein Generator permanente Feldmagnete verwendet, bleibt die erreichbare Leistung gering. Elektromagnete können wesentlich stärkere Magnetfelder erzeugen, benötigen dafür aber selbst Elektrizität. W. von Siemens hatte 1866 die geniale Idee, den Feldmagneten durch den Generatorstrom selbst zu erregen. Dieser Feldmagnet besitzt eine ausreichende magnetische Remanenz, um beim anfänglichen Rotieren des Ankers eine Spannung zu induzieren. Diese erzeugt eine höhere magnetische Induktion bis zur magnetischen Sättigung des Ankers.

Der skizzierte dynamo-elektrische Generator, kurz Dynamo, verwendet einen Bruchteil des von ihm erzeugten elektrischen Stroms, um seinen eigenen Feldmagneten zu erregen. Dynamos produzieren heute nahezu die gesamte elektrische Leistung, vor allem als Wechselstrom- (oder auch als Drehstrom-) Generatoren.

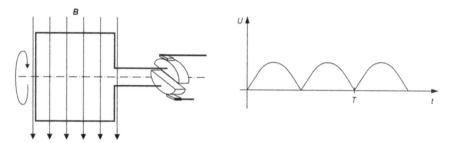

Abb. 3.63. Prinzip des Gleichstromgenerators, nach Kuchling H (1995) Taschenbuch der Physik. Fachbuchverlag, Leipzig

Elektrische Motoren haben den gleichen prinzipiellen Aufbau wie Generatoren, jedoch eine umgekehrte Wirkungsweise. An die Ankerwicklung wird eine Spannung angelegt, die den Ankerstrom erzeugt. Das Magnetfeld übt auf die stromdurchflossenen Ankerwindungen eine Kraft (die Lorentz-Kraft) aus. Diese führt zu einem Drehmoment M und damit zu einer Leistung $P = W \cdot \omega$, mit ω als Winkelgeschwindigkeit der Spule. Elektromotoren können mit Gleich-, Wechsel- oder Drehstrom betrieben werden.

Grundvorlesungen in Elektrotechnik werden in der Regel von Laborversuchen begleitet. Laborversuche sind stets personal- und damit kostenintensiv. Heute zunehmende Sparzwänge sollten nicht dazu führen, derartige Laborübungen zu reduzieren oder ganz aufzugeben und sie allein durch preiswerte Hörsaal- Übungen zu ersetzen. Die Erfahrung zeigt, dass die meisten Studenten erst im Labor physikalische Sachverhalte und Zusammenhänge „begreifen".

3.5 Werkstofftechnik

Der Umgang mit Werkstoffen ist die älteste Technik der Menschheit. Sie diente der Herstellung von Werkzeugen im Überlebenskampf in einer feindlichen Natur. Zunächst nutzten die Menschen Materialien, die direkt in der Natur vorkamen. Hierzu zählten Knochen und Holz sowie Steine und Lehm. Später lernten die Menschen, aus natürlichen Rohmaterialien neue Werkstoffe herzustellen, zunächst Keramik, dann die Bronze und später das Eisen. Aus diesem Grund werden die frühesten Epochen der Menschheitsgeschichte nach Werkstoffen bezeichnet, beginnend mit der Steinzeit, es folgten die Bronzezeit und später die Eisenzeit.

Bergmann und Schmied sind die ältesten technischen Experten. In der älteren Geschichte symbolisierten sie die technische Exzellenz einer Gesellschaft. Die Kunst, die Schneide eines Schwertes dauerhaft und scharf herzustellen, stand in höchstem Ansehen. In dem Nibelungenlied war es Wieland der Schmied, der diese Kunst besonders gut beherrschte. So kommt es nicht von ungefähr, dass Bergbau und Metallurgie, auch Hüttenwesen genannt, die historisch ältesten technischen Disziplinen sind. 1555 erschien das erste umfassende Lehrbuch von Georg Agricola unter dem Titel „De re metallica", also mehr als 200 Jahre vor der industriellen Revolution. Diese basierte auf Kohle und Stahl, somit auf Bergbau und Hüttenwesen. Nach wie vor sind Eisen und Stahl die bevorzugten Baustoffe für Maschinen und Anlagen.

Wir wollen kurz skizzieren, welche Themen in einer einführenden Lehrveranstaltung Werkstofftechnik behandelt werden. Ähnlich wie die Elektrotechnik ist auch die Werkstofftechnik ein eigenständiger ingenieurwissenschaftlicher Studiengang, ebenso wie die stärker naturwissenschaftlich ausgerichteten Werkstoffwissenschaften. Grundlage sind in beiden Fällen die Physik und die Chemie. Eine einführende Vorlesung behandelt im Wesentlichen zwei Aspekte.

Zum einen geht es um den Aufbau der Werkstoffe, um Aufbauprinzipien und Bindungsarten, es geht um die Mikrostruktur. Hier spielen die Physik, insbesondere die Festkörperphysik, und die Chemie eine zentrale Rolle. Zum zweiten interessiert das makroskopische Verhalten, so insbesondere der Zusammenhang von Belastungen und Spannungen in einem Bauteil sowie die dadurch hervorgerufenen Verformungen. Es geht um Versagen, um Bruch und um Schadensfälle. Hier haben die verschiedenen Verfahren der Werkstoffprüfung ihre eigene Bedeutung.

Zunächst einige Bemerkungen zu dem ersten Teil, dem Hauptschwerpunkt der Werkstoffwissenschaften. Ziel ist dabei insbesondere die Erforschung der Wechselwirkungen zwischen der Struktur und den Eigenschaften eines Werkstoffs. Der Zustand eines Werkstoffs wird durch seinen Aufbau und seine Eigenschaften charakterisiert. Diese hängen wiederum von bestimmten Zustandsbedingungen wie Temperatur und Druck ab. Der Aufbau eines Werkstoffs ergibt sich aus der chemischen Zusammensetzung, also aus der atomistischen Struktur seiner Bausteine (Atome, Moleküle) und ihrer Bindungsart, aus der atomaren Struktur, d.h. aus der räumlichen Struktur dieser Bausteine im submikroskopischen Bereich (kristallin, molekular, amorph), aus der Gefügestruktur, d.h. aus der mikroskopisch sichtbaren geometrischen Anordnung der Kristallite, sowie letztlich aus der äusseren Geometrie des Werkstoffs, d.h. aus makrospischen Erscheinungen an seiner Oberfläche und im Inneren. Makroskopische Phänomene im Inneren treten beim Gießen von Metallen auf. Infolge der Volumenabnahme beim Erstarren entstehen kleine Hohlräume oder fein verteilte Poren, genannt Lunker. Daneben kann es beim Erstarren zu Entmischungsvorgängen kommen, den sog. Seigerungen. Beide Phänomene beeinträchtigen die Festigkeitseigenschaften. So wird versucht, deren Entstehung durch konstruktive oder gießtechnische Maßnahmen zu verhindern.

In den Ingenieurwissenschaften steht die technische Anwendung der Werkstoffe im Vordergrund. Dabei wird die Auswahl eines bestimmten Werkstoffs durch unterschiedliche Eigenschaften bestimmt: mechanisch durch z.B. Zugfestigkeit, Elastizität und Härte, chemisch-physikalisch durch etwa Schmelzpunkt, Dichte und Korrosionsbeständigkeit, durch Feldeigenschaften wie magnetisch, elektrisch oder elektronischmagnetisch sowie durch Verarbeitungsgesichtspunkte.

Im Folgenden wollen wir die Wertstoffe klassifizieren und in Gruppen einteilen. Grundlage dafür bilden einerseits die dominierende Bindungsart und die Mikrostruktur sowie der Anwendungsbereich. So unterscheiden wir Metalle, Halbleiter, anorganisch-nichtmetallische Stoffe, organische Stoffe, Naturstoffe sowie Verbundwerkstoffe. Beginnen wir mit den Metallen, der nach wie vor wichtigsten Werkstoffgruppe.

Die große Gruppe der Metalle wird in Eisenmetalle und Nichteisenmetalle unterteilt. Auch wenn die Bedeutung letzterer in jüngerer Zeit beständig gewachsen ist, so nehmen nach wie vor die Eisenmetalle eine bevorzugte Position ein. Grundlage für die technische Eisengewinnung sind die Eisenerze, das sind wirtschaftlich nutzbare eisenreiche Minerale und Gesteine. Die wichtigsten Minerale bestehen aus Eisenoxiden und Eisenoxidhydroxiden, ferner aus Eisencarbonaten, Eisensilicaten oder Eisensulfiden. Gediegenes Eisen kommt in der Erdkruste äußerst selten vor. Reines Eisen ist sehr weich, es erhält seine Härte erst durch entsprechende Legierungen.

Technisch wird Eisen durch Verhüttung von Eisenerzen gewonnen, durch den Hochofenprozess. Das so gewonnene Roheisen hat herstellungsbedingt bis zu 4% C (Massenprozent Kohlenstoff), es ist spröde und hart. Roheisen, hüttenmännisch kurz Eisen genannt, erweicht beim Erhitzen nicht allmählich. Ebenso wie Eis schmilzt Roheisen plötzlich bei einem Schmelzpunkt von 1538 °C. Es lässt sich somit weder schmieden noch schweißen. Bei einem C-Gehalt kleiner 2% wird die Eisen-Kohlenstoff-Legierung kalt und warm umformbar, somit schmiedbar und schweißbar. Wir sprechen dann von Stahl und oberhalb 2% C-Gehalt von Gusseisen. Härte und Festigkeit von Stahl werden primär durch den Gehalt und die Verteilung von Kohlenstoff bestimmt. Aus diesem Grund spielt das Eisen-Kohlenstoff-Diagramm eine zentrale Rolle. Wir zeigen dieses Diagramm hier nicht, da uns die Grundlagen der Mischphasen-Thermodynamik fehlen, die zu einer sinnvollen Erläuterung notwendig wären. Erwähnt sei hier nur, dass in diesem Diagramm die Temperatur über dem Massenanteil an Kohlenstoff aufgetragen ist, um eine grafische Darstellung der Änderungen des Aggregatzustandes (fest–flüssig) und des kristallinen Gefüges von Eisen-Kohlenstoff-Legierungen bei langsamem Erstarren, Abkühlen und Erhitzen zu ermöglichen. Die unterschiedlichen Bereiche in diesem Diagramm sind mit Begriffen wie etwa Ferrit, Austenit und Martensit kenntlich gemacht, die für den Experten wesentliche Informationen beinhalten.

Neben dem C-Anteil können die Stahleigenschaften durch unterschiedliche Legierungselemente in einer großen Bandbreite gezielt variiert werden. Die Elemente Cr, Al, Ti, Ta, Si, Mo, V und W lösen sich bevorzugt in Ferrit, die Elemente Ni, C, Co, Mn, N und Cu vorwiegend in Austenit. In beiden Fällen liegen Mischkristalle vor. Daneben können sich in Stählen auch Verbindungen bilden, wenn zwischen mindestens zwei Legierungselementen starke Bindungskräfte vorhanden sind, wodurch sich komplizierte, harte Kristallgitter bilden können. Wichtig sind dabei Carbide, Nitride und Carbonitride.

Die zweite große Gruppe innerhalb der Metalle, die Nichteisenmetalle, werden traditionell in drei Bereiche eingeteilt. Leichtmetalle haben eine Dichte unter 4,5 g/cm³, hierzu gehören Al, Mg und Ti. Ebenso wie beim Stahl spielen auch hier Legierungselemente eine wichtige Rolle. Hauptanwendungsgebiete von Aluminiumlegierungen liegen in der Luft- und Raumfahrt, im Fahrzeugbau, im Behälter- und Gerätebau, in der chemischen Industrie, im Verpackungswesen (Folien) und in der Elektrotechnik. Magnesiumlegierungen werden im Flugzeugbau, im Automobilbau (zum Beispiel Getriebegehäuse) sowie im Instrumenten- und Gerätebau (z.B. Kameragehäuse) verwendet. Titan und dessen Legierungen sind für die Luft- und Raumfahrttechnik von Interesse, da Titan eine hohe Festigkeit bei geringer Dichte aufweist. Hinzu kommen Chemieanlagen, Schiffsbau wegen der Seewasserbeständigkeit und die Medizintechnik aus Gründen der Biokompatibilität (z.B. Implantate).

Liegt die Dichte über 4,5 g/cm³, so sprechen wir von Schwermetallen. Hierzu gehören Cu, Ni, Zn, Sn, Pb ebenso wie das Eisen mit einer Dichte von 7,87 g/cm³. Kupfer wird wegen seiner guten elektrischen Leitfähigkeit in der Elektrotechnik verwendet. Messing, eine Kupfer-Zink-Legierung, ist gut verarbeitbar und verformbar sowie korrosionsbeständig. Aus Messing werden Armaturen, Schiffsbauteile und Beschläge hergestellt. Bronze, eine Kupfer-Zinn-Legierung, wird in der Reibungstechnik, so bei Gleitlagern, verwendet. Der dritte Bereich neben den Leicht- und Schwermetallen sind die Edelmetalle wie Gold, Silber und Platin.

Die nächste Werkstoffgruppe sind die Halbleiter. Sie haben eine Übergangsstellung zwischen den Metallen und den anorganisch-nichtmetallischen Stoffen. Ihre wichtigsten Vertreter sind die Elemente Silizium und Germanium. Halbleiter stellen zunehmend wichtige Funktionswerkstoffe für die Elektronik dar.

Die anorganisch-nichtmetallischen Werkstoffe bilden eine weitere Werkstoffgruppe. Hier haben wir eine außerordentlich große Vielfalt vor uns: Mineralische Naturstoffe, Kohlenstoff als eigener Werkstoff, keramische Werkstoffe, Glas, Glaskeramik sowie Baustoffe. Zunächst zu den mineralischen Naturstoffen, von denen die Gesteine die größte Rolle spielen. Minerale lassen sich nach ihrer chemischen Zusammensetzung oder nach ihrer Härte klassifizieren. So reicht die Härteskala nach Mohs von 1 (Talk) bis 10 (Diamant); dazwischen liegen Gips mit der Härtestufe 2, Fluss-Spat mit 4 und Quarz mit 7. Gesteine unterscheidet man auch nach ihrer Entstehung: zu den magmatischen Gesteinen gehören Granit und Basalt, zu den Sedimentgesteinen gehören Sand- und Kalksteine sowie Tone und Lehme, zu den metamorphen Gesteinen gehört der Marmor. Die Dichte der Natursteine liegt etwa zwischen 2 und 3,2 g/cm³.

Kohlenstoff gibt es in verschiedenen Modifikationen, als Diamant und Graphit sowie als glasartiger Kohlenstoff oder Fasern, den Carbonfasern. Diamant wird technisch hauptsächlich als Hochleistungsschneidstoff zur Bearbeitung harter Werkstoffe eingesetzt. Graphit wird in der Elektrotechnik für Elektroden- und Schleifkontakte sowie im Reaktorbau als Moderatormaterial mit ausgezeichnetem Bremsvermögen für schnelle Neutronen verwendet. Carbonfasern haben ein sehr hohes Verhältnis von Festigkeit zur Dichte und sind damit ein extremer Hochleistungs-Faser-Verbundwerkstoff.

Keramische Werkstoffe werden aus natürlichen oder aus synthetischen Rohstoffen hergestellt. Die Verfahrensschritte bestehen aus der Pulversynthese, der Masseaufbereitung wie Mischen und Granulieren, der Formgebung durch Pressen oder Gießen, dem Sintern und der Endbearbeitung. Charakteristisch ist, dass ein komplexes kristallines Gefüge durch Sintern erzeugt wird. Neben der uralten Gebrauchskeramik, wie Steinzeug und Porzellan und den Schamotten in der Feuerungstechnik, spielt die Industriekeramik eine zunehmend wichtige Rolle. Kolben und Ventile in Verbrennungskraftmaschinen sowie Lauf- und Leitschaufeln in Gasturbinen können deutlich höhere Temperaturen vertragen als metallische Bauteile.

Schließlich sind als weitere Bereiche die Gläser, die Glaskeramik sowie die Baustoffe zu nennen. Zu den Baustoffen zählen wir die Naturbaustoffe, keramische Baustoffe, Glasbaustoffe sowie die unter der Mitwirkung von Bindemitteln wie Zement, Kalk und Gips hergestellte Baustoffgruppen Mörtel, Beton, Kalksandstein und Gipsprodukte. Neben diesen anorganisch-nichtmetallischen Stoffen finden im Bauwesen freilich auch andere Stoffgruppen Verwendung wie etwa Metalle, Kunststoffe, Holz und Verbundwerkstoffe wie Stahlbeton und Spannbeton. Zement ist das wichtigste Bindemittel von Baustoffen, er wird durch Brennen von Kalk und Ton und anschließendem Vermahlen des Sinterproduktes in Pulverform erhalten. Dieses erhärtet bei Wasserzugabe und verklebt die umgebenden Oberflächen anderer Stoffe miteinander. Mit Beton bezeichnet man ein Gemenge aus mineralischen Stoffen verschiedener Teilchengröße, zum Beispiel Sand oder Kies, das nach der Vermischung mit dem Bindemittel Zement und Wasser eine gewisse Zeit formbar ist. Nach kurzer Zeit erhärtet der Beton durch chemische Reaktionen zwischen dem Bindemittel und dem Wasser, er bindet ab.

Die nächste große Werkstoffgruppe bilden die organischen Stoffe. Diese bestehen aus chemischen Verbindungen, die von Pflanzen oder Tieren erzeugt werden. Die technisch wichtigsten organischen Naturstoffe sind Holz und Holzwerkstoffe wie Sperrholz, Tischlerplatten, Furnierplatten und Spanplatten sowie Fasern. Organische Naturfasern werden eingeteilt in Pflanzenfasern, zu denen Baumwolle, Flachs, Hanf und Jute gehören sowie Tierfasern wie Wolle, Haare und Seide. Ebenso gehören Papier und Pappe in diese Gruppe. Papier ist ein aus Pflanzenfasern durch Verfilzen, Verleimen und Pressen hergestellter flächiger Werkstoff. Rohstoffe sind vor allem der durch Schleifen von Holz gewonnene Holzschliff und der durch chemischen Aufschluss von Holz erhaltene Zellstoff.

Auch die Polymerwerkstoffe, die Kunststoffe, werden den organischen Werkstoffen zugeordnet. Sie sind in ihren wesentlichen Bestandteilen organische Stoffe makromolekularer Art. Dabei werden die Makromoleküle aus niedermolekularen Verbindungen, den Monomeren, synthetisch hergestellt. Kunststoffe werden meist durch ihr Verhalten bei Erwärmung klassifiziert. Bei den Thermoplasten sind die Moleküle nicht miteinander vernetzt. Dadurch können oberhalb der Glastemperatur ganze Moleküle ihren Platz wechseln, somit sind Thermoplaste bei Erwärmung plastisch verformbar. Sie lassen sich schmelzen und schweißen. Hierzu gehören viele Standardkunststoffe wie Polyethylen, Polypropylen, Polystyrol und PVC. Bei den Elastomeren sind die Moleküle weitmaschig vernetzt. Durch die Vernetzung wird zwar der Platzwechsel von Molekülen und damit die plastische Verformung verhindert, durch die Beweglichkeit der Makromoleküle sind jedoch elastische Formänderungen möglich. Duroplaste bestehen aus engmaschig vernetzten Molekülen, sie sind nicht plastisch verformbar, sie lassen sich weder schmelzen noch schweißen. Hierzu gehören Phenolharze und Epoxidharze.

Die letzte Werkstoffgruppe bilden die Verbundwerkstoffe. Beispiele hierfür wie Sperrholz, Stahlbeton und Spannbeton hatten wir bereits erwähnt. Generell besteht ein Verbundwerkstoff aus heterogenen, innig miteinander verbundenen Festkörperkomponenten. Charakteristische und innovative Beispiele hierfür sind die glasfaserverstärkten Kunststoffe (GFK) und die carbonfaserverstärkten Kunststoffe (CFK). Sie bestehen aus einer Kunststoffmatrix und darin eingelagerten Fasern mit hoher Bruchfestigkeit und Bruchdehnung. Dabei soll die Matrix einen geringeren Elastizitätsmodul als die Faser aufweisen und sich bei einem Faserbruch zum Abbau von Spannungsspitzen örtlich plastisch verformen. Durch eine entsprechende Orientierung der Fasern kann eine mechanische Anisotropie der Bauteile erzielt und so die Festigkeit den Beanspruchungen angepasst werden. Es kommt ganz wesentlich auf das Zusammenspiel von Matrix und Fasern an. Seit mehr als 30 Jahren dominieren GFK-Rümpfe bei Segelyachten und Motorbooten. Bauteile aus CFK finden wir im Flugzeugbau und bei Rennyachten, hier zunächst als Masten und Bäume, Rümpfe werden folgen.

Wir kommen nun zu dem zweiten wichtigen Themenkreis der Werkstofftechnik, dem Zusammenhang von Belastungen und Spannungen in einem Bauteil sowie den dadurch hervorgerufenen Verformungen. Diese Fragen sind für technische Anwendungen von besonderer Bedeutung. Es geht darum, die individuellen Eigenschaften der Werkstoffe durch entsprechende Kenndaten zu erfassen. Diese Erfassung geschieht durch gezielte Experimente, wenngleich diese Kenndaten prinzipiell auch aus dem ersten in diesem Abschnitt behandelt Themenkomplex folgen: den Aufbauprinzipien und Bindungsarten, d.h. der Mikrostruktur. Diese Möglichkeit besteht jedoch nur prinzipiell, der Zusammenhang zwischen molekularen Größen und der Mikrostruktur einerseits und den makroskopischen Kenndaten andererseits lässt sich praktisch nicht herstellen.

Tabelle 3.8. Dichte von Werkstoffen (Hütte 2000)

Werkstoff	ρ in $\mathrm{kg}/\mathrm{dm}^3$	Werkstoff	ρ in $\mathrm{kg}/\mathrm{dm}^3$
Osmium	22,5	Porzellan	2,2...2,5
Platin	21,5	Sandstein	2,2
Gold	19,3	Quarzglas	2,2
Uran	19,1	Graphit	1,8
Hartmetall	9,0...15,0	Magnesium	1,7
Blei	11,3	Glasfaserverstärkte Kunststoffe (GFK)	1,3...1,7
Kupfer	8,9	Carbonfaserverstärkte Kunststoffe (CFK)	1,5...1,6
Stahl	7,8...7,9	Polyvinylchlorid (PVC)	1,2...1,7
Gusseisen	7,1...7,4	Epoxidharz	1,2...1,3
Titan	4,5	Polystyrol	1,05
Diamant	3,5	Polyethylen	0,19...0,97
Granit	2,9	Sperrholz	0,8...0,9
Beton	2,0...2,8	Laubholz	0,7...0,72
Aluminium	2,7	Nadelholz	0,48...0,62

Eine erste wichtige makroskopische Eigenschaft eines Werkstoffs ist dessen Dichte, das Verhältnis seiner Masse zu seinem Volumen. Die Tabelle 3.8 zeigt die

Dichte einiger charakteristischer Werkstoffe. Man erkennt, dass das Spektrum der Dichte von etwa 0,5 für Nadelholz bis etwa 20 g/cm³ für Schwermetalle reicht.

Von entscheidender Bedeutung sind die mechanischen Eigenschaften von Werkstoffen bei äußeren Beanspruchungen. Dabei unterscheiden wir drei Bereiche. Zum einen die reversible Verformung, bei der nach Entlastung ein vollständiger Rückgang der Formänderung erfolgt. Wir sprechen von einer irreversiblen Verformung, wenn nach Entlastung eine bleibende Formänderung zurückbleibt. Beim Bruch schließlich erfolgt eine Trennung des Werkstoffs infolge der Bildung und Ausbreitung von Rissen in makroskopischen Bereichen.

Die Elastizität von Werkstoffen kann mit Hilfe von Spannungs-Verformungs-Diagrammen aus Zug- oder Druckversuchen experimentell bestimmt werden. Wir haben in diesem Fall eine Proportionalität zwischen der einwirkenden Spannung und der resultierenden Verformung, dargestellt durch das Hookesche Gesetz $\sigma = E \cdot \varepsilon$, Gl. 3.11, für Normalspannungen und $\tau = G \cdot \gamma$, Gl. 3.12, für Schubspannungen. Abb. 3.64 zeigt das Spannungs-Dehnungs-Diagramm von zwei charakteristischen Werkstoffen.

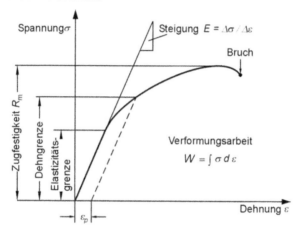

Abb. 3.64a. Spannungs-Dehnungs-Diagramm von Werkstoffen ohne Streckgrenze, z.B. Aluminium, nach (Hütte 2000)

Betrachten wir zunächst den Fall a. Die Elastizitätsgrenze begrenzt den linearen Bereich, in dem das Hookesche Gesetz gilt. Der Elastizitätsmodul folgt aus der Steigung. Die Dehngrenze, auch Fließgrenze genannt, bedarf einer Definition: Bei der 0,2%-Dehngrenze haben wir eine bleibende Verformung von 0,2%. Die Zugfestigkeit entspricht der Spannung bei dem Maximum der Belastung. Im Fall b liegt ein Werkstoff mit einem nicht monotonen Spannungs-Dehnungs-Verlauf vor, dies gilt für Stahl. Derartige Werkstoffe werden durch eine Streckgrenze gekennzeichnet. Damit ist die Spannung gemeint, bei der mit zunehmender Dehnung die Zugkraft erstmalig gleich bleibt oder abfällt. Bei einem größeren Spannungsabfall, wie in dem Bild gezeigt, wird zwischen einer oberen und eine unteren Streckgrenze unterschieden. Aus dem Spannungs-Dehnungs-Diagramm kann man weiter die Verformungsarbeit ermitteln, sie entspricht dem Integral

Verformungsarbeit ermitteln, sie entspricht dem Integral unter dem Kurvenverlauf. Die Tabellen 3.9 und 3.10 zeigen den Elastizitätsmodul und die Zugfestigkeit ausgewählter Werkstoffe.

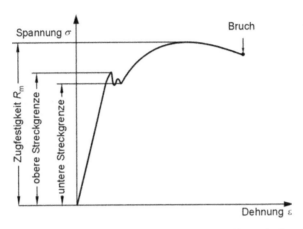

Abb. 3.64b. Spannungs-Dehnungs-Diagramm von Werkstoffen mit Streckgrenze, z.B. Stahl, nach (Hütte 2000)

Tabelle 3.9. Elastizitätsmodul von Werkstoffen (Hütte 2000)

Werkstoff	E in GPa	Werkstoff	E in GPa
Diamant	1000	Aluminium-legierungen	60...80
Hartmetall	343...667	Aluminium	71
Wolframcarbid	450...650	Granit	62
Carbonfasern	400	Beton	40...45
Carbonfaserverstärkte Kunststoffe	70...275	Glasfaserverstärkte Kunststoffe	10...45
Stahl, ferritisch	108...212	Magnesium-legierungen	40...45
Stahl, austenitisch	191...199	Sperrholz	4...16
Gusseisen	64...181	Laubholz, parallel zur Faser	9...12
Titanlegierungen	101...128	Nadelholz, parallel zur Faser	9
Kupfer	125	Polyamid	2...4
Bronze	105...124	Polystyrol	3...3,4
Messing	78...123	Epoxidharz	2...3
Titan	108	Polyvinylchlorid	1...3
Glas	40...95	Laubholz, senkrecht zur Faser	0,6...1
Porzellan	60...90	Nadelholz, senkrecht zur Faser	0,3

Tabelle 3.10. Zugfestigkeit von Werkstoffen (Hütte 2000)

Werkstoff	R_m in MPa	Werkstoff	R_m in MPa
Glasfasern	3100...4800	Betonstahl	500...550
Carbonfasern	1500...3500	Gusseisen	140...490
Hochfeste Stähle	1300...2100	Magnesium-legierungen	100...350
Titanlegierungen	540...1300	Glasfaserverstärkte Kunststoffe	100...300
Stahl, ferritisch	440...930	Epoxidharz	30...120
Messing	140...780	Polyamid	40...80
Stahl, austenitisch	440...750	Polystyrol	40...60
Aluminium-legierungen	300...700	Polyvinylchlorid	45...60
Carbonfaserverstärkte Kunststoffe	640...670	Granit	10...20

Eine weitere technisch wichtige Fragestellung lautet: Wie viele Lastwechsel hält ein Bauteil aus? Eine Antwort darauf gibt ein Dauerschwingversuch. Dies ist ein Sammelbegriff für ein dynamisches Prüfverfahren, bei denen Proben über einen längeren Zeitraum wechselnden Beanspruchungen unterworfen werden. Hier gibt es zum einen Werkstoffe wie etwa Stahl, die eine ausgeprägte Dauerfestigkeit aufweisen. Damit ist die maximal mögliche Spannungsamplitude gemeint, die ein Werkstoff bei Schwingbelastung beliebig oft aushalten kann, ohne zu Bruch zu gehen. Andere Werkstoffe, zu denen Kupfer oder Aluminium gehören, versagen bei hohen Schwingspielzahlen. Sie besitzen keine Dauerfestigkeit. Derartige Versuche gehen auf A. Wöhler zurück, daher der Name Wöhlerkurve in Abb. 3.65.

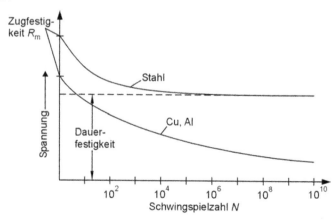

Abb. 3.65. Wöhlerkurve, nach (Hütte 2000)

Bei Maschinen und Anlagen wird nach der Dauerfestigkeit dimensioniert. Bei Rennwagen hingegen wird ebenso wie in der Raumfahrttechnik und teilweise im Flugzeugbau nach der Zeitfestigkeit ausgelegt. Ein Bauteil wird dann nach einer bestimmten Schwingspielzahl ausgewechselt, unabhängig davon, ob nach entsprechenden Untersuchungen in der Werkstoffprüfung sich ein möglicher Schaden abzeichnet oder nicht.

Damit leiten wir zu dem letzten großen Themenbereich über, der Werkstoffprüfung, auch Materialprüfung genannt. Diese reicht von Untersuchungen im atomaren Maßstab über Bauteil- und Systemprüfungen bis hin zur Bewertung großtechnischer Anlagen. Wir wollen die grundlegenden Prüfverfahren kurz skizzieren. Diese Prüfverfahren werden parallel zur Vorlesung in der Regel durch Laborversuche demonstriert.

Zunächst haben wir mechanisch-technologische Prüfverfahren, zu denen der soeben besprochene Zug- und Druckversuch zählt. Daneben gibt es Biege- und Torsionsversuche, für schlagartige Beanspruchungen gibt es Schlag- und Kerbschlagbiegeversuche, für konstante Langzeit-Beanspruchung Standversuche und für schwingende Beanspruchungen den soeben erwähnten Dauerschwingversuch. Bruchmechanische Prüfverfahren dienen der Untersuchung des Materialwiderstands gegen Rissausbreitung. Hier werden Proben mit Einzelrissen untersucht, wobei vor Versuchsbeginn ein definierter Anriss in die Probe eingebracht wird.

Physikalische Prüfverfahren dienen der Ermittlung physikalischer Eigenschaften von Werkstoffen wie Dichte, Schmelzpunkt, Erweichungsverhalten sowie von akustischen, elektrischen, magnetischen, optischen und thermischen Kennwerten. Des Weiteren interessieren das elektrische Isolationsvermögen, die Transparenz und Durchlässigkeitseigenschaften. Chemische Prüfverfahren sind die qualitative und quantitative chemische Analyse. Eine zentrale Bedeutung hat die Spektralanalyse. Sie beruht darauf, einzelne chemische Elemente aus den Spektren des ultravioletten, des sichtbaren und des nahen infraroten Spektralbereichs zu ermitteln. Aus der klassischen Spektralanalyse haben sich Methoden entwickelt, denen überwiegend die Absorption und Emission elektromagnetischer Strahlung zugrunde liegt.

Ein großer und bedeutsamen Bereich ist die zerstörungsfreie Werkstoffprüfung, denn in der Fertigungs- und Endkontrolle muss die Prüfung von Werkstoffen und Bauteilen zerstörungsfrei erfolgen. Die Ultraschallprüfung dient beispielsweise dem Auffinden von Rissen, Einschlüssen, Lunkern, Inhomogenitäten und anderen Fehlern. Dabei werden mit Schwingquarzen Ultraschallwellen erzeugt. Treffen diese Schallwellen in einem Werkstück auf einen Fehler, so werden sie gedämpft oder vollständig bzw. teilweise reflektiert. Eine ähnliche wirkungsvolle und einfache Variante ist die Klangprobe zum Nachweis von Materialfehlern in Porzellan- und Keramikerzeugnissen. Weitere Verfahren nutzen elektrische und magnetische Zusammenhänge aus, hierzu zählen das magnetische Streuflussverfahren und die Wirbelstromprüfung.

3.6 Konstruktionstechnik

Wir kommen nun zu dem letzten technischen Grundlagenfach, der Konstruktionstechnik. Dieses Fach stellt die entscheidende Brücke zu den Maschinen und Anlagen dar, deren Behandlung im Hauptstudium erfolgt. Wir werden im folgenden Kapitel, in dem wir auf technische Vertiefungen eingehen, diese Brückenfunktion exemplarisch für den Maschinenbau, die Verfahrenstechnik und die Umweltschutztechnik beschreiben.

Die Konstruktionstechnik basiert in erster Linie auf der Mechanik, sie stellt die konkrete Anwendung der Mechanik schlechthin dar. In zweiter Linie basiert sie auf der Werkstofftechnik, denn für den Bau eines Konstruktionselementes stehen generell verschiedene Werkstoffe zur Verfügung.

Worum geht es in der Konstruktionstechnik? Es geht um den Entwurf und die Ausführung eines technischen Erzeugnisses, eines Bauteils, einer Maschine oder einer Anlage. Die Suche nach einer geeigneten Lösung wird durch teilweise widersprechende Anforderungen erschwert. Im Vordergrund steht die Erfüllung der technischen Aufgaben wie Funktionalität, Qualität und Sicherheit des Produktes. Hinzu kommt die Frage nach der Wirtschaftlichkeit. Diese beiden Kriterien, die technischer und betriebswirtschaftlicher Art sind, reichen jedoch nicht aus. Fragen nach der Umweltverträglichkeit sowie der Human- und Sozialverträglichkeit technischer Produkte haben an Bedeutung zugenommen.

In einer einführenden Vorlesung nehmen die Maschinenelemente, auch Konstruktionselemente genannt, eine zentrale Rolle ein. Wir wollen hier nicht mit einer systematischen Einteilung der Maschinenelemente beginnen. Stattdessen wollen wir uns als konkretes Bauteil das Schaltgetriebe eines Kraftfahrzeuges vorstellen und fragen, welche charakteristischen Maschinenelemente wir in einem Getriebe vorfinden. Ein Getriebe dient der Übertragung und Umwandlung von Drehzahlen, von Drehmomenten und der Bewegungsrichtung. Dabei wird die vom Motor an den Antriebsstrang des Getriebes abgegebene Leistung vom Abtriebsstrang auf die anzutreibenden Räder übertragen. Leistung ist das Produkt aus Drehmoment mal Winkelgeschwindigkeit, die der Drehzahl proportional ist. Das bedeutet bei vorgegebener Leistung eine Erhöhung des Drehmomentes, sofern die Drehzahl reduziert wird. Entsprechendes gilt in umgekehrter Weise.

Die hier geschilderte Aufgabe lässt in verschiedener Weise realisieren. Dabei unterscheiden wir zunächst mechanische von hydrodynamischen Getrieben. Die Getriebe in Kraftfahrzeugen sind zumeist handgeschaltete Zahnradgetriebe. Weitere mechanische Getriebe sind Kettengetriebe, Riemengetriebe, Reibradgetriebe oder Kurbelgetriebe. Das gebräuchlichste hydrodynamische Getriebe ist das Föttinger-Getriebe. Dabei erfolgt die Leistungsübertragung mittels einer Kreiselpumpe und einer Flüssigkeitsturbine in einem gemeinsamen Gehäuse, das mit einem geeigneten Öl gefüllt ist.

Wir betrachten nun das handgeschaltete Zahnradgetriebe, die gängigste Bauart in Kraftfahrzeugen. Darin finden wir zunächst eine Antriebs- und eine Abtriebswelle. Eine Welle ist generell ein umlaufendes Maschinenelement zur Übertragung von Drehmomenten. Im Gegensatz dazu spricht man von einer Achse, wenn kein Moment übertragen wird. An der Welle in einem Getriebe können wir uns sofort ein Problem verdeutlichen, dass für Wellen typisch ist. Wir hatten in Abschnitt 3.1 Mechanik als Grundbelastungsfälle Zug bzw. Druck, Biegung und Torsion kennen gelernt. Diese Belastungsfälle treten bei Maschinenelementen in der Regel kombiniert auf. So wird eine Welle immer auf Torsion und auf Biegung gleichzeitig beansprucht. Hinzu kann eine Druckbelastung kommen, sofern die Kupplung betätigt wird.

Wir sprechen dann von zusammengesetzten Belastungsfällen, die nicht nur für Maschinenteile besonders kritisch sind. Auch der menschliche Rücken reagiert sensibel auf eine gleichzeitige Dreh- und Biegebeanspruchung, wie sie beim Aufschlag im Tennissport oder beim Kajakfahren auftritt. Die Beine eines Fußballspielers können kurzzeitig und stoßartig auf Druck, auf Biegung und auf Drehung beansprucht werden. Dies bedeutet eine erhöhte Verletzungsgefahr. Bäume am Außenrand eines Waldes wachsen zumeist unsymmetrisch, was gleichfalls eine kombinierte Biege- und Drehbeanspruchung zur Folge hat. Sie sind bei starkem Wind besonders gefährdet.

Auf den Wellen sitzen Zahnräder, wobei beide Bauteile in geeigneter Weise miteinander verbunden werden müssen. Hier sprechen wir generell von Bauteil-verbindungen, die in unterschiedlicher Weise gestaltet werden können. Zum einen gibt es Formschluss, wenn die Kräfte und Momente an den Wirkflächenpaaren durch das Aufnehmen einer entsprechenden Flächenpressung erfolgt. Als weitere Bauformen gibt es Keil-, Bolzen-, Stift- und Nietverbindungen sowie auch Schnapp-, Spann- und Klemmverbindungen. Von Reibschluss sprechen wir, wenn die Kräfte durch das Erzeugen von Normalkräften und Reibungskräften unter Ausnutzung des Coulombschen Reibungsgesetzes, siehe Abschnitt 3.1 Mechanik, aufgebracht werden. Dies liegt bei Flansch- und Schraubenverbindungen vor. Von Stoffschluss wird gesprochen, wenn die Übertragung von Kräften und Momenten an der Fügestelle durch stoffliches Vereinigen der Bauteilwerkstoffe ohne oder mit Zusatzwerkstoffen erfolgt. Hierzu zählen das Schweißen, das Löten und das Kleben.

Wellen müssen gelagert und geführt werden, das führt uns zu den Lagerungen und Führungen. Sie haben die Aufgabe, Kräfte zwischen zueinander bewegten Komponenten aufzunehmen und zu übertragen. Des Weiteren sollen Lageverände-rungen der Komponenten außer in den vorgesehenen Bewegungsrichtungen begrenzt werden. Zu der Gruppe der Wälzlager gehören die Kugel- und Rollenla-ger. Eine zweite große Gruppe bilden die Gleitlager, die sowohl als hydrodynami-sche wie auch als hydrostatische Gleitlager ausgeführt werden können. Das Wirkprinzip der hydrodynamischen Bauart besteht darin, dass sich oberhalb einer bestimmten Drehzahl zwischen der Welle und dem Lager in dem Ölfilm ein Fluiddruck aufbaut, der den äußeren Belastungen das Gleichgewicht hält. Dadurch werden beide Flächen trotz der Belastung mechanisch getrennt und es entsteht eine Flüssigkeitsreibung. Bei der hydrostatischen Bauart wird der Fluiddruck außerhalb des Lagers durch eine Pumpe erzeugt und den Druckkammern zuge-führt. Des Weiteren gibt es für bestimmte Anwendungen magnetische Lagerungen und Führungen, bei denen die Kräfte durch Elektromagnete erzeugt werden.

Ein weiteres typisches Bauteil sind die Dichtungen. Sie sollen das Austreten des Getriebeöls verhindern oder zumindest vermindern. Besonders kritisch sind dabei die Wellendurchführungen. Man unterscheidet generell zwei Bauarten, die berührungsfreien Dichtungen und die Berührungsdichtungen. Bei ersteren muss im Betriebszustand zwischen Welle und Gehäuse eine bestimmte Spaltweite eingehalten werden. In der meist als Labyrinth ausgelegten Dichtung wird das abzudichtende Druckgefälle mittels Fluidreibung abgebaut. Derartige Strömungs- oder Drosseldichtungen sind daher nie vollständig dicht. Berührungsdichtungen sind gleichfalls durch Undichtheitswege gekennzeichnet: zwischen Welle und Dichtung, zwischen Dichtung und Gehäuse sowie durch das Dichtungsmaterial selbst. Im Bootsbau sind die Packungsstoffbuchsen bekannt, mit denen die Schraubenwelle zur Wasserseite hin abgedichtet wird. In einer Schraubkappe befindet sich dabei ein Wellenfett, wobei die Schraubkappe von Zeit zu Zeit maßvoll betätigt werden muss.

Ein weiteres wichtiges Bauteil sind die Elemente zur Führung von Fluiden. Seltener in Getrieben, dafür jedoch stets in Motoren finden wir etwa Ölpumpen. Bei Motorrädern, die extremen Belastungen ausgesetzt sind, kennen wir extern angebrachte Ölkühler. Zu diesen Bauteilen gehören neben den Rohren alle Absperr- und Regelorgane, auch Armaturen genannt. Das sind Ventile, Schieber, Hähne und Drosselorgane sowie verschiedene Bauformen von Rohrnetz-Komponenten wie Flansche, Verbindungen und Fittings.

Das von uns als Anwendungsbeispiel gewählte Getriebe ist einerseits mit dem Antriebsmotor durch eine Kupplung verbunden und andererseits auf der Abtriebs-seite mit Gelenkwellen versehen. Kupplungen und Gelenke haben die Aufgabe, einerseits Rotationsenergie zwischen Wellensystemen, andererseits Biegemomen-te, Quer- und Längskräfte zu übertragen, einen Wellenversatz auszugleichen, die dynamischen Eigenschaften des Wellensystems zu verbessern und das Schalten durch Trennen und Verknüpfen zu ermöglichen. Auch hier gibt es zahlreiche unterschiedliche Bauformen, die kurz angedeutet werden sollen. Es gibt einerseits drehstarre Ausgleichskupplungen und daneben elastische Kupplungen etwa gummielastischer oder hydrodynamischer Bauart. Bei Schaltkupplungen erfolgt die Kraftübertragung entweder mechanisch durch Reibschluss, oder hydrodyna-misch oder elektrisch durch das Drehen von stromdurchflossenen Leiterschleifen in einem Magnetfeld.

In der bisherigen Auflistung fehlt uns nur noch ein Maschinenelement, die Federn. Sie haben generell die Aufgabe, mechanische Energie aufzunehmen, zu speichern und abzugeben. Aus dem Fahrzeugbau kennen wir verschiedene Bauformen. In Personenwagen sind Schraubenfedern am gebräuchlichsten. In schweren Lastkraftwagen finden wir vorzugsweise geschichtete Blattfedern, teilweise auch Gummi- oder Luftfedern. Seltener finden wir Drehstabfedern, wie beispielsweise bei dem alten VW Käfer. Im Fahrzeugbau treten Federn stets in Zusammenhang mit Dämpfern auf. Diese haben die Aufgabe, die Schwingungen der Federn entsprechend zu dämpfen. Sie werden daher korrekterweise Schwin-gungsdämpfer genannt, der umgangssprachliche Ausdruck Stoßdämpfer sollte zumindest von Ingenieurstudenten vermieden werden.

Damit haben wir die wesentlichen Konstruktionselemente aufgelistet. Daneben wird in der Regel in einer Einführungsvorlesung die Frage nach den Konstruktionsmitteln behandelt. Dabei denken wir zunächst an die Zeichnung. Dies kann im Entwurfsstadium eine Freihandskizze sein. Für spätere konkrete Arbeitsschritte, die Planung, die Arbeitsvorbereitung und die Fertigung sind normgerechte maßstäbliche Zeichnungen erforderlich. Diese sind durch entsprechende Stücklisten zu ergänzen.

In jüngerer Zeit hat die rechnergestützte Konstruktion rasant an Bedeutung gewonnen. Der Einsatz von Computern in der Konstruktion dient ebenso der Produktverbesserung wie der Senkung der Konstruktions- und Fertigungskosten. Für die verschiedenen Einsatzmöglichkeiten haben sich international englische Begriffe eingebürgert. Die Arbeitstechnik des Konstruierens mit dem Rechner wird als Computer Aided Design (CAD) bezeichnet. Werden Konstruktionsprogramme mit Datenverarbeitungs-Systemen für andere technische Aufgaben verknüpft, so spricht man von Computer Aided Engineering (CAE). Bei Einbindung in die Datenverarbeitung und -verwaltung eines Unternehmens wird von Computer Integrated Manufacturing (CIM) gesprochen.

Ein wesentlicher Bestandteil der Vorlesung Konstruktionstechnik sind begleitende Übungen. Diese gehen von einer Einführung in das technische Zeichnen über den Entwurf und die Konstruktion von Details zur Konstruktion von umfangreicheren Bauteilen wie etwa den Getrieben.

3.7 Bemerkungen und Literaturempfehlungen

Die technischen Grundlagen Mechanik, Thermodynamik, Strömungsmechanik und Elektrotechnik sind klassische Teilgebiete der Physik. Die Ausführungen haben deutlich gemacht, dass in diesen Teildisziplinen die Anzahl der grundlegenden Beziehungen, der Naturgesetze, erstaunlich gering ist. Natürlich ist es wichtig, die grundlegenden Naturgesetze zu verstehen. Aber ebenso wichtig ist es, dass Ingenieure diese Naturgesetze in der Praxis richtig anwenden können. Darin liegt die entscheidende Kunst.

Kunst kommt von Können, und Können lässt sich nur durch Üben erwerben und durch permanentes Üben verbessern. Darin ähneln sich die Tätigkeiten von Malern und Bildhauern, von Mechanikern und Ingenieuren. Natürlich gilt dieses auch für andere Disziplinen, in denen der Problemdruck und Anwendungsbezug im Vordergrund stehen.

Um das „Anwenden können" möglichst früh zu erlernen, werden diese vier Fächer durch Vorlesungen *und* durch Übungen vermittelt, was auch in gleicher Weise für die Mathematik zutrifft. Dazu kommen Laborübungen wie in der Elektrotechnik, ähnlich wie in Physik und Chemie.

Zum Abschluss der technischen Grundlagen wurden zwei Fächer behandelt, die gewissermaßen einen neuen Status einnehmen. Die Werkstofftechnik, früher Werkstoffkunde (weil Fakten verkündet wurden) genannt, ist gleichermaßen in der Physik und in der Chemie verwurzelt. Das ist auch der Grund dafür, warum technische Vertiefungen im Hauptstudium wie Werkstoffwissenschaften, wie Metallurgie aber auch Verfahrenstechnik und Chemieingenieurwesen eine wesentliche breitere Ausbildung in Chemie erhalten als etwa Maschinenbauer, Bauingenieure und Elektrotechniker.

Die Konstruktionstechnik baut ihrerseits auf der (Festkörper-) Mechanik und der Werkstofftechnik auf, wobei Mathematik und Informatik mit zunehmender Intensität einfließen. Ein typischer Spruch, häufig verwendet, lautet: Die Mathematik lernt der Ingenieur in der Mechanik, und die Mechanik lernt er in der Konstruktionstechnik.

Wir sind am Ende des langen dritten Kapitels immer noch nicht bei den konkreten Maschinen, Apparaten, Anlagen und technischen Systemen angekommen: Den Motoren und Turbinen, Kraftwerken, chemischen Reaktoren, Windrädern und Solaranlagen, Bioreaktoren zur Abwasserreinigung, den Filtern, Windsichtern, Zyklonen und den vielen Verfahren zur Luftreinigung, den Möglichkeiten zum Recyceln und anderen Umweltschutztechniken. Die Kapitel 4 und 5 werden uns bezüglich der Ausbildung von Ingenieuren in diese Richtung führen. Das Kapitel 6 wird schließlich den Anwendungen, den konkreten Problemen und entsprechenden Lösungsstrategien gewidmet sein. Dabei wird der Bezug zu umweltrelevanten Problemen im Vordergrund stehen.

Lehr- und Übungsbücher zu den sechs Fächern gibt es in großer Zahl. Ähnlich wie in Abschnitt 2.5 möchte ich auf Angaben der (Technischen) Universitäten im Netz hinweisen, etwa www.tu-clausthal.de. Dort finden Sie sowohl Vorlesungsgliederungen als auch empfohlene Bücher. An dieser Stelle möchte ich nur auf zwei tradierte, erfolgreiche und laufend aktualisierte Nachschlagewerke hinweisen. Darin finden Sie eine kompakte Darstellung der in diesem Kapitel dargestellten Fächer sowie Hinweise auf Lehrbücher und auf weiterführende Literatur:

Dubbel (2001) Taschenbuch für den Maschinenbau. Springer, 20. Auflage, Berlin
Hütte (2000) Die Grundlagen der Ingenieurwissenschaften. Springer, 31. Auflage, Berlin

4 Technische Vertiefungen

In den langen Kapiteln zwei und drei haben wir die Grundlagenfächer besprochen, die Bestandteil des Grundstudiums sind. Dabei hatten wir zwischen den mathematischen und naturwissenschaftlichen Grundlagen einerseits und den technischen Grundlagen andererseits unterschieden. Die ersteren Grundlagen kennen die Studienanfänger bereits aus der Schule. Die Fächer Mathematik, Physik und Chemie sind klassische Schulfächer, die Informatik ist in jüngerer Zeit hinzugekommen.

Die technischen Grundlagen stellen im Wesentlichen eine Vertiefung der Physik dar, dies betrifft die Fächer Mechanik, Thermodynamik, Strömungsmechanik und Elektrotechnik. Sie werden speziell im Hinblick auf technische Anwendungen gelehrt. Die Werkstofftechnik stellt eine spezielle Vertiefung der Physik und der Chemie dar, während die Konstruktionstechnik einerseits auf der Mechanik und andererseits auf der Werkstofftechnik beruht.

In diesem Kapitel wollen wir die technischen Vertiefungen behandeln, die Bestandteil des Hauptstudiums sind. Sie stellen anwendungs- und problembezogene Vertiefungen der Grundlagen dar. Das hat zur Folge, dass jeweils spezielle Grundlagenfächer von besonderer Bedeutung sind, abhängig von dem konkreten Problem. Eine souveräne Beherrschung der Grundlagenfächer ist Voraussetzung dafür, dass sich die Ingenieure möglichst rasch und problemlos in neue Aufgabenfelder einarbeiten können. Angesichts der enormen Dynamik des technischen Wandels ist gerade diese Flexibilität ein Kennzeichen der Ingenieursausbildung.

Wir wollen diese problembezogenen Vertiefungen in der Weise darstellen, dass wir zunächst die klassischen ingenieurwissenschaftlichen Studiengänge beschreiben. Mit klassisch meine ich jene Studiengänge, die zu meiner Studienzeit Ende der fünfziger/Anfang der sechziger Jahre existierten. Das waren der Maschinenbau, die Elektrotechnik und das Bauingenieurwesen. Diese Studiengänge haben sich aus den Anforderungen der industriellen Revolution heraus entwickelt. Als die technischen Fachschulen in Deutschland zu Beginn des 20. Jahrhunderts in den Rang von Universitäten erhoben wurden, waren die drei Fakultäten Maschinenbau, Elektrotechnik und Bauingenieurwesen der Kern dieser neuen Technischen Hochschulen.

Diese Gleichstellung wurde gegen teilweise starke Widerstände der Universitäten von der staatlichen Obrigkeit, damals dem Kaiserreich unter Kaiser Wilhelm II., gesetzlich verordnet. Diese Gleichstellung bestand im Wesentlichen in der Rektoratsverfassung sowie in dem Promotions- und Habilitationsrecht-. Die Universitäten haben seinerzeit durchdrücken können, dass die von den neuen Technischen Hochschulen verliehenen akademischen Grade optisch von den universitären Graden unterschieden wurden. Dies war historisch als Stigmatisierung gedacht. Seit jener Zeit wird der Doktortitel in den Ingenieurwissenschaften als Dr.-Ing. geschrieben im Gegensatz zu den universitären Doktortiteln wie etwa Dr. phil., Dr. jur., Dr. med. oder Dr. rer.nat. Der optische Unterschied sollte einerseits durch die deutsche Schreibweise Ing. von Ingenieur im Gegensatz zu rer.nat. von dem lateinischen Begriff rerum naturarum und andererseits durch den Bindestrich verdeutlicht werden. Damit sollte erreicht werden, dass der Zusatz Ing. zum Doktorgrad der Ingenieurwissenschaften hinzugesetzt werden muss, während entsprechende Zusätze bei den universitären Doktorgraden hinzugefügt werden können aber nicht müssen. Diese historisch amüsanten Reminiszenzen haben auch dazugeführt, dass die Verleihung des Ehrendoktorgrades seit jener Zeit unterschiedlich geschrieben wird: als Dr.-Ing.e.h. von ehrenhalber einerseits und Dr. h.c. von honoris causa andererseits. Aber das ist wahrlich Schnee von gestern. Heute sind wir jedoch in einer ähnlichen Gleichstellungsdiskussion. Die heutigen Fachhochschulen, zumeist aus ehemaligen Ingenieurschulen entstanden, haben ihren Status sukzessive aufwerten können. Aber das ist ein anderes Thema.

Anfang der sechziger Jahre gab es in der Bundesrepublik Deutschland acht Technische Hochschulen. Vier davon liegen nördlich des Mains: Aachen, Berlin, Braunschweig und Hannover; vier liegen südlich des Mains: Darmstadt, Karlsruhe, München und Stuttgart. Hinzu kam die gleichrangige ehemalige Bergakademie Clausthal (ebenso wie die Bergakademie Freiberg in der DDR). Alle diese Einrichtungen tragen heute den Titel Universität oder Technische Universität. Zahlreiche Neugründungen sind in der Folgezeit hinzugekommen, des Weiteren haben einige alte Universitäten technische Fakultäten eingerichtet.

Zunächst werde ich die Inhalte der klassischen Studiengänge behandeln. Alsdann werde ich auf Studiengänge eingehen, die sich aus den klassischen Studiengängen heraus entwickelt und etabliert haben. Daraus sind wiederum spezielle umweltbezogene technische Studiengänge entstanden, auf die ich abschließend eingehen werde. Kritische Bemerkungen zu der aus meiner Sicht heute allzu starken Ausdifferenzierung werde ich auf das letzte Kapitel verschieben, wo ich in Abschnitt 7.2 unter der Überschrift „Zukunftsfähige Studiengänge" unter anderem ein Zurückfahren der allzu starken Spezialisierung und Ausdifferenzierung empfehlen werde.

4.1 Klassische Studiengänge

Exemplarisch möchte ich den Studiengang Maschinenbau schildern. Bei der Formulierung dieses Abschnitts ist mir deutlich geworden, wie zeitlos und zugleich modern mein Studium des Maschinenbaus vor rund vierzig Jahren an der TH (heute Universität) Karlsruhe gewesen ist. Heutige Studiengänge des Maschinenbaus unterscheiden sich davon nur unwesentlich. Wesentliche Änderungen bestehen nur darin, dass die Informationstechnik und die rechnerunterstützten Methoden hinzugekommen sind.

Dabei werde ich einen typischen Studiengang Maschinenbau nicht in der Weise schildern, dass ich mit einer Aufzählung der relevanten Fächer und deren Erläuterung beginne. Dagegen möchte ich von einem konkreten Projekt ausgehen, der Entwicklung und dem Bau eines Strahltriebwerks für ein Flugzeug, Abb. 4.1. Daran lässt sich sehr schön erläutern, warum einerseits die in Kapitel drei geschilderten technischen Grundlagenfächer von Bedeutung sind, und welche anwendungsbezogenen Fächer für das Hauptstudium daraus zwangsläufig folgen.

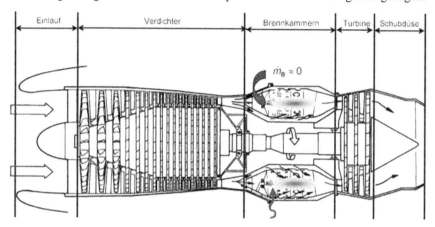

Abb. 4.1. Strahltriebwerk eines Flugzeugs (aus www.rz.fh-ulm.de)

Zunächst sei die Wirkungsweise des Strahltriebwerks skizziert. Der eintretende Luftstrom der Atmosphäre wird in einem mehrstufigen Axialverdichter zunächst verdichtet. In den anschließenden Brennkammern verbrennt der eingespritzte Kraftstoff. Dadurch steigen Temperatur und Druck in den Brennkammern an. Der hohe Druck wird in der folgenden Turbine entspannt, wobei die Turbine die Aufgabe hat, den Verdichter und einer Reihe von Hilfsaggregaten anzutreiben. Der aus dem Triebwerk austretende Abgasstrom hat einen deutlich höheren Impuls als der in das Triebwerk eintretende Luftstrom. Diese Differenz zwischen dem aus- und dem eintretenden Impulsstrom ist gleich dem Schub, den das Triebwerk erzeugt. Er entspricht dem Produkt aus Massenstrom durch das Triebwerk und der Geschwindigkeitsdifferenz zwischen dem austretenden Gasstrom und dem eintretenden Luftstrom.

Es ist leicht zu erkennen, dass alle in Kapitel drei behandelten technischen Grundlagenfächer angesprochen sind. Das Triebwerk wird durchströmt, dabei werden einzelne Leit- und Laufschaufeln umströmt. Thermodynamische Prozesse laufen ab und die chemische Reaktionskinetik spielt eine Rolle. Die Schaufeln, die Welle des Triebwerks und andere Bauteile werden durch Kräfte und Momente belastet, dies ist eine Aufgabe der Mechanik. Die Auswahl des geeigneten Werkstoffs insbesondere für die Turbinenschaufeln ist bedeutsam, da diese hohen Temperaturen und hohen Umfangsgeschwindigkeiten, somit starken thermischen und mechanischen Belastungen ausgesetzt sind. Über elektronisch gesteuerte Einspritzdüsen ist die Elektrotechnik gefragt. Letztlich sind etliche Maschinen-

elemente erkennbar, die in der Konstruktionstechnik behandelt werden wie etwa
Wellen, Bauteilverbindungen, Dichtungen und so fort. Man stelle sich einmal vor,
wie kompliziert der Regelungs- und Verstellmechanismus der Schaufeln aussieht,
da diese abhängig von der Fluggeschwindigkeit und der Flughöhe (das heißt
Temperatur und Druck der Atmosphäre) entsprechend eingestellt werden müssen.

Wir wollen nun diskutieren, welche anwendungsorientierten Fächer wir uns aus
dieser Aufgabenstellung heraus vorstellen können. Das abgebildete Strahltriebwerk ist eine Strömungsmaschine. Deren Aufbau und Wirkungsweise werden in
einer gleichnamigen Vorlesung behandelt ebenso wie weitere Strömungsmaschinen, zu denen Gebläse, Pumpen, Verdichter und Turbinen zählen. Hätten wir uns
als Anwendungsbeispiel einen Ottomotor vorgestellt, so hätte uns dies zu einer
Vorlesung Kolbenmaschinen geführt, in der neben den Verbrennungskraftmaschinen wie Otto- und Dieselmotor auch Kolbenpumpen behandelt werden. Heute
werden diese beiden Vorlesungen mitunter in einer Vorlesung Energiewandlungsmaschinen vereinigt, wofür früher der unschöne Begriff Kraft- und Arbeits-
maschinen gebräuchlich war.

In vielen Energiewandlungsmaschinen spielen Verbrennungsprozesse eine
zentrale Rolle. Vorlesungen hierzu werden unter den Titeln Verbrennungstechnik
oder Hochtemperaturverfahrenstechnik angeboten, früher war der Begriff Feuerungstechnik geläufig. Hierbei handelt es sich um eine Zusammenführung der
Grundlagen aus Strömungsmechanik, Thermodynamik und chemischer Reaktionskinetik. Während des Flugbetriebs müssen unter Berücksichtigung zahlreicher
gemessener Daten die eingespritzte Treibstoffmenge sowie die Stellung der
umströmten Schaufeln laufend geregelt werden. Dies führt uns zu zwei Vorlesungen, die für alle Anlagen und Maschinen eine zentrale Bedeutung haben. Das sind
einerseits die Messtechnik und andererseits die Regelungstechnik. Wegen ihrer
übergeordneten Bedeutung werde ich beide Vorlesungen an anderer Stelle
getrennt behandeln. In Abschnitt 5.2 werde ich auf die Bedeutung der Methoden-
und Systemkompetenz zu sprechen kommen und dabei auf die Regelungs- und
Systemtechnik eingehen. Diese Fächer haben die Bedeutung einer Metadisziplin,
die systematische Zusammenhänge nicht nur technischer Art besser zu verstehen
erlaubt. Auf die Messtechnik werde ich in dem Abschnitt 6.6 in Zusammenhang
mit der Analytik und der insbesondere rechnergestützten Auswertung ebenfalls
separat eingehen.

Die Herstellung der Bauteile des Strahltriebwerks stellt besondere Anforderungen, wenn wir beispielsweise an die Fertigung der Verdichter- und Turbinenschaufeln denken. Letztere werden derart hohen Temperaturen ausgesetzt, dass sie
gekühlt werden müssen. Es ist ein fertigungstechnisches Problem, Kühlungskanäle
in schlanken gekrümmten und verdrehten Schaufeln herzustellen. Dieses ist eine
Aufgabe der Fertigungstechnik und der dafür benötigten Werkzeugmaschinen. Es
gibt eine hohe Vielfalt von Fertigungsverfahren. Man unterscheidet spanlose von
spangebenden Verfahren, Urformen und Umformen, Gießen und Sintern und so
fort. Statt Fertigungstechnik werden entsprechende Vorlesungen heute oft
Produktionstechnik genannt.

Fertigung bedeutet gleichzeitig Lagerung und Förderung. Früher sprach man
von Fördertechnik, womit der Transport von Gütern jeglicher Art gemeint ist, von

Stückgütern hin bis zur pneumatischen und hydraulischen Förderung. Heute wird die Fördertechnik unter dem Begriff Materialflusstechnik einschließlich Logistik subsumiert. Aus der Fertigungstechnik und der damit verbundenen Fertigungsmesstechnik sind verschiedene Methoden der Qualitätssicherung entwickelt worden. Diese sind heute Bestandteil einer umfassenderen Vorlesung Qualitätsmanagement, worauf ich in Abschnitt 6.2 unter der Überschrift Managementmethoden separat eingehen werde.

Ein Flugtriebwerk wird nicht für die Ewigkeit gebaut. Es folgt anderen Konstruktionsprinzipien als etwa eine Werkzeugmaschine, z.B. eine Drehbank. Der Motor eines Rennwagens muss nur ein Rennen durchstehen, ein Traktor hält in der Regel ein Bauernleben lang. Somit unterscheiden wir die Dauerfestigkeit von der Zeitfestigkeit, hier sei an den Abschnitt 3.5 Werkstofftechnik erinnert. Sicherheitsrelevante Bauteile in einem Flugzeug werden nach einer bestimmten Betriebsdauer ausgewechselt, unabhängig davon, ob sich ein Schaden abzeichnet oder nicht. Unter dem Begriff Betriebsfestigkeit werden diese Fragen zusammengefasst. Hierbei spielen die Entwicklung und der Betrieb von Prüfmaschinen eine zentrale Rolle, mit denen die Belastungen im Fahr- bzw. Flugbetrieb für Prototypen ermittelt werden. Dabei werden ganze Bauteilgruppen wie die Antriebsaggregate eines Pkw oder das Leitwerk eines Flugzeugs in kurzer Zeit wechselnden Beanspruchungen ausgesetzt, um daraus Informationen für die Dimensionierung zu gewinnen. Idealerweise sollten die relevanten Baukomponenten eines Pkw, das sind Motor, Getriebe, Achsen und die Karosserie, nach etwa gleicher Laufleistung „am Ende" sein.

Letztlich müssen technische Produkte am Markt platziert werden. Fragen nach der Wirtschaftlichkeit besitzen einen zentralen Stellenwert, sie werden in einer Einführung in die Betriebswirtschaftslehre vermittelt. Hierauf gehe ich in Abschnitt 5.1 gesondert ein, da die Frage nach Art und Umfang von fachübergreifenden Themen stets kontrovers diskutiert wurde und wird. Die Betriebswirtschaftslehre ist in ingenieurwissenschaftlichen Studiengängen weitgehend etabliert. Offen ist bestenfalls die Frage, ob dies im Grund- oder im Hauptstudium angeboten werden sollte.

Damit haben wir einen harten Kern von Fächern entwickelt, der in der Regel fester Bestandteil eines Studiums des Maschinenbaus ist. Fassen wir diese Fächer noch einmal zusammen: Messtechnik, Regelungstechnik, Produktionstechnik, Betriebsfestigkeit, Energiewandlungsmaschinen, Materialflusstechnik und Logistik. Weitere Fächer können, abhängig von den jeweils angebotenen Vertiefungsrichtungen, hinzutreten. An der TU Clausthal sind dies die Fächer Schwingungslehre und Maschinendynamik, Konstruktionslehre, Produktentwicklung sowie Werkstofftechnik. Zu diesen Pflichtfächern kommen frei wählbare Schwerpunktfächer und Wahlfächer hinzu.

Auf die beiden anderen klassischen Studiengänge, die Elektrotechnik und das Bauingenieurwesen, werde ich kürzer eingehen. Die Elektrotechnik ist jener Zweig der Technik, der sich mit der Anwendung der physikalischen Grundlagen und den Erkenntnissen der Elektrizitätslehre befasst: den Erscheinungsformen und Wirkungen elektrischer Ladungen und Ströme sowie die von ihnen erzeugten elektrischen und magnetischen Felder und deren gegenseitige Beeinflussung.

Traditionell gibt es in der Elektrotechnik zwei Studienrichtungen. Zum einen die elektrische Energietechnik, die früher Starkstromtechnik genannt wurde. Sie umfasst alle Bereiche, die sich mit der Erzeugung elektrischer Energie in Kraftwerken, dem Transport, der Verteilung und der Nutzung beschäftigt. Die hierzu erforderlichen Anlagen und Geräte wie Generatoren, Elektromotoren und Transformatoren werden behandelt.

Der zweite große Bereich der Elektrotechnik ist die Nachrichtentechnik, früher teilweise Schwachstromtechnik genannt. Hierbei geht es um die Erzeugung, Übertragung, Verarbeitung und Speicherung von Nachrichten in Form analoger oder digitaler elektrischer Signale. Die Nachrichtentechnik umfasst die Nachrichtenverarbeitung und die Telekommunikation, wobei die Digitaltechnik an Bedeutung ständig zunimmt. Die Hochfrequenztechnik behandelt die Sende- und Empfangstechnik bei Funk, Rundfunk und Fernsehen. Weitere Anwendungsgebiete sind die Informationselektronik, die Elektroakustik und die elektronische Datenverarbeitung.

Im Bauingenieurwesen gibt es gleichfalls zwei traditionelle Richtungen, den Hochbau und den Tiefbau. Beim Hochbau geht es um Gebäude, um Türme etwa für Windkraftwerke und um Brücken. Der Tiefbau beschäftigt sich mit Bahnen und Straßen, Tunneln und Talsperren sowie mit Wasserwirtschaft und Deponien. Von den technischen Grundlagen sind insbesondere die Mechanik, hier die Baustatik und die Festigkeitslehre, daneben die Bodenmechanik und Ingenieurgeologie sowie die Baustoffkunde von Bedeutung. Über den Tunnel- und Stollenbau besteht eine Verbindung zum Studium des Bergbaus. Dies betrifft ebenso die Frage des Vermessens. Über Tage sprechen wir von Vermessungswesen, dies ist ein Bestandteil der Bautechnik. Unter Tage sprechen wir von Markscheidewesen, hier handelt es sich um einen Teil des Bergbaus. Die Geoinformationssysteme bilden einen neuen und interessanten Anwendungsbereich.

4.2 Ausdifferenzierte Studiengänge

Innerhalb der drei geschilderten klassischen Studiengänge waren stets spezielle Vertiefungen möglich. Exemplarisch werde ich die Vertiefungsmöglichkeiten schildern, die der Studiengang Maschinenbau vor rund vierzig Jahren an der damaligen TH Karlsruhe bot. Alsdann werde ich ebenfalls exemplarisch schildern, wie sich nach und nach aus diesen Vertiefungsmöglichkeiten eigene Studienrichtungen innerhalb eines Studienganges, hier Maschinenbau, entwickelt haben. Ein dritter Schritt bestand darin, dass aus Studienrichtungen eigenständige Studiengänge wurden.

Die klassischen Studiengänge Maschinenbau, Elektrotechnik und Bauingenieurwesen sind von ihren Begriffen her selbsterklärend. Im Gegensatz dazu haben wir heute eine nach meiner Auffassung zu große Zahl spezialisierter Studiengänge, deren Abgrenzungen mitunter selbst den Experten kaum vermittelbar sind. Hinzu kommt, dass etliche Bezeichnungen nicht unbedingt selbsterklärenden Charakter besitzen. So denkt ein Jurist bei dem Begriff Verfahrenstechnik an juristische Verfahren. Ein Ingenieur verbindet mit dem Begriff Verfahrenstechnik einen der heute etablierten ausdifferenzierten Ingenieurstudiengänge, auf den ich in diesem Abschnitt intensiver eingehen werde. Denn der Studiengang Verfahrenstechnik war wiederum ein zentraler Ausgangspunkt für die Einrichtung umweltbezogener technischer Studiengänge, die mit den Begriffen Umwelttechnik, Umweltschutztechnik, Umweltprozesstechnik oder Umweltverfahrenstechnik bezeichnet werden. Hierauf werde ich im folgenden Abschnitt eingehen.

Welche Wahlmöglichkeiten bot der von mir gewählte Studiengang Maschinenbau vor vierzig Jahren an der seinerzeitigen TH Karlsruhe? Das Hauptstudium war in drei Fächergruppen unterteilt. Die erste Gruppe der theoretischen Fächer bestand aus Strömungsmechanik, Thermodynamik und Regelungstechnik. Viele Studenten haben diese Fächer als besonders schwierig empfunden, ein kleinerer Teil der Studenten wurde von diesen Fächern in besonderer Weise fasziniert. Die zweite Gruppe der konstruktiven Fächer enthielt vier Vorlesungen: Strömungsmaschinen, Kolbenmaschinen einschließlich Getriebelehre, Fördertechnik sowie Feuerungstechnik. Die dritte Fächergruppe war der Fertigung und dem Betrieb gewidmet, sie enthielt wie die zweite Gruppe ebenfalls vier Fächer: Fertigungstechnik einschließlich Werkzeugmaschinen, Mechanische Technologie (heute nennen wir dies Werkstofftechnik), Industriebetriebslehre (ein spezieller Bereich der Betriebswirtschaftslehre) sowie Messtechnik.

Aus diesen insgesamt elf Pflichtfächern mussten drei beziehungsweise vier Hauptfächer ausgewählt werden; dazu gab es zwei Möglichkeiten. Entweder konnte aus jeder der drei Gruppen ein Hauptfach gewählt werden, oder eine der drei Fächergruppen wurde als Hauptgruppe gewählt. Die Wahl von Hauptfächern war mit vorgeschriebenen Vertiefungen verbunden. Wählte man beispielsweise Regelungstechnik als Hauptfach aus, so kam zu der anwendungsorientierten Regelungstechnik für Maschinenbauer die stärker mathematisch orientierte Vorlesung Regelungstechnik für Elektrotechniker hinzu. Entsprechendes galt für die anderen Fächer.

Diese elf Pflichtfächer wurden innerhalb von drei Tagen einer Woche gruppenweise zusammengefasst mündlich geprüft. Hierauf möchte ich besonders hinweisen, denn nach heutigen Prüfungsordnungen werden sämtliche Fächer einzeln abgeprüft, was die Studienzeiten zwangsläufig in die Länge gezogen hat. Studienbegleitende Prüfungen fanden seinerzeit nur in vier frei zu wählenden Fächern sowie in Elektrotechnik und in Starkstromtechnik statt. Hinzu kamen drei Laborübungen, in Messtechnik, in Maschinentechnik und in Starkstromtechnik. Von diesen Laborübungen habe ich in besonderer Weise profitiert. Die Messung von Drehmoment und Drehzahl sowie Leistung eines Motors gehörten ebenso dazu wie Abgasanalysen und die Ermittlung von Motorkennfeldern durch Messung des Massenstromes und des Druckverlustes.

Nach meiner Erinnerung gab es seinerzeit weitere Wahlmöglichkeiten. Wegen der Zusammenarbeit mit Instituten des damaligen Kernforschungszentrums (dem heutigen Forschungszentrum) Karlsruhe gab es eine weitere Fächergruppe, die Reaktortechnik. Diese Fächergruppe konnte an Stelle der zweiten oder dritten Fächergruppe gewählt werden, die erste Gruppe der theoretischen Fächer konnte jedoch nicht abgewählt werden. Dies zeugte von dem Weitblick der Professoren jener Zeit. Heute neigen wir bedauerlicherweise dazu, die trendinvarianten Grundlagen zu Gunsten der anwendungsorientierten Fächer zu reduzieren. Ich halte diese Entwicklung für fatal, worauf ich im siebten Kapitel zurückkommen werde.

Des Weiteren gab es die Möglichkeit einer speziellen Vertiefung in Verfahrenstechnik. Dies war ganz wesentlich dem Engagement zweier Karlsruher Professoren zu verdanken, Hans Rumpf für die Mechanische Verfahrenstechnik und Emil Kirschbaum für die Thermische Verfahrenstechnik. Heutige Studiengänge der Verfahrenstechnik, auf die ich sogleich eingehen werde, sind maßgeblich davon geprägt worden.

An allen alten Technischen Hochschulen in Westdeutschland, die ich in Abschnitt 4.1 aufgeführt habe, hat es Wahlmöglichkeiten gegeben. Daraus sind in der Folge entweder Studienrichtungen innerhalb des Maschinenbaus oder eigene Studiengänge entstanden. Ohne Anspruch auf Vollständigkeit nenne ich hier beispielhaft die Bereiche Fahrzeugtechnik, Flugzeugbau (später Luft- und Raumfahrttechnik), Energietechnik und Werkstofftechnik. Ähnlich wie an der TH Karlsruhe war dabei stets der Einsatz weitsichtiger Professoren die Triebfeder, wobei jedoch auch die Nähe großer Industrieunternehmen eine Rolle spielte. So hat die BASF in Ludwigshafen die Verfahrenstechnik an der TH Karlsruhe zweifellos ebenso geprägt wie Bayer Leverkusen die Verfahrenstechnik an der RWTH Aachen. Eine ähnliche Entwicklung gab es an den Technischen Hochschulen in der DDR. Dort waren Spezialisierungen politisch gewollt. Sie richteten sich nach den Anforderungen naher Kombinate. Die Frage, ob und in welcher Weise die Großindustrie Einfluss auf die Struktur und die Forschungsthemen innerhalb der Ingenieurwissenschaften nehmen kann, soll und darf, wird in jüngerer Zeit mit zunehmender Intensität geführt. Stichworte hierzu sind Sicherung des Industrie- und Innovationsstandortes Deutschland, Einwerbung von Drittmitteln sowie Praxisorientierung. Diese Frage betrifft jedoch nicht nur die Universitäten und die Fachhochschulen, sondern generell alle Forschungseinrichtungen.

Ein wesentlicher Grund für die zunehmende Spezialisierung lag zweifellos in dem Wunsch der Großindustrie, Ingenieure möglichst rasch für spezielle Aufgaben einsetzen zu können. Hinzu kam der Wunsch einiger Professoren, sofern diese Direktoren großer Universitätsinstitute mit einer hohen Drittmitteleinwerbung waren, für ihre Institute eigene Studienrichtungen auszuweisen.

Kommen wir nun zu einer Schilderung der relativ jungen Disziplin Verfahrenstechnik. Sie befasst sich mit den Verfahren zur Stoffumwandlung. Dabei wird stets aus einem oder mehreren Rohstoffen, den Edukten, unter Zuführung von Energie und Hilfsstoffen das gewünschte Hauptprodukt erzeugt, wobei stets (teilweise unerwünschte) Nebenprodukte und Rückstände entstehen. Nennen wir zur Anschauung einige Beispiele: Wie stellen wir aus Zuckerrüben Zuckerrohr her; wie wird Erdöl letztlich zu Benzin, Dieselöl, Heizöl und Kerosin oder zu Kunststoffen; wie gewinnen wir aus Hopfen, Malz und Wasser das Bier und wie den Wein aus Weintrauben; wie entsteht Pulverkaffee aus den Kaffeebohnen? Des Weiteren können wir an die Herstellung von Medikamenten, Kosmetika, Farbstoffen und Pflanzenschutzmitteln denken. Die Abb. 4.2 zeigt dies im Überblick, sie ist ebenso wie die Abb. 4.3 anschaulichem Informationsmaterial entnommen, das

von der Gesellschaft für Verfahrenstechnik und Chemieingenieurwesen (GVC) im
Verein Deutscher Ingenieure (VDI) herausgegeben wird, siehe www.vdi.de .

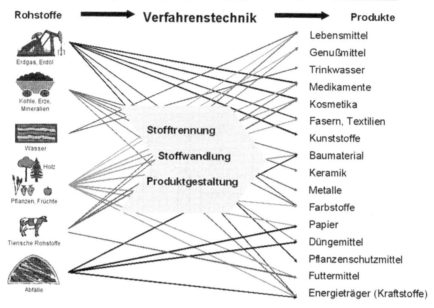

Abb. 4.2. Was ist Verfahrenstechnik? (GVC aus www.vdi.de)

Der Überblick macht deutlich, dass es kaum Industriezweige ohne verfahrenstechnische Fragestellungen gibt. Für die Chemische Industrie sowie den Anlagen- und
Apparatebau ist die Verfahrenstechnik ohnehin von zentraler Bedeutung. Hinzu
kommen die Metallurgie und die Bereiche Glas, Keramik, Zement, Kalk, Steine
und Erden; die Heizungs-, Klima- und Lüftungstechnik; die Bereiche Holz,
Papier, Textil und Lacke sowie Kautschuk, Gummi und Kunststoffe; die Bereiche
Nahrungs-, Genuss- und Futtermittel sowie der Pflanzenschutz und die Düngemittel; die Pharmazeutika, die Gen- und Medizintechnik; die Waschmittel und
Kosmetika; die Petrochemie; nahezu sämtliche Umweltschutztechnologien wie
Wasser- und Trinkwasseraufbereitung sowie Ver- und Entsorgungstechnik und
schließlich die Energietechnik. Verfahrenstechnische Prozesse sind stets mit
Energieaustausch verbunden. Je höher die Prozesstemperaturen sind, umso
bedeutsamer wird der Bereich der Energieverfahrenstechnik.

Prozesse der Stoffumwandlung sind häufig mit chemischen Reaktionen verbunden. Diese laufen in einem Reaktionsapparat, auch chemischer Reaktor
genannt, ab; verkürzt sprechen wir von einem Reaktor. Leider ist der Begriff
Reaktor in der Umgangssprache zu einem Synonym für Kernreaktoren geworden,
obwohl es sich hierbei um den Sonderfall eines Reaktors handelt. In Abb. 4.3 ist
ein Gesamtsystem Reaktor dargestellt, das die Einbettung in den uns bekannten
Studiengang Maschinenbau verdeutlicht.

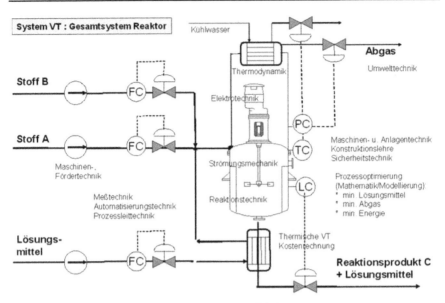

Abb. 4.3. Gesamtsystem Reaktor (GVC aus www.vdi.de)

An diesem Gesamtsystem Reaktor können wir unmittelbar feststellen, dass ähnlich wie bei dem Gesamtsystem Strahltriebwerk in Abb. 4.1 zur Erläuterung des Maschinenbaus alle in Kapitel drei behandelten technischen Grundlagen angesprochen sind. Hinzu kommt die Chemie als naturwissenschaftliche Grundlage, die in der Verfahrenstechnik von zentraler Bedeutung ist und von daher einen gebührenden Raum in den Studienplänen einnimmt. Darauf hatten wir in Abschnitt 2.4 bereits hingewiesen.

Die in dem Bild dargestellte Aufgabe lautet: Zwei Stoffe A und B sollen in einem Lösungsmittel zu einem Produkt C reagieren, aus A und B wird C. Die Rezeptur für die Reaktion sei gegeben und die Reaktion sei stark exotherm, somit wird in dem Reaktor Wärme frei. Nun soll möglichst Abwärme wieder verwendet werden, dies geschieht einerseits über den unteren Wärmeaustauscher, der das Lösungsmittel vorwärmt. Überschüssige Abwärme muss durch den oberen Wärmeaustauscher über von außen zugeführtes Kühlwasser nach außen abgegeben werden, ebenso wie das in dem Reaktor entstehende Abgas.

Die dosierte Zufuhr der Edukte A und B sowie des Lösungsmittels ist eine Aufgabe der Fördertechnik. Die Pfeile geben in dem Bild die Richtung der Stoffflüsse an. Die mit ihrer Spitze zusammengestoßenen Dreiecke stellen in der symbolischen Sprache technischer Fließbilder Stellglieder dar, denken wir etwa an Ventile. Diese müssen geeignet gesteuert und geregelt werden, was eine Aufgabe der Mess- und Regelungstechnik ist. In dem Bild sind dafür die Begriffe Automatisierungs- und Prozessleittechnik gewählt. Mit den gestrichelten Linien sind rückgekoppelte Vorgänge angedeutet, denn zur Steuerung müssen die Stoffströme und andere Größen gemessen werden. C bedeutet control, auf Deutsch Regelung. FC bedeutet Mengenregelung (F von feed = Nahrung), PC ist Druckregelung (P von pressure = Druck), TC ist Temperaturregelung (T von temperature = Temperatur) und LC meint Füllstandsregelung (L von liquid = Flüssigkeit).

Welche Disziplinen sind weiter von Bedeutung? Die Thermodynamik kommt über die Auslegung der Wärmeaustauscher ins Spiel, die Elektrotechnik wegen des durch einen Elektromotor angetriebenen Rührers zur guten Vermischung in dem Reaktorkessel sowie zum Antrieb der Stellglieder, die Strömungsmechanik wegen der Beschreibung der Strömungsvorgänge in dem Reaktor, die Konstruktionslehre sowie die Maschinen- und Anlagentechnik zur Planung und Konstruktion der Anlage, die Sicherheitstechnik für den Betrieb, die Prozessoptimierung über eine mathematische Modellierung zur Ermittlung minimaler Mengen für Lösungsmittel, Abgase und Energie, die Umwelttechnik zur Behandlung der Abgase und eine betriebswirtschaftliche Kostenrechnung zur Frage der Abwärmenutzung.

Alle Prozesse zur Stoffumwandlung setzen sich aus einer Reihe von Grundoperationen (unit operations) zusammen. Daher besteht das Hauptstudium der Verfahrenstechnik einerseits aus einer Vermittlung dieser Grundoperationen, des Weiteren über die notwendige Apparate- und Anlagentechnik sowie die stets unverzichtbare Mess- und Regelungstechnik.

Die wesentlichen Grundoperationen seien kurz an Beispielen skizziert, um die Verbindung zu den naturwissenschaftlichen und technischen Grundlagenfächern zu verdeutlichen.

Reagieren: Dies meint Stoffumwandlungen durch chemische Reaktionen, bei denen neue Stoffe entstehen. Damit ist häufig eine Freisetzung von Energie verbunden. Katalysatoren beschleunigen chemische Reaktionen und senken so den nötigen Energieaufwand für deren Aktivierung. Großtechnische Prozesse sind in der Regel auf Katalysatoren angewiesen. Körpereigene Biokatalysatoren, die Enzyme, beeinflussen die Stoffwechselvorgänge in Organismen entscheidend. Ohne sie gäbe es kein menschliches Leben.

Gären: Bereits die Sumerer und Babylonier haben mit Hilfe von Hefen durch Gärung alkoholische Getränke hergestellt. Das war die erste Stoffumwandlung durch Bakterien mit biologischen Katalysatoren. Zu diesen Fermentierungsverfahren gehören auch die Kultivierung von Essigsäurebakterien zur Essigbereitung, von Milchsäurebakterien zur Haltbarmachung von Milchprodukten wie Joghurt und Quark sowie von Bakterien und Schimmelpilzen zur Käseherstellung.

Destillieren/Rektifizieren: Sie gehören zu den häufigsten Grundverfahren. Erdöl lässt sich durch Destillieren in gewünschte Fraktionen zerlegen, in Benzin, Dieselöl, Kerosin und Heizöl. Beim Rektifizieren wird ein Gemisch unter Energiezufuhr in seine Bestandteile aufgetrennt.

Extrahieren: Hierbei werden Wertstoffe aus Feststoffen oder aus Flüssigkeiten extrahiert. Aus Zuckerrübenschnitzeln extrahiert man Zucker mit Wasser als Extraktionsmittel. Bei der Zubereitung von Kaffee werden Geschmacks- und Aromastoffe aus den gemahlenen Kaffeebohnen extrahiert. Im Gegensatz zur Destillation ist die Extraktion ein Trennverfahren, das nur wenig Trennenergie benötigt.

Absorbieren/Adsorbieren: Abgasströme aus Produktionsanlagen werden mit *flüssigen* Waschmitteln in Kontakt gebracht, die Schad- oder Wertstoffe aus dem beladenen Gasstrom selektiv *ab*sorbieren und Lösungen bilden, die an anderer

Stelle wieder aufbereitet werden können. Ein Beispiel hierfür ist die Rückgewinnung von Schwefeldioxid aus Rauchgasen zur Gipsherstellung, dem REA-Gips. Dabei steht REA für Rauchgasentschwefelungsanlage. Lösemitteldämpfe können aus der Abluft entfernt werden, indem diese durch eine Schüttung von *fester* Aktivkohle geleitet wird, an der die Lösungsmittel *ad*sorbiert werden.

Kristallisieren: In Zuckerfabriken wird durch Abkühlen der wässrigen Zuckerlösung Zucker kristallisiert, wobei anschließend die festen Kristalle mit Hilfe von Zentrifugen von der Lösung getrennt werden. In der Salzindustrie werden Salzlösungen kristallisiert, um das für Düngezwecke verwendete Kaliumchlorid vom Kochsalz abzutrennen. Auch hochreines Silizium für elektronische Bauelemente gewinnt man in ähnlicher Weise aus verfahrenstechnisch gereinigten Schmelzen.

Trocknen: Feuchte Stoffe wie Düngemittel, Ziegel oder Lackschichten müssen getrocknet werden, um sie gebrauchsfertig zu machen. Dazu werden unter Energiezufuhr Wasser oder Lösungsmittel verdunstet.

Trennen mittels Membranen: Meerwasser ist stark salzhaltig und lässt sich durch Umkehrosmose mittels Membranen vom Salz befreien und zu Trinkwasser aufbereiten. Derartige Membrantrennverfahren laufen auch in der menschlichen Niere ab und werden mit der künstlichen Niere in der Dialyse apparativ nachvollzogen.

Die vorgestellten Verfahren sind Grundoperationen der thermischen Verfahrenstechnik. Es folgen drei Grundoperationen aus der mechanischen Verfahrenstechnik.

Zerkleinern: In der Lebensmitteltechnik werden Körnerfrüchte, in der Zementindustrie Kalkstein und in der Umwelttechnik etwa alte Autoreifen und recyclingfähige Kunststoffe zerkleinert. Hierbei geht es einerseits um Vorgänge der Bruchmechanik und andererseits um den Entwurf von Apparaten und Anlagen, z.B. Brecher, Mühlen oder Mahlstraßen.

Sichten: Die beim Zerkleinern entstehenden Schüttgüter sind häufig in Kornfraktionen zu zerlegen, das heißt in Anteile mit unterschiedlichen Korngrößenbereichen. Hierfür kommen mechanische Grundverfahren wie Sichten und Sieben zum Einsatz.

Filtrieren: Zur Entstaubung von Abluft eignen sich mechanische oder elektrische Grundverfahren, etwa Tuchfilter oder elektrostatische Filter. Feste Stoffe wie etwa Kristalle oder Katalysator-Partikeln können aus Flüssigkeiten mit Filtern unterschiedlicher Bauformen abgetrennt werden. Die Auswahl und Berechnung derartiger Filter auf der Basis von einfachen Experimenten, die das stoffliche Verhalten des Fest-Flüssigkeits-Systems charakterisieren, ist eine typische verfahrenstechnische Aufgabe.

Letztlich geht es in der Verfahrenstechnik um Prozesssysteme, um die Synthese von Grundverfahren. Bei jeder Entwicklung eines neuen Verfahrens sind die zur Verfügung stehenden Grundoperationen bekannt. Das Neue besteht darin, die Grundverfahren aus einem alternativen Angebot auswählen und auf geeignete Weise zu verknüpfen. Für die Systemgestaltung ist nicht nur die Kenntnis der Grundverfahren notwendig, sondern auch das Verständnis ihres Zusammenwirkens. Denn in der Regel beeinflussen sich die Grundverfahren im Gesamtsystem auf vielfältige Weise. Als Beispiel sei ein chemischer Reaktor mit anschließender

Auftrennung der Reaktionsprodukte angeführt. Unter den Reaktionsprodukten finden sich stets auch nicht reagierende Ausgangskomponenten, die aus Gründen der Wirtschaftlichkeit in den Reaktor zurückgeführt werden müssen. Ebenso können Energieströme zwischen verschiedenen Grundverfahren ausgetauscht, also beispielsweise eine im Reaktor entstehende Reaktionswärme zur Beheizung einer anderen Stelle im Gesamtsystem genutzt werden. Derartige stoffliche und energetische Rückführungen bewirken ein komplexes Systemverhalten.

Aus diesem Grund wird heutzutage in der Verfahrenstechnik verstärkt Wert auf ein ganzheitliches Systemverständnis gelegt, das als Grundlage für die Prozessentwicklung unabdingbar ist. Hierzu gehört an erster Stelle die Prozessoptimierung. Ein wesentliches Hilfsmittel ist dabei die mathematische Modellierung, um die wichtigsten Prozesseigenschaften durch Aufstellen von Bilanzgleichungen für die Grundverfahren und deren Wechselwirkungen abbilden zu können. Das ist die Voraussetzung zur Prozesssimulation mit Hilfe des Computers.

Wie sieht ein typisches Hauptstudium der Verfahrenstechnik aus? Hier sei beispielhaft jenes an der TU Clausthal angeführt. Es enthält acht Pflichtfächer: Chemische Reaktionstechnik, Strömungsmechanik, Energieverfahrenstechnik, Thermische Verfahrenstechnik, Mechanische Verfahrenstechnik, Apparative Anlagentechnik, Mess- und Regelungstechnik sowie Werkstofftechnik. Daneben gibt es an der TU Clausthal einen Studiengang Chemieingenieurwesen, dessen Studienablauf nahezu deckungsgleich dem der Verfahrenstechnik ist. Dies hat historische Gründe. Ursprünglich war das Chemieingenieurwesen im Grundstudium stärker chemisch orientiert, während die Verfahrenstechnik sich im Grundstudium stärker an den Maschinenbau angelehnt hatte. Hier hat es im Laufe der Zeit eine weitgehende Angleichung beider Studiengänge gegeben, was vermutlich zu einer Bereinigung führen wird.

An dieser Stelle sind einige Bemerkungen zu den Begriffen angebracht. Die Verfahrenstechnik hat sich ursprünglich aus dem Maschinenbau heraus entwickelt, das ist die deutsche Variante. In USA, England und Frankreich hat es eine vergleichbare Entwicklung aus der Chemie heraus gegeben, worauf der Begriff Chemietechnik zurückgeht. Das hat zu einer Zweigleisigkeit an unseren Hochschulen geführt, die eine eindeutige Orientierung der Studenten nicht unbedingt erleichtert. Der korrespondierende englische Begriff für Chemietechnik oder Chemieingenieurwesen lautet Chemical Engineering. Der deutsche Begriff Verfahrenstechnik wird mit Process Engineering übersetzt.

Ich habe den Studiengang Verfahrenstechnik bzw. das Chemieingenieurwesen deshalb so ausführlich geschildert, weil in beiden Studiengängen der Bezug zu umweltrelevanten Fragestellungen unmittelbar erkennbar ist. So war es nahe liegend, daraus einen Studiengang Umweltschutztechnik zu entwickeln. Dies geschah in enger Kooperation mit dem Bereich Bergbau der TU Clausthal, von dem analoge Überlegungen ausgegangen sind. Entscheidender Motor an der TU Clausthal war der Professor für Mechanische Verfahrenstechnik Kurt Leschonski. Er gründete den Forschungsverbund Umwelttechnik sowie das CUTEC-Institut (Clausthaler Umwelttechnik-Institut GmbH). Zwischen der TU Clausthal und dem CUTEC-Institut besteht eine enge und vielfältige Kooperation. Diese Zusammenarbeit wirkt sich auf den Studiengang Umweltschutztechnik ausgesprochen positiv aus, was insbesondere dem Praxisbezug der Studenten durch Einbindung in die Projektarbeit von CUTEC dient.

4.3 Umweltbezogene Studiengänge

Einleitend möchte ich vorausschicken, dass die Situation bei Studiengängen mit Umweltbezug recht unübersichtlich ist. Einerseits gibt es Studiengänge, die zwar den Begriff Umwelt in ihrem Titel tragen, die aber darüber hinaus nur einen sehr speziellen oder gar schwach ausgeprägten Umweltbezug aufweisen. Andererseits gibt es Studiengänge, die einen ausgesprochen starken Umweltbezug haben, jedoch den Begriff Umwelt in ihrem Titel vermeiden. Dies trägt sicherlich nicht zu einer besseren Orientierung der Studienanfänger bei, denn die teilweise beträchtlichen Unterschiede in den verschiedenen Umweltstudiengängen erschließen sich erst dem Experten, jedoch nicht dem Studienanfänger.

Die Situation möchte ich an drei mir charakteristisch erscheinenden Studiengängen aufzeigen. Dabei behandele ich zunächst den Studiengang Umweltschutztechnik meiner Hochschule, der Technischen Universität (TU) Clausthal. Alsdann gehe ich auf den Studiengang Umweltwissenschaften der Universität (U) Lüneburg ein. Beide Universitäten haben vor kurzem, nicht ohne Drängen unseres Ministeriums für Wissenschaft und Kultur, eine Vereinbarung unterzeichnet, die den Austausch insbesondere von umweltrelevanten Lehrangeboten regelt. Alsdann werde ich den Studiengang Angewandte Systemwissenschaft der Universität (U) Osnabrück besprechen.

Neben Unterlagen der drei genannten Universitäten habe ich auf den im April 2003 vorgelegten Bericht der Wissenschaftlichen Kommission Niedersachsen zur Forschungsevaluation an niedersächsischen Hochschulen und Forschungseinrichtungen, hier Umweltwissenschaften, zurückgreifen können. Wegen der universitären Einheit von Lehre und Forschung erlaubt eine Forschungsevaluation auch gewisse Rückschlüsse auf entsprechende Lehrinhalte. Auf diese Weise kann ich zumindest kurz auf weitere universitäre Studiengänge mit Umweltbezug in Niedersachsen eingehen.

Beginnen möchte ich mit dem Studiengang Umweltschutztechnik der TU Clausthal, dessen Entstehen ich verfolgen und teilweise mitgestalten konnte. Er weist zwei Studienrichtungen aus, einerseits die Entsorgungstechnik und andererseits die Umweltprozesstechnik. Die Studienrichtung Entsorgungstechnik geht auf Überlegungen des Fachbereichs Geowissenschaften, Bergbau und Wirtschaftswissenschaften zurück, die Studienrichtung Umweltprozesstechnik ist aus dem Fachbereich Maschinenbau, Verfahrenstechnik und Chemie heraus entstanden. Aus diesem Grund wird der Studiengang Umweltschutztechnik von den beiden genannten Fachbereichen gemeinsam getragen.

Das Grundstudium besteht aus den in den Kapiteln zwei und drei aufgelisteten Fächern, jedoch ohne die Fächer Informatik sowie Elektrotechnik. An deren Stelle sind folgende drei Fächer vorgesehen: Ein Fach Rechtswissenschaften bestehend aus einer Einführung in das Recht sowie Umweltrecht, ein Fach Wirtschaftswissenschaften bestehend aus Betriebswirtschaftslehre und Betrieblicher Umweltökonomie sowie ein Fach Arbeitssicherheit und Gesundheitsschutz.

Das Hauptstudium weist für beide Studienrichtungen fünf identische Pflichtfächer aus: Ökochemie und Umweltanalytik, Umweltbiologie und Ausbreitung von Schadstoffen, Thermische Behandlung und Abgasbehandlung, Abwasserbehandlung sowie Boden- und Reststoffbehandlung. Hinzu kommen in der Studienrichtung Entsorgungstechnik drei weitere Pflichtfächer: Entsorgungsbergbau, Deponietechnik sowie Volkswirtschaftslehre. Die Studienrichtung Umweltprozesstechnik weist ein weiteres Pflichtfach gleichen Namens auf, das seinerseits aus Mechanischer Verfahrenstechnik, Chemischer Reaktionstechnik und Thermischen Trennverfahren besteht. Somit ist die Anzahl der Semesterwochenstunden in beiden Studienrichtungen nahezu identisch.

In beiden Studienrichtungen kommen Wahlfächer und eine Reihe von Leistungsnachweisen hinzu. Hierzu gehören: Grundlagen des Umweltschutzes, Technikbewertung, Programmieren und Datenverarbeitung, Technisches Zeichnen sowie Betriebliche Kommunikation. Hinzu kommen wie in allen ingenieurwissenschaftlichen Studiengängen Praktika, Seminare, Studien- und Diplomarbeit. Man erkennt an dieser Schilderung den starken Bezug zu zwei klassischen technischen Disziplinen, einerseits dem Bergbau und andererseits der Verfahrenstechnik bzw. dem Chemieingenieurwesen.

Wie sieht im Gegensatz dazu der Studiengang Umweltwissenschaften der Universität Lüneburg aus? Er besteht sowohl im Grund- als auch im Hauptstudium aus jeweils vier Studiengebieten: Naturwissenschaften, Wirtschaftswissenschaften, Rechtswissenschaften sowie Erziehungs- und Sozialwissenschaften. Dabei nehmen die Naturwissenschaften sowohl im Grund- als auch im Hauptstudium etwa den gleichen Raum ein wie die drei weiteren Studiengebiete zusammen.

Sehen wir uns zunächst das Grundstudium an. Der dominierende Block Naturwissenschaften besteht dabei aus vier Studienfächern: Geowissenschaften, Physik/Chemie, Biologie/Ökologie sowie Umweltinformatik/Mathematik/ Statistik. Hier dominiert eindeutig das Fach Biologie/Ökologie, was einerseits den Umfang als auch die Prüfungsrelevanz betrifft. Die Umweltinformatik, die Mathematik und die Statistik gehören nicht zu den Prüfungsleistungen, sie werden als Prüfungsvorleistungen erbracht. Die Prüfungsleistungen in Physik/ Chemie können entweder in Physik oder in Chemie erbracht werden, diejenigen in Wirtschaftswissenschaften entweder in Volkswirtschaftslehre oder in Betriebswirtschaftslehre sowie diejenigen in Rechtswissenschaften entweder in Öffentlichem Recht oder in Privatrecht.

Die schon im Grundstudium vorgesehenen Wahlmöglichkeiten setzen sich im Hauptstudium fort. So kann in der Fachprüfung Naturwissenschaften zwischen Ökologie/Ökotoxikologie einerseits sowie Natur- und Umweltschutz andererseits gewählt werden, in den Wirtschaftswissenschaften zwischen Volkswirtschaftslehre und Betriebswirtschaftslehre. In den Rechtswissenschaften ist das Umweltrecht obligatorisch und in den Erziehungs- und Sozialwissenschaften besteht die Fachprüfung aus Umweltbildung/-beratung. Hinzu kommt eine Reihe von Leistungsnachweisen in den genannten Fächern sowie in Chemie/ Physik und in Umweltinformatik.

Diese Schilderung macht deutlich, dass der Studiengang Umweltschutztechnik der TU Clausthal und der Studiengang Umweltwissenschaften der U Lüneburg nur wenig Gemeinsamkeiten aufweisen. Wenden wir uns nun dem Studiengang Angewandte Systemwissenschaft der Universität Osnabrück zu, bevor wir diese drei geschilderten Studiengänge vergleichend bewerten.

Der Studiengang Angewandte Systemwissenschaft der U Osnabrück wird maßgeblich von dem Institut für Umweltsystemforschung getragen. Dieses ist eine gemeinsame interdisziplinäre Forschungseinrichtung der Fachbereiche Biologie/ Chemie, Mathematik/ Informatik, Wirtschaftswissenschaften sowie Kultur- und Geowissenschaften. Dabei ist der Studiengang dem Fachbereich Mathematik/ Informatik zugeordnet. Es kooperieren die drei anderen aufgeführten Fachbereiche sowie der Fachbereich Physik. Aus dieser Schilderung wird schon der starke Bezug zur Mathematik und zur Informatik deutlich, wobei der Umweltbezug in der Anwendung zum Tragen kommt.

Der Studiengang besteht zu je etwa einem Viertel aus Systemwissenschaft, Mathematik, Informatik und einem Anwendungsfach. Als Anwendungsfächer werden Biologie, Chemie, Physik, Volkswirtschaftslehre, Betriebswirtschaftslehre, Sozialwissenschaften und Geographie angeboten. Statt eines Anwendungsfaches können auch zwei gewählt werden mit entsprechender Reduktion an Stunden pro Fach.

Die Lehrveranstaltungen in Systemwissenschaft werden ausschließlich vom Institut für Umweltsystemforschung getragen. Im Einzelnen ist dies im Grundstudium ein verbindlicher Kanon von 22 Semesterwochenstunden bestehend aus: Einführung in die Systemwissenschaft, Umweltsysteme, Systemwissenschaft I und II sowie ein Proseminar Systemwissenschaft. Im Hauptstudium liegt der Pflichtanteil bei mindestens 26 Semesterwochenstunden. Wesentliche und stets wiederkehrend angebotene Veranstaltungen sind: Umweltsystemanalyse, Umweltrisikoanalyse, Geowissenschaftliche Informationssysteme I und II, Dynamik und Selbstorganisation nichtlinearer Systeme, Numerik bei gewöhnlichen Differenzialgleichungen, Numerik bei partiellen Differenzialgleichungen sowie ein Forschungsseminar Systemwissenschaft. Hinzu kommt ein extern abzuleistendes Projekt.

Abschließend möchte ich die drei Studiengänge vergleichend zusammenfassen, in dem ich drei typische Varianten definiere:

Variante „Lüneburg": Eigenständiger Studiengang Umweltwissenschaften in einem eigenen Fachbereich gleichen Namens. Damit nimmt die U Lüneburg nicht nur in Niedersachsen, sondern auch darüber hinaus eine singuläre Position ein. Ein Vorteil liegt in der Breite der Ausbildung, was notwendigerweise auf Kosten der Tiefe geht. Man wird beobachten müssen, wie der Arbeitsmarkt auf Dauer Absolventen derartiger Prägung annimmt. Auf Grund der aus studentischer Sicht zweifellos reizvollen Wahlmöglichkeiten lässt sich die Frage nicht allgemein beantworten, was die Absolventen besonders gut und was sie weniger gut beherrschen. Kurz, was sie eigentlich können. Diese Schwierigkeit betrifft auch Promotionswünsche der Absolventen, denn Promotionen finden aus guten Gründen ausschließlich disziplinär statt, auch wenn die Arbeit von interdisziplinärer Art ist. Je nach Schwerpunkt der Arbeit könnte eine Promotion entweder in Naturwissenschaften, in Sozial- und Wirtschaftswissenschaften, in Rechtswissenschaften oder in Pädagogik erfolgen. Fraglich ist, ob dafür die Tiefe ausreicht. Ob als Alternative ein eigenständiger Doktorgrad Umweltwissenschaften sinnvoll ist, scheint mir derzeit fraglich zu sein. Gelingt den Lüneburger Kollegen jedoch eine noch überzeugendere Akzentuierung der genuin umweltwissenschaftlichen Profilierung, dann könnte ich mir eine eigenständige Promotion vorstellen. Unterstützung verdient der mutige Lüneburger Ansatz, von Interdisziplinarität nicht nur zu reden, sondern dies zu praktizieren, allemal.

Variante "Clausthal": Eigenständiger Studiengang Umweltschutztechnik getragen von einem oder mehreren klassischen Fachbereichen. Ein Vorteil liegt darin, dass relativ deutlich ist, was die Absolventen können und was nicht. So ist jedem Personalchef sofort klar, dass ein Absolvent der Studienrichtung Umweltprozesstechnik eigentlich ein verkappter Verfahrenstechniker oder Chemieingenieur ist, wobei das Studium durch einige umweltrelevante Fächer angereichert wurde. Im Falle einer Promotion gibt es keine Probleme, sie erfolgt in dem Fach Ingenieurwissenschaften. Kritiker können zu Recht einwenden, der Begriff Umwelt in der Bezeichnung des Studienganges sei im Wesentlichen kosmetischer Art, um Studienanfänger für die Universität zu gewinnen. Diese Variante ist an einigen Universitäten anzutreffen, wobei der Begriff Umwelt mit unterschiedlichen Zusätzen versehen wird.

Variante „Osnabrück": Mehr oder weniger starke umweltrelevante Lehrinhalte in etablierten oder in neuen Studiengängen. Dabei handelt es sich an der U Osnabrück um einen neuen Studiengang Angewandte Systemwissenschaft. Dieser ist dem Fachbereich Mathematik/Informatik zugeordnet. Demzufolge ist der Bezug zu diesen Fächern besonders ausgeprägt, womit auch deutlich wird, wo die Stärken dieser Absolventen liegen. Auch hier gibt es im Falle einer Promotion keine Probleme. Systemwissenschaft ist eine Metadisziplin, die mit Substanz zu füllen ist. Nach obiger Schilderung der Osnabrücker Lehrveranstaltungen kann man sich entsprechende Inhalte vorstellen. Aus Sicht der Ingenieure bieten sich die Systeme Umwelt und Energie an. Es sei hier auch auf den erfolgreichen Studiengang Energiesystemtechnik der TU Clausthal hingewiesen.

An dieser Stelle möchte ich auf die eingangs erwähnte Forschungsevaluation Umweltwissenschaften zurückkommen, wobei ich mich auf den im April 2003 vorgelegten Bericht der Wissenschaftlichen Kommission Niedersachsen stütze. Danach findet umweltrelevante Lehre und Forschung an acht von insgesamt neun Universitäten in Niedersachsen statt. Neben den drei oben erwähnten Universitäten sind dies TU Braunschweig, U Göttingen, U Hannover, U Oldenburg sowie die Hochschule Vechta. Die U Hildesheim weist keine Aktivitäten mit Umweltbezug aus.

Auch wenn eine Forschungsevaluation nur bedingt Rückschlüsse auf die Lehre erlaubt, so entnehme ich dem Bericht, dass die fünf genannten Universitäten in der Lehre offenbar der Variante "Osnabrück" folgen. An der TU Braunschweig ist das umweltwissenschaftliche Profil durch technischen Umweltschutz geprägt. Schwerpunkte liegen im Bereich der nachhaltigen Entwicklung von Lebensräumen unter besonderer Berücksichtigung von Siedlungs- und Wirtschaftsstrukturen. An der U Göttingen ist der Umweltbezug durch eine agrar- und forstwirtschaftliche Ausrichtung gekennzeichnet, wobei besondere Aktivitäten im Bereich der Waldökologie liegen. Hinzu kommen vielfältige Kooperationen mit natur- und sozialwissenschaftlichen Bereichen. An der U Hannover wird umweltrelevante Forschung wesentlich in den Bereichen Bodenkunde sowie Landschaftsarchitektur und Umweltentwicklung geleistet. In dem Leitbild der U Oldenburg ist der Umwelt- und Nachhaltigkeitsaspekt ein wesentlicher Bestandteil. Demzufolge finden sich in einer Mehrzahl der Fachbereiche Forschungseinheiten mit einem ausgeprägten Umweltbezug. Besonders zu erwähnen ist der Bereich Chemie und Biologie des Meeres. An der Hochschule Vechta finden umweltrelevante Aktivitäten insbesondere in der Geoinformatik statt, hinzukommen die Bereiche Strukturforschung und Planung sowie Naturschutz und Umweltbildung.

Abschließend möchte ich aus dem erwähnten Bericht der Forschungsevaluation Umweltwissenschaften in Niedersachsen zitieren. Hier lesen wir auf S.60:

> Die Gutachter betonen, dass es keineswegs notwendig ist, an allen Hochschulstandorten Niedersachsens Umweltforschung als Schwerpunkt zu etablieren. Die Entscheidung einer Hochschulleitung, die Umweltforschung nicht explizit hervorzuheben, ist selbstverständlich uneingeschränkt zu akzeptieren. Nach Einschätzung der Gutachter sind die Hochschulen jedoch gut beraten, Potenzial auch effizienter zu nutzen, wo es vorhanden ist. Zur Etablierung eines umweltwissenschaftlichen Profils sollten sich die umweltwissenschaftlich orientierten Arbeitsgruppen in horizontal angelegten, themenbezogenen interdisziplinären Netzwerken zusammenschließen, gleichzeitig jedoch in den jeweiligen Fachdisziplinen verhaftet bleiben und dort ihre wissenschaftliche Tiefe erlangen. Das Herauslösen der Umweltwissenschaften aus den Fachdisziplinen und die Etablierung der Umweltwissenschaften als eine neue Disziplin ist hingegen nicht förderlich.

4.4 Bemerkungen und Literaturempfehlungen

Bücher und Buchreihen über „die Technik" gibt es in großer Zahl. Der Verein Deutscher Ingenieure (VDI), das Deutsche Museum in München und die Georg-Agricola-Gesellschaft zur Förderung der Geschichte der Naturwissenschaften und der Technik sind in besonderer Weise aktiv. Hier nenne ich drei Reihen:

Technik und Kultur (1989-1995). Herausgegeben von der Georg-Argicola-Gesellschaft, VDI Verlag, Düsseldorf.
    Das 10-bändige Werk behandelt die Themen Technik und: Philosophie (I), Religion (II), Wissenschaft (III), Medizin (IV), Bildung (V), Natur (VI), Kunst (VII), Wirtschaft (VIII), Staat (IX), Gesellschaft (X) und es enthält ein Gesamtregister.
Kulturgeschichte der Naturwissenschaften und der Technik. Herausgegeben vom Deutschen Museum, Rowohlt Reinbek. Hier erwähne ich die Einzelbände:
    Eckert M, Schubert H (1986) Kristalle, Elektronen, Transistoren
    Garbrecht G (1985) Wasser
    Klemm F (1983) Geschichte der Technik
    Linder R, Wohak B, Zeltwanger H (1988) Planen, Entscheiden, Herrschen
    Paulinyi A (1989) Industrielle Revolution
    Radkau J, Schäfer I (1987) Holz
    Selmeier F (1984) Eisen, Kohle und Dampf

Varchmin J, Radkau J (1981) Kraft, Energie und Arbeit

Das Magazin „Kultur und Technik" aus dem Deutschen Museum erscheint vierteljährlich. Der Bezug dieser anregenden und gut aufgemachten Zeitschrift ist in dem (maßvollen) Mitgliedsbeitrag der Georg-Argicola-Gesellschaft zur Förderung der Geschichte der Naturwissenschaften und der Technik enthalten.

Neben diesen empfehlenswerten Reihen möchte ich auf folgende Werke hinweisen, die jeweils einen großen Bogen umspannen:

Asimov I (1991) Das Wissen unserer Welt – Erfindungen und Entdeckungen vom Ursprung bis zur Neuzeit. Bertelsmann, München
Cardwell D (1997) Viewegs Geschichte der Technik. Vieweg, Braunschweig
Conrad W (1997) Geschichte der Technik in Schlaglichtern. Meyers Lexikonverlag, Mannheim
Giedion S (1982) Die Herrschaft der Mechanisierung. Europ. Verlagsanstalt, Frankfurt am Main
Mumford L (1981) Mythos Maschine. Fischer, Frankfurt am Main
Troitzsch U, Weber W (Hrsg) (1982) Die Technik – Von den Anfängen bis zur Gegenwart. Westermann, Braunschweig

Weite Bereiche mit starkem Bezug zur Technik deckt eine sechsbändige Buchreihe ab:

Mensch – Natur – Technik (2000). Herausgegeben von Brockhaus, Leipzig und Mannheim, mit den Einzelbänden:
 − Vom Urknall zum Menschen
 − Phänomen Mensch
 − Lebensraum Erde
 − Mensch, Maschinen, Mechanismen
 − Technologien für das 21. Jahrhundert
 − Die Zukunft unseres Planeten

Absolut unverzichtbar sind Nachschlagewerke wie die beiden Klassiker „Hütte" und „Dubbel". 1857 erschien die erste Auflage der „Hütte" als „Des Ingenieurs Taschenbuch", herausgegeben von dem Akademischen Verein Hütte zu Berlin, gegründet 1846. Dieser Verein war Namensgeber und ist bis heute der Herausgeber, seit kurzem gemeinsam mit dem Verein Deutscher Ingenieure (VDI), der 1856 aus dem Verein Hütte hervorging. Der zweite Klassiker erschien erstmalig 1914, herausgegeben von Professor Heinrich Dubbel als „Taschenbuch für den Maschinenbau". Es gibt wohl kaum einen Ingenieur, der nicht mindestens einen dieser Klassiker besitzt. Die derzeit letzten Auflagen sind:

Dubbel (2001) Taschenbuch für den Maschinenbau. Springer, 20. Auflage, Berlin
Hütte (2000) Die Grundlagen der Ingenieurwissenschaften. Springer, 31. Auflage, Berlin

Zusammenfassende Darstellungen zur Umwelttechnik sind:

Brauer H (Hrsg) (1996) Handbuch des Umweltschutzes und der Umweltschutztechnik. 5 Bände, Springer, Berlin
Förstner U (1995) Umweltschutztechnik. Springer, 5. Auflage, Berlin

Görner K, Hübner K (Hrsg) (1999) Hütte Umweltschutztechnik. Springer, Berlin

Bei dem Buch von Förstner handelt es sich m.W. um das erste deutschsprachige Lehrbuch. Es erschien erstmals 1990 und ist aus Vorlesungen an der TU Hamburg-Harburg entstanden. Die Darstellungen von Brauer sowie von Görner und Hübner haben den Charakter von Handbüchern, in denen jeweils einige Dutzend Autoren Spezialgebiete darstellen. Als geschichtliche Einführung sei erwähnt:

Bowler PJ (1997) Viewegs Geschichte der Umweltwissenschaften. Vieweg, Braunschweig

5 Fachübergreifende Inhalte

Unter den Professoren der Ingenieurwissenschaften besteht weitgehende Einmütigkeit darüber, von welcher Art die mathematischen und naturwissenschaftlichen sowie die technischen Grundlagen sein sollen. Diese haben wir in den Kapiteln zwei und drei behandelt. Es besteht ebenfalls ein weitgehender Konsens in der Frage, wie das Hauptstudium etwa in Maschinenbau oder in Verfahrenstechnik strukturiert sein sollte. Etwaige Unterschiede sind zumeist auf besondere Forschungsaktivitäten an den jeweiligen Hochschulen zurückzuführen.

Diese Einmütigkeit ist bei den fachübergreifenden Inhalten nicht mehr vorhanden. Hier gibt es große Unterschiede von Hochschule zu Hochschule einerseits und von Studiengang zu Studiengang innerhalb der gleichen Hochschule andererseits. Wir werden dies für die Fächer Wirtschaft und Recht exemplarisch an Studiengängen meiner Universität behandeln, Abschnitt 5.1. Dabei geht die Diskussion nicht darum, was etwa in einer einführenden Vorlesung in Betriebswirtschaftslehre behandelt werden sollte. Strittig ist vielmehr die Frage, ob dieses Fach überhaupt zum Pflichtkanon gehört.

Bei der Frage nach der Methoden- und Systemkompetenz scheint dagegen die Meinung vorzuherrschen, dass diese Themen an Bedeutung ständig zugenommen haben und weiter zunehmen werden. Hier ist eher die Frage strittig, was in welcher Weise gelehrt werden sollte. Meine Antwort auf diese Frage gebe ich in Abschnitt 5.2.

Besonders kontrovers wird die Frage behandelt, ob überhaupt und wie Sozial- und Kommunikationskompetenz gelehrt werden sollten und könnten. Hier sind etliche meiner Kollegen der Meinung, dass derartige Fächer nicht zur Kernkompetenz der Ingenieure gehören. Das Wort von den Plauderwissenschaften wird bei derartigen Diskussionen mitunter verwendet. Dieser Begriff ist nicht nur ironisch gemeint. Er soll vielmehr andeuten, dass Ingenieure sich ausschließlich mit den harten Fächern beschäftigen sollten. In Abschnitt 5.3 werde ich erläutern, warum diese Themen bedeutsam sind.

5.1 Wirtschaft und Recht

Zunächst möchte ich exemplarisch an vier Studiengängen meines Fachbereichs Maschinenbau, Verfahrenstechnik und Chemie der TU Clausthal die derzeitige Situation schildern. Dies sind zum einen die Studiengänge Verfahrenstechnik, Chemieingenieurwesen und Energiesystemtechnik, die einen gewissen Umweltbezug aufweisen, sowie der Studiengang Umweltschutztechnik. Der Studiengang Chemieingenieurwesen sieht keine Pflichtvorlesungen in Wirtschaft und Recht vor. Der Studiengang Verfahrenstechnik hingegen, der weitgehende Ähnlichkeiten mit dem Studiengang Chemieingenieurwesen aufweist, sieht dagegen zwei Pflichtvorlesungen vor, Betriebswirtschaftslehre sowie Recht. Eine derartige Bestückung ist aus meiner Sicht das absolute Minimum.

Die anderen beiden Studiengänge gehen darüber hinaus. In der Energiesystemtechnik sind vier Vorlesungen vorgeschrieben: Betriebswirtschaftslehre, Investition und Finanzierung, Betriebliche Energiewirtschaft sowie Energierecht. In der Umweltschutztechnik sind Betriebswirtschaftslehre und Betriebliche Umweltökonomie sowie Recht und Umweltrecht vorgeschriebenen, in der Studienrichtung Entsorgungstechnik kommt als weiteres Pflichtfach die Volkswirtschaftslehre hinzu.

Mit dieser Schilderung wollte ich zeigen, dass es selbst bei recht ähnlichen Studiengängen eines Fachbereichs große Unterschiede in der Beurteilung der Frage gibt, ob und in welcher Weise wirtschaftliche und rechtliche Belange im Studium verankert werden sollten. Diese Situation halte ich für sehr unglücklich. Ich werde daher in Abschnitt 7.2 eine Vereinheitlichung des Grundstudiums aller ingenieurwissenschaftlichen Studiengänge der TU Clausthal vorschlagen.

Mit diesen Bemerkungen könnte ich diesen Abschnitt beschließen und auf zwei Bände der vorliegenden Reihe hinweisen: Auf den Band Wirtschaftswissenschaften (Schaltegger 2000), in dem sowohl die betriebswirtschaftliche als auch die volkswirtschaftliche Perspektive dargestellt wird, und auf den Band Rechtswissenschaften (Brandt 2001). Das werde ich aus zwei Gründen nicht tun. Zum Einen, um diesen Band in sich geschlossen zu halten und zum Anderen, um typische Lehrinhalte einführender Vorlesungen in Wirtschaft und Recht für Ingenieure darzustellen. Hierbei beziehe ich mich auf Vorlesungsgliederungen der TU Clausthal, die ich in kommentierender Form wiedergeben werde.

Ich beginne mit einer Einführung in die *Betriebswirtschaftslehre*, die für alle Ingenieure unverzichtbar ist. Viele Ingenieure gehen in kleine und mittlere Unternehmen, werden dort nicht selten Geschäftsführer oder machen sich nach der Promotion, teilweise sofort nach dem Studium, selbstständig. Dann ist es absolut unerlässlich, dass sie über „den Betrieb" Bescheid wissen: Welche Rechtsformen für Betriebe gibt es, welche Konsequenzen ergeben sich daraus, wie lassen sich Betriebe steuern, welche betrieblichen Prozesse und Funktionen gibt es, wie sehen eine Betriebsorganisation und insbesondere das betriebliche Rechnungswesen aus. Es sollte keine Ingenieure geben, die nicht in der Lage sind, die Gewinn- und Verlustrechnung einer GmbH zu lesen.

Von zentraler Bedeutung sind betriebliche Planungs- und Entscheidungsprozesse. Es geht um Entscheidungen bei Sicherheit und bei Unsicherheit sowie um Instrumente der strategischen, der taktischen und der operativen Planung. Die zentrale Aufgabe eines Betriebes ist es, Produkte herzustellen, es geht um die Produktionswirtschaft. Wie sieht die Programmplanung der Produktion aus, wie die Bereitstellung der Produktionsfaktoren, welche Produktionssysteme gibt es. Und da in einer Marktwirtschaft im Gegensatz zu einer Planwirtschaft Produkte nicht verteilt, sondern am Markt platziert werden müssen, ist die Absatzwirtschaft das nächste zentrale Problem. Hier geht es um Marketinginstrumente und -politik sowie um PR-Maßnahmen. Schließlich muss ein Betrieb finanziert werden. Wie sieht eine Finanzplanung aus, was bedeuten Innen- und Außenfinanzierung? Es geht um Kostenrechnung nach Kostenarten, Kostenstellen und Kostenträgern sowie um Investitionsrechnung.

Für nahezu ebenso unverzichtbar halte ich eine Einführung in das *Recht*. Viele meiner ehemaligen Absolventen beklagen eklatante Defizite in diesem Bereich, zumal wenn sie in Entscheidungspositionen gelangen. Dies ist gerade bei promovierten Ingenieuren häufig der Fall. Hinzu kommt, dass aus vielerlei Gründen Sachentscheidungen zunehmend zu rechtlichen Entscheidungen werden. Eine typische Vorlesung führt in das deutsche Rechtssystem im Allgemeinen sowie das Bürgerliche Gesetzbuch (BGB) im Besonderen ein. Es werden in Grundzügen die Regelungen des Allgemeinen Teils des BGB sowie das Recht der Schuldverhältnisse (Verträge) behandelt und ein Einblick in das Recht der Haftung für unerlaubte Handlungen gegeben. Des Weiteren wird in das öffentliche Recht eingeführt. Dies beginnt mit einem Überblick über die deutsche Rechtsordnung und es behandelt die wesentlichen Elemente des deutschen Verfassungsrechts nach dem Grundgesetz (GG). Schwerpunktmäßig werden Fragen der Staatsorganisation, insbesondere grundlegende Verfassungsprinzipien und ihre Ausprägungen einschließlich der Gesetzgebung sowie Grundrechte behandelt. Schließlich wird ein Einblick in das allgemeine Verwaltungsrecht gegeben.

Nach meiner Auffassung sollte auch eine Einführung in die *Volkswirtschaftslehre* für angehende Ingenieure unverzichtbar sein. Politische Entscheidungen werden zunehmend ökonomisch begründet. Wie sollen sich Entscheidungsträger in der Wirtschaft, zu denen neben den Ökonomen in vorderster Front die Ingenieure zählen, an diesen Diskussionen beteiligen? Wie sollen sie mit Verstand den Wirtschafts- und den Finanzteil einer seriösen Tageszeitung wie etwa der FAZ oder das Handelsblatt lesen? Wie sollen Handlungsträger zwischen politisch motivierter Vulgärökonomie und seriöser Ökonomie unterscheiden? Grundlegende Zusammenhänge in Volkswirtschaftslehre sind heutzutage unverzichtbares Basiswissen für Manager.

Ich möchte an dieser Stelle keine Kurzfassung einer Vorlesung wiedergeben, hierzu kann auf zahlreiche gängige Lehrbücher zurückgegriffen werden. Stattdessen möchte ich kurz andeuten, warum die Ökonomie so faszinierend und warum die Vorstellung einer Planung und Steuerung wirtschaftlicher Prozesse so problematisch ist. Die Wirtschaft ist ein dynamischer Prozess, den niemand steuert. Es gibt kein zentrales Steuerungssubjekt, abgesehen von der so einprägsamen Metapher der „unsichtbaren Hand". Diesen Begriff prägte Adam Smith in seinem Werk „Der Wohlstand der Nationen", erschienen 1776, dem Jahr der amerikanischen Unabhängigkeitserklärung. Das war die Geburtsstunde der Ökonomie als Wissenschaft. Bei unserem heutigen System der Marktwirtschaft, das sich spätestens seit 1989 als das effektivste Wirtschaftssystem etabliert hat, richten die wirtschaftlichen Akteure ihre Handlungen in freier Entscheidung an den Chancen und den Risiken des Marktes aus. Hierbei spielen die fiskalischen und rechtlichen Rahmenbedingungen eine zentrale Rolle. Unser marktwirtschaftliches System hat der westlichen Welt einen beispiellosen (technischen) Fortschritt und unvorstellbaren

Wohlstand gebracht. Aber es wird auch ebenso für Unsicherheit und individuelles Leid verantwortlich gemacht, was aus den Auseinandersetzungen zwischen den Befürwortern und den Kritikern der Globalisierung deutlich wird. Fragen nach Kosten und Nutzen sind nach wie vor ein zentrales Thema in dieser Debatte.

Zu diesen drei einführenden Vorlesungen in Wirtschaft und Recht können für einzelne Studiengänge weitere hinzukommen. Hier nenne ich z.B. Betriebliche Umweltökonomie, Ressourcenökonomie, Stoffstrommanagement, Umweltrecht oder Energierecht.

5.2 Methoden- und Systemkompetenz

In Abschnitt 7.1 werden wir aus einer Empfehlung des VDI für eine zukunftsorientierte Ingenieurqualifikation zitieren. Darin wird die zunehmende Bedeutung der Methodenkompetenz sowie des systemischen und vernetzten Denkens betont. Den Begriff System hatten wir schon mehrfach verwendet. So etwa in Abschnitt 4.2 bei der Behandlung der Verfahrenstechnik, in der großer Wert auf ein ganzheitliches Systemverständnis gelegt wird. Dieses ist als Grundlage für die Prozessentwicklung und -optimierung unabdingbar. Dabei ist die mathematische Modellierung die Voraussetzung für eine Prozesssimulation mit Hilfe des Computers. Insbesondere in Abschnitt 4.3 hatten wir auf die Bedeutung der Regelungs- und Systemtechnik als einer Metadisziplin hingewiesen, die systemische Zusammenhänge nicht nur technischer Art besser zu verstehen erlaubt.

Dieser Fragestellung wollen wir uns nunmehr zuwenden, wobei wir von den Wachstumsgesetzen ausgehen, die wir in Abschnitt 2.1 kennen gelernt haben. Dies waren das lineare, das exponentielle, das hyperbolische sowie das logistische Wachstum. Letzteres wird auch organisches oder biologisches Wachstum genannt, es spielt in der Ökosystemforschung eine wichtige Rolle, auf die wir in diesem Abschnitt kurz eingehen wollen. Die folgende Darstellung stammt zunächst aus „Herausforderung Zukunft" (Jischa 1993, S.37 ff.).

Bei der Diskussion der Wachstumsgesetze hatten wir gesehen, dass ungehemmtes Wachstum, insbesondere bei exponentiellem oder überexponentiellem Verlauf, zu einer Katastrophe führen muss. Dies ist bei dem Phänomen Bevölkerungswachstum ebenso der Fall wie bei der Überfischung eines Sees oder der Überweidung einer Grasfläche. Offenbar existieren Mechanismen der Selbstregulierung von Systemen. Es ist der Kunstgriff der negativen *Rückkopplung*, mit dem sich natürliche Systeme am Leben erhalten.

Was versteht man unter Rückkopplung, gleichgültig ob negativ oder positiv? Sie beschreibt den Zusammenhang zwischen Ursache, Wirkung und Rückwirkung in einem System. Ursache und Wirkung können sich umkehren. Steigen die Löhne, weil die Preise steigen (Sicht der Gewerkschaften)? Oder steigen die Preise, weil die Löhne steigen (Sicht der Unternehmer)? Am Beispiel der Lohn-Preis-Spirale sehen wir, dass wir besser von Wirkung und Rückwirkung in einem System sprechen sollten. Wir nennen eine Rückkopplung *positiv*, wenn Wirkung und Rückwirkung sich gegenseitig verstärken, also gleichgerichtet sind.

Positive Rückkopplung verursacht Wachstum. Je größer etwa die Bevölkerung ist, desto mehr Kinder werden geboren. Die Kinder werden erwachsen und es werden noch mehr Kinder geboren; die Bevölkerung wächst ständig. Dies wird durch eine *negative* Rückkopplung, ausgedrückt durch die Sterberate, begrenzt. Je größer die Bevölkerung ist, umso mehr Menschen sterben pro Jahr. Bei abnehmender Bevölkerung sterben dann im Folgejahr weniger Menschen.

Positive oder negative Rückkopplungen sollten nicht mit Attributen wie gut/schlecht oder erwünscht/unerwünscht belegt werden. Eine positive Rückkopplung ist häufig notwendig, um ein System in Schwung zu bringen. Dies ist die Grundidee bei einer staatlichen Anschubfinanzierung oder von gezielten Fördermaßnahmen.

Eine negative Rückkopplung liegt vor, wenn Wirkung und Rückwirkung sich gegenseitig abschwächen. Das ist das Grundprinzip aller Regelkreise, wofür wir mit Abb. 5.1 ein anschauliches Beispiel besprechen werden. Nur durch negative Rückkopplungen können Systeme stabil gehalten werden. Beispiele dafür erleben wir ständig, denn der Mensch stellt einen Regelkreis, also ein System mit diversen negativen Rückkopplungsmechanismen dar: Essen macht satt (und nicht hungrig); schlafen macht wach (und nicht müde). Durch negative Rückkopplungen wird ein Gleichgewichtszustand erreicht. Dies kann, wie beim Beispiel einer Räuber-Beute-Population (siehe später), auch zu periodischen Schwankungen um den Gleichgewichtszustand führen.

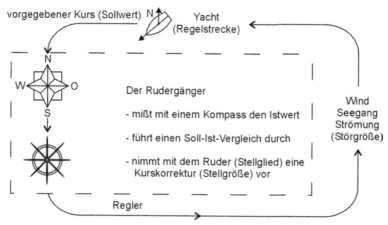

Abb. 5.1. Regelkreis am Beispiel einer Segelyacht

Ein *Regelkreis* ist ein Informationskreislauf. Er stellt ein System dar, das sich durch negative Rückkopplungen selbsttätig regelt. Ein Regelkreis beinhaltet zwei wesentliche Faktoren: Die zu regelnde Größe (Kurs eines Schiffes), die *Regelgröße* genannt wird, und zum anderen den *Regler* (Rudergänger), der die Regelgröße verändern kann.

Wir wollen weitere Begriffe der Regelungstechnik an dem Beispiel einer Segelyacht anschaulich machen. Die Aufgabe lautet, mit der Yacht einen vorgegebenen Kurs (*Sollwert*) einzuhalten. Störende Einflüsse wie Wind, Seegang, Strömungen usw. werden zu Abweichungen von dem Sollwert führen; wir sprechen deshalb von *Störgrößen*. Zur Einhaltung unseres Sollwertes müssen wir unsere Regelgröße laufend messen; wir nennen das den *Istwert* der Regelgröße. Zur Messung brauchen wir einen *Messfühler* oder Sensor. In unserem Beispiel ist das der Rudergänger, der den aktuellen Kurs auf dem Kompass abliest. Der Rudergänger (*Regler*) macht einen Soll-Ist-Vergleich und wird je nach Ergebnis des Vergleiches die Ruderanlage (*Stellglied*) in geeigneter Weise betätigen, um die Yacht auf den gewünschten Kurs zu bringen und zu halten.

Es leuchtet ein, dass das dynamische Verhalten der Yacht (der *Regelstrecke* in der Sprache der Regelungstechniker), ob Dickschiff oder Jolle, maßgebend für die Auswahl eines geeigneten Reglers ist. Im Falle der Yacht ist der Regler ein lernfähiger Rudergänger; bei technischen Anlagen wird der Mensch meist nicht als Regler tätig. In diesem Fall muss dann eine Maschine die Operationen „Istwert messen" sowie „Soll-Ist-Vergleich" durchführen und mit dem Stellglied eingreifen. Dieser Regler muss optimal an eine vorgegebene Regelstrecke angepasst werden. Dazu muss man das dynamische Verhalten der Regelstrecke kennen; man nennt das die *Identifikation einer Regelstrecke*.

Ein Regelkreis ist zwar ein geschlossener Kreislauf von Informationen, er ist jedoch nach außen offen, denn die Störgrößen Wind, Seegang und Strömungsverhältnisse ändern sich. An dem Beispiel wird sehr schön der 1948 von Norbert Wiener geprägte Begriff *Kybernetik* (von griechisch kybernetes = Steuermann) deutlich. Mit Kybernetik meinen wir das Erkennen, Steuern und selbsttätige Regeln vernetzter Abläufe. Die Regelungstheorie ist ein Teil der Kybernetik. Ein anderer Begriff mit ähnlichem Inhalt ist die *Systemtheorie*, mit der die Dynamik von Systemen (technischer, biologischer, ökonomischer, ökologischer, kultureller, sozialer Art usw.) untersucht wird.

In Abb. 5.2 ist das Beispiel Segelyacht in Form eines in der Regeltechnik üblichen Blockschaltbildes abstrahiert dargestellt, wobei die Begriffe aus der Regeltechnik schon in Abb. 5.1 aufgeführt wurden. Man erkennt den Kreislauf von Informationen. Der Istwert ist die Ausgangsgröße der Regelstrecke. Er wird kontinuierlich oder auch in bestimmter Zeitfolge mit dem vorgegebenen Sollwert verglichen. Die Regelabweichung als Differenz zwischen Ist- und Sollwert wirkt als Eingangsgröße auf den Regler, dessen Ausgangsgröße die Stellgröße ist. Diese wirkt zusammen mit der Störgröße auf die Reglestrecke ein, und der Kreislauf an Informationen ist geschlossen.

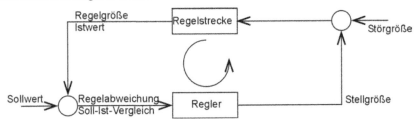

Abb. 5.2. Blockschaltbild eines Regelkreises

Es gibt Regelstrecken, die erst nach einer zeitlichen Verzögerung, der Totzeit, auf ein Eingangssignal ansprechen. Das Ausbrechen einer Krankheit nach einer Ansteckung (Inkubationszeit) und die Wirkung von Tabletten auf den Organismus sind Beispiele hierfür. Auch bei einer Anlage wie einem Hochofen wird eine veränderte Beschickung erst nach einer Totzeit auf die Zusammensetzung der Schmelze einwirken. Investitionen oder Rationalisierungsmaßnahmen werden sich nicht sofort auf den Produktivitätszuwachs eines Unternehmens auswirken. Steuersenkungen werden nicht unmittelbar (außer über eine rasche Verhaltensänderung) in der Entwicklung einer Volkswirtschaft abzulesen sein.

Die genannten Beispiele machen deutlich, dass das Verständnis der Funktionsweise der Regelungstechnik auch auf anderen Gebieten von Interesse ist. Auch der Volkswirtschaft, der Soziologie, der Verhaltensforschung und dem Wählerverhalten liegen Regelkreis-Mechanismen zu Grunde, wobei es sich meist um das Zusammenwirken mehrerer ineinander vernetzter Regelkreise handelt. Denn ein Regelkreis existiert selten allein. Oder: Alles hängt von allem ab. In diesen beiden Aussagen sind die Begriffe *System* und *Vernetzung* verborgen.

Wir sprechen von einem System, wenn seine einzelnen Bestandteile in einer bestimmten Weise aufeinander einwirken und sich eine sinnvolle Systemgrenze ziehen lässt. Der besprochene Regelkreis Schiff ist ein solches System. Ein Hochofen, eine Werkhalle oder ein ganzes Unternehmen sind ebenso Systeme wie ein Atom, ein Molekül, ein Körperorgan, der Mensch, die Familie, die Gemeinde, der Landkreis, das heimatliche Bundesland, Deutschland, die Europäische Gemeinschaft und die Vereinten Nationen. Es gibt natürliche, technische, soziale, ökonomische, ökologische sowie militärische Systeme.

Abgeschlossene Systeme gibt es nur in der Theorie. Jedes System ist für sich allein dynamischen zeitlichen Veränderungen unterworfen, und es steht in Wechselwirkung mit anderen Systemen. Diese Wechselbeziehungen nennen wir Vernetzung. Das System Unternehmen besteht aus vernetzten Teilsystemen. Wenn wir an produzierende Unternehmen denken, so können wir die Bereiche Planung, Forschung und Entwicklung, Produktion, Marketing und Vertrieb sowie Kundendienst unterscheiden. Alle Teilsysteme sind hochgradig miteinander vernetzt und stellen einzelne Regelkreise dar. Die Ausgangsgröße der Konstruktion ist die Eingangsgröße für die Fertigung. Das fertige Produkt (z.B. ein Kühlschrank) ist Ausgangsgröße des Regelkreises Produktion und gleichzeitig Eingangsgröße des Regelkreises Vertrieb.

Bei dem geschilderten Produktionsbetrieb handelt es sich um überschaubare und nachvollziehbare Vernetzungen von Teilsystemen. Um wie viel komplizierter und undurchsichtiger sind Vernetzungen in sozialen, in ökonomischen und in ökologischen Systemen!

Das Verständnis von Wachstum, Rückkopplung, Regelkreisen und der Vernetzung von Systemen ist eine wesentliche Grundlage für die Tätigkeit von Ingenieuren. Von daher wird die zentrale Bedeutung einer Vorlesung Regelungstechnik verständlich. Bei der folgenden Schilderung der Vorlesungsinhalte beziehe ich mich auf das Skriptum Regelungstechnik I der TU Clausthal (Konigorski 1999).

Die Regelungstechnik ist eine Wissenschaft, die sich mit der gezielten, selbsttätigen Beeinflussung dynamischer Systeme befasst. Dabei ist die spezielle Natur der betrachteten Systeme von untergeordneter Bedeutung. Das zu regelnde System kann ein Schiff, ein Flugzeug, ein Raumflugkörper, ein Kraftwerk, ein Hochofen, eine Walzstraße, ein chemischer Reaktor oder ein Produktionsprozess sein. Somit ist die Regelungstechnik ein stark methodisch orientiertes Fachgebiet. Sie hat einen fachübergreifenden Charakter, denn der Einsatz regelungstechnischer Methoden ist weitgehend unabhängig vom jeweiligen Anwendungsfall. Die Regelungstechnik ist somit eine Systemwissenschaft.

Der zentrale Begriff der Regelungstechnik ist das *dynamische System*. Dieses ist in allgemeiner Formulierung eine Funktionseinheit zur Verarbeitung und Übertragung zeitabhängiger Größen in Form von Information, Materie oder Energie. Bei dem hier gezeigten Beispiel einer Segelyacht wird die Information Kurs übertragen und verarbeitet. Daran können wir uns anschaulich klarmachen, dass die Beschreibung des dynamischen Systems Segelyacht von zentraler Bedeutung ist.

Hierzu stellen wir uns vor, ein ungeübter Rudergänger würde dann Gegenruder geben, wenn der am Kompass abgelesene Istwert des Kurses mit dem Sollwert übereinstimmt. Das Ergebnis wäre eine Schlangenlinie. Er muss also vor Erreichen des Sollwertes Gegenruder geben, wobei die Frage wann und wie viel von dem dynamischen System Yacht abhängt. Ein erfahrener Rudergänger kann intuitiv integrieren, das heißt er kann Kursänderungen aufsummieren. Er kann ebenso intuitiv differenzieren, denn auch die Geschwindigkeit der Kursänderung muss er beim Legen des Gegenruders berücksichtigen. Somit erfordert die Analyse und die Synthese einer Regelung ein quantitatives Modell des zu regelnden dynamischen Systems.

Mit diesen Kenntnissen können wir weiter abstrahieren und uns vorstellen, dass der Regelungstechniker zur Klassifikation dynamischer Systeme ein Strukturbild erstellt, um die funktionalen Beziehungen zwischen den zeitveränderlichen Größen des dynamischen Systems zu ermitteln. Das Strukturbild ist dabei den mathematischen Gleichungen des dynamischen Systems äquivalent. Die einzelnen Blöcke des Strukturbildes und deren Verknüpfung entsprechen weitgehend den realen physikalischen Verhältnissen in der Anlage. Dabei setzt sich das Strukturbild aus verschiedenen Grundblöcken zusammen. Daher liegt es nahe, die Eigenschaften dieser elementaren Übertragungsblöcke und deren Klassifikation zu untersuchen. Hierbei spielt die sogenannte Übertragungsfunktion eine wesentliche Rolle, sie bildet die zeitabhängige Eingangsfunktion auf die ebenfalls zeitabhängige Ausgangsfunktion ab. Zur Anschauung: die Eingangsfunktion ist die Bewegung des Ruders und die Ausgangsfunktion ist die Bewegung der Yacht.

Von welcher Art können nun diese Übertragungsglieder sein? Es gibt Integrierglieder (I-Glied) wie etwa bei der Regelung einer Füllstandshöhe. Hier wird über die Eingangsgröße Zufluss integriert. Bei einem Proportionalglied (P-Glied) sind Eingangs- und Ausgangsgröße einander direkt proportional. Bei einem Differenzierglied (D-Glied) folgt die Ausgangsgröße aus einer zeitlichen Ableitung der Eingangsgröße. Bei D-Gliedern ist die Geschwindigkeit entscheidend, mit der sich die Eingangsfunktion ändert. Des Weiteren gibt es Summierglieder (S-Glied), bei denen die Ausgangsfunktion eine Summe der Eingangsfunktionen ist sowie Kennlinienglieder (KL-Glied) etwa von der Form der Ausflussformel nach

Torricelli, Gl. 3.60. Und schließlich gibt es Totzeitglieder (T-Glied), bei denen die Ausgangsfunktion erst nach einer zeitlichen Verzögerung auf die Eingangsfunktion reagiert.

Wir können uns nun vorstellen, dass man die verschiedenen Übertragungsglieder zusammensetzen kann. Letztlich geht es stets um die Stabilität einer Regelung. Dabei charakterisiert die Stabilität die Reaktion eines dynamischen Systems auf äußere Einflüsse wie Stell- oder Störgrößen sowie auf die Anfangswerte. Und wir können uns mühelos vorstellen, dass die Regelungstechnik eine mathematisch anspruchsvolle Disziplin ist.

Im Folgenden möchte ich eine kurze Einführung in die Beschreibung dynamischer Systeme geben, wobei ich mich auf das Skriptum einer eigenen Vorlesung „Dynamische Systeme in Natur, Technik und Gesellschaft" (Jischa 1999) beziehe, einer Pflichtveranstaltung in dem Studiengang Energiesystemtechnik der TU Clausthal. Dabei werde ich mit drei Beispielen aus der Ökosystemforschung beginnen, um anschließend auf Gemeinsamkeiten mit anderen Systemen hinzuweisen. Des Weiteren verweise ich auf Wachstumsgesetze, die wir in Abschnitt 2.1 kennen gelernt haben.

Beginnen möchte ich mit dem klassischen Räuber-Beute-Modell, auch Lotka-Volterra-Modell genannt. Hierzu stellen wir uns zwei Tierarten x und y in einem gemeinsamen Lebensraum vor. Dabei seien x die Beutetiere, die sich von den Ressourcen des Lebensraumes ernähren, während sich die Räuber y von den Beutetieren x ernähren. Die zeitliche Änderung der beiden Tierarten wird beschrieben durch:

$$\frac{dx}{dt} = \dot{x} = \alpha \cdot x - \beta \cdot x \cdot y \tag{5.1}$$

$$\frac{dy}{dt} = \dot{y} = -\gamma \cdot y + \delta \cdot x \cdot y \tag{5.2}$$

Gl. 5.1 beschreibt die zeitliche Änderung der Beutetiere x, Gl. 5.2 die der Räuber y. Dabei nehmen wir ein exponentielles Wachstum der Beutetiere an mit α als Wachstumsrate, die Zunahme ist der Population x proportional. Ihre Abnahme ist dem Produkt $x \cdot y$ proportional, denn x wird nur dann gefressen, wenn es mit y zusammentrifft. Wir nennen β die Fressrate. Die Zunahme der Räuber y ist gleichfalls dem Produkt $x \cdot y$ proportional, ihr Überleben hängt von der Existenz der Beutetiere x ab. Dabei ist δ die Wachstumsrate der Räuber. Die Abnahme der Räuber ist deren Population y proportional, dabei ist γ ihre Sterberate. Dabei seien die Raten α, β, γ, δ konstant, sie haben jeweils die Dimension 1/Zeit. Wir haben ein System aus zwei gewöhnlichen, gekoppelten, nichtlinearen Differenzialgleichungen vor uns und fragen nach dessen Lösungen. Der nichtlineare Term $x \cdot y$ in beiden Gleichungen stellt die Kopplung her.

Dabei können wir die Lösungen für drei Spezialfälle sofort angeben. Nehmen wir an, es gäbe keine Räuber, also $y = 0$. Aus Gl. 5.1 wird dann $\dot{x} = \alpha \cdot x$ und es

folgt das exponentielle Wachstumsgesetz nach Gl. 2.2 mit $x(t) = x_0 \cdot \exp(\alpha \cdot t)$.
Die Beutetiere würden sich exponentiell vermehren, denn sie haben keine natürlichen Feinde. Gäbe es im umgekehrten Fall keine Beutetiere ($x = 0$), so würden die Räuber exponentiell aussterben, denn aus Gl. 5.2 folgt $y(t) = y_0 \cdot \exp(-\gamma \cdot t)$ entsprechend Abb. 2.7. Mit dem Index 0 seien jeweils die Anfangswerte bezeichnet.

Bei vorgegebenen und konstanten Raten gibt es genau eine zeitunabhängige stationäre Lösung des Gleichungssystems, diese folgt aus $\dot{x} = \dot{y} = 0$. Dann wird aus den Gln. 5.1 und 5.2, wenn wir den trivialen Fall $x = 0$ und $y = 0$ ausschließen, ein realer Gleichgewichtszustand $y_G = \alpha/\beta$ und $x_G = \gamma/\delta$. Der Gleichgewichtswert (Index G für Gleichgewicht) der Räuber folgt aus dem Verhältnis von Wachstumsrate zu Fressrate der Beutetiere. Der Gleichgewichtswert der Beutetiere hingegen ist das Verhältnis von Sterberate zu Wachstumsrate der Räuber.

Die entscheidende Frage ist die nach zeitabhängigen Lösungen des Gleichungssystems. Was geschieht, wenn die Anfangswerte außerhalb der Gleichgewichtswerte liegen? Wie entwickeln sich dann die Populationen x und y? Man kann mit den Mitteln der Mathematik zeigen, dass es hierfür periodische Lösungen gibt. Das sind Lösungen, die nach gewissen Zeitabständen (Perioden) zu dem gleichen Systemzustand führen. Für den zeitabhängigen Fall gibt es keine analytische Lösung des Gleichungssystems. Es muss dann numerisch integriert werden. Hierzu gibt es Standard-Methoden wie das Runge-Kutta-Verfahren, das ich in Abschnitt 2.1 kurz geschildert habe. Abb. 5.3 zeigt das Ergebnis einer numerischen Integration.

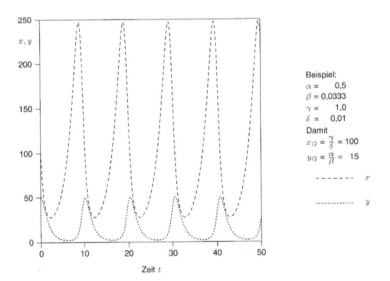

Abb. 5.3. Numerische Lösung des Räuber (y)-Beute (x)-Modells. Das Bild zeigt das Ergebnis einer numerischen Integration für die Anfangswerte $x_0 = 100 = x_G$ und $y_0 = 50 > y_G$ (Jischa 1993).

In der Natur wird tatsächlich ein periodisches Schwanken von Räubern und Beutetieren beobachtet. So hat z.B. die Hudson Bay Company die Zahl der von den Eingeborenen gelieferten Pelze von Luchsen und Hasen über fast 100 Jahre aufgezeichnet und ein ähnliches Bild erhalten (Howe u. Westley 1993). Die Anzahl der Räuber und Beutetiere schwankten periodisch um die Gleichgewichtswerte. Ist der Anfangszustand weit entfernt vom Gleichgewichtszustand, so erhält man Schwankungen mit großen Ausschlägen. Geringe Abweichungen zum Beginn führen zu kleinen Ausschlägen.

Man darf das Ergebnis einer solchen Modellsimulation nicht überbewerten. Die getroffenen Voraussetzungen sind idealisiert und in der Natur nicht und selbst im Labor kaum anzutreffen. Dennoch erklärt selbst dieses einfache Modell die beobachtete Tatsache, dass es zu periodischen Schwankungen kommt. Die anschauliche Erklärung sei kurz gegeben: Große Zahl der Räuber → viele Beutetiere werden gefressen → Nahrungsangebot für die Räuber geht zurück → einige Räuber verhungern → Beutetiere vermehren sich → Nahrungsangebot für die Räuber steigt → Zahl der Räuber wächst → viele Beutetiere werden gefressen usw.

Als nächstes Beispiel stellen wir uns zwei Tierarten mit den Populationen x und y vor, die ein gemeinsames Gebiet bewohnen und miteinander um Nahrung und andere Ressourcen konkurrieren. Wir sprechen dann von einem Konkurrenzmodell, genannt Gause-Modell. Jede Art kann für sich allein gedeihen und wächst nach dem logistischen Wachstumsgesetz Gl. 2.6, denn äußere Feinde sollen nicht vorliegen. Dabei denken wir etwa an Hasen und Kaninchen auf einer Insel. Die Wachstumsraten der beiden Arten seien r und s, die Kapazitätsgrenzen beider Arten seien K und L. Letztere seien unterschiedlich, da eine Tierart das Gras stärker abfressen kann als die andere. In Anlehnung an Gl. 2.6 lautet das Gleichungssystem:

$$\frac{dx}{dt} = \dot{x} = r \cdot x \left(1 - \frac{x}{K}\right) - a \cdot x \cdot y \tag{5.3}$$

$$\frac{dy}{dt} = \dot{y} = s \cdot y \left(1 - \frac{y}{L}\right) - b \cdot x \cdot y \tag{5.4}$$

Der letzte Term drückt die Konkurrenz um die gleiche Nahrungsquelle aus. Dieser ist dem Produkt $x \cdot y$ proportional, wobei die Parameter a und b die Konkurrenzvorteile beschreiben. Ist a groß, so wird die Spezies y der Spezies x gegenüber im Vorteil sein, für große Werte b gilt das umgekehrte. Wie bei dem Räuber-Beute-System liegt ein System von zwei gewöhnlichen gekoppelten Differenzialgleichungen vor. Diese sind über den Konkurrenzterm miteinander verknüpft. Auch hier stellen wir die Frage nach möglichen Gleichgewichtszuständen, die aus der Bedingung $\dot{x} = \dot{y} = 0$ folgen. Im Gleichgewichtszustand gilt somit:

$$r \cdot x \left(1 - \frac{x}{K}\right) = a \cdot x \cdot y \quad \text{und} \quad s \cdot y \left(1 - \frac{y}{L}\right) = b \cdot x \cdot y \qquad (5.5)$$

Hier gibt es genau vier mögliche stationäre Lösungen, wobei die Lösung $x = y = 0$ trivial ist. Liegt nur die Spezies y vor, so folgt für $x = 0$ aus den Gleichgewichtsbedingungen sofort die Aussage $y = L$. Die Spezies y geht dann für große Zeiten gegen ihre Kapazitätsgrenze L, dies entspricht Abb. 2.8. Entsprechend geht für $y = 0$ die Spezies x gegen die Kapazitätsgrenze K. Wie bei dem vorangegangenen Beispiel gibt es genau eine stationäre Lösung für das Zusammenleben beider Arten unter Konkurrenz. Diese Lösung folgt aus dem Gleichgewichtsbedingungen 5.5, aufgelöst nach x und y:

$$x = \frac{(aL - r)sK}{abKL - rs} \quad ; \quad y = \frac{(bK - s)rL}{abKL - rs} \qquad (5.6)$$

Dieser stationäre Gleichgewichtszustand hängt in eindeutiger Weise von den sechs Parametern des Systems ab. Auch hier lautet nun die entscheidende Frage, wie zeitabhängige Lösungen des Systems außerhalb des stationären Gleichgewichtszustands aussehen. Jede Lösung des Gleichungssystems 5.3, 5.4 lässt sich in einem x, y- Diagramm als Punkt darstellen, wobei wir für ein bestimmtes Wertepaar der Anfangswerte x_0, y_0 zur Zeit $t = 0$ jeweils eine Lösungskurve erhalten.

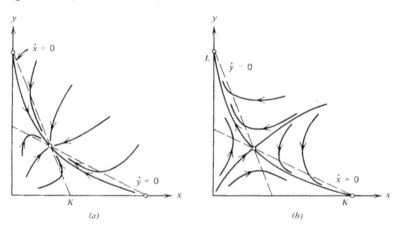

Abb. 5.4. Numerische Lösungen des Konkurrenzmodells (Clark 1990)

Auch hier kann die Lösung nur numerisch erfolgen, Abb. 5.4 zeigt beispielhaft einige Lösungskurven aus (Clark 1990). Dies wollen wir ein wenig erläutern, wobei wir zunächst von den Gleichgewichtsbedingungen 5.5 ausgehen. Daraus erhalten wir für x und y ungleich Null mit

$$y \;=\; \frac{r}{a}\left(1 - \frac{x}{K}\right) \;=\; A - Bx \quad \text{für} \quad \dot{x} = 0 \tag{5.7}$$

$$x \;=\; \frac{s}{b}\left(1 - \frac{y}{L}\right) \;=\; B - Dy \quad \text{für} \quad \dot{y} = 0 \tag{5.8}$$

die Gleichungen zweier Geraden. Auf der ersten Geraden ist die Art x konstant, auf der zweiten Geraden die Art y. Je nach Lage dieser beiden Geraden gibt es Fallunterscheidungen. Eine mathematische Vertiefung in Form einer Kurvendiskussion würde uns an dieser Stelle überfordern, wir wollen jedoch die Resultate anschaulich erläutern. Im Fall (a) ist die Gerade für $\dot{x} = 0$ steiler als jene für $\dot{y} = 0$. Unabhängig von der Wahl der Anfangswerte laufen alle Lösungskurven in den Schnittpunkt beider Geraden, dem stationären Gleichgewichtszustand nach Gl. 5.6. Wir sprechen dann von Koexistenz im Wettbewerb. Ist dagegen die Steigung der beiden Geraden umgekehrt, nunmehr ist jene für $\dot{y} = 0$ größer als jene für $\dot{x} = 0$, Fall (b), dann wird der Schnittpunkt zu einem Sattelpunkt, in dem instabiles Gleichgewicht herrscht. Der Bereich möglicher Lösungen ist dann zweigeteilt. Liegen die Anfangswerte oberhalb einer charakteristischen Linie, so streben alle Lösungskurven gegen den Gleichgewichtszustand $x = 0$ und $y = L$. Liegen die Anfangswerte unterhalb, so streben alle Lösungen gegen $y = 0$ und $x = K$. Das sind die uns schon bekannten stationären Gleichgewichtslösungen.

Unsere erwähnte Clausthaler Vorlesung wird von Übungen und Computersimulationen begleitet, was deren Attraktivität beträchtlich erhöht. Es ist spannend zu erleben, wie eine leichte Veränderung der Anfangswerte zu einem völlig anderen Endzustand führen kann. Die Hörer erhalten damit ein Gefühl für die Empfindlichkeit schon einfacher Ökosysteme. Diese Erfahrung wollen wir in einem letzten Beispiel vertiefen.

Als Fallbeispiel für die Dynamik biologischer Ressourcen wollen wir den Fischfang betrachten. Dabei sei x die Stärke der Fischpopulation, deren Änderung wir mit

$$\frac{dx}{dt} \;=\; \dot{x} \;=\; F(x) - h(t) \tag{5.9}$$

ansetzen. Die Funktion $F(x)$ beschreibt das Wachstum der Fische und $h(t)$ die Ernte- oder Fangrate. Die Beziehung sagt aus, dass für $F > h$ die Population wächst, dass sie für $F < h$ abnimmt und für $F = h$ konstant bleibt. Im letzten Fall sprechen wir von einem dauerhaften Ertrag (sustainable yield), der bei konstanter Population erzielt wird. Es sei hier vermerkt, dass Gl. 5.9 Wachstum und Ernte einer Population ebenso wie Wachstum und Verbrauch von Kapital beschreibt. Wir wollen hier sogleich die Modellgleichung angeben, die in der Literatur (Abschnitt 5.4) diskutiert wird.

$$\frac{dx}{dt} = e + r \cdot x^2 \left(1 - \frac{x}{K}\right) - q \cdot E \cdot x = F(x) - h(t) \tag{5.10}$$

Darin beschreiben die ersten beiden Terme das Wachstum der Population. Wir haben hier eine Modifikation des logistischen Wachstums Gl. 2.6 vorliegen, die folgendermaßen begründet wird. Sardinen und ähnliche Fischarten haben es schwer, sich bei kleiner Populationsdichte zu vermehren. Ihre Fortpflanzungs-chancen werden mit steigender Populationsdichte immer besser bis zu einem Niveau, auf dem die Überbevölkerung ihre Fortpflanzung wieder hemmt. Dies wird Allee-Prinzip genannt und dadurch berücksichtigt, dass die in Gl. 2.6 konstante Wachstumsrate r durch $r \cdot x$ ersetzt wird. Dadurch wird für sehr kleine Populationen die Wachstumsrate ebenfalls sehr klein ist. Die zweite Modifikation betrifft den additiven Term e. Auch für kleine Populationsdichten werden einige Fische entschlüpfen. Entweder, weil sie Zufluchtsorte gefunden haben, oder weil Fische mit der Rate e in das Fanggebiet einwandern. Dieser Schwelleneffekt macht eine Erholung des Bestandes möglich. Man kann ihn auch so begründen, dass bei hinreichender Reduzierung der Fischbestände die Fanganstrengungen nachlassen, weil sich der Aufwand nicht mehr lohnt.

Der dritte Term beschreibt die Fangrate h, die der Population x direkt proportional ist. Dabei wird die Proportionalitätskonstante in zwei Faktoren zerlegt, die Zahl E der Fangschiffe und die Fangfähigkeit q (Erfahrung und Kompetenz sowie Ausrüstung).

Fragen wir nun nach möglichen Gleichgewichtslösungen. Dazu setzen wir in Gl. 5.10 $\dot{x} = 0$ und erhalten daraus eine kubische Gleichung:

$$e + r \cdot x^2 \left(1 - \frac{x}{K}\right) - q \cdot E \cdot x = 0 \quad \text{bzw.} \quad Ax^3 + Bx^2 + Cx + D = 0$$

$$\text{mit} \quad A = \frac{r}{K}; \quad B = -r; \quad C = q \cdot E; \quad D = -e$$

Die Mathematik lehrt uns, wie wir eine kubische Gleichung lösen können, und dass diese mindestens eine und höchstens drei reelle Nullstellen besitzt. Diese Nullstellen sind dann mögliche Gleichgewichtslösungen. Dies können wir uns grafisch klarmachen, in dem wir die zeitliche Änderung der Population $\dot{x}$ über der Population x auftragen, Abb. 5.5.

Gleichgewicht bedeutet $F(x) = h(t)$, also suchen wir Schnittpunkte beider Funktionen. Die Wachstumskurve F ist eine kubische Funktion, sie beginnt bei $x = 0$ mit der Konstanten e, wächst zunächst an, erreicht ein Maximum und fällt danach wieder ab. Ihr Maximalwert ist die Kapazitätsgrenze K. Die Fangkurve h ist eine Gerade. Wir wollen nun gedanklich die Anzahl der Fangschiffe erhöhen und betrachten dazu die fünf skizzierten Fälle.

Zunächst sei die Anzahl E_1 der Fangschiffe gering, es existiert ein stabiler Gleichgewichtswert nur wenig unterhalb der Kapazitätsgrenze K. Ein erhöhter Aufwand E führt zu einer Reduktion der Population, wobei die Fangrate jedoch zunächst noch zunimmt. Für $E = E_2$ gibt es zwei Gleichgewichtswerte, wir sprechen von einer Verzweigung B_α (B von Bifurkation = Verzweigung), und für $E = E_3$ existierenden drei Gleichgewichtswerte. Man kann zeigen, dass der mittlere Gleichgewichtspunkt instabil ist. Der Bestand bleibt noch vergleichsweise hoch, da die Lösung x auf den rechten höheren Wert zuläuft (was wir hier nicht zeigen können). Mit steigendem Aufwand nimmt der Bestand x nunmehr ab, bis h erneut Tangente an F wird. Hier haben wir einen weiteren Verzweigungspunkt B_β, bei dem zwei Gleichgewichtswerte zusammenfallen, die für $E > E_4$ verschwinden. Ein weiter steigender Aufwand $E > E_4$ führt zu einem Gleichgewichtszustand bei sehr geringem Fischbestand. Der Bestand ist zusammengebrochen, das System ist überfischt. Die Katastrophe ist eingetreten. Hierfür finden wir empirische Daten in der Literatur. Tabelle 5.1 zeigt Zahlen aus der peruanischen Sardellenfischerei.

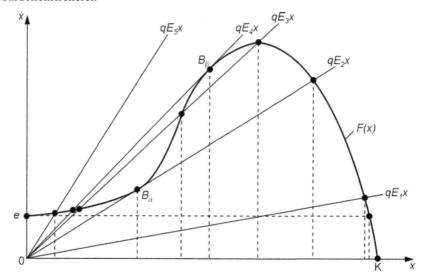

Abb. 5.5. Dynamik des Fischfangs und Überfischung

Tabelle 5.1. Sardellenfischerei in Peru (Clark 1990)

Jahr	Zahl der Boote	Zahl der Fangtage	Fang in Mio. t
1959	414	294	1,91
1962	1069	294	6,27
1964	1744	297	8,86
1966	1650	190	8,53
1968	1490	167	10,26
1970	1499	180	12,27
1971	1473	89	10,28
1972	1399	89	4,45
1973	1256	27	1,78

Wir haben damit drei einfache, aber prägnante Beispiele aus der Ökosystemforschung kennen gelernt. Aus systemtheoretischer Sicht ist daran besonders spannend, dass ganz unterschiedlich geartete dynamische Systeme zu ähnlichen Darstellungen führen. So kann etwa die Frage nach der Stabilität eines chemischen Reaktors zu einem analogen Bild wie Abb. 5.5 führen. Bei einem chemischen Reaktor folgt der Betriebspunkt aus einer Kopplung von Materialbilanz (dem Durchsatz) und der Reaktionskinetik. Man kann zeigen, dass die Wellenausbreitung in Gasen durch ähnliche Gleichungen beschrieben werden kann wie die Verkehrsdynamik (als Erklärung für den Stau aus dem Nichts) oder das Brechen von Wasserwellen. Man kann zeigen, dass so unterschiedliche Phänomene wie die Schäfchenwolken am Himmel, Granulation an der Sonnenoberfläche, Wasserbewegungen in oberen Schichten von Seen und Ozeanen, Wabenmuster bei ausgetrockneten Seen und die Oberfläche von heißem Kaffee (sichtbar gemacht durch Kondensmilch) auf das gleiche mathematische Problem führen, das Rayleigh-Bénard-Konvektion genannt wird. Die Gemeinsamkeiten dieser Phänomene werden durch die mathematische Formulierung deutlich.

5.3 Sozial- und Kommunikationskompetenz

Brauchen Ingenieure überhaupt eine derartige Kompetenz? Hierüber gibt es im Kreise der Kollegen unterschiedliche Auffassungen. Selbst wenn man die Frage bejaht, dann folgt daraus sofort die nächste Frage, wie denn eine derartige Kompetenz im Rahmen der Ingenieursausbildung vermittelt werden soll. In Diskussionen darüber wird insbesondere von Kritikern gerne mit der Frage nach dem *Wie* begonnen, insbesondere wenn die Frage nach dem *Warum* gemeint ist. Letztere Frage beantworte ich gerne mit einem Zitat, das der früheren indischen Ministerpräsidentin Indira Gandhi zugeschrieben wird. Sie soll auf die Frage, wie denn Indien zu elektrifizieren sei, auf die Kerntechnik verwiesen haben. Auf die Rückfrage, ob ihr denn die Restrisiken der Kernenergie nicht bekannt seien, hat sie eine für mich klassische Antwort gegeben: Verhungernde fragen nach keinem Restrisiko.

Ich kann an dieser Stelle auch auf die ökologische Bewusstseinswende der sechziger Jahre hinweisen, die wir in Abschnitt 1.4 behandelt haben, und auf deren Folgen: Beginn der TA-Debatte (TA = Technology Assessment), Gründung des Club of Rome und Start der Diskussionen über das Leitbild Nachhaltigkeit. Weiter verweise ich auf die aus Expertensicht verunglückte Debatte der siebziger Jahre über die Risiken der Kernenergie. Ingenieure und Naturwissenschaftler begannen langsam zu lernen, dass ihre Rationalität nicht kommunizierbar war. Dies traf sie unvorbereitet, denn die „Gesellschaft" kam in ihrem Studium nicht vor.

An dieser Stelle möchte ich ansetzen und erläutern, warum Minimalkenntnisse über die Gesellschaft und deren Verhalten (beispielhaft in der Risikodiskussion) erforderlich sind, um in einen Diskurs eintreten zu können. Dabei beziehe ich mich auf einen Vortrag vor Experten der Betriebsfestigkeit im Deutschen Verband für Materialforschung und -prüfung (Jischa 1999).

Alle Gesellschaften sind durch eine Hierarchie von Bedürfnissen gekennzeichnet, die Maslow in fünf Stufen unterteilt (Maslow 1981). Auf der untersten Stufe herrschen physiologische Bedürfnisse wie Essen, Trinken, Kleidung und Wohnung vor; es geht um das reine Überleben. In der zweiten Stufe geht es um Sicherheitsbedürfnisse wie Schutz vor Gefahren, in der dritten Stufe um soziale Bedürfnisse wie Zusammengehörigkeit und Gemeinschaft und in der vierten, der vorletzten Stufe um Wertschätzungsbedürfnisse wie Anerkennung und Achtung. In reifen Gesellschaften sind diese Bedürfnisse im Wesentlichen erfüllt. Es verbleibt nur noch der Wunsch nach Selbstverwirklichung, dem letzten Bedürfnis in der Maslowschen Bedürfnispyramide. Die ersten drei Bedürfnisse sind durch Defizite motiviert, die beiden letzten Bedürfnisse entspringen Überflussmotiven. Die Bedürfnis-Hierarchie nach Maslow erläutert die Behauptung „der Mangel leitet das Verhalten". Mindestens ebenso plastisch sind zwei ältere und oft zitierte Sätze: „Das Sein bestimmt das Bewusstsein" von Karl Marx sowie „erst kommt das Fressen, dann die Moral" von Bertolt Brecht.

Reife Gesellschaften sind Selbstverwirklichungsgesellschaften; andere griffige Charakterisierungen lauten „Erlebnisgesellschaft" (Schulze 1992) oder „Multioptionsgesellschaft" (Gross 1994). Nach Schulze ist das Leben zum Erlebnisprojekt schlechthin geworden; Erlebnisorientierung wird zur Suche nach dem sofortigen Glück. Die gesellschaftliche Situation wird nicht mehr durch Knappheit, sondern durch Überfluss empfunden. Im Gegensatz dazu waren traditionelle Handlungsmuster durch aufgeschobene Befriedigung gekennzeichnet: durch Sparen, langfristiges Liebeswerben, zähen politischen Kampf, vorbeugendes Verhalten aller Art, hartes Training, arbeitsreiches Leben sowie Entsagung und Askese. Genieße jetzt, zahle später, lautet die Devise heute.

Nach Gross ist die Moderne durch den unaufhörlichen Versuch gekennzeichnet, die Kluft zwischen gelebten Wirklichkeiten und erträumten Möglichkeiten zu überwinden: Immer schneller, immer weiter, immer mehr. Dabei gehen Optionensteigerung und Traditionsvernichtung Hand in Hand. Sinngewissheit wird abgebaut, disponibel gemacht und optioniert. Gewissheiten werden entzaubert und in der Reflexion relativiert. Obligationen wandeln sich in Optionen. Anything goes, man darf sich nur nicht erwischen lassen (vom Staatsanwalt, von der Polizei, vom Finanzamt, vom Ehepartner...).

In reifen Gesellschaften breitet sich das Phänomen „Betroffenheitsdemokratie" aus (Lübbe 1997). Komplementär zu den Lebensvorzügen der modernen Zivilisation verschärfen sich die Akzeptanzprobleme. Viele Bürger begeben sich in emotionale Distanz zu ihren industriellen Lebensgrundlagen. Alle wollen zurück zur Natur, doch keiner zu Fuß. Die Kosten für Aufklärung und Konsensbeschaffung steigen ebenso wie der moralische Rechtfertigungsdruck, dem die Handlungsträger ausgesetzt sind. Der Effekt des Anspruchswandels und der Anspruchssteigerung ist offenkundig unvermeidbar. Er hat gerade in Zeiten hoher Entwicklungsdynamik den Charakter einer anthropologischen Konstanten. Dies wird insbesondere bei der Risikodiskussion deutlich.

Warnende Hinweise auf reale oder vermeintliche Gefahren des technischen Fortschritts hat es schon immer gegeben. Darauf weisen Fortschrittsgläubige gerne ironisierend hin. Beispielhaft seien Warnungen von Medizinern nach Einführung der Eisenbahn vor gut 150 Jahren erwähnt, eine Geschwindigkeit von 20-30 km/h wäre gesundheitsschädlich. Derartige Analysen sind hier nicht gemeint, sondern solche jüngeren Datums infolge der in Abschnitt 1.4 erwähnten Bewusstseinswende in den sechziger Jahren.

Die Dynamik des technischen Wandels hat Systeme mit hohem Risikopotential entstehen lassen. In großtechnischen Systemen werden Systemausfälle unabhängig von ihren manifesten Gefahren wie Toxizität, Explosivität usw. geradezu unausweichlich. Sie neigen zu „normalen Katastrophen" (Perrow 1987). Anlass für jenes Buch war die Beschäftigung mit dem Reaktorunfall in Harrisburg im Rahmen eines Organisationsgutachtens, wobei Perrow sich als Soziologe insbesondere mit der vorwiegend ingenieurwissenschaftlich orientierten Analyse auseinander setzte. Seine Schlüsselbegriffe sind Komplexität und Kopplung. Je komplexer das System und die Wechselwirkungen seiner Bestandteile, desto häufiger kann es zu Störungen kommen, und desto häufiger können die Signale der Störungen mehrdeutig sein und destabilisierende Reaktionen der Operateure oder der automatischen Steuerungen bewirken. Je starrer die Bestandteile eines Systems zeitlich und räumlich gekoppelt sind, desto größer ist die Gefahr, dass lokale Störungen andere Teile des Systems in Mitleidenschaft ziehen können. Katastrophen werden somit „normal". Dies ist keine Häufigkeitsaussage, sondern lediglich Ausdruck einer immanenten Eigenschaft großtechnischer Systeme.

Drei „normale Katastrophen" haben das Jahr 1986 zum „Schaltjahr" in der Risikodebatte gemacht (Renn 1997). Dies waren die Explosion der Raumfähre Challenger, der GAU eines Reaktorblocks in Tschernobyl und der Großbrand bei Sandoz. Und in eben diesem Jahr erschienen zwei Buchpublikationen, die die Risikodebatte nachhaltig beeinflusst haben: „Risikogesellschaft" (Beck 1986) und „Ökologische Kommunikation" (Luhmann 1986).

Bereits seit der Frühzeit der Industrialisierung hat es beträchtliche Risiken gegeben. Die Gefahren unserer hochtechnisierten Welt unterscheiden sich hiervon qualitativ und quantitativ jedoch wesentlich. Dies drückt Beck so aus: Die Gefahrenpotentiale lassen sich nicht eingrenzen. Die etablierten Regeln von Zurechnung und Verantwortlichkeit versagen, wir leben in einer Welt der organisierten Unverantwortlichkeit. Die Gefahren können technisch nur minimiert, aber niemals ausgeschlossen werden.

Die entscheidende These bei Luhmann lautet, dass die Gesellschaft nur unter den sehr eingeschränkten Bedingungen ihrer eigenen Kommunikationsmöglichkeiten auf Umweltprobleme reagieren kann. Das gilt auch für Umweltprobleme, die die Gesellschaft selbst ausgelöst hat. Die Lösung des Problems kann nach Luhmann nicht in neuen Wertvorstellungen, nicht in einer neuen Moral oder in der akademischen Ausarbeitung einer Umweltethik liegen. Es sei nicht sinnvoll, aufs Geratewohl über eine neue Umweltethik zu diskutieren, ohne die Systemstrukturen zu analysieren, um die es geht.

Seit 1986, dem Schaltjahr in der Risikodiskussion, werden die Befürworter der Großtechnik in die Defensive gedrängt, die Skeptiker bestimmen den neuen

Risikokurs. Seitdem stehen insbesondere die Kern-, die Chemie- und die Gentechnik im Kreuzfeuer der Kritik. Das Vertrauen der Medien und damit der Öffentlichkeit in Expertenaussagen („Unsere Kernkraftwerke sind absolut sicher") brach weg. Moralität *und* Rationalität der Experten wurden angezweifelt. Es entwickelte sich ein neues Selbstbewusstsein der Laien insbesondere in risikorelevanten Fragestellungen. Der Dialog wurde zunehmend schwieriger, geprägt durch den Gegensatz „Rationalität der Experten" kontra „Moralität der Laien".

Fortgeschrittene Gesellschaften sind durch eine ständig wachsende Ausdifferenzierung in unterschiedliche Welten gekennzeichnet, mit den Folgen:

- Enorme Effizienzsteigerungen in den Subsystemen Wirtschaft, Verwaltung, Wissenschaft ...
- zunehmende Schnittstellen-, Dialog- und Kommunikationsprobleme zwischen den Subsystemen infolge ausdifferenzierter Fachsprachen, disziplinärer Standards, Verwaltungsroutinen, Entscheidungslogiken, Zeitvorstellungen, Verfahrensrationalitäten,
- wachsende Zielkonflikte, die „vernünftige" Entscheidungen zunehmend erschweren, überlagert von einer Gemengelage aus Sach-, Interessen- und Überzeugungskonflikten,
- ständiges Optimieren von Subsystemen innerhalb vorgegebener fiskalischer und rechtlicher Rahmenbedingungen, die durch Lobbyarbeit entweder verfestigt oder „verbessert" werden,
- Blockadesituationen in wichtigen Zukunftsfragen wie etwa dem Energieszenario der Zukunft,
- Gestrüpp von Einzellösungen, die häufig Ökokosmetik, Alibiinnovationen oder Vernebelungsstrategien darstellen.

Ohne ein Dialog-Management durch geeignete Querschnittsspezialisten wird eine Kommunikation zwischen den ausdifferenzierten Subsystemen zunehmend schwieriger. „Entscheidungsprozesse im Spannungsfeld Technik – Gesellschaft – Politik" (VDI 1996) werden von diversen Faktoren geprägt wie etwa Sprachbarrieren, unterschiedlichen Zeitdimensionen, der öffentlichen Wahrnehmung, Eigenroutinen der Akteure und der Teilsysteme, unterschiedlichen Verfahrensrationalitäten, Zielkonflikten, personalen Konstellationen und letztlich der Unterschätzung von Komplexität.

Die Akteure, Laien wie auch Experten unterschiedlicher Prägung, unterliegen in ihren Äußerungen einer offenkundigen „anthropologischen Konstanten": Nicht die Fakten zählen, sondern nur die Meinung, die wir von den Fakten haben. Wir hören, was wir hören wollen; wir sehen, was wir sehen wollen. Unsere eindimensionale, selektive Wahrnehmung und unsere Wahrnehmungsfilter erschweren insbesondere in kontroversen Situationen die Diskussion.

Die Neigung, sich im Alleinbesitz von Rationalität und damit auch von Vernunft zu sehen, ist insbesondere bei Experten der Ingenieur- und Naturwissenschaften stark ausgeprägt. Dass sich daraus zunehmende Kommunikationsprobleme zwischen Experten und Laien ergeben, ist eine relativ junge Erkenntnis. Jung deshalb, weil noch bis vor wenigen Jahrzehnten das Vertrauen in Expertenaussa-

gen nahezu ungebrochen war. Dieses Vertrauen hat aus Sicht der Medien und der
Öffentlichkeit in jüngerer Zeit stark gelitten, was auf großtechnische Katastrophen
und Störfallserien sowie begleitende Expertenaussagen zurückzuführen ist.

So viel zu der Frage, *warum* Ingenieure Sozial- und Kommunikationskompetenz benötigen. Aber wie lässt sich diese vermitteln? An der TU Clausthal wird im
Rahmen eines Lehrauftrags im Studium generale eine Vorlesung Sozialkompetenz
I und II angeboten. Hierbei geht es im Wesentlichen um innerbetriebliche und
außerbetriebliche Kommunikation; Informationen hierzu unter www.imw.tu-
clausthal.de . Zur weiteren Vertiefung dieser Problematik verweise ich auf den
Band Sozialwissenschaften (Müller-Rommel 2001) dieser Buchreihe. Im Sinne
dieses Abschnitts empfehle ich insbesondere die Einführung des Bandherausge-
bers, den Beitrag von O. Renn über Umweltsoziologie und jenen von G. Michelsen über Umweltbildung, -beratung und -kommunikation.

5.4 Bemerkungen und Literaturempfehlungen

Lehrbücher zur Betriebswirtschaftslehre und zur Volkswirtschaftslehre gibt es in
großer Zahl. Hier hängt es ganz wesentlich von den Vorlieben der Lehrenden ab,
welche Bücher sie empfehlen. Und ebenso hängt es von den Lernenden ab, welche
Darstellungen sie bevorzugen. Ich bevorzuge geschichtlich angelegte Schilderun-
gen, wenn ich mich in eine fremde Disziplin einarbeiten möchte. Zur Vertiefung
der Themen Wirtschaft und Recht empfehle ich in diesem Sinne:

Buchheim C (1997) Einführung in die Wirtschaftsgeschichte. Beck, München
Heilbroner R, Thurow L (2002) Wirtschaft. Campus, Frankfurt am Main
Majer H (2001) Moderne Makroökonomik. Oldenbourg, München
Söllner F (1999) Die Geschichte des ökonomischen Denkens. Springer, Berlin
Suntum U van (1999) Die unsichtbare Hand. Springer, Berlin
Wesel U (1997) Geschichte des Rechts. Beck, München

Um dem Leser Appetit zu machen, möchte ich die Bücher kurz dadurch beschreiben, dass ich charakteristische Passagen zitiere. Wenn Sie nur eines der Bücher
lesen wollen, dann Heilbroner und Thurow. Es trägt den Untertitel „Das sollte
man wissen". In der Tat! Es führt in leichter und souveräner Art in die Wirtschaft
ein, wobei historische Bezüge einen angemessenen und überzeugenden Raum
einnehmen. Die Autoren schreiben in der Einleitung:

> Beunruhigende Dinge geschehen derzeit in den Volkswirtschaften Westeuropas und
> Nordamerikas. Mit dieser Feststellung wollen wir nicht etwa andeuten, der Kapitalismus
> westlicher Prägung sei gerade dabei, seinen Geist aufzugeben. Vielmehr möchten wir
> unsere Überzeugung zum Ausdruck bringen, dass die Welt sich derzeit verändert und
> mit großer Sicherheit weiter verändern wird – nicht immer zu unserem Wohlgefallen.

Mit diesen Veränderungen meinen die Autoren zunächst das Wirtschaftswachstum
in fernen Ländern, deren Wirtschaft mit der unsrigen eng verzahnt ist. Dies
berührt unseren Alltag unmittelbar. Und sie meinen damit die Einkommensverteilung, die sich in beunruhigender Weise zugunsten der Reichen verschoben hat,

während die Ärmeren immer weniger an dem langsamer steigenden Wohlstand teilhaben. Als dritte beunruhigende Tendenz nennen sie den veränderten Charakter der Technologien, die wir einsetzen. Deren besonderes Merkmal scheint darin zu bestehen, dass sie bestimmte Arbeitsprozesse vernichten, ohne gleichzeitig eine neue industrielle Basis zu schaffen. Wir lesen hierzu weiter:

> Es sind diese beunruhigenden Trends, mit denen wir uns auf den folgenden Seiten beschäftigen wollen. Natürlich werden wir versuchen, die Begriffe und Konzepte, die Sie auf Ihrer Reise durch die Welt der Wirtschaft benötigen und ohne deren Kenntnis man über wirtschaftliche Sachverhalte kaum urteilen kann, möglichst verständlich zu erläutern. Aber dennoch möchten wir auf die hier aufgezeigten Fragestellungen ein besonderes Augenmerk legen – nicht nur, weil diese Probleme in den letzten Jahren an Bedeutung gewonnen haben, sondern auch, weil wir glauben, dass sie unsere Leser am meisten interessieren. ... Unser Ziel ist es zu lehren, nicht zu predigen. Keinesfalls möchten wir den Eindruck vermitteln, wir seien im Besitz von unumstößlichen Wahrheiten, mit denen sich den Herausforderungen unserer heutigen Welt begegnen ließe. Enttäuscht wären wir allerdings, wenn unser Buch seine Leserinnen und Leser nicht dazu brächte, über diese Herausforderungen auf neue, ihnen bislang nicht vertraute Weise nachzudenken.

Die Darstellung von Buchheim ist als Studienbuch für Wirtschaftshistoriker konzipiert, aber sie empfiehlt sich gleichzeitig auch als Einführung in die Wirtschaft für Vertreter anderer Disziplinen. Es wird sehr schön deutlich, dass Wirtschaftsgeschichte nur interdisziplinär betrieben werden kann. Sie schließt Gesellschaftsgeschichte ebenso ein wie Technikgeschichte. Denn ohne einen sinnvollen Zusammenhang zwischen historischen Ereignissen und Entwicklungen herzustellen, lässt sich die Geschichte der Wirtschaft nicht beschreiben.

Während Buchheim Geschichte als Wirtschaftsgeschichte beschreibt, steht bei den Ökonomen van Suntum sowie Söllner die Wirtschaft im Vordergrund. Diese wird in ihrer geschichtlichen Entwicklung dargestellt. So trägt das Buch von van Suntum den Untertitel „ökonomisches Denken gestern und heute". Zu Beginn schreibt er, „worum es in diesem Buch geht":

> Täglich lesen wir in den Zeitungen von wirtschaftlichen Problemen wie hoher Arbeitslosigkeit oder steigender Staatsverschuldung. Im Fernsehen verfolgen wir Diskussionsrunden und Parlamentsdebatten, in denen es um die angemessene Lohnsteigerungsrate oder um die richtige Höhe und Verteilung der Steuerlasten geht. Aber obwohl diese Fragen uns alle unmittelbar angehen, ist die Kenntnis der grundlegenden ökonomischen Gesetzmäßigkeiten, welche letztlich dahinter stehen, nicht eben weit verbreitet. Das gilt auch für die Parlamentarier selbst, von denen die wenigsten eine ökonomische Ausbildung haben. Schon im 19. Jahrhundert beklagte der deutsche Ökonom Johann Heinrich von Thünen, daß über die wirtschaftlichen Geschicke des Landes oft von Menschen entschieden werde, die nicht im mindesten in die Probleme eingeweiht waren, um die es dabei ging. Dieses Problem ist heutzutage eher noch größer geworden, als es zu Thünens Zeiten der Fall war.

Die Darstellung von van Suntum ist auch für (interessierte) Laien sehr eingängig und anschaulich. Der Text von Söllner ist etwas anspruchsvoller, denn er mutet den Lesern Gleichungen und erläuternde grafische Darstellungen zu. Söllner drückt in seinem Vorwort deutlich aus, für wen das Buch gedacht ist:

Dieses Buch wendet sich an alle, die sich einen Überblick über die Entwicklung der Volkswirtschaft verschaffen oder ihre volkswirtschaftlichen Kenntnisse rekapitulieren wollen und dabei mehr Wert auf das Gesamtbild als auf Einzelheiten legen. Hauptzielgruppe sind aber Studierende, die schon erste volkswirtschaftliche Kenntnisse erworben haben: Ihnen will „Die Geschichte des ökonomischen Denkens" ermöglichen, zum einen die im Grundstudium behandelten mikro- und makroökonomischen Sachverhalte zu vertiefen und zum anderen, sich im Hauptstudium zwischen den verschiedenen volkswirtschaftlichen Gebieten und Fächern besser zu orientieren.

Dies erscheint mir notwendig, da viele Stundenten, die sich im Haupt- oder Nebenfach mit der Ökonomie beschäftigen, oft den Wald vor lauter Bäumen nicht mehr sehen. Sie lernen zwar viele Theorien im Detail kennen, verlieren dabei aber allzu oft den Blick für das Ganze, d.h. die zwischen diesen Theorien bestehenden Zusammenhänge. Beispielsweise bestehen häufig Unklarheiten über das Ausmaß der Unterschiede zwischen den Positionen von Keynesianern und Monetaristen oder über den Gegensatz der Beurteilung des Marktsystems aus neoklassischer und aus österreichischer Sicht. Um solche und andere Unklarheiten zu beseitigen, hielt ich es für sinnvoll, nicht nur auf die Entstehungsgeschichte der verschiedenen ökonomischen Theorien einzugehen, sondern diese zumindest in ihren Grundzügen auch zu erläutern, um so einen deutlichen Bezug zum Lehrstoff herzustellen.

„Die Geschichte des ökonomischen Denkens" ist aber nicht nur interessant für fortgeschrittenere Studenten, sondern auch für Studienanfänger oder interessierte Laien, wenngleich für diesen Leserkreis die Erläuterungen manchmal etwas knapp ausfallen dürften.

Mit dem Werk von Majer habe ich entgegen meiner Eingangsbemerkung doch ein Lehrbuch aufgeführt. Dies bedarf einer Begründung: Ich finde dieses Buch sehr sympathisch. Mit den Worten des Autors aus dem Vorwort seines unkonventionellen Lehrbuchs:

... Es betont (1) eine ganzheitliche Sicht der Ökonomik, (2) die Priorität der Fragestellung vor der Methode und (3) die zentrale Rolle menschlicher Bedürfnisse.

Zur ganzheitlichen Sicht: Ronald Inglehart untersuchte für 40 Industrieländer den Zusammenhang zwischen Bruttoinlandsprodukt und Lebensqualität. Das Ergebnis: Für die „reichen" Länder verbessert sich bei steigendem Bruttoinlandsprodukt die Lebensqualität kaum mehr. Quantitatives Wirtschaftswachstum und Lebensqualität haben sich seit 1975 entkoppelt; dies zeigen alle einschlägigen Untersuchungen.

Akzeptiert man die Aussage, dass das Ziel allen Wirtschaftens darin liegt, die Bedürfnisse der Menschen zu befriedigen und für diese eine hohe Lebensqualität zu erreichen, dann bedeutet das Ergebnis von Ingelhart für die Makroökonomik den Verlust der zentralen Stellung des Bruttoinlandsprodukts. Andere Lebensbereiche müssen zur Makroökonomik hinzutreten: Eine breite Sicht ist nötig. ... Breite Sicht heißt aber, den Blick zu öffnen für Bereiche, in denen die Verknüpfungen zur Ökonomik schon in (eigene) Lehrbücher eingegangen sind. Das sind die ökologische Ökonomik, die Polit-Ökonomik und die Institutionenökonomik.

Nun zum Recht. In einführenden Vorlesungen wird in der Regel auf Textausgaben verwiesen: Bürgerliches Gesetzbuch (BGB) sowie Basistexte zum öffentlichen Recht (ÖffR), beide erschienen bei dtv. Der Lesegenuss hält sich für Nichtjuristen in sehr engen Grenzen. Umso schöner, dass es seit einigen Jahren das Buch von Wesel gibt. Es ist ein interessantes Geschichtsbuch, geschrieben von einem

Juristen. Auch hier eine kurze Kostprobe aus dem dritten Kapitel „ Was ist Recht?", (S. 49):

Nimmt man das Recht von heute, so kann man sagen, es habe im wesentlichen vier Funktionen. Eine Definition wird hier bewusst vermieden. Sie wäre genauso fruchtlos, wie wenn man Wahrheit oder Kunst, Wissenschaft oder Religion definieren wollte. Die vier sind:

1. Ordnungsfunktion
2. Gerechtigkeitsfunktion
3. Herrschaftsfunktion
4. Herrschaftskontrollfunktion

Zum einen ist Recht ein Ordnungselement. Übliches Beispiel dafür ist der Straßenverkehr. Wie man ihn im einzelnen regelt, das ist letztlich gleichgültig. Ob Linksverkehr, wie in angelsächsischen Ländern, oder Rechtsverkehr, wie auf dem europäischen Kontinent, das ist egal. Es muss nur eine bestimmte Ordnung geben. Das ist fast immer die Funktion von Recht, nicht nur im Straßenverkehr. In den anderen Bereichen kommt aber noch anderes hinzu.
Zweitens: Recht dient der Durchsetzung von Gerechtigkeit. Das ist seine moralische und soziale Funktion, die es immer noch nicht voll erfüllen kann. Ein Defizit, das verursacht wird durch die Verbindung mit der dritten, der Herrschaftsfunktion. Recht hat nämlich außerdem die Funktion, Herrschaft aufrechtzuerhalten. Rechtswissenschaft ist auch eine Herrschaftswissenschaft, eine Wissenschaft zur Aufrechterhaltung von Herrschaft. Sicherlich ist Herrschaft heute, ist der Staat auch ein Ordnungselement. Insofern gibt es eine Identität von Herrschafts- und Ordnungsfunktionen des Rechts. Aber sie täuscht. Es sind Kreise, die sich nur teilweise decken. Erstens ist Herrschaft oft eine Art Selbstzweck. Sonst gäbe es nicht so viele, die sie gerne hätten. Zweitens dient sie immer auch anderen Interessen. In einer bürgerlichen liberalen Demokratie sind es die der Erhaltung des Privateigentums an den Produktionsmitteln. Damit ist eine Fülle von Problemen verbunden, Probleme für soziale Gerechtigkeit, Sittlichkeit, Umweltschutz und Frieden, die bis heute nicht gelöst wurden.
Die zum Teil negativen Wirkungen der Herrschaftsfunktion werden dadurch gemildert, daß das Recht inzwischen auch ein Mechanismus zur Kontrolle von Herrschaft geworden ist. Bei uns ist das im wesentlichen die Funktion der Verwaltungs- und Verfassungsgerichtsbarkeit. Der Gedanke des Rechtsstaats. Auch staatliche Herrschaft ist an das Recht gebunden, muß sich kontrollieren lassen. Wobei allerdings der Staat selbst die Rahmenbedingungen dafür gesetzt hat."

Die Bemerkungen zu Wirtschaft und Recht beende ich mit dem Hinweis auf zwei Bücher dieser Reihe, die diesem Themenkomplex gewidmet sind. Sie eignen sich sehr gut für einen Einstieg und eine Vertiefung in die Thematik:

Brandt E (Hrsg) (2001) Rechtswissenschaften. Springer, Berlin
Schaltegger S (Hrsg) (2000) Wirtschaftswissenschaften. Springer. Berlin

Zur Vertiefung des Abschnittes 5.2 gebe ich Darstellungen aus der Ökologie, insbesondere zu Ökosystemen, aus der Systemtechnik sowie der Modellbildung und Simulation an:

Arthur W (1992) Der grüne Planet - Ökologisches System Erde. Spektrum, Heidelberg
Beltrami E (1993) Von Krebsen und Kriminellen – Mathematische Modelle in Biologie und
    Soziologie. Vieweg, Braunschweig

Bossel H (1989) Simulation dynamischer Systeme. Vieweg, Braunschweig
Bossel H (1992) Modellbildung und Simulation. Vieweg, Braunschweig
Clark CW (1990) Mathematical Bioeconomics. Wiley & Sons, New York
Ehrlich PR, Ehrlich AH, Holdren JP (1975) Humanökologie. Springer, Berlin
Howe HF, Westley LC (1993) Anpassung und Ausbeutung. Spektrum, Heidelberg
Jischa MF (1993) Herausforderung Zukunft. Spektrum, Heidelberg
Jischa MF (1996) Dynamische Systeme in Natur, Technik und Gesellschaft. Skriptum TU Clausthal
Konigorski U (1999) Regelungstechnik I. Skriptum TU Clausthal
Odum FP (1991) Prinzipien der Ökologie. Spektrum, Heidelberg
Sonar T (2001) Angewandte Mathematik, Modellbildung und Informatik. Vieweg, Braunschweig
Vester F (1999) Die Kunst vernetzt zu denken. DVA, Stuttgart

Dabei sind die Bücher von Arthur, Beltrami, Ehrlich u.a., Howe u.a., Jischa (1993), Odum und Vester auch für mathematisch weniger Geübte zu empfehlen. Die anderen Darstellungen setzen eine gewisse mathematische Belastbarkeit voraus.

Zur Vertiefung der Themen des Abschnittes 5.3 verweise ich auf den Band Sozialwissenschaften (Müller – Rommel 2001) dieser Reihe. Daneben nenne ich Bücher und Artikel, die ich zitiert habe:

Beck U (1986) Risikogesellschaft. Suhrkamp, Frankfurt am Main
Gross P (1994) Die Multioptionsgesellschaft. Suhrkamp, Frankfurt am Main
Jischa MF (1999) Rationalität der Experten kontra Moralität der Laien – Der schwierige Dialog. DVM – Bericht Nr. 126 und TUContact, Nr 5, S 24-27, TU Clausthal
Lübbe H (1997) Umwelt und Wertewandel - Über moralische Einflussgrößen ökologischer Politik. GAIA 6 no.4, S 265-268
Luhmann N (1986) Ökologische Kommunikation. Westdeutscher Verlag, Opladen
Maslow AH (1981) Motivation und Persönlichkeit. Rowohlt, Reinbek
Perrow C (1987) Normale Katastrophen. Campus. Frankfurt am Main
Renn O (1997) Abschied von der Risikogesellschaft? Risikopolitik zwischen Expertise und Moral. GAIA 6 no. 4, S 269-275
Schulze G (1992) Die Erlebnisgesellschaft. Campus, Frankfurt am Main
VDI (1996) Entscheidungsprozesse im Spannungsfeld Technik – Gesellschaft – Politik. VDI Report 25, Düsseldorf

6 Umweltbezogene Arbeits- und Forschungsgebiete

Zunächst einige begriffliche Vorbemerkungen. Die aus der Biologie stammenden Begriffe Umwelt und Ökologie haben eine erstaunliche semantische Karriere angetreten. Bei der Kurzform Öko denkt nahezu jeder an Ökologie, obwohl der Begriff Ökonomie wesentlich älter ist. Beide haben als Grundlage den griechischen Ausdruck oikos, der Wohnung, Haus, Platz zum Leben oder Haushalt bedeutet. Der Begriff Ökologie wurde 1866 von dem Zoologen Ernst Haeckel eingeführt, während das Wort Ökonomie bereits auf Aristoteles zurückgeht. Der Biologe Jakob von Uexküll prägte Anfang des 20. Jahrhunderts den Begriff Umwelt.

Die Ökologie ist die Wissenschaft von den Wechselbeziehungen zwischen den Lebewesen und den unbelebten Umweltfaktoren. Diese lassen sich durch Energie- und Stoffaustauschprozesse beschreiben. Insbesondere Stoffkreisläufe spielen in der Ökologie eine wesentliche Rolle, sie sind in der Regel mit Energiekreisläufen gekoppelt. In der Ökonomie geht es im Gegensatz dazu um Kapitalströme.

Einführend hatten wir in Abschnitt 1.4 die ökologische Bewusstseinswende der sechziger Jahre behandelt. Seit jener Zeit haben die Forschungsaktivitäten zu dem Thema Umwelt stark zugenommen. Sie haben zunächst die Ingenieur- und Naturwissenschaften erfasst, es folgten die Wirtschafts-, die Rechts- und die Sozialwissenschaften. Diese Aktivitäten sind eng mit der Entwicklung der Umweltpolitik in unserem Land verknüpft, die wir zunächst nachzeichnen wollen.

6.1 Geschichte der Umweltpolitik

Im nordrhein-westfälischen Wahlkampf 1962 setzte die SPD das Motto „der Himmel über der Ruhr soll wieder blau werden" ein. Die „Grünen" begannen, sich in den sechziger Jahren zu etablieren, und sie haben sich zwischenzeitlich in unserem Parteiengefüge mit dem Schwerpunkt einer ökologisch orientierten Politik einen festen Platz geschaffen. Die etablierten Parteien CDU/CSU, SPD und FDP haben in der Folgezeit den Umweltschutz in ihre politischen Programme aufgenommen, und es gibt kein Bundesland ohne ein Umweltministerium. Das erste Ministerium diese Art wurde 1970 von der bayerischen Staatsregierung gegründet. 1986 wurde unmittelbar nach der Tschernobylkatastrophe das Bundesministerium für Umwelt, Naturschutz und Reaktorsicherheit (BMU) in Bonn eingerichtet.

Periodisierungen sind stets problematisch, denn sie vereinfachen. Gleichwohl machen sie historische Entwicklungen sehr schön deutlich. Aus der Sicht der Ingenieure und Naturwissenschaftler lassen sich vier Phasen in der Geschichte der Umweltpolitik herausfiltern, dargestellt an dem Zusammenspiel zwischen den zentralen Akteuren Politik und Verwaltung, Wirtschaft, Wissenschaft sowie Medien.

Es begann in den sechziger Jahren mit der „technokratischen Phase". Von Umweltpolitik konnte zu dieser Zeit noch nicht gesprochen werden. Am Anfang stand die Strategie der „hohen Schornsteine", des Verdünnens und Verteilens, dem US- amerikanischen Leitsatz folgend „dilution is the solution of pollution". Der technische Umweltschutz „end-of-the-pipe" entwickelte sich, es ging um die Reinhaltung der Luft, der Gewässer und des Bodens. Hierauf werden wir in den Abschnitten 6.5 und 6.6 zurückkommen. In dieser Phase verließen sich die Politiker voll auf das Expertenwissen aus Wissenschaft und Wirtschaft. Die Medien spielten (mit Ausnahme von Fachzeitschriften) noch keine Rolle, die Öffentlichkeit war noch nicht sensibilisiert. Die Harmonie zwischen Politik, Verwaltung, Wirtschaft und Wissenschaft war ungestört.

Diese Harmonie begann in den siebziger Jahren zu bröckeln. Es folgte die „konzeptionelle Phase", geprägt von zwei Entwicklungslinien. Auf der einen Seite ging es um die Etablierung einer umweltpolitischen Konzeption auf wissenschaftlicher Grundlage. Stichworte hierzu sind das Vorsorge-, das Verursacher- und das Kooperationsprinzip. Die Zusammenarbeit zwischen den klassischen Akteuren Politik und Verwaltung, Wirtschaft und Wissenschaft war noch gut. Auf der anderen Seite formierte sich mit den „Grünen" eine (zunächst) außerparlamentarische Opposition. Diese bekämpften das „rationale" Konzept der Umweltpolitik und forderten den ökologischen Umbau der Industriegesellschaft. Die Medien begannen, Umweltthemen wie Waldsterben, Ozonloch und Treibhauseffekt aufzugreifen, die Öffentlichkeit zeigte sich zunehmend sensibilisiert.

In den achtziger Jahren begann die „Phase der Entkopplung", die Umweltpolitik verselbständigte sich. Alle Parteien erarbeiteten Umweltprogramme, man kann von einer parteipolitischen Umweltoffensive sprechen. Die Diskussion in den Medien und in der Öffentlichkeit wurde durch großtechnische Katastrophen bestimmt: Seveso, Sandoz, Bophal und Tschernobyl seien beispielhaft genannt. Das Jahr 1986 wurde zu einem „Schaltjahr" in der Risikodebatte, siehe Abschnitt 5.3. Großtechnologien wie die Kern-, Chemie- und Gentechnik gerieten in die Kritik. Die Harmonie zwischen Politik, Wirtschaft und Wissenschaft ging zu Ende.

Die neunziger Jahre können als „Phase der Globalisierung" bezeichnet werden. Insbesondere nach der Rio-Konferenz 1992 etablierte sich das Leitbild Nachhaltigkeit (Sustainable Development) in Politik, Wirtschaft und Öffentlichkeit, basierend auf dem Dreisäulenmodell getragen von Ökologie, Ökonomie und Gesellschaft. Seit dieser Zeit geht es nicht mehr um reine Umweltpolitik, es geht um mehrdimensionale Zukunftsfähigkeit, siehe auch Abschnitt 1.4.

In diesem Kapitel möchte ich skizzieren, welche Forschungsgebiete sich in den Ingenieurwissenschaften daraus entwickelt haben. Es wird deutlich werden, dass es neben rein fachspezifischen Fragestellungen zunehmend auf die Bearbeitung von mehrdimensionalen Problemen ankommt, die nur interdisziplinär bearbeitet werden können. Dies stellt akademisch etablierte Strukturen vor Herausforderungen, auf die sie bislang in unterschiedlicher Weise (oder gar nicht) reagiert haben. Die bisherige Entwicklung darzustellen ist eines der Ziele der vorliegenden Buchreihe.

In der Literatur finden wir eine Reihe von unterschiedlichen Periodisierungen bezüglich bisheriger Umweltaktivitäten. Diese hängen stark von dem Blickwinkel der jeweiligen Fachrichtung ab. Beispielhaft erwähne ich die Beschreibung von G. Michelsen (Müller-Rommel 2001, S.129), der vier Phasen der Umweltbildung auf nationaler Ebene ausmacht: eine programmatische, eine pragmatische, eine reflexive sowie eine zukunftsorientierte Phase. In dem gleichen Band beschreibt V. von Prittwitz verschiedene Entwicklungsphasen der Umweltpolitologie.

6.2 Managementsysteme

Ingenieure arbeiten vorwiegend problembezogen, ihre Forschungsaktivitäten befassen sich in der Regel mit der Lösung technischer Probleme. Im Gegensatz dazu wird in anderen wissenschaftlichen Bereichen vorwiegend disziplinorientiert geforscht. Freilich sind die Übergänge fließend. Die Problemorientierung der Ingenieure wird an einer engen Zusammenarbeit mit der Wirtschaft, der Industrie, deutlich. Deshalb beginne ich mit Managementsystemen in der Wirtschaft, denn in Unternehmen wird ständig auf der Basis von Bewertungen entschieden. So ist Technik schon immer bewertet worden, also Technikbewertung betrieben worden, ohne jedoch diesen Begriff, der jüngeren Datums ist, zu verwenden. Die Bewertungskriterien waren dabei klar und eindeutig. Sie waren technischer Art, wenn es um Fragen der Funktionalität und Sicherheit ging. Und sie waren betriebswirtschaftlicher Art, denn technische Produkte müssen sich am Markt behaupten.

Bei Bewertungen welcher Art auch immer treten zwei grundsätzliche Probleme auf: Zum einen die Frage der Abgrenzung, der Systemgrenze, und zum anderen die Bewertung in Form von aussagefähigen meist hochaggregierten Bewertungsgrößen, den Indikatoren. Die Suche nach einfachen, signifikanten und richtungssicheren Bewertungsgrößen bewegt sich stets zwischen zwei Extremen: Das Einfache ist theoretisch falsch, und das Komplizierte ist praktisch unbrauchbar. „We need quick and dirty methods", so eine treffende englische Formulierung. Dieses ist das Grundproblem aller Managementsysteme zur Entscheidungsfindung.

An dieser Stelle möchte ich zwei in der Wirtschaft bekannte und etablierte Managementsysteme skizzieren. Dabei beginne ich mit dem Qualitätsmanagement nach der DIN/ISO 9000er Serie. Qualitätssichernde Maßnahmen hat es im produzierenden Gewerbe schon immer gegeben. Statistische Qualitätskontrollen waren lange Zeit Stand der Technik, bis zur Einführung der just-in-time Fertigung die Lagerkapazitäten drastisch reduziert wurden. Durch das Verschwinden dieser Puffer mussten neue Maßnahmen zur Qualitätssicherung etabliert werden. Für statistische Qualitätskontrollen der (Vor-)Produkte fehlte nunmehr die Zeit, somit musste die Qualitätsprüfung von den Produkten auf die Prüfung der Produzenten verlagert werden. Wir sprechen dann von Zertifizierung.

So führten veränderte Abläufe in der Fertigung zu einem neuen Qualitätsmanagementsystem. Dieses ist in allen Phasen des Produktes, von der Forschung und Entwicklung über die Planung, Konstruktion, Fertigung und den Vertrieb prägend. Dabei werden die Anforderungen an ein Produkt in Regelkreisen mit zahlreichen Rückkopplungsschleifen verfolgt. Dies hat zu einer deutlichen Reduzierung der Entwicklungszeiten und -kosten in der Industrie geführt. Zwingende Voraussetzung ist dabei die formale Quantifizierung von Produkteigenschaften durch geeignete Indikatoren.

Analog zum Qualitätsmanagementsystem ist (in der Regel von Qualitätsexperten) ein entsprechendes Umweltmanagementsystem nach DIN/ISO 14000ff. entwickelt worden. Dies behandelt einzelne Instrumente wie etwa Life-Cycle-Assessment (LCA), deutsch Ökobilanz genannt. Letztere ist innerhalb des Deutschen Instituts für Normung (DIN) Gegenstand intensiver Standardisierungsbemühungen.

Über eine gewisse Zeit hat die Wirtschaft die betriebswirtschaftlichen Ziele und den Umweltschutz in Konkurrenz gesehen. Analog zu den Erfahrungen im Qualitätsmanagement („Gute Qualität ist billiger als schlechte Qualität") hat sich im Umweltmanagement die Erkenntnis durchgesetzt, dass Ökologie Langzeitökonomie ist. Nur haben Betriebe eben ganz wesentlich auch eine Kurzzeitperspektive. Es ist dennoch zu beobachten, dass die Wirtschaft den Umweltkosten zunehmende Aufmerksamkeit schenkt. Denn die Wirtschaft lebt ja gerade „nachhaltig" von der Fähigkeit, zukünftige Probleme zu antizipieren. Umweltkosten entstehen, um zukünftige Schäden zu verhindern oder zu begrenzen, um Ressourcen zu erhalten und um zukünftigen wirtschaftlichen Nutzen zu stiften. Methodisch können Umweltkosten eingeteilt werden in solche für die Vermeidung, Verwertung und Beseitigung von Reststoffen, durch nicht werterhöhenden Ressourceneinsatz sowie durch die Produktverantwortung. Insbesondere der letzte Punkt wird zunehmend bedeutsam werden. Beispiele hierfür sind die Rücknahme von Altautos, von Elektronikschrott sowie das Zwangspfand für Dosen.

Aus unternehmerischer Sicht ist es unverzichtbar, die Erfassung der Umweltkosten in bestehende Managementsysteme einzubauen. Denn nur ein Andocken an bestehende Systeme des Qualitätsmanagements ist realistisch. So wie aus dem Qualitäts- das Umweltmanagement hervorgegangen ist, so ist das Risikomanagement gefolgt. Letzteres wird insbesondere von Versicherern und Rückversicherern vehement eingefordert und schlägt sich schon heute in der Höhe der Versicherungsprämien nieder. Meine Vermutung ist, dass am (vorläufigen) Ende dieser Entwicklung ein umfassendes Nachhaltigkeitsmanagementsystem stehen wird. Die Frage, wie nachhaltig ist nachhaltig, hat sehr viel mit der Frage zu tun, wie sicher ist sicher. Damit komme ich zum nächsten Abschnitt. Denn nach meiner Auffassung kann Technikbewertung *das* Konzept zur Beantwortung der Frage sein: Welche Technologien sind in der Lage, eine nachhaltige und dauerhafte Entwicklung der Menschheit zu ermöglichen?

6.3 Technikbewertung

Der Begriff *Technology Assessment* (TA) tauchte erstmalig 1966 in einem Bericht an den US-amerikanischen Kongress im Zusammenhang mit positiven und negativen Folgen technischer Entwicklungen auf. Konkreter Anlass war die Forderung nach einem Frühwarnsystem bei komplexen großtechnischen Neuerungen wie Überschallflug, Raumfahrttechnik und Raketenabwehrsystemen. Als Folge davon wurde 1972 das Office of Technology Assessment (OTA) gegründet. Damit sollte ein Beratungsorgan für den Kongress, also die Legislative, geschaffen werden. Dies löste ähnliche Bewegungen in den westlichen Industrieländern aus. Hier beschränke ich mich auf eine Schilderung der Aktivitäten in Deutschland, wobei ich an die Abb.1.6 in Abschnitt 1.4 anknüpfe.

Im Folgenden verwende ich das Kürzel TA, weil es derzeit noch keine allgemein akzeptierte deutsche Übersetzung des englischen Begriffes gibt. In der Literatur werden die Bezeichnungen Technikbewertung, Technikfolgenabschätzung sowie Technologiefolgenabschätzung synonym verwendet. Das BMBF favorisiert seit kurzem den Begriff Innovations- und Technik-Analyse (ITA).

Unmittelbar nach der Gründung des OTA begann die TA-Debatte in Deutschland. Die (oppositionelle) CDU-Fraktion des Deutschen Bundestages beantragte 1973 die Einrichtung einer analogen Institution, die (regierende) SPD-Fraktion lehnte dies ab. Nach dem Machtwechsel im Jahre 1982 trat bei beiden Fraktionen ein Sinneswandel ein. Die nunmehr oppositionelle SPD war für, die regierende CDU gegen eine entsprechende Einrichtung. So kam es erst 1989 zu einer befristeten Errichtung des Büros für Technikfolgenabschätzung beim Deutschen Bundestag (TAB), 1993 wurde das TAB als Dauereinrichtung beschlossen. Seit Gründung des TAB ist der Leiter des Instituts für Technikfolgenabschätzung und Systemanalyse (ITAS) des Forschungszentrums Karlsruhe (FZK) in Personalunion gleichzeitig Leiter des TAB (zu Beginn Professor Paschen und seit 2002 Professor Grunewald).

In den siebziger Jahren beteiligten sich neben dem ITAS, das seinerzeit noch Abteilung für Angewandte Systemanalyse (AFAS) hieß, der Verein Deutscher Ingenieure (VDI), das Fraunhofer-Institut für Systemtechnik und Innovationsforschung (ISI) sowie das Batelle-Institut an den TA-Diskussionen. Der VDI veröffentlichte 1991 seine wegweisende Richtlinie „Technikbewertung - Begriffe und Grundlagen". Im gleichen Jahr wurde die Errichtung einer Akademie für Technikfolgenabschätzung (in Abb.1.6 mit AfTA abgekürzt) in Baden-Württemberg beschlossen, die 1992 ihre Arbeit in Stuttgart aufnahm. 1996 wurde in Bad Neuenahr-Ahrweiler vom Land Rheinland-Pfalz und dem Deutschen Zentrum für Luft- und Raumfahrt (DLR), das seinerzeit Deutsche Forschungsanstalt für Luft- und Raumfahrt hieß, die Europäische Akademie zur Erforschung von Folgen wissenschaftlich-technischer Entwicklungen gegründet.

Auf europäischer Ebene haben sich 1990 parlamentarische Einrichtungen analog zum TAB aus Dänemark, Deutschland, Frankreich, Großbritannien und den Niederlanden zum European Parliamentary Technology Assessment (EPTA) zusammengeschlossen. Analoge Einrichtungen gibt es weiterhin in Österreich, in

Schweden und in der Schweiz. Die TA-Erfolgsgeschichte ist von zwei Schließungen getrübt worden. Während der Clinton-Ära wurde das OTA geschlossen. Im März 2003 hat das Kabinett des Landes Baden-Württemberg die Schließung der (aus Expertensicht sehr erfolgreichen) Akademie für Technikfolgenabschätzung in Stuttgart beschlossen.

Nach dieser kurzen Schilderung der jungen TA-Geschichte möchte ich auf drei Punkte eingehen. Was will TA? Wie kann TA gelehrt werden? Welches sind TA-relevante Forschungsthemen aus Sicht der Ingenieurwissenschaften? Ich beginne mit der ersten Frage und möchte zur Vorgehensweise aus der VDI-Richtlinie „Technikbewertung" zitieren (VDI 1991):

> Technikbewertung bedeutet hier das planmäßige, systematische, organisierte Vorgehen, das
> – den Stand einer Technik und ihre Entwicklungsmöglichkeiten analysiert,
> – unmittelbare und mittelbare technische, wirtschaftliche, gesundheitliche, ökologische, humane, soziale und andere Folgen dieser Technik und möglicher Alternativen abschätzt,
> – aufgrund definierter Ziele und Werte diese Folgen beurteilt oder auch weitere wünschenswerte Entwicklungen fordert,
> – Handlungs- und Gestaltungsmöglichkeiten daraus herleitet und ausarbeitet,
> so dass begründete Entscheidungen ermöglicht und gegebenenfalls durch geeignete Institutionen getroffen und verwirklicht werden können.

Wie sieht die Vorgehensweise nun im Einzelnen aus? Nach einer konkreten Aufgabenbeschreibung, einer Definitions- und Abgrenzungsphase, wird in der Regel eine dreistufige Abfolge empfohlen: 1. Technikfolgenforschung, 2. Technikfolgenabschätzung, 3. Technikfolgenbewertung. Die gern gehegte Hoffnung, die beiden ersten Stufen würden eine rein wissenschaftliche Bearbeitung zulassen, und der gesellschaftspolitische Aspekt (die Wertefrage) würde erst bei der dritten Stufe bedeutsam werden, hat sich in nahezu allen konkreten TA-Studien als trügerisch erwiesen. Meist spielt die Wertefrage von Anfang an hinein, also schon bei der Abgrenzungsphase. Man kann die Vorgehensweise nicht nur nach der Abfolge, sondern auch nach der Art strukturieren. Dabei unterscheidet man:

TA als partizipatorisches Assessment: Maximale Partizipation ist hierbei die entscheidende Forderung, die in unterschiedlicher Weise realisiert werden kann (argumentativer Diskurs, Planungszellen u. a.). Die Zielvorstellung lautet, der Objektivität durch vielgestaltige Subjektivität möglichst nahe zu kommen.

TA als systemanalytisches Verfahren: Technische Systeme lassen sich zumindest prinzipiell eindeutig beschreiben, da deren Erfassung auf naturwissenschaftlichen Grundgesetzen beruht. Dies wird bei Ökosystemen schon deutlich schwieriger, da Wechselwirkungen und Stabilitätsfragen bestenfalls eingeschränkt beantwortet werden können. Die gleiche Aussage gilt für wirtschaftliche Systeme. Am problematischsten sind gesellschaftliche Systeme zu analysieren.

TA als technopolitische Beratung: Dies meint TA als Vorsorgeprinzip im Umgang mit wissenschaftlich-technischem Fortschritt und als Instrument der Planung und Entscheidungshilfe. TA soll Folgen erkennen und diese in politische (und wirtschaftliche) Bewertungs- und Entscheidungsprozesse integrieren.

Aus ingenieurwissenschaftlicher Sicht scheint mir der systemanalytische Ansatz besonders tragfähig und belastbar zu sein. Ein Ingenieur, gleich welcher Fachrichtung, hat ständig mit (technischen) Systemen zu tun. Eine Fertigungsstraße, ein chemischer Reaktor, der ICE und eine Windkraftanlage haben eines gemeinsam: Es sind technische Systeme mit vielfältigen internen Wechselwirkungen bzw. Rückkopplungen, die prinzipiell mit den bekannten Grundgesetzen der Mechanik, der Thermodynamik, der Elektrotechnik, der Reaktionskinetik usw. beschrieben werden können. Diese technischen Systeme werden simuliert, d.h. nachgebildet, sei dies durch ein Laborexperiment oder ein numerisches Simulationsexperiment.

Schwierigkeiten entstehen in realen Systemen meist durch ungenügende Berücksichtigung von Rückkopplungseffekten. Man kann dies als generelles Schnittstellen- oder gar Kommunikationsproblem bezeichnen. Zur Auslegung einer Windkraftanlage ist es unzureichend, wenn ein Bauingenieur den Turm auslegt, ein Elektroingenieur den Generator und ein Strömungsmechaniker den Propeller. Wer von diesen Experten berücksichtigt, dass es sich hierbei primär um ein *System* handelt? Viele Probleme, so etwa Schwierigkeiten im Antriebsstrang des ICE, sind einem mangelhaften Systemdenken der Bearbeiter zuzuschreiben. Wenn schon technische Systeme so schwierig zu beschreiben sind, um wie viel schwieriger sind Ökosysteme und gar gesellschaftliche Systeme zu analysieren? Umso wichtiger ist generell die Erforschung komplexer Systeme.

Als Beispiel für ein seinerzeit mangelhaftes Systemverständnis sei der Growian (Abkürzung für Große Windenergie-Anlage) genannt. Unter dem Schock der Ölkrise von 1973 wurde von der Bundesregierung eine Studie „Energiequellen für morgen" in Auftrag gegeben, in der auch die Nutzung der Windenergie untersucht wurde. Auf der Basis dieser Arbeiten wurde ab 1977 eine 3-MW-Anlage geplant und entwickelt. Diese (der Growian) wurde im Kaiser-Wilhelm-Koog an der Elbemündung errichtet und ging 1983 in Betrieb. Die hohen dynamischen Belastungen führten zu Rissen in der Rotornabe. Daraufhin wurde die Anlage 1988 stillgelegt und abgerissen. Bis 1991 war Growian mit einem Rotordurchmesser von 100 m die größte Windkraftanlage der Welt. In der Folgezeit wurden dann zunächst Betriebserfahrungen mit deutlich kleineren Anlagen gesammelt, und es wurde ein maßvolles und systematisches scale-up betrieben. Die derzeit größten Anlagen haben eine elektrische Leistung von 4,5 MW.

Nun zu der zweiten Frage: Wie kann TA gelehrt werden? Hier folgt exemplarisch die Schilderung eines erfolgreichen bottom-up Ansatzes des Autors an der TU Clausthal, beflügelt durch das enorme Interesse der Studenten und Mitarbeiter. Am Anfang stand die Vorlesung „Herausforderung Zukunft", erstmalig gehalten im Wintersemester 1991/92 im Rahmen des Studium generale und wie folgt gegliedert: 1. Menschheitsgeschichte und Umwelt, 2. Wachstum und Rückkopplung, 3. Bevölkerungsdynamik, 4. Energie, 5. Treibhauseffekt und Ozonloch, 6. Unsere Umwelt, 7. Endliche Ressourcen, 8. Die Dritte Welt, 9. Technik und Ethik, 10. Modelle und Prognosen, 11. Wer kann was tun?

Aus dieser *Sensibilisierungsvorlesung* ist ein gleichnamiges Buch entstanden (Jischa 1993). Weitere Vorlesungen folgten zunächst im Studium generale. Ausgehend von dem Kapitel „Technik und Ethik", in dem auf die VDI-Richtlinie

Technikbewertung und auf die Geschichte der TA-Entwicklung eingegangen wird, haben B. Ludwig und der Autor gemeinsam eine *Operationalisierungsvorlesung* mit dem Titel „Technikbewertung" konzipiert und diese erstmalig im Wintersemester 1994/95 angeboten (Jischa, Ludwig 1996). Darin werden nach einer geschichtlichen Einführung bekannte TA Studien (erstellt von TAB, ISI, Batelle, Prognos u.a.) besprochen. Diese wurden nach zwei Kriterien ausgewählt: Saubere Herausarbeitung der gewählten Methode und Relevanz des Themas. Die Vorlesung wird durch eine zusammenfassende Behandlung von Methoden sowie von Instrumenten (Ökobilanz, Produktlinienanalyse, Umweltverträglichkeitsprüfung, Umweltaudit, Ökocontrolling, Umweltinformations- und Umweltmanagementsysteme) abgeschlossen.

Die Beschäftigung mit dem Kapitel „Modelle und Prognosen" führte drittens zu der Konzipierung einer *Anschlussvorlesung*. Sie trägt den Titel „Dynamische Systeme in Natur, Technik und Gesellschaft", erstmalig angeboten 1995; sie wird durch numerische Simulationsexperimente attraktiv ergänzt (Jischa 1996).

Die hervorragende Akzeptanz der drei Vorlesungen hat zwischenzeitlich dazu geführt, dass diese als Pflichtfächer in verschiedenen Studiengängen der TU Clausthal eingeführt wurden. Im Wintersemester 2001/2002 folgte eine vierte Vorlesung „Zivilisationsdynamik", siehe hierzu Abschnitt 1.1.

Abschließend zur letzten Frage: Welches sind TA-relevante Forschungsthemen aus Sicht der Ingenieure? Hier knüpfe ich an die Aussagen am Ende des Abschnitts 1.4 an und formuliere die These: TA als Operationalisierung des Leitbildes Nachhaltigkeit bedeutet, komplexe dynamische Systeme zu untersuchen mit dem Ziel, Stabilitätsrisiken zu verringern. Daraus resultiert Forschungsbedarf in den Feldern:

1. Zustandsbeschreibung durch Nachhaltigkeitsindikatoren
2. Umgang mit unsicherem, unscharfem sowie Nicht-Wissen
3. (Weiter-) Entwicklung von Methoden und Instrumenten
4. Orientierung an Werten und Umgang mit Wertkonflikten
5. Modellierung und Simulation dynamischer Systeme

Sämtliche abgeschlossenen und laufenden Dissertationen und Habilitationen der letzten zehn Jahre an meinem Lehrstuhl lassen sich diesen Themen zuordnen. Exemplarisch führe ich in Abschnitt 6.8 die Arbeiten (Ludwig 1995, 2001) und (Tulbure 1997, 2003) an. Weitere Informationen zu Vorlesungsgliederungen und Dissertationen im Bereich TA sind unserer Homepage www.itm.tu-clausthal.de zu entnehmen.

Mir ist neben der TA keine Disziplin bekannt, in der Vertreter der „Zwei Kulturen" (Snow 1967), der Natur- und Ingenieurwissenschaften einerseits sowie der Geistes- und Gesellschaftswissenschaften andererseits, auf eine so selbstverständliche Weise zusammenkommen. Zu welchem Thema sonst gibt es Veranstaltungen, auf denen Ingenieure, Naturwissenschaftler, Ökonomen, Soziologen, Politologen, Philosophen und Theologen in Vorträgen und Diskussionen ohne nennenswerte Dialogprobleme zusammenfinden? Das Konzept TA, ob nun Technikfolgenabschätzung, Technikbewertung, Technikgestaltung, Systemanalyse, Innovationsforschung, Potentialanalyse oder gar Management komplexer

Systeme genannt, führt die (meisten) wissenschaftlichen Disziplinen über die Frage nach der Operationalisierung des Leitbildes Nachhaltigkeit zusammen. Darin liegt eine Chance, die „Zwei Kulturen" über das entscheidende Problem der Menschheit, wie wir morgen leben werden und leben wollen, zusammenzuführen.

Hinzu kommt, dass die ständige Ausdifferenzierung der wissenschaftlichen Disziplinen eine Gegenbewegung erzeugen wird. Neben der unverzichtbaren und unbestreitbaren disziplinären Kompetenz wird die interdisziplinäre Forschung an Bedeutung zunehmen. Wir werden verstärkt Generalisten benötigen, etwa nach dem Motto eines Aphorismus` von Lichtenberg: „Wer nur die Chemie versteht, versteht auch die nicht ganz."

Die TA-Disziplin hat die Chance, eine Antwort auf die zentrale Frage zu finden, die ich zum Abschluss in zwei Versionen stellen möchte. Die erste Formulierung stammt von einem Physiker und Philosophen mit Erfahrungen in Wissenschaft und Politik (Meyer-Abich 1988): „Weiß die Wissenschaft, was wir für die Zukunft der Industriegesellschaft wissen müssen?" Die zweite Formulierung stammt von einem Ingenieur mit Erfahrungen in Wissenschaft und Wirtschaft (Neirynck 1995): „Die Technik ist die Antwort, aber wie lautet eigentlich die Frage?"

6.4 Ökonomie und Umwelt

Die kurze aber gleichwohl dynamische Entwicklung dieses Themenkomplexes begann in den sechziger Jahren, in der Zeit der ökologischen Bewusstseinswende. Somit knüpfen wir hier an den Abschnitt 1.4 und insbesondere an Abb.1.6 an, die Diskussion über den Verlauf der Nachhaltigkeitsdebatte.

Am Ende der sechziger Jahre lagen die Anfänge einer gesellschaftsbezogenen Unternehmensrechnung. Stichworte hierzu sind human resource accounting, corporate social accounting und corporate social audit. Darunter können wir uns eine Human- und Sozialvermögensrechnung sowie eine gesellschaftsbezogene Wirtschaftsprüfung vorstellen. Der Begriff Sozialbilanz wurde geprägt, noch bevor der Begriff Ökobilanz in der Literatur auftauchte. Beiden Bilanzen liegt die Vorstellung zu Grunde, einer monetären Handelsbilanz weitere Bilanzen zur Seite zu stellen. Heute ist es Allgemeingut, dass das Human- und Sozialkapital eines Unternehmens zunehmend an Bedeutung gewinnt. Dabei lautet die entscheidende Frage, wie dieses zu quantifizieren, zu messen und damit zu bewerten sei.

Seit Mitte der siebziger Jahre sind Betriebsbeauftragte für den Umweltschutz gesetzlich vorgeschrieben. So etwa im Bundes-Immissionsschutzgesetz (BImSchG), im Wasserhaushaltsgesetz (WHG) und im Abfallgesetz (AbfG). Es ist eine übliche Vorgehensweise, bei dem Auftreten von Problemen zunächst entsprechende Beauftragte vorzusehen, so etwa den Sicherheitsbeauftragten und die Frauenbeauftragte. Einige Unternehmen gingen zeitweise sogar so weit, ein Vorstandsressort für den Bereich Umwelt einzurichten. Ebenfalls Mitte der siebziger Jahre setzte die Ökobilanzbewegung ein, die ökologische Buchhaltung.

Sie ist mit dem Namen Müller-Wenk (Schweiz) eng verknüpft. Zusätzlich zu der Geldwährung in Handelsbilanzen sollte eine „Ökowährung" eingeführt werden.

Mitte der achtziger Jahre starteten zunächst einige wenige Unternehmer (vorwiegend aus dem Mittelstand) eine Umweltinitiative. So schlossen sich 1985 mehrere Industrieunternehmen zum „Bundesdeutschen Arbeitskreis für umweltbewusste Materialwirtschaft" (B.A.U.M.) zusammen, wobei der Begriff Materialwirtschaft wenig später durch Management ersetzt wurde. Der Pionier dabei war G.Winter, Herausgeber des vielfach aufgelegten Handbuches „Das umweltbewusste Unternehmen" (Winter 1998). B.A.U.M. e.V. hat mehr als 200 Mitglieder, zumeist Firmen. Der Verein hat sich auf einen Kodex zur umweltorientierten Unternehmensführung verpflichtet. 1986 wurde durch Initiative von rund 200 Unternehmern und Führungskräften der deutschen Wirtschaft der „Förderkreis Umwelt future e.V." gegründet, dessen Pionier war K. Günther. Deren Mitglieder verpflichten sich, den Faktor Umwelt zum festen Bestandteil ihrer Firmenphilosophie zu machen. G. Winter und K. Günther sind 1995 gemeinsam mit dem Deutschen Umweltpreis ausgezeichnet worden. Dieser hochdotierte Preis wird alljährlich von der Deutschen Bundesstiftung Umwelt (DBU) vergeben.

Die akademische Disziplin Betriebswirtschaftslehre entdeckte in der zweiten Hälfte der achtziger Jahre den Umweltschutz. Dies begann mit Einzelbeiträgen und wenigen Dissertationen. Darstellungen, die sich mit der ökologischen Unternehmenspolitik und deren strategischer Ausrichtung befassen, folgten. 1985 wurde das „Institut für ökologische Wirtschaftsführung" (IÖW) als GmbH gegründet, es gibt seither eine eigene Schriftenreihe heraus. An der European Business School in Oestrich-Winkel wurde 1987 das „Institut für Ökologie und Unternehmensführung" eingerichtet. Die Hochschule St. Gallen begründete 1992 das „Institut für Wirtschaft und Ökologie".

1988 veranstaltete die Evangelische Akademie Tutzing eine Tagung „Umweltschutz als Teil der Unternehmenskultur, Umweltorientierte Unternehmenspolitik". Als Ergebnis dieser Tagung wurde eine Tutzinger Erklärung zur umweltorientierten Unternehmenspolitik verfasst. Dieser Erklärung traten zahlreiche Wirtschaftsverbände wie etwa BDI, DIHT und VCI bei.

Die internationale Handelskammer (ICC= International Chamber of Commerce) verkündete 1991 auf der zweiten Weltkonferenz für Umweltmanagement eine „Business Charta for Sustainable Development". Diese Charta ist maßgeblich von dem Brundtland-Bericht „Unsere gemeinsame Zukunft" (1987) geprägt worden, mit dem die Nachhaltigkeitsdiskussion begann, siehe Abschnitt 1.4. Die Agenda 21, das Abschlussdokument der Rio-Konferenz für Umwelt und Entwicklung 1992, nimmt darauf direkt Bezug. In Kapitel 30, das der Stärkung der Rolle der Privatwirtschaft gewidmet ist, heißt es auf S.236:

Die Privatwirtschaft einschließlich transnationaler Unternehmen soll dazu angeregt werden,
a) jährlich über ihre umweltrelevanten Tätigkeiten sowie über ihre Energie- und Ressourcennutzung Bericht zu erstatten;
b) Verhaltenskodizes zur Förderung vorbildlichen Umweltverhaltens wie etwa die Charta der Internationalen Handelskammer (ICC) über eine nachhaltige Entwicklung

und die „Responsible Care"-Initiative der chemischen Industrie zu verabschieden und über ihre Umsetzung Bericht zu erstatten.

Nach einer gewissen zeitlichen Verzögerung haben die Gewerkschaften das Thema aufgegriffen. 1992 legte die IG Metall „Eckpunkte für eine Betriebsvereinbarung zum Umweltschutz" vor, der sich zahlreiche weitere Gewerkschaften angeschlossen haben. 1993 verabschiedete die EG ein Grundgesetz des Ökomanagements. Diese Verordnung betrifft die freiwillige Beteiligung gewerblicher Unternehmen an einem „Gemeinschaftssystem für das Umweltmanagement und die Umweltbetriebsprüfung". Das Ökoaudit bzw. Umweltaudit war geboren. Als erstes europäisches Land hat Großbritannien 1992 eine Norm „Specification for Environmental Management Systems" ausgearbeitet (BS= British Standard 7750). Sie enthält eine Spezifikation für ein Umweltmanagementsystem zur Gewährleistung und Erfüllung der dargelegten Umweltpolitik und der dargestellten Zielsetzungen.

Gemäß einer Definition der Internationalen Handelskammer (ICC) ist ein Umweltaudit „ein Management-Instrument, welches eine systematische, dokumentierte, periodische und objektivierte Bewertung (Evaluierung) über die Leistungsfähigkeit des betrieblichen Umweltschutzmanagements, der -organisation sowie der -verfahren und deren -ausrüstung beinhaltet." EG- Verordnungen wie die oben angeführte zum Ökomanagement können erst vollzogen werden, wenn die Mitgliedsstaaten eine Reihe von obligatorischen Umsetzungsmaßnahmen durchgeführt haben. Hierzu gehören die Einrichtung eines Zulassungssystems für die unabhängigen Umweltgutachter und die Benennung einer zuständigen Stelle. Derartige Diskussionen führen stets zu heftigen Auseinandersetzungen zwischen der Politik und der Wirtschaft.

Ökobilanzen sind in Wirtschaftsunternehmen mittlerweile zu einem etablierten Instrument neben den Handelsbilanzen geworden. An der notwendigen Methodenkonvention zu Ökobilanzen arbeiten verschiedene Institutionen. Zum einen vergibt das Umweltbundesamt (UBA) Forschungsaufträge. Das UBA definiert Ökobilanzen wie folgt: „Unter Ökobilanz verstehen wir einen möglichst umfassenden Vergleich der Umweltauswirkungen zweier oder mehrerer unterschiedlicher Produkte, Produktgruppen, Systeme, Verfahren oder Verhaltensweisen. Sie dient der Offenlegung von Schwachstellen, der Verbesserung der Umwelteigenschaften der Produkte und als Entscheidungsgrundlage für Beschaffung und Einkauf."

Auf Grund einer Vereinbarung mit dem BMU hat das Deutsche Institut für Normung (DIN) 1992 den Normenausschuss „Grundlagen des Umweltschutzes" (NAGUS) eingerichtet. Darin geht es um die Themen Terminologie, Managementsysteme, Audit, Ökobilanzen, umweltbezogene Leistungsfähigkeit und umweltbezogene Kennzeichnung. Die internationale Normung wird von der International Organization for Standardization (ISO) wahrgenommen. In deren Strategic Advisory Group on Environment (SAGE) arbeiten sechs Gruppen an Themen wie Environmental Labelling, Management System, Auditing, Performance Standards, Product Standards und Life Cycle Analysis (LCA). Hinzu kommen weitere Institutionen wie etwa die Society of Environmental Toxicology and Chemistry (SETAC).

Statt Ökobilanz oder LCA wird oft von Produktlinienanalyse (PLA) gesprochen. Denn es geht darum, die ökologischen Auswirkungen eines Produktes über
seine gesamte Lebenszeit zu analysieren. Ein griffiger Slogan hierfür lautet „von
der Wiege bis zur Bahre" („from the cradle to the grave"). Es liegt auf der Hand,
dass Ökobilanzen nach wie vor ein hohes Vernebelungspotenzial aufweisen, das je
nach Standpunkt strategisch genutzt wird. Es gibt viele Probleme methodischer
Art: hohe Komplexität, hoher Informationsbedarf an teilweise unsicheren oder
unscharfen Daten, Fragen der Aggregation, der Abgrenzung und deren Bewertung.
Dies führt zu einer nicht unbeträchtlichen Verunsicherung der Verbraucher. Sind
etwa Pfandflaschen oder Einwegverpackungen ökologisch günstiger? Beide
Ansichten lassen sich unter bestimmten Voraussetzungen (die je nach Interessen-
lage gerne verschwiegen werden) mit den „richtigen" Ökobilanzen belegen.

Die bislang behandelten Fragestellungen lassen sich der Betriebswirtschaftslehre zuordnen. Aus Sicht der Unternehmen, der Verwaltung und damit der Politik
sowie der Medien und der Verbraucher ist die Betonung der betriebswirtschaftlichen Fragestellungen verständlich. Gibt es zu dem Thema Ökonomie und Umwelt
Fragen volkswirtschaftlicher Art, die uns direkt betreffen? Für diese Diskussion
gehen wir ebenfalls auf den Abschnitt 1.4 zurück, insbesondere auf die Diskussion
der Nachhaltigkeitsmatrix in Abb. 1.7.

Hierzu rekapitulieren wir: Das Leitbild Nachhaltigkeit ruht auf den drei Säulen
Ökologie, Ökonomie und Gesellschaft. Zur ökologischen Säule müssen wir uns
eingestehen, dass die technisch-industrielle Entwicklung der Menschheit sich
irreversibel über die nachhaltige Organisation der Natur hinweggesetzt hat. Wir
können bestenfalls schlimmste Auswüchse dieser Entwicklung korrigieren.
Bezüglich der gesellschaftlichen Säule wird uns schmerzhaft bewusst, dass unser
derzeitiges Wachstum nicht nur an ökologische Grenzen stößt, sondern dass es
darüber hinaus bestenfalls begrenzt beschäftigungswirksam ist. Die Kausalkette
„Wachstum der Produktion" gleich „Wachstum der Beschäftigung" gleich
„Wachstum der Einkommen" gleich „Finanzierung des Sozialstaates" trägt nicht
mehr. Unsere „end-of-the-pipe" Sozialtechnologie ist nicht mehr bezahlbar.

Uns interessiert hier insbesondere die ökonomische Säule. Auf welcher zeitlichen und räumlichen Ebene soll Nachhaltigkeit angestrebt werden? Wie ist die
Verteilungsfrage bezüglich zukünftiger Generationen und bezüglich der Dritten
Welt zu beantworten? Kann es eine global gültige und akzeptierte Gerechtigkeits-
regel überhaupt geben? Nach welchen der in Abb. 1.7 genannten Gerechtigkeitsprinzipien, der Leistungs-, der Besitzstands- oder der Verteilungs-Gerechtigkeit,
soll dies erfolgen? Was bedeutet eine gerechte Verteilung der Lebenschancen
zwischen den heute lebenden Individuen, genannt intragenerationelle Gerechtigkeit, und zwischen den Generationen, genannt intergenerationelle Gerechtigkeit?

Was heißt Gerechtigkeit zwischen Nord und Süd, zwischen West und Ost? Soll
eine Gleichheitsmaxime überall und zu jeder Zeit, hier und heute, nur unter den
heute Lebenden oder nur für uns, unsere Kinder und unsere Enkel gelten? Ökonomen sprechen von dem Dilemma der intergenerationellen Gerechtigkeit: Eine
temporär stärkere Ressourcennutzung kann einerseits zum Vorteil zukünftiger
Generationen sein, etwa durch Errichtung von Infrastrukturmaßnahmen oder
Bildungseinrichtungen, kann jedoch andererseits den Handlungsspielraum

künftiger Generationen einschränken. Dies lässt sich in folgende Frage fassen, die kontrovers diskutiert wird: Mit welcher Diskontrate (etwa zwischen 0 und 10 %) sollen Vorhaben für Zukunftsgüter, die im Rahmen einer Kosten-Nutzen-Analyse zu bewerten sind, bei unbekannten Präferenzen und Handlungsmöglichkeiten nachfolgender Generationen abdiskontiert werden? Der Ansatz der Diskontierung wird insbesondere mit dem technischen Fortschritt begründet. So gewinnen wir zwar heute aus einer Tonne Braunkohle deutlich mehr elektrische Energie als noch vor 50 Jahren, aber dieser Fortschritt der Energiewandlung hat naturgesetzliche Grenzen.

Für Außenstehende kommt erschwerend hinzu, dass die volkswirtschaftliche Diskussion vor dem Hintergrund unterschiedlicher ökonomischer Theorien geführt wird. Hier stehen sich die zahlenmäßig starken Vertreter des derzeit vorherrschenden Paradigmas der neoklassischen Ökonomie und die kleine Zunft der ökologischen Ökonomen nahezu unversöhnlich gegenüber. Dabei geht es um die Fragen, ob das Leitbild Nachhaltigkeit überhaupt neue ökonomische Einsichten vermittelt und ob/wie diese in die Ökonomie zu integrieren sind. Die neoklassische Position lautet, dass innerhalb der nun schon traditionellen Ressourcenökonomie die bisher unberücksichtigten Externalitäten durch ökologische Restriktionen erfasst werden können. Es kommt dann nur darauf an, die externen Kosten für Umweltschäden in geeigneter Weise zu internalisieren. Die ökologischen Ökonomen sind dagegen davon überzeugt, dass neoklassische Modelle völlig ungeeignet sind, um Nachhaltigkeitsfragen zur untersuchen. Sie fordern einen Paradigmenwechsel, da eine Umkehr der Zielprioritäten zwingend erforderlich sei. Statt der bisherigen Einkommens- und Gewinnmaximierung (Wachstum) soll die Nachhaltigkeit (Substanzerhaltung der natürlichen Potenziale) als Oberziel anerkannt werden.

6.5 Umwelt- und Energietechnik

In diesem und dem folgenden Abschnitt kommen wir zu ureigenen Arbeitsgebieten von Ingenieuren und Naturwissenschaftlern. Warum wir die Bereiche Umwelt und Energie aus der Sicht der Technik gemeinsam behandeln, soll mit Abb. 6.1 deutlich gemacht werden. Darin ist die Zivilisationsmaschine dargestellt, die unsere Wirtschaft in Gang hält und für Wirtschaftswachstum sorgen soll.

Unsere Zivilisationsmaschine besteht aus zwei Kernbereichen, der Produktion und dem Konsum. Dabei setzt sich die Produktion aus einer langen Kette einzelner Produktionsstufen zusammen. Aus Eisenerz und anderen mineralischen Rohstoffen wird ein Automobil, aus Erdöl wird Kunststoff gewonnen und aus Zuckerrüben entsteht Zucker. Ziel der Produktion ist die Bereitstellung von Gütern für den Konsum. Hierzu gehören nicht nur materielle Güter, sondern auch Dienstleistungen. Bei beiden Prozessen, der Produktion und dem Konsum, entstehen Abprodukte wie Abfälle, Abgase, Abwässer und Abwärme.

An dieser Stelle setzt die Umweltschutztechnik an. Mit dem Instrument Recycling soll ein möglichst großer Anteil der Abprodukte in den Produktionsprozess zurückgeführt werden. Dabei haben wir zum einen eine Recyclingschleife innerhalb der Produktionsprozesse. Nicht zuletzt auch aus ökonomischen Gründen haben die Unternehmen dieses Recycling perfektioniert. Erstaunlich wenig Abfälle, Abgase, Abwässer und Abwärme verlassen heute die Unternehmen. So wurde für die Herstellung eines VW Käfer in den fünfziger Jahren sehr viel mehr Frischwasser benötigt als heute für die Herstellung eines VW Golf. Derartige Recyclingmaßnahmen innerhalb eines Unternehmens sind logistisch sehr viel einfacher zu realisieren als Recyclingschleifen vom Konsum zurück in die Produktion.

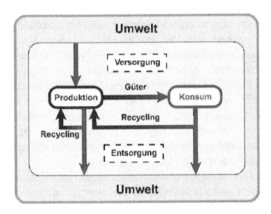

Abb. 6.1. Unsere Zivilisationsmaschine (Jischa 1993)

Der Übergang von der Abfallbeseitigung (dem Abfallbeseitigungsgesetz) hin zum Kreislaufgedanken setzte Anfang der neunziger Jahre ein. Der damalige Umweltminister K. Töpfer machte erstmals den schwierigen Versuch, die Abfallwirtschaft zu einem strategischen Ansatzpunkt zu machen, um die Hersteller von der Produktverantwortung zur Entwicklung ökoeffizienter Güter zu bewegen. Die bisherige Umsetzung des Kreislaufwirtschaftsgedankens durch gemeinwohlorientierte Unternehmen wie Duales System Deutschland AG (Der Grüne Punkt) ist nicht unumstritten. Die kontrovers geführten Diskussionen verlaufen entlang einer Gemengelage aus politischen, verwaltungsrechtlichen, wirtschaftlichen und wissenschaftlichen Argumenten und sind entsprechend unübersichtlich. Aber vielleicht bedurfte es dieser Einrichtung, um das politische Ziel des Kreislaufgedankens zu verankern. Der Kreislaufgedanke hat die Art des Wirtschaftens in unserem Land deutlich verändert. Als Entsorgungskonzept konzipiert, entlastet es gleichzeitig das Versorgungsproblem, denn die Reichweite mineralischer und fossiler Rohstoffe wird durch Recycling-Maßnahmen gestreckt.

Die Produktionsprozesse unserer Zivilisationsmaschine werden aus der Umwelt mit Materie und mit Energie versorgt. Hier unterscheiden wir die mineralischen Rohstoffe, aus denen Metalle und Baustoffe gewonnen werden, von den Energierohstoffen wie Kohle, Erdöl und Erdgas. Erdöl ist jedoch gleichzeitig die Basis für die Kunststoffe. Trotz aller Recyclingbemühungen müssen (möglichst wenige) Abprodukte, also Materie und Energie, wieder in die Umwelt entsorgt werden.

Somit erkennen wir an der Abb. 6.1, dass Umwelttechnik und Umweltschutztechnik stets mit Energietechnik verknüpft sind. Stoffströme sind in der Regel mit Energieströmen gekoppelt.

Zusammenfassend stellen wir fest, dass Recyclingmaßnahmen aus zwei Gründen geboten sind. Zum einen entlasten sie das Ressourcenproblem, was angesichts etwa steigender Preise für Frischwasser auch ökonomisch sinnvoll ist. Zum zweiten schonen sie die Umwelt, womit wir zu dem Begriff Schadstoffe kommen.

Was sind Schadstoffe und woher kommen sie? Schadstoffe sind solche Stoffe, die auf Lebewesen, die belebte und die unbelebte Natur sowie auf Sachgüter schädigend wirken. Sie können ihre schädigenden Wirkungen allein, in Kombination mit anderen Stoffen oder durch Umwandlung in giftige Stoffe ausüben und werden von uns über die Atmung, die Haut sowie über die Nahrung aufgenommen.

Man kann die Umweltschadstoffe in zwei Gruppen unterteilen. Durch menschliche Aktivitäten werden einerseits die Konzentrationen natürlicher Stoffe in einer Weise erhöht, dass ein natürlicher Abbau deutlich erschwert wird. Hierzu zählen das Schwefeldioxid aus fossil beheizten Kraftwerken, die Stickoxide, das Kohlenmonoxid und das Kohlendioxid aus dem Verkehr sowie die Nitrate und Phosphate aus der Überdüngung in der Landwirtschaft. Zu der zweiten Gruppe der Schadstoffe gehören die Kunstprodukte des Menschen, für die es in der Natur keine Vorbilder gibt, und für die die Natur bisher keine Aufarbeitungsprozesse entwickeln konnte. Hierzu zählen die chlorierten Kohlenwasserstoffe (FCKW), die polychlorierten Verbindungen wie die Dioxine und das Pflanzenschutzmittel DDT.

Woher kommen die Schadstoffe? Die Kohlekraftwerke sind die Hauptverursacher für das Schwefeldioxid, da die Stein- und Braunkohle von den fossilen Brennstoffen den höchsten Schwefelanteil aufweisen. Dieses Problem ist in den entwickelten Ländern durch Rauchgasentschwefelungsanlagen entschärft worden. Der meiste Staub fällt in der industriellen Produktion an. Der Verkehr verursacht die höchsten Anteile an Stickoxid, an Kohlenmonoxid und an organischen Verbindungen (Kohlenwasserstoffen). Diese sind auch in Lösungsmitteln enthalten, die für Lacke, Farben und Reinigungsmittel verwendet werden. Lösungsmittel schädigen in unterschiedlicher Weise die Gesundheit und belasten das Wasser.

Noch in den fünfziger Jahren verstand man unter Umweltschutz das Verdünnen und Verteilen von Abgasen und Abwässern. Das heute noch teilweise ausgeübte (illegale) Verklappen von Säuren auf hoher See ist ein Relikt aus dieser Zeit. Die „Politik der hohen Schornsteine" scheint überwunden zu sein. Das heutige Ziel des Umweltschutzes wird durch Vermeiden, Vermindern und Verwerten beschrieben. Da trotz dieser Maßnahmen nach wie vor Abprodukte anfallen, werden diese letztendlich verdichtet und deponiert. Wir wollen nun einige Verfahren der Umweltschutztechnik zur Luftreinhaltung, zur Abwasserreinigung und zur Abfallbehandlung besprechen.

Die Ursachen der Luftbelastung sind überwiegend Verbrennungsprozesse in den Kraftwerken, in der Industrie, im Verkehr und in den Haushalten. Die Abgase, die wir auch Rauchgase nennen, enthalten neben den gasförmigen meist auch feste Bestandteile. Somit liegen zwei Aufgabenstellungen vor, die Entstaubung und die

Entfernung gasförmiger Bestandteile. Die Methoden zur Staubreduzierung beruhen auf unterschiedlichen physikalischen Prinzipien. Bei Massenkraftabscheidern wird der Staub, der spezifisch deutlich schwerer ist als Gas, durch den Einfluss der Schwerkraft und/oder der Zentrifugalkraft abgeschieden. Bei den Faser- und Gewebefiltern werden die Staubpartikeln an der Oberfläche der Filter zurückgehalten, während sie bei den Elektrofiltern durch ein elektrisches Feld abgeschieden werden. Waschverfahren machen sich zunutze, dass sich die Staubpartikeln an nassen Oberflächen besser als an trockenen absetzen. Die einzelnen Verfahren haben einen hohen Reifegrad erreicht. Insbesondere durch eine Kombination der verschiedenen Methoden sind erhebliche Fortschritte erzielt worden. Der Himmel über der Ruhr ist tatsächlich wieder blau geworden.

Für die Reduzierung gasförmiger Bestandteile werden physikalische und chemische Prinzipien ausgenutzt. Bei dem Kondensationsprinzip wird das Gas kondensiert, wozu hohe Drücke und tiefe Temperaturen erforderlich sind, und danach flüssig abgeschieden. Bei den Absorptionsverfahren wird zwischen der physikalischen Absorption (das Gas löst sich in einer Flüssigkeit ohne chemische Reaktion) und der chemischen Absorption unterschieden. Als Adsorption bezeichnet man die Einlagerung von Gasen am Feststoffoberflächen, z.B. Aktivkohle oder Kieselgel. Nachverbrennung ist eine Form der thermischen Abgasreinigung durch einen Oxidationsvorgang bei hohen Temperaturen. Bei den katalytisch gesteuerten Verfahren schließlich werden die Schadgase an einem Katalysator entweder oxidiert oder reduziert. Als Beispiel sei hier der Autokatalysator genannt.

Die Behandlung der Abwässer und die Schlammentsorgung waren als Siedlungswasserwirtschaft zunächst eine traditionelle Aufgabe der Bauingenieure. Heute ist dies ein interdisziplinärer Bereich, der von Biologen, Chemikern und Ingenieuren bearbeitet wird. Wesentliche Schadstoffe in den Abwässern sind Schwermetalle, halogenierte Kohlenwasserstoffe, Salze und organische Düngemittel. Ein Teil der Schadstoffe ist absetzbar und kann demzufolge in einem Absetzbecken aufgefangen werden. Dies scheidet bei den Schwebeteilchen, das heißt den nicht absetzbaren, und den gelösten Stoffen aus. Heute gängige Kläranlagen arbeiten zweistufig. In der ersten Reinigungsstufe wird mechanisch durch Siebe und Rechen gereinigt. In der zweiten Stufe werden Kohlenstoffverbindungen biologisch mittels Mikroorganismen abgebaut. Der entstehende Klärschlamm konnte früher zu großen Teilen in der Landwirtschaft verwendet werden. Dies scheidet heute wegen der zunehmenden Schwermetallanteile aus. Der Klärschlamm muss teilweise als Sondermüll entsorgt werden.

Der Abfall oder Müll stellt das letzte Glied in unserer Zivilisationsmaschine dar. Die früher bevorzugte Entsorgung war ausschließlich die Deponierung, was aus vielerlei Gründen problematisch wurde. Zum einen geht es um Platzprobleme, die jedoch durch die Mülltrennung deutlich entschärft wurden. Zum anderen ist eine Deponie ein biochemischer Reaktor, in dem in die organischen Bestandteile mikrobiologisch abgebaut werden. Dadurch entstehen unvermeidlich Deponiegase bestehend aus Methan und Kohlendioxid. Auch das Sickerwasser stellt eine massive Gefährdung der Umwelt dar. Die (politisch umstrittene) Müllverbrennung ist nicht unkritisch, der die Abgase behandelt werden müssen und der verdichtete

Abfall Sondermüll darstellt, der entsprechend sorgfältig deponiert werden muss. Aber schon aus Platzgründen wird diese Entsorgungsart an Bedeutung gewinnen.

Die geschilderten technischen Maßnahmen zum Schutz der Umwelt basieren auf den in Abschnitt 4.2 angesprochenen Grundoperationen der Verfahrenstechnik. Sie werden mitunter abwertend als „end-of-the-pipe" Technik bezeichnet. Es ist zweifellos richtig, dass technische Schutzmaßnahmen verstärkt durch Vorsorgemaßnahmen ergänzt werden müssen. Aber da unsere Zivilisationsmaschine Abluft, Abwässer und Abfall produziert, werden technische Maßnahmen am Ende der Prozesse notwendig bleiben. Gleichwohl muss verstärkt an Maßnahmen für einen produkt- und prozessintegrierten Umweltschutz gearbeitet werden. Dabei wird es primär um eine Erhöhung der Ressourceneffizienz gehen, also um eine Reduktion der Stoff- und Energieströme auf der input-Seite der Produktion. Am Ende dieses Abschnittes werden wir exemplarisch konkrete Projekte besprechen.

Bislang war die Rede von Stoffströmen, nun wollen wir einige Worte zu den Energieströmen sagen. Woher stammt die Energie und wofür brauchen wir sie? Abb.6.2 beantwortet mit einigen wenigen abgerundeten Zahlen, woher in unserem Land (Anteil D= Deutschland) die Primärenergie stammt. Pro Jahr verbrauchen wir (mit knapp 0,8 % der Weltbevölkerung) etwa 480 Mio. t SKE, das sind knapp 4% des Weltenergieverbrauchs. Bezogen auf den Energieinhalt, etwa angegeben in Steinkohleneinheiten SKE, entfallen davon rund 40 % auf das Erdöl, 30 % auf die Kohle (jeweils zur Hälfte Steinkohle SK und Braunkohle BK) und 20 % auf das Erdgas. Das macht zusammen etwa 90 % Primärenergie aus den fossilen (endlichen) Energierohstoffen. Vergleichbare Industrieländer liegen bei 80 bis 90 %. Die restlichen 10 % teilen sich etwa hälftig die Kernenergie und die erneuerbaren Energien. Bei der Weltenergieversorgung sehen die Prozentpunkte ähnlich aus, freilich gibt es mehr oder weniger starke regionale Unterschiede. Aber darauf soll es uns bei dieser Betrachtung nicht ankommen.

Primär-energie / Nutz-energie	Fossil				Kern-energie	Erneuerbar				
	Kohle SK	BK	Erdöl	Erdgas		Sonne	Wind	Wasser	Bio-masse	Ab-fälle
Anteile D:	15	15	40	20	5	Σ 5 %				
Kraftwerks-technik	x	X	x	X	X	x	X	X	X	X
Prozeß-wärme	X			x						
Verkehr			X	x						
Haushalts-heizungen	x	(x)	X	X		x		(x)		(x)

Abb. 6.2. Energie: Woher und wohin?

In Abb. 6.2 ist gleichfalls dargestellt, wohin die Energie geht. Wir nennen sie Nutzenergie im Gegensatz zur Primärenergie. Hier gibt es im Wesentlichen vier Bereiche. Das sind zum einen die Energie- und Kraftwerkstechnik, die Erzeugung von elektrischem Strom. Zum zweiten haben wir die industrielle Prozesswärme, wofür beispielhaft der Steinkohlenkoks zur Verhüttung von Eisenerz genannt sei. Hinzu kommen die Bereiche Verkehr sowie Haushaltsheizungen. Es sei vermerkt, dass die beiden letzten Bereiche bei uns und in vergleichbaren Ländern relativ stark gewachsen sind (wofür wir Konsumenten verantwortlich sind), sie machen bei uns mehr als 50 % des Primärenergieverbrauchs aus mit steigender Tendenz. Dagegen ist der Verbrauch an Primärenergie in den industriellen Sektoren Kraftwerkstechnik und Prozesswärme durch kontinuierliche Steigerung der Ressourceneffizienz zurückgegangen.

Die großen Kreuze in Abb. 6.2 sollen „relativ viel", und die kleinen Kreuze sollen „relativ wenig" bedeuten (in Klammern „sehr wenig"). Beginnen wir zur Erläuterung mit dem Bereich Verkehr, auf der Straße, auf der Schiene, in der Luft und im Wasser. Mit Ausnahme elektrisch betriebener Züge (diese fallen unter den Bereich Kraftwerkstechnik) wird der Verkehr nahezu ausschließlich aus Erdölprodukten wie Benzin, Diesel und Kerosin gespeist, hinzukommen einige wenige Erdgasfahrzeuge. Bei den Haushaltsheizungen dominieren Heizöl und Erdgas, die Kohle ist hier in einem starken Rückgang begriffen. Hinzu kommt Wärmeenergie aus Sonnenkollektoren und ein wenig aus Biomasse und aus Abfällen. Bei der Prozesswärme dominiert die Steinkohle, hinzu kommt ein wenig Erdgas. Nur die Energie- und Kraftwerkstechnik partizipiert an allen Primärenergieträgern.

Wir wollen die Abb. 6.2 nunmehr nicht zeilen- sondern spaltenweise lesen. Dann erkennen wir, dass etliche Primärenergieträger (nahezu) ausschließlich in die Verstromung fließen. Das ist zum einen die Kernenergie, die in unserem Land mit gut 30 % an der Stromerzeugung beteiligt ist. Weltweiter Spitzenreiter ist hier Frankreich mit etwa 70 %. Die Braunkohle geht ebenfalls nahezu vollständig in die Verstromung, ihr Anteil an den Haushaltsheizungen ist marginal. Der Anteile der Steinkohle und des Erdöls an der Verstromung sind geringer, noch geringer sind die Anteile der erneuerbaren Energien. Die großen Kreuze bei Wind, Wasser, Biomasse und Abfällen sollen andeuten, dass diese nahezu ausschließlich in die Verstromung gehen. Bei der Solarenergie habe ich zwei gleichwertige kleine Kreuze angeführt, weil sie sowohl in der Kraftwerkstechnik als auch bei den Haushaltsheizungen (Kollektoren, jedoch zumeist für Brauchwasser) zum Einsatz kommt. In der solaren Kraftwerkstechnik steckt zweifellos ein enormes Entwicklungspotenzial. Dies betrifft zum einen die Fotovoltaik (Solarzellen) und zum anderen die großthermischen Solarkraftwerke. Dies wollen wir mit Abb. 6.3 noch ein wenig vertiefen.

Die klassische Stromerzeugung läuft über mehrere Stufen ab. Der primäre Energiewandler ist dabei ein Reaktor. Bei Kohle-, Öl- und Erdgas-Kraftwerken ist dieser Reaktor ein Brennraum, bei Kernkraftwerken sprechen wir von einem Kernreaktor. In beiden Fällen wird die gebundene Energie in dem Reaktor in Wärmeenergie umgewandelt. Bei den Kohle-, Öl- und Erdgas-Kraftwerken ist die Energie chemisch gebunden, bei Kernreaktoren ist sie physikalisch gebunden. Die weiteren Schritte sind bei beiden Kraftwerken identisch. Mit der Wärmeenergie wird über einen Wärmeaustauscher Wasser zu Wasserdampf erhitzt, der in einer Turbine entspannt und in mechanische Energie umgewandelt wird. Die Turbine treibt einen elektrischen Generator an, der den Strom erzeugt. Trotz dieses mehrstufigen Prozesses erreichen Dampfkraftwerke Wirkungsgrade von etwa 40 %. Der Wirkungsgrad wird erheblich angehoben, wenn neben der elektrischen Energie auch ein Teil der Wärmeenergie, die an den Kühlkreislauf des Kraftwerks abgegeben wird, genutzt wird. Man nennt dies Kraft-Wärme-Kopplung und spricht von Blockheizkraftwerken, die ein entsprechendes Verteilungsnetz für den Heißwassertransport zum Verbraucher hin und den Kaltwasserrücktransport benötigen.

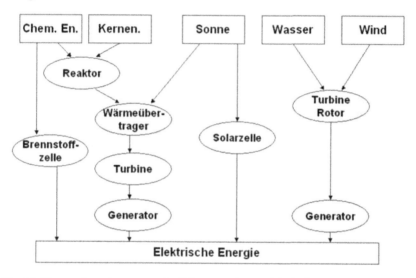

Abb. 6.3. Umwandlungsketten von der Primärenergie zur elektrischen Energie

In der Erprobung laufen bereits großthermische Solarkraftwerke. Hier wird entweder über Parabolrinnen oder über sog. Heliostaten die Solarenergie gebündelt und über einen Wärmeaustauscher Heißdampf erzeugt. Der weitere Weg ist dann konventionell. Wasser- und Windkraftwerke treiben direkt eine Turbine bzw. einen Rotor an, der über einen Generator Strom erzeugt. Es gibt zwei Königswege zur Stromerzeugung, die über nur einen Energiewandler verlaufen. Das sind zum einen die Solarzellen, die die Strahlungsenergie der Sonne direkt in elektrischen Strom verwandeln. Diese werden vermutlich Insellösungen vorbehalten sein, was weniger an den derzeit noch niedrigen Wirkungsgraden von etwa 15 bis 20 % liegt. Da die Sonne umsonst scheint, ist weniger der Wirkungsgrad von Interesse als der sog. Erntefaktor, auch energetische Amortisationszeit genannt. Er sagt aus, wie lange eine Solarzelle arbeiten muss, um die zu ihrer Herstellung benötigte Energie zu erzeugen. Dieser Erntefaktor liegt bei Solarzellen deutlich über dem konventioneller Kraftwerke. Hinzu kommt der derzeit noch zu hohe Preis von etwa 1 Euro pro kWh.

Der zweite Königsweg sind die Brennstoffzellen, die chemisch gebundene Energie (vorzugsweise Wasserstoff, aber auch Erdgas oder Methanol) über eine kalte Verbrennung in elektrische Energie umwandeln. Sie erreichen heute schon Wirkungsgrade von über 50 %. An ihrer Weiterentwicklung wird an verschiedenen Stellen intensiv gearbeitet. Zahlreiche Testfahrzeuge laufen bereits. Erhebliche Synergieeffekte sind zukünftig dadurch zu erwarten, dass neben den Fahrzeugantrieben Brennstoffzellen in kleinen dezentralen Blockheizkraftwerken eingesetzt werden können.

Exemplarisch möchte ich ein Projekt behandeln, das in anschaulicher Weise Umwelttechnik und Energietechnik miteinander verbindet. Das Verbundvorhaben Energiepark Clausthal, ausführlicher Titel „Clausthaler Lehr- und Demonstrationsanlage für dezentrale regenerative Energieversorgungssysteme", wurde im Jahre 2000 auf dem Gelände der Clausthaler Umwelttechnik-Institut GmbH (CUTEC) begonnen. Partner in diesem Verbundprojekt sind die TU Clausthal mit dem Institut für Elektrische Energietechnik (IEE) sowie dem Institut für Energieverfahrenstechnik und Brennstofftechnik (IEVB) und die Stadtwerke Clausthal-Zellerfeld GmbH (Stadtwerke). Die Errichtungsphase wurde von der Deutschen Bundesstiftung Umwelt (DBU) gefördert.

Welche Ziele verfolgt das Projekt? Es soll die Problematik einer vollständigen Versorgung eines Gebäudekomplexes (hier das CUTEC-Institut) mit elektrischer Energie sowie einer teilweisen Versorgung mit thermischer Energie allein aus regenerativen Energiequellen untersucht werden. Dabei geht es vorrangig darum, die elektrische Erzeugungsleistung des Energieparks Clausthal dynamisch an die elektrische Bedarfsleistung des Gebäudekomplexes anzupassen.

Wir haben hier das grundsätzliche Problem der Kraftwerkstechnik vor uns, dass die Stromerzeugung dem Stromverbrauch folgen muss. Die Forderung nach einer gesicherten elektrischen Versorgung kann nur über eine Kombination verschiedener technischer Lösungen erreicht werden. Dabei sollen möglichst viele marktgängige und erprobte Techniken eingesetzt werden, die miteinander kombinierbar sind. Um die Erzeugungsleistung dem aktuellen Bedarf anpassen zu können, wird neben den zeitlich stark schwankenden Anteilen aus der Windenergie und der Solarstrahlung als direkt umsetzbare Energiepotenziale Biomasse unterschiedlicher Art als speicherfähige Energieform eingesetzt. Letzteres geschieht durch Blockheizkraftwerke (BHKW), die Strom sowie Wärme bereitstellen. Abb. 6.4 zeigt die elektrische Versorgung und Abb. 6.5 die Wärmeversorgung des Energieparks Clausthal.

Wir wollen nun die einzelnen Komponenten kurz beschreiben und beginnen mit der elektrischen Versorgung. Die Windkraftanlage der Stadtwerke ist bereits seit mehreren Jahren in Betrieb. Die aktuelle zeitlich stark schwankende Leistung der Windkraftanlage wird messtechnisch erfasst, und die Zählimpulse werden per Festverbindung an die CUTEC und den dort installierten Leitstand zur Bilanzierung übertragen. Der gemessenen Leistung entsprechend wird aus dem Netz der Stadtwerke in das CUTEC-Netz eingespeist. Dabei soll so weit wie möglich die Dynamik einer Stromerzeugung aus Windkraft widergespiegelt werden. Analoges gilt für die Wasserkraftanlage der Stadtwerke. Hierbei handelt es sich um die Nutzung von Oberflächenwasser, das in einer kleinen Staustufe aufgestaut und über eine Durchströmturbine genutzt wird. Die Bilanzierung und Einspeisung erfolgt nach dem Muster der Windkraftanlage, wobei hier die Erzeugungsdynamik wesentlich weniger ausgeprägt ist.

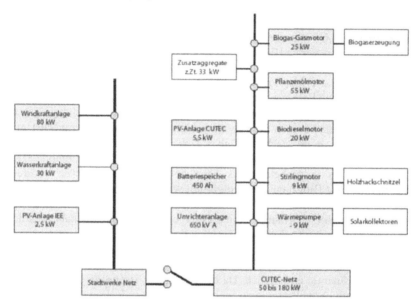

Abb. 6.4. Energiepark Clausthal, elektrische Versorgung (CUTEC)

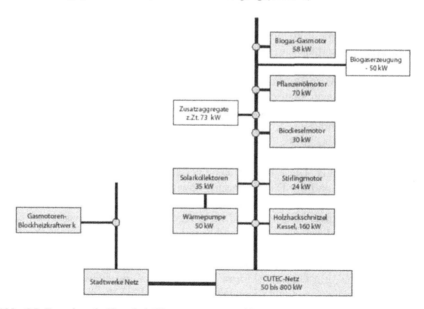

Abb. 6.5. Energiepark Clausthal, Wärmeversorgung (CUTEC)

Daneben kommen zwei Fotovoltaik-Anlagen (PV-Anlagen) zum Einsatz. Zum einen eine bestehende fassadenintegrierte Anlage des IEE, die direkt in das Netz der Stadtwerke einspeist. Die Erfassung der Leistung erfolgt wie bei der Wind- und Wasserkraftanlage. Im Rahmen des Projektes wurde eine zweite PV-Anlage als Verschattungsanlage am CUTEC-Gebäude neu errichtet. Diese speist Strom direkt in das CUTEC-Netz ein.

Wir kommen nun zu den Biomasse-Komponenten, den BHKW. Aus Rindergülle, geliefert von einem benachbarten Landwirt, wird Biogas erzeugt. Damit wird ein handelsübliches Gasmotor-BHKW betrieben, das elektrischen Strom und Wärme liefert. Hinzu kommen Holzhackschnitzel. Die anfängliche Planung, deren Verfeuerung mit einem Stirlingmotor zu koppeln und als Gesamtaggregat mit Blick auf einen ganzjährigen Dauerbetrieb einzusetzen, ließ sich zunächst nicht realisieren, weil nicht am Markt verfügbar. Daher wird der Holzhackschnitzelkessel vorerst nur zur Wärmeversorgung eingesetzt. Ein Stirlingmotor-BHKW kommt jedoch als erdgasbetriebenes Serienaggregat zum Einsatz, das durch Anpassung auf eine Biogasnutzung umgestellt wird. Ein Pflanzenölmotor-BHKW sowie ein Biodieselmotor-BHKW liefern Strom und Wärme. Pflanzenöl und Biodiesel sind gut speicherfähig; somit stellen beide Aggregate die hauptsächliche Reserveleistung für den Betrieb des Energieparks.

Am Markt verfügbare Sonnenkollektoren liefern Wärme. In Verbindung mit einer Wärmepumpe besteht die Möglichkeit, bei eventuell überflüssigem Strom die thermische Energie zu erhöhen. Da der Anteil an thermischer Energie für das CUTEC-Institut nicht vollständig aus dem Energiepark gedeckt werden kann, wird fehlende thermische Energie durch ein nahe gelegenes Erdgas-BHKW der Stadtwerke gedeckt. Es sei daran erinnert, dass das Hauptaugenmerk des Projekts auf der Sicherstellung der elektrischen Energieversorgung liegt.

An den Energiepark können weitere Komponenten angekoppelt werden. Das können Energiewandler wie Brennstoffzellen oder neuartige Speicherverfahren sein. Derzeit sind als Zusatzaggregate eine Mikrogasturbine und ein erdgasbetriebenes Mini-BHKW im Einsatz. In Abb. 6.4 sind weiter ein Batteriespeicher und eine Umrichteranlage eingezeichnet. Dies leitet über zu dem Herzstück des Energieparks, der Energiekonditionierungsanlage.

Die bisher geschilderten Komponenten des Energieparks sind bekannt und am Markt verfügbar. Das größte Innovationspotenzial in dem Vorhaben liegt nicht in dem Einsatz der einzelnen Kleinkraftwerke, sondern in der dahinter liegenden Energiesystemtechnik. Diese besteht aus einer sog. Energiekonditionierungsanlage, dem Leitstand und der Datenerfassung sowie der Automatisierung. Denn das entscheidende Problem liegt in dem Zusammenwirken der verschiedenen schaltbaren, nicht schaltbaren, regelbaren und nicht regelbaren Kleinkraftwerke mit dem elektrischen Netz, den Verbrauchern und Speichern unter Kontrolle eines Prozessleitsystems.

Die Energiekonditionierungsanlage besteht aus einem Batteriespeicher und einem Umrichter. Ein Umrichter formt elektrische Energie eines Wechselstromsystems bestimmter Spannung, Frequenz und Phasenzahl in Wechselstrom anderer Spannung, Frequenz und gegebenenfalls Phasenzahl um. Die Anlage übernimmt im Wesentlichen drei Funktionen. Im Netzparallelbetrieb werden durch sie

Kurzzeitschwankungen zwischen Bedarf und Erzeugung über eine entsprechende Be- und Entladung des Batteriespeichers ausgeglichen, da die Motoren-BHKW nicht hochdynamisch lastkonform geregelt werden können. Spannungs- und Stromschwankungen im Millisekundenbereich, hervorgerufen durch Einschaltvorgänge im Netz des Energieparks, müssen ebenfalls kompensiert werden. Im angestrebten und seit September 2003 realisierten Inselnetzbetrieb übernimmt die Energiekonditionierung die Aufgabe der Netzführung (Strom, Spannung, Frequenz, Wirk- und Blindleistung), wobei die installierten BHKW weiterhin unter Netzparallelbedingungen in das lokale Inselnetz einspeisen. Die notwendige Rücksynchronisation auf das Netz der Stadtwerke ist dann ebenfalls Bestandteil dieser Fahrweise. Über den Umrichter ist die Batterieanlage zu konditionieren, d.h. entsprechend der Diagnose sind Be- und Entladungsvorgänge einzulegen, um die Batteriekapazität verfügbar zu halten und kurzzeitige Überschussenergien für folgende Defizitphasen einzulagern.

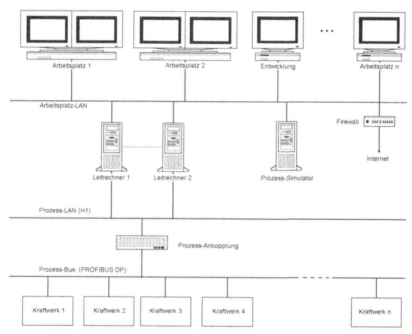

Abb. 6.6. Energiepark Clausthal, Systemkonfiguration Leitstand (IEE)

Messdatenerfassung, Darstellung und Bilanzierung der einzelnen Komponenten und des Gesamtsystems erfolgen in einem Leitstand, Abb. 6.6, dessen Wirkungsweise kurz beschrieben werden soll. Der Leitstand regelt die Betriebsfahrweise der Blockheizkraftwerke und wird zur Lastprognose eingesetzt. Er besteht aus zwei im „hot stand-by" laufenden Leitrechnern und zugehörigen Arbeitsplätzen. Hinzu kommen Plätze für Simulation und Entwicklung. In der Feldebene, der Prozessebene, wird im Regelfall zusätzlich zur herstellerabhängigen Automatisierung eine standardisierte Automatisierung (SPS) eingesetzt, die sowohl Messwert-

erfassung als auch lokales Netzwerk und Steuerung umfasst. Über die Feldbus-
ebene sind die einzelnen an unterschiedlichen Stellen des Gebäudes stehenden
Anlagen mit dem Leitstand verbunden. Mit Bus bezeichnet man interne Sammel-
leitungen, die für den Informationsaustausch zwischen den Funktionseinheiten
innerhalb eines Mikroprozessors sorgen. Die Visualisierung und Darstellung von
Daten für die Internetpräsentation erfolgt ebenfalls über die Leitstandkomponen-
ten.

Die Abstimmung mit dem in Grenzen vorhersagbaren, aber wechselnden Ener-
giebedarf des CUTEC-Gebäudes stellt an das Leitsystem hohe Anforderungen. So
sind elektrische Speichermöglichkeiten im Millisekunden-, Minuten- und Stundenbereich sowie thermische Speichermöglichkeiten im Stundenbereich erforderlich. Durch die netzunabhängige elektrische Energiebereitstellung für das CU-
TEC-Gebäude soll gezeigt werden, dass ohne Rückgriff auf fossile
Primärenergieträger eine Strom- und Wärmebereitstellung mit herkömmlichen
Kleinkraftanlagen realisiert werden kann, auch wenn dies derzeit noch nicht
wirtschaftlich machbar ist.

Fassen wir zusammen, welche Ziele sich mit dem Projekt Energiepark Clausthal verfolgen lassen:

- Umwandlung von regenerativem Energieangebot in elektrische und thermische
  Energie,
- Kopplung von unterschiedlichen regelbaren und nicht regelbaren Kleinkraft-
  werken zu einem Gesamtsystem,
- Nachweis einer vollständigen dynamischen Versorgung im Netzparallelbetrieb
  sowie im elektrischen Inselbetrieb mit hoher Netzqualität,
- Einsatz als Lehr- und Demonstrationsanlage für die Aus- und Fortbildung
  sowie für Forschungszwecke,
- Untersuchung des Reduzierungspotenzials regenerativer Energieträger im
  Hinblick auf Energieeinsatz und Schadstoffemissionen,
- Aufzeigen von Optimierungspotenzialen und Synergieeffekten,
- Langzeiterfahrungen mit dem Einsatz der Einzeltechnologien sowie dem
  Verbundsystem,
- Validierung der Einsatzmöglichkeiten im europäischen Rahmen sowie in
  Insellagen ohne bisherige Netzversorgung,
- Darstellung einer dezentralen Energieversorgungsstruktur und Evaluierung der
  Auswirkungen des liberalisierten Energiemarktes und des Erneuerbaren-
  Energien-Gesetzes.

Fassen wir weiter zusammen, was wir aus der Schilderung des Verbundprojekts
Energiepark Clausthal lernen können. Zum einen, dass Umwelttechnik und
Energietechnik kaum voneinander zu trennen sind, wenn reale Probleme bearbei-
tet werden. Zum zweiten, dass Projekte dieser Art nur in Zusammenarbeit
zwischen Einrichtungen mit unterschiedlicher und sich ergänzender fachlicher
Kompetenz durchgeführt werden können. Zum dritten, dass Hochschulinstitute
alleine und auch in Kooperation ein derartiges Projekt schon aus räumlichen
Gründen gar nicht bearbeiten könnten; das CUTEC-Institut hat hierfür einen

Anbau errichten müssen. Zum vierten, dass über die Zusammenarbeit mit einem am Markt agierenden Partner (Stadtwerke) der Praxisbezug sofort erkennbar wird.

Eine derartige Konstellation ist bei Universitäten mit technischen Fakultäten häufig anzutreffen. Hervorgegangen aus der Initiative einzelner Professoren wurden „An-Institute", zumeist in Form einer (gemeinnützigen) GmbH, gegründet mit dem Ziel, die universitäre Grundlagenforschung mit der industriellen Produktentwicklung zu verzahnen. Diese Verzahnung durch anwendungsbezogene Forschung und Entwicklung auf dem Gebiet der Umwelttechnik herzustellen ist der Geschäftszweck der CUTEC GmbH. Die Zusammenarbeit zwischen CUTEC und Instituten der TU Clausthal ist in einem Kooperationsvertrag geregelt. Darüber hinaus ist der CUTEC-Geschäftsführer gleichzeitig Professor der TU Clausthal. Professor Kurt Leschonski (Institut für Mechanische Verfahrenstechnik) war treibender Motor, Gründer und 1990 erster Geschäftsführer von CUTEC bis 2000. Sein Nachfolger ist Professor Otto Carlowitz, der neben der CUTEC-Geschäftsführung das Institut für Umweltwissenschaften der TU Clausthal leitet. Derartige Doppelberufungen sind typisch für ähnliche Einrichtungen anderer Universitäten.

6.6 Analytik, Messtechnik und Auswertung

Dieser Themenkomplex hat sich in den letzten Jahrzehnten außerordentlich dynamisch entwickelt. Das Zusammenwirken von Informationstechnik, Computern, Lasertechnik sowie Digitaltechnik hat zuvor ungeahnte Möglichkeiten eröffnet. An zwei Beispielen wollen wir diese enormen Entwicklungsschübe einleitend verdeutlichen. In Abschnitt 2.1, Mathematik, hatten wir Verteilungsfunktionen für Partikelgrößen diskutiert, Abb. 2.14 und 2.15. Diese müssen empirisch ermittelt werden. Das geschah früher (zu meiner Studienzeit) dadurch, dass fotografische Aufnahmen von staubbelasteter Luft auf Millimeterpapier projiziert und von Hand ausgewertet wurden, um die Staubpartikeln nach Anzahl und Größe zu ermitteln. Man vergleiche dies mit heutigen automatisierten Verfahren. Ein weiteres Beispiel betrifft die Analyse der Abgase von Kraftwerken. Früher wurde eine Probe entnommen, im Labor analysiert und einige Tage später lag das Ergebnis vor. Eine derartige Vorgehensweise ist für eine „on line" (direkte und verzögerungsfreie) Prozesssteuerung völlig ungeeignet. Denn auf die naturgemäß unterschiedliche Zusammensetzung fossiler Brennstoffe wie Erdöl muss bei einer Prozesssteuerung momentan reagiert werden, um den Prozess optimal fahren zu können.

Interessierende physikalische Größen werden in der Regel nicht direkt, sondern stets über einen physikalischen Zusammenhang ermittelt. So misst ein Quecksilberthermometer nicht die Körpertemperatur, sondern die thermische Ausdehnung des Quecksilbers, die ihrerseits von der Temperatur abhängt. Die Viskosität von Motorölen wird etwa über die Fallgeschwindigkeit einer Kugel bestimmt. Die Ermittlung der Strömungsgeschwindigkeit wird auf die Messung einer Druckdifferenz zurückgeführt, siehe Prandtl-Rohr, Abb. 3.52. Spektrometrische Verfahren in der analytischen Chemie beruhen darauf, dass chemische Substanzen (Atome oder Moleküle) Licht bestimmter Wellenlänge unterschiedlich absorbieren oder emittieren. Jede Substanz hat ein charakteristisches Spektrum, das zu Vergleichszwecken in Datenbanken gespeichert werden kann. So können aus Lackspuren neben der Lackart auch Baujahr und Typ eines Fahrzeugs ermittelt werden.

Wir wollen im Folgenden ein wenig auf letztere Verfahren als Beispiel für *chemische* Analysemethoden eingehen. Grundlage dieser Verfahren ist die Spektralanalyse. Beispielhaft sei die Atomabsorptionsspektrometrie (AAS) skizziert. Sie gehört als betriebssicheres und relativ einfaches Routineverfahren zu den wichtigsten Standardmethoden im Bereich der Immissionsmesstechnik. Sie bildet die Endstufe vieler Messverfahren und wird insbesondere für die Bestimmung von Metallen und Metallverbindungen in Staub und Staubniederschlag eingesetzt. Für die Bestimmung müssen die Metalle in der Regel in wässrige Lösungen überführt werden.

Das Prinzip der AAS beruht darauf, die Probe thermisch zu atomisieren. Die hierbei im Grundzustand freigesetzten Atome des zu bestimmenden Elementes werden unter Verwendung einer elementspezifischen Spektrallichtquelle, die hinreichend scharfe und charakteristische Emissionslinien liefert, angeregt. Anschließend wird die Strahlungsabsorption durch die Probe gemessen und quantitativ ausgewertet. Vorteile der AAS sind Schnelligkeit, hohe Empfindlichkeit und mäßige Anschaffungs- und Betriebskosten. Zudem ist die Anwendung der AAS in hohem Maße automatisierbar. Der Betrieb der Geräte und die Auswertung der Messungen erfolgen weitgehend computergestützt. Nachteilig ist, dass die AAS grundsätzlich ein Einelementverfahren ist. Zur Bestimmung vieler Elemente sind dann andere Verfahren vorteilhafter, so die Atomemissionsspektroskopie mit Plasmaanregung. Diese bietet den Vorteil, dass die Linien aller in der Probe vorhandenen Elemente gleichzeitig ausgesandt und damit auch gleichzeitig auswertbar sind. Die Auswertung der linienreichen Spektren ist jedoch nicht unproblematisch, weil leicht spektrale Interferenzen auftreten können. Nach Auswertung der Spektren kann aus der Lage der Spektrallinien auf die qualitative und aus deren Intensität auf die quantitative Zusammensetzung der Probe geschlossen werden.

Übliche Konzentrationsmaße für Schadstoffe, die in der Regel in geringer Konzentration vorkommen, sind ppm oder ppb. Dabei bedeuten ppm = parts per million = 10^{-6} und ppb = parts per billion (deutsch: Milliarde) = 10^{-9}. Bei Gasen und Flüssigkeiten werden Volumenanteile und bei Feststoffen Massenanteile angegeben. So bedeuten 1 ppm Massenkonzentration 1 mg/kg = 1 g/t und 1 ppb bedeuten 1 mg/t. Um ein wenig Respekt vor derart kleinen Größenordnungen zu bekommen, seien Beispiele genannt. Bezogen auf die Bevölkerung einer Millionenstadt wie Köln oder München entspricht die „Konzentration" von 1 ppm einem Einwohner. Bezogen auf ein Land mit einer Milliarde Menschen wie Indien entspricht 1 ppb einem Einwohner. Ein gegnerischer Fan in einem Fußballstadion mit 100.000 Zuschauern entspricht 10 ppm. Die chemische Analytik ist heute in der Lage, derart niedrige Konzentrationen zu messen.

Stellvertretend für die *physikalische* Analytik wollen wir zwei optische Verfahren in der Strömungsmesstechnik besprechen. Wichtigster Vertreter dieser

Messmethoden ist die seit mehr als drei Jahrzehnten bekannte Laser Doppler Anemometrie (LDA). Sie nutzt die Dopplerverschiebung von Lichtwellen aus, die an kleinen von der Strömung mitbewegten Partikeln gestreut werden. Diese Partikeln sind entweder bereits von sich aus als Staub oder Schwebteilchen in dem Strömungsmedium vorhanden, oder sie werden künstlich eingebracht (etwa Tabakrauch). Das Prinzip ähnelt dem des Radar, wo die Reflexion von Radiowellen an bewegten Objekten genutzt wird.

Der Doppler-Effekt beschreibt die Veränderung der beobachteten Frequenz bei der Ausbreitung von Wellen (Schall- oder Lichtwellen), wenn sich Quelle und Beobachter relativ zueinander bewegen. Ein Ton erscheint beim Näherkommen der Quelle höher, beim Entfernen tiefer. Ursache dieses akustischen Doppler-Effekts ist, dass den Beobachter bei Annäherung der Quelle pro Zeiteinheit mehr Wellenzüge erreichen, so dass er eine höhere Frequenz hört als bei unbewegter Quelle. Entfernt sich die Quelle, ist es umgekehrt. Bei der Rundfunk- und Fernsehübertragung von Autorennen können wir diesen Effekt beobachten.

Analog dazu gibt es einen optischen Doppler- Effekt. Dieser wird in der Astronomie ausgenutzt, um die Bewegung der Himmelskörper in Beobachtungsrichtung zu messen. Sie äußert sich in einer Verschiebung der Spektrallinien in den Spektren der Himmelskörper hin zu kurzwelligem Blau (Violett), wenn sich der Himmelskörper auf den Beobachter zu bewegt. Eine Rotverschiebung tritt auf, wenn sich der Himmelskörper vom Beobachter entfernt. Dieser optische Doppler-Effekt ist die Grundlage der LDA. Bei bekannter Gerätekonfiguration und einem vorgegebenen Laser (häufig ein He-Ne Laser mit einer Wellenlänge von 632,8 nm) ist die Geschwindigkeit der Streupartikeln der gemessenen Frequenzverschiebung (Doppler-Frequenz) direkt proportional.

Etwas ausführlicher wollen wir ein optisches Messverfahren besprechen, das seit etwa zehn Jahren angewendet wird. Das ist die Particle Image Velocimetry (PIV). Diese verfolgt neben anderen neueren Verfahren das Ziel, ganze Geschwindigkeitsfelder in Kurzzeit-Messungen zu ermitteln. Derartige Untersuchungen sind gerade für instationäre Strömungen geeignet. Ebenso wie bei der LDA misst PIV die Geschwindigkeit einer Strömung über die berührungslose Geschwindigkeitsmessung von Tracerpartikeln (von dem englischen Wort trace = Spur). Voraussetzung ist ebenso wie bei der LDA die Übereinstimmung von Partikel- und Strömungsgeschwindigkeit. Während LDA nur Punktmessungen erlaubt, misst PIV simultan an vielen Orten des Strömungsfeldes.

An Hand der Abb. 6.7 wollen wir die Vorgehensweise bei der PIV- Messung erläutern. Zunächst muss die Strömung mit kleinen Tracerpartikeln geimpft werden. Sodann wird eine Ebene der Strömung mit Hilfe einer Pulslichtquelle (meist ein Laser) und einer Lichtschnitt-Optik zweimal kurz hintereinander kurzzeitig beleuchtet. Typische Zeitabstände sind dabei wenige Milli- oder Mikrosekunden bei einer Pulsdauer der Laser im Bereich von Mikro- oder Nanosekunden. Zwischen den beiden Beleuchtungen bewegen sich die Tracerpartikeln mit der Strömungsgeschwindigkeit weiter. Die beleuchteten Partikeln werden auf fotografischen oder holografischen Filmen oder auf Videodetektoren abgebildet. Die Geschwindigkeitsmessung erfolgt über die Ermittlung der lokalen Verschiebungsvektoren dividiert durch die Zeit zwischen den Lichtblitzen.

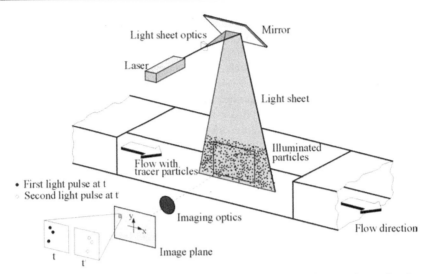

Abb. 6.7. Particle Image Velocimetry (PIV) und experimentelle Anordnung in einem Windkanal (Raffel u.a. 1998)

Wesentliche Entwicklungsimpulse erhielt PIV ebenso wie ähnliche Verfahren durch die Verfügbarkeit der digitalen Bildaufzeichnung. Enorme Fortschritte der elektro-optischen Aufnahmenmedien haben eine attraktive Alternative zu den fotografischen Verfahren ergeben. Wesentliche Vorteile liegen in der unmittelbaren Verfügbarkeit der Bilder und damit einer Rückmeldung während des Aufzeichnens. CCD-Kameras ermöglichen die Erfassung zweier hochaufgelöster Bilder in wenigen Mikrosekunden auf einem Sensor. CCD steht für charge coupled device, auf Deutsch ladungsgekoppeltes Halbleiter-Bauelement oder Ladungsverschiebeelement. Das einzelne CCD-Element in einem Sensor wird Pixel genannt, das ist ein Kürzel für picture element.

Mit der Schilderung des PIV-Verfahrens wollte ich deutlich machen, dass erst das Zusammenspiel mehrerer Entwicklungen dieser Methode zum Durchbruch verholfen hat. Das sind die Entwicklung der Lasertechnik, die Verfügbarkeit leistungsfähiger Rechner, universelle und schnelle mathematische Auswerteverfahren in Zusammenhang mit der digitalen Bildaufzeichnung. Ähnliche Synergieeffekte finden wir auch bei anderen Messverfahren. Dadurch hat der Komplex Analytik, Messtechnik und Auswertung einen qualitativen Sprung erfahren, der noch vor zehn Jahren undenkbar erschien.

Weitere Fortschritte sind an der Schnittstelle von Optik und Elektronik zu erwarten, der Optoelektronik. Dieses Gebiet befasst sich mit Anwendungen der Wechselwirkung zwischen Licht und elektrischen Ladungsträgern, vornehmlich zur Gewinnung, Übertragung, Verarbeitung und Speicherung von Informationen. Als physikalische Grundlagen sind insbesondere elektrooptische und magnetooptische Effekte sowie Photoeffekte und Lumineszenzerscheinungen von Bedeutung.

6.7 Umweltmonitoring

Der Themenkomplex Analytik, Messtechnik und Auswertung ist aus zwei Gründen von Bedeutung. Zum einen für die Steuerung von Prozessen etwa in der Energie- und Kraftwerkstechnik, der Produktionstechnik und der motorischen Verbrennung. Dies leuchtet unmittelbar ein. Daneben gibt es einen zweiten Anwendungsbereich, die in jüngerer Zeit stark an Bedeutung zugenommen hat: die Umweltbeobachtung.

Politische und gesetzgeberische Maßnahmen zur Verbesserung der Umweltqualität erfordern eine umfassende, möglichst auch quantitative Ermittlung von Veränderungen. Diese Notwendigkeit führte seit Ende der fünfziger Jahre zum Aufbau einer planmäßigen Umweltbeobachtung, Überwachung und Kontrolle. Diese war zunächst sektoral gegliedert und organisiert, für Gewässer, Luft, radioaktive Belastung, seltene oder bedrohte Pflanzen und Tierarten, deren Biotope und schließlich auch für Böden.

Diese sektorale, quasi eindimensionale Umweltbeobachtung vermittelte trotz aller Genauigkeit kein wirklich zusammenhängendes Bild des Umweltzustandes, zumal die Daten oft isoliert oder unkoordiniert veröffentlicht wurden. Seit Mitte der achtziger Jahre wurde die Notwendigkeit einer integrierenden Umweltbeobachtung erkannt. Denn letztlich reagiert die Umwelt als ein komplexes System auf menschliche Einwirkungen und Eingriffe. Der integrierende Ansatz machte nicht nur eine Koordination der sektoralen Beobachtungen und Messungen erforderlich. Es musste eine Datensystematik erarbeitet werden, um eine wechselseitige Vergleichbarkeit und Nutzung aller Daten zu ermöglichen.

Was gehört zu einer integrierenden Umweltbeobachtung, wofür der Begriff Umweltmonitoring (UM) verwendet wird? Zunächst müssen die Zustände eines Raumes kontinuierlich und systematisch erhoben werden. Dies betrifft die Bereiche Luft, Wasser und Boden; fachmännisch ausgedrückt die Atmo-, Hydro- und Pedosphäre ebenso wie die Anthroposphäre (den Menschen) sowie Flora und Fauna. Hinzu kommen Bereiche, die nicht der Biosphäre zuzuordnen sind: Anlagen, Bauten und Kulturgüter. Hierbei geht es um das Zusammenführen von Informationen aus verschiedenen Messnetzen, aus Langzeituntersuchungen und umweltrelevanten Statistiken. Des Weiteren geht es um den Aufbau eines Netzes repräsentativer Dauerbeobachtungsflächen, um die Veränderungen wesentlicher Ökosysteme zu erfassen mit dem Ziel, langfristig gesicherte Erkenntnisse über die Auswirkungen von Belastungen zu gewinnen. Eingetretene Schäden sollen aufgedeckt und neue Schäden im Frühstadium erfasst werden. Alsdann geht es um die Analyse und Interpretation von Wirkungsgefügen sowie um Prognosen über den Verlauf von Schädigungen. UM bedeutet weiter den Ausbau einer Umweltprobenbank, einer Umweltdatenbank, die Aufdeckung von Forschungslücken und die Initiierung entsprechender Projekte sowie die kontinuierliche Information der Öffentlichkeit über die Beobachtungsergebnisse. Beispielhaft sei hier der Umweltindex genannt, den die VDI nachrichten regelmäßig veröffentlichen.

Eine unentbehrliche Grundlage für die Erhebung, Speicherung, Verknüpfung, Auswertung und Veröffentlichung der vielfältigen Umweltinformationen ist ein sorgfältig organisiertes Geo(grafisches)-Informationssystem (GIS). Analog zu den Aussagen in Abschnitt 6.6 gilt auch hier, dass erst das Zusammenwirken jüngerer Technologien GIS ermöglichten: Beobachtungssatelliten, GPS (Global Positioning Systems), digitale Aufnahmetechnik, mathematische Auswerteverfahren und leistungsfähige Computer. GIS ist ein elektronisches Datenverarbeitungssystem, mit dem eine Vielzahl flächenbezogener geografischer Daten erhoben, gespeichert, verwaltet, verknüpft, transformiert, ausgewertet und in jeweils gewünschter Form dargestellt werden können. Zur Beschreibung flächenbezogener geografischer Informationen werden unterschiedliche thematische Karten herangezogen: Topografische Karten, Bodenkarten, Grundwasserkarten u. ä., aus denen durch Kartenüberlagerung eine integrierende, umweltbezogene Auswertung möglich wird. Dies wäre ohne elektronische Hilfsmittel nahezu ausgeschlossen.

Jede geografische Information besteht aus drei Bestandteilen. Zum einen aus örtlich festliegenden Daten wie Koordinaten, Höhenlage und Hangneigung; des Weiteren aus örtlich nicht festliegenden Daten wie Klassenzugehörigkeiten, Bodenarten und Bebauungstypen und schließlich geht es um die zeitliche Dimension. Die Wiedergabe der Daten kann in unterschiedlicher Weise erfolgen. Neben der Kartenform, einem topologischen Modell, können die Informationen auch auf Rasterzellen verschiedener Größe übertragen werden. Man spricht dann von GRID= Global Resource Information Database, siehe auch Tabelle 6.1. Des Weiteren ist eine Umwandlung in verschiedene Flächeneinheiten möglich, z.B. naturräumliche Einheiten in Verwaltungseinheiten.

Mit einem gut strukturierten GIS können Umweltveränderungen durch Eingriffe in Folge von Straßenbau, Rodungen, Stauseen oder Emissionen nicht nur abgeschätzt, sondern auch in ihren räumlichen Auswirkungen veranschaulicht werden. Daraus können sich unterschiedliche Standort- oder Trassenvarianten ergeben, was für Umweltverträglichkeitsprüfungen von großer Bedeutung ist.

Den Ausführungen in diesem Abschnitt lag ein Sondergutachten des Rates von Sachverständigen für Umweltfragen zu Grunde (SRU 1991). Daraus stammt auch die Tabelle 6.1, die hier in verkürzter Form wiedergegeben und kommentiert wird.

Der Vorschlag des SRU ist aus der Landschafts- und Ökosystemforschung des Programms MAB (Man and the Biosphere) hervorgegangen. Es erstreckt sich über fünf Beobachtungsebenen unterschiedlichen Maßstabs mit verschiedenen Datenquellen, Mess- und Erfassungsmethoden. Im Zentrum stehen dabei ausgewählte Umweltbeobachtungsgebiete innerhalb eines Landes, die Ebene 2. Für Erhebungen mit höherer Genauigkeit und zugleich größerem zeitlichen und apparativen Aufwand werden in den Umweltbeobachtungsgebieten Testbereiche (Ebene 3) mit einzelnen Aufnahmeflächen ausgewählt, und innerhalb dieser wiederum Messpunkte und Probennahmeplätze für punktuelle Untersuchungen (Ebenen 4 und 5). Die Umweltbeobachtungsgebiete einzelner Länder sind einerseits Bestandteil der Umweltbeobachtung auf nationaler Ebene. Andererseits werden sie in kontinentale oder globale Umweltbeobachtungs-Netzwerke (Ebene 1) eingefügt. Dies sind das europaweite CORINE (Coordination of Information on the Environment) und das globale GEMS (Global Environmental Monitoring System).

Tabelle 6.1. Ebenen eines Umweltbeobachtungssystems, verkürzt nach (SRU 1991)

B-Gebiete	Maßstabsebene	B-Programme B-Gebiete	Datenquellen	B-Gegenstand
1 Erde Kontinent (Satellit)	1:5 Mio. 1:2 Mio. Regional 1:200000	GEMS GRID CORINE	Satellitendaten	Ökosphäre
2 B-Gebiete in Deutschland (Flugzeug)	1:200000 bis 1:100000	Nationalpark Fichtelgebirge Ortholstein ... Aachen Ruhrgebiet ...	Satellitendaten Luftbilddaten	Ökosystem-Komplexe, Gesell-schaft-Umwelt-System
3 Testgebiete (Geländeerhebungen)	1:10000 bis 1:5000	Fragenbezogen, repräsentative Bereiche	Luftbilder	Ökosyteme
4 Aufnahmeflächen in Testgebieten (Erhebungen)	1:5000 bis 1:100	Dauer-B-Flächen u. Programme	Luftbilder Photos	Biozönosen Populatio-nen
5 Messungen u. Probeentnahmen	1:5000 bis 1:100	Messpunkte, Schadstoffkataster	Messstationen Proben	Individuen

(B = Beobachtung)

Die Tabelle 6.1 soll einen Eindruck über die vielfältigen Verzahnungen in einem Umweltbeobachtungssystem vermitteln. Die räumlichen Skalen der Beobachtungsgebiete liegen mehrere Größenordnungen auseinander. Die Erhebung der Daten bewegt sich von der örtlichen Probennahme bis hin zu Satellitendaten. Wie können diese verschiedenen Daten und Informationen in *einem* Umweltbeobachtungssystem vereint werden? Hierzu bedarf es unterschiedlicher Methoden und Verfahren der Beobachtung und insbesondere der Auswertung. Die Auswertung beruht auf verschiedenen mathematischen, teilweise numerischen Verfahren, von denen einige kurz genannt seien. Es geht um globale, regionale und lokale Ausbreitungsmodelle, die auf einer mathematischen Simulation von Bilanzgleichungen und deren Auswertung beruhen. Statistische Verfahren, Zeitreihen und Korrelationen werden verwendet. Von besonderer Bedeutung ist stets die Auswahl und Bildung geeigneter Indikatoren. Dies führt zumeist auf ein Aggregationsproblem: Detailinformationen und Daten müssen zu Indikatoren zusammengefasst werden, um Vergleiche zu ermöglichen. Hierzu sind beträchtliche Kenntnisse in Mathematik erforderlich, um die naturwissenschaftlichen Daten und Informationen physikalischer, chemischer, biologischer und ökologischer Art geeignet strukturieren, auswerten, vergleichen und letztlich bewerten zu können.

Worum geht es eigentlich, was ist der Beobachtungsgegenstand? Damit komme ich zu der Behandlung der letzten Spalte in Tabelle 6.1. In der Ebene 5, der Mikroebene, geht es um die einzelnen Individuen, deren Wachstum und Vermehrung, deren Entwicklung und Sterblichkeit sowie Verhalten und Formbildung. In der Ebene 4 geht es um die Biozönosen, das sind Lebensgemeinschaften von Tieren und/oder Pflanzen, es geht um Populationen. Charakteristische und typische Mechanismen wie Konkurrenz, Symbiose, Parasitismus und Räuber-Beute-Beziehungen spielen eine zentrale Rolle. In Abschnitt 5.2 hatten wir die mathematische Formulierung des Räuber-Beute-Modells sowie eines Konkurrenz-Modells behandelt und deren Lösungen besprochen. In der nächsten Stufe, der Ebene 3, geht es um Ökosysteme, insbesondere um deren Stoffflüsse und Energieflüsse. Die Themenkomplexe der Ebenen 1,2 und 3, werden sehr anschaulich in dem Beitrag Naturschutzbiologie von Aßmann und Härdtle in dem Band Naturwissenschaften (Härdtle 2002) dieser Buchreihe beschrieben.

Der Weg von der Ebene 5, der Mikroebene, über die Ebene 4 hin zur Ebene 3, der Mesoebene, verläuft induktiv. Man kann sich der Mesoebene nicht nur „von unten", sondern auch „von oben" annähern. Der Weg von der Makroebene, der Ebene 1, über die Ebene 2 hin zu Mesoebene, der Ebene 3, verläuft deduktiv. In der Ebene 1 geht es um die Ökosphäre der Erde oder ganzer Kontinente. Die Ebene 2 betrifft Komplexe von Ökosystemen bestimmter Regionen, etwa Deutschland. Sowohl die Ökosphäre als auch Ökosystemkomplexe werden durch Stoffflüsse und Energieflüsse beschrieben. Hinzu kommen Interaktionen vielfältiger Art, so dass wir auch von Informationsflüssen sprechen können.

Wir Menschen sind Teil der Ökosphäre und der Ökosystemkomplexe. Seit jeher und besonders massiv seit der industriellen Revolution greifen wir in die Ökosysteme ein mit teilweise verheerenden Folgen. Exemplarisch seien hier der Treibhauseffckt, das Waldsterben und das Ozonloch genannt. Also geht es letztlich um ein System Gesellschaft-Umwelt. Dieser Begriff ist eigentlich irreführend. Denn wenn wir Menschen ein Teil dieser Welt sind, dann sollten wir an Stelle von Umwelt eigentlich von einer Mitwelt reden (Meyer-Abich 1997).

Der wissenschaftliche Beirat der Bundesregierung „Globale Umweltveränderungen" hat zur Behandlung dieser Fragestellungen das Syndrom-Konzept vorgeschlagen (WBGU 1996). Syndrome sind typische funktionale Muster der Verknüpfung von Entwicklungen, von Trends. Dabei bilden die Trends die Grundlage für die Beschreibung der Entwicklung des Systems Erde, und nicht etwa einzelner Variablen. Der globale Wandel wird über Trends (= Zustandsänderungen wie etwa Bevölkerungswachstum, medizinischer Fortschritt u.ä.) und deren Verknüpfungen beschrieben. Damit ist jede Art von Wechselwirkung, von Synergie, von positiver oder negativer Rückkopplung gemeint.

Die Trends und ihre Wechselwirkungen lassen sich als ein qualitatives Netzwerk darstellen, dem globalen Beziehungsgeflecht. Dieses kann die vorgeschlagenen neun Sphären, von der Biosphäre bis hin zur Sphäre Wissenschaft/Technik, in unterschiedlicher Weise berühren. Ziel ist es, die globalen Krankheitsbilder der Erde zu identifizieren (die Syndrome), um daraus insbesondere Prioritäten bei der Auswahl von Forschungsthemen vorzuschlagen nach den Kriterien: globale

Relevanz, Dringlichkeit, Wissensdefizit, Verantwortung, Betroffenheit, Forschungs- und Lösungskompetenz.

Das Syndrom-Konzept ist primär ökologisch ausgerichtet. Es hat sich an der modernen Ökosystemforschung orientiert. Diese lässt sich dadurch charakterisieren, dass die klassische Standarddefinition „Ökologie ist die Lehre von den Beziehungen der Organismen in ihrer Umwelt" ersetzt wurde durch „Ökologie ist die Lehre von den Mustern des Gleichgewichts der Natur". Dabei beinhaltet Gleichgewicht der Natur Begriffe wie Persistenz, Stabilität und Elastizität. Die Betonung liegt dabei auf dem Begriff Muster statt Sammlung isolierter Fakten. Ebenso will das Syndrom-Konzept sich nicht an Einzelparametern, sondern an funktionalen Mustern orientieren.

Das Syndrom-Konzept bezieht seine Überzeugungskraft aus sich selbst heraus. Die 16 bisher vorgeschlagenen Syndrome sind anschaulich und griffig, dies liegt nicht zuletzt an der Wahl der Bezeichnungen. Beispielhaft seien einige Syndrome genannt, die ihrerseits in drei Gruppen unterteilt werden. Zu der Syndromgruppe „Nutzung" gehören das *Sahel-Syndrom* (landwirtschaftliche Übernutzung marginaler Standorte) sowie das *Dust-Bowl-Syndrom* (nicht-nachhaltige industrielle Bewirtschaftung von Böden und Gewässern). Die gesellschaftlichen Auswirkungen des Dust-Bowl-Syndroms hat John Steinbeck 1939 in seinem Roman „Früchte des Zorns" beschrieben. Zu der Syndromgruppe „Entwicklung" gehören das *Aral-See-Syndrom* (Umweltschädigung durch zielgerichtete Naturraumgestaltung im Rahmen von Großprojekten) sowie das *Suburbia-Syndrom* (Landschaftsschädigung durch geplante Expansion von Stadt- und Infrastrukturen). Zu der Syndromgruppe „Senken" gehören das *Hoher-Schornstein-Syndrom* (Umweltdegradation durch weiträumige diffuse Verteilung von meist langlebigen Wirkstoffen) sowie das *Altlasten-Syndrom* (lokale Kontamination von Umweltschutzgütern an vorwiegend industriellen Produktionsstandorten).

Das Syndrom-Konzept finde ich deshalb so interessant, weil es nach unten und nach oben hin andockfähig ist. Es stellt ein Bindeglied zwischen lokalen Fallstudien (der Mikroebene) und der globalen Ökosphäre (der Makroebene) sowie den Weltmodellen dar.

Ebenso wie in den Abschnitten 6.5 und 6.6 wird auch hier deutlich, dass die geschilderten Probleme nur in enger Zusammenarbeit zwischen Naturwissenschaftlern unterschiedlicher Prägung (Geologen, Ökologen, Biologen, Chemikern, Physikern), Mathematikern, Informatikern und Ingenieuren bearbeitet werden können. Dieser interdisziplinäre Charakter der umweltbezogenen Arbeits- und Forschungsgebiete hat dazu geführt, dass sich diese Gebiete in der jüngeren Vergangenheit außerordentlich dynamisch entwickelt haben. Diese Dynamik darzustellen war mein wesentliches Anliegen in dem sechsten Kapitel. Welch interessante, spannende und reizvolle Aufgaben warten auf Sie, die jetzigen Studenten, die nahen Absolventen und zukünftigen Experten.

6.8 Bemerkungen und Literaturempfehlungen

Dieses Kapitel enthält die Schilderung von Themen, die Ingenieure direkt betreffen oder zu denen Ingenieure neben Vertretern anderer Disziplinen Beiträge liefern können. Zur Vertiefung der Abschnitte 6.1, 6.2 und 6.4 empfehle ich aus dieser Reihe:

Müller-Rommel F (Hrsg) (2001) Sozialwissenschaften
Schaltegger S (Hrsg) (2000) Wirtschaftswissenschaften
   Beide erschienen in der Reihe Studium der Umweltwissenschaften. Springer, Berlin

Der Abschnitt 6.3 zur Technikbewertung ist stark von eigenen Arbeiten und denen meiner Mitarbeiter geprägt. Exemplarisch nenne bzw. verwendet habe ich:

Jischa MF (1993) Herausforderung Zukunft. Spektrum, Heidelberg
Jischa MF (1996) Dynamische Systeme in Natur, Technik und Gesellschaft. Skript TU Clausthal
Jischa MF (1997) Das Leitbild Nachhaltigkeit und das Konzept Technikbewertung. Chemie Ingenieur Technik (69) 12, S 1695–1703
Jischa MF (1999) Technikfolgenabschätzung in Lehre und Forschung. In: Petermann T, Coenen R (Hrsg) Technikfolgen – Abschätzung in Deutschland. Campus, Frankfurt am Main, S 165–195
Jischa MF, Ludwig B (1996) Technikbewertung. Skript TU Clausthal
Ludwig B (1995) Methoden zur Modellbildung in der Technikbewertung. Diss. TU Clausthal, CUTEC Schriftenreihe Nr 18, Papierflieger, Clausthal-Zellerfeld
Ludwig B (2001) Management komplexer Systeme. Habilitationsschrift TU Clausthal (2000), Edition Sigma, Berlin
Tulbure I (2003) Zustandsbeschreibung und Dynamik umweltrelevanter Systeme. Diss. TU Clausthal, CUTEC Schriftreihe Nr 25, Papierflieger, Clausthal-Zellerfeld
Tulbure I (2003) Integrative Modellierung zur Beschreibung von Transformationsprozessen. Habilitationsschrift TU Clausthal (2002), Fortschritt – Berichte VDI, Reihe 16, Nr 154, VDI, Düsseldorf

Zur Technikbewertung führe ich weitere Darstellungen an, mit denen ich gleichzeitig aktive Protagonisten der TA-Bewegung vorstellen möchte:

Bröchler S, Simonis G, Sundermann K (Hrsg) (1999) Handbuch Technikfolgenabschätzung, 3 Bände. Edition Sigma, Berlin
Detzer K (1997) Wer verantwortet den technischen Fortschritt? Springer, Berlin
Grunwald A, Saupe S (Hrsg) (1999) Ethik in der Technikgestaltung. Springer, Berlin
Grunwald A (Hrsg) (2002a) Technikgestaltung für eine nachhaltige Entwicklung. Edition Sigma, Berlin
Grunwald A (2002b) Technikfolgenabschätzung – eine Einführung. Edition Sigma, Berlin
Grunwald A (Hrsg) (2003) Technikgestaltung zwischen Wunsch und Wirklichkeit. Springer, Berlin
Hubig C (1993) Technik- und Wissenschaftsethik. Springer, Berlin
Hubig C, Reindel J (Hrsg) (2003) Ethische Ingenieurverantwortung. Edition Sigma, Berlin
Kornwachs K (2000) Das Prinzip der Bedingungserhaltung. LIT, Münster
Lenk H, Ropohl G (Hrsg) (1987) Technik und Ethik. Reclam, Stuttgart

Petermann T, Coenen R (Hrsg) (1999) Technikfolgen – Abschätzung in Deutschland. Campus, Frankfurt am Main
Rapp F (Hrsg) (1999) Normative Technikbewertung. Edition Sigma, Berlin
Renn O, Zwick MM (1997) Risiko- und Technikakzeptanz. Springer, Berlin
Ropohl G (1979) Eine Systemtheorie der Technik. Hanser, München
Ropohl G (1996) Ethik und Technikbewertung. Suhrkamp, Frankfurt am Main
VDI (1991) Technikbewertung – Begriffe und Grundlagen. VDI Report 15, Düsseldorf
VDI (1998) Technikbewertung in der Lehre. VDI Report 28, Düsseldorf
VDI (1999) Aktualität der Technikbewertung. VDI Report 29, Düsseldorf
VDI (2000) Ethische Ingenieurverantwortung. VDI Report 31, Düsseldorf

In Abschnitt 6.3 habe ich weiter verwiesen auf:

Meyer-Abich KM (1988) Wissenschaft für die Zukunft. Hanser, München
Neirynck J (1995) Der göttliche Ingenieur. Expert, Renningen
Snow CP (1967) Die zwei Kulturen. Klett, Stuttgart

Zu dem Thema Ökonomie und Umwelt, Abschnitt 6.4, nenne ich in Ergänzung zu (Schaltegger 2000):

Dieren W van (Hrsg) (1995) Mit der Natur rechnen. Birkhäuser, Basel
Endres A (1994) Umweltökonomie. Wiss. Buchgesellschaft, Darmstadt
Hampicke U (1992) Ökologische Ökonomie. Westdeutscher Verlag, Opladen
Junkernheinrich M, Klemmer P, Wagner GR (Hrsg) (1995) Handbuch zur Umweltökonomie. Analytica, Berlin
Siebert H (Hrsg) (1996) Elemente einer rationalen Umweltpolitik. Mohr, Tübingen
Steger U (1988) Umweltmanagement. Gabler, Wiesbaden
Wicke L (1989) Umweltökonomie. Vahlen, München
Winter G (Hrsg) (1998) Das umweltbewusste Unternehmen. 6. Aufl ,Vahlen, München

Einführende, weiterführende und ergänzende Literatur zu den Themen Umwelt- und Energietechnik, Abschnitt 6.5, gibt es in großer Zahl. Hier nenne ich:

Beck H-P, Brandt E, Salander C (Hrsg) (2000/2003) Handbuch Energiemanagement. Band 1, CF Müller, Heidelberg
Brauer H (Hrsg) (1996) Handbuch des Umweltschutzes und der Umweltschutztechnik. 4 Bände, Springer, Berlin
Dreyhaupt F-J (Hrsg) (1994) VDI-Lexikon Umwelttechnik. VDI-Verlag, Düsseldorf
Förstner U (1995) Umweltschutztechnik, 5. Aufl Springer, Berlin
Görner K, Hübner K (Hrsg) (1999) HÜTTE Umweltschutztechnik. Springer, Berlin
Heinloth K (2003) Die Energiefrage, 2. Aufl Vieweg, Braunschweig
Jischa MF (1993) Herausforderung Zukunft. Spektrum, Heidelberg
Michaelis H, Salander C (Hrsg) (1995) Handbuch Kernenergie. Kompendium der Energiewirtschaft und Energiepolitik, 4. Aufl VWEW-Verlag, Frankfurt am Main
Schaefer H (Hrsg) (1994) VDI-Lexikon Energietechnik. VDI-Verlag, Düsseldorf
Schwister K (Hrsg) (2003) Taschenbuch der Umwelttechnik. Hanser, München

Zu Abschnitt 6.6 nenne ich:

Raffel M, Willert C, Kompenhans J (1998) Particle Image Velocimetry. Springer, Berlin
Schwedt G (1992) Taschenatlas der Analytik. Thieme, Stuttgart

Schwedt G (1996) Taschenatlas der Umweltchemie. Thieme, Stuttgart

Zu Abschnitt 6.7 nenne bzw. verwendet habe ich:

Härdtle (Hrsg) (2002) Naturwissenschaften. Springer, Berlin
Meyer-Abich K-M (1997) Praktische Naturphilosophie. Beck, München
SRU (1991) Allgemeine ökologische Umweltbeobachtung. Sondergutachten des Rates von Sachverständigen für Umweltfragen. Metzler-Poeschel, Stuttgart
WBGU (1996) Welt im Wandel: Herausforderung für die Wissenschaft. Wissenschaftlicher Beirat der Bundesregierung Globale Umweltveränderungen. Springer, Berlin

7 Abschließende Bemerkungen

Hier knüpfen wir nahtlos an das erste Kapitel an, das in den Abschnitten 1.2 und 1.3 der geschichtlichen Entwicklung und Veränderung von Technik gewidmet war. Wie und warum wurde Technik gestaltet? Wer waren die wesentlichen Treiber der Technik? Diese Gedanken führen wir in dem Abschnitt 7.1 fort, denn je mehr wir über die Vergangenheit wissen, umso besser können wir in die Zukunft schauen. Wie müssen wir Ingenieure *heute* ausbilden, damit sie den Anforderungen von *morgen* gewachsen sind? Dieser Analyse folgend werde ich in Abschnitt 7.2 zukunftsfähige Studiengänge vorschlagen, wobei ich Bezug auf den Abschnitt 1.4 Technik und Nachhaltigkeit nehmen werde.

7.1 Anforderungen an die Ingenieure der Zukunft

Was ist und worin besteht technischer Fortschritt? Technischer Fortschritt beruht auf Innovationen. Diese können einerseits die Prozess- wie auch die Produktebene betreffen. Innovationen verlaufen sowohl kontinuierlich als auch in Schüben. Dabei unterscheiden wir zwei Arten von Innovationen: einerseits die inkrementellen oder Verbesserungs-Innovationen und andererseits die radikalen oder Basis-Innovationen.

Dies sei beispielhaft am Verschwinden der Schreibmaschine erläutert. Die Entwicklung von der mechanischen Schreibmaschine hin zur elektrischen war ebenso wie die Weiterentwicklung vom Typenhebel hin zum Kugelkopf eine inkrementelle Innovation. Die Entwicklung des Personalcomputers war hingegen eine radikale Innovation. Er hat die Schreibmaschine nahezu vollständig verdrängt. Obwohl der PC immer noch den Namen Computer trägt, hat er sich von seinem ureigenen Zweck der Berechnung nahezu vollständig entfernt. Entscheidend für unsere Betrachtung ist hier, dass die Hard- und Software- Hersteller nicht aus dem Kreis der Hersteller von Schreibmaschinen hervorgegangen sind. Dies ist typisch für radikale Innovationen.

Wer oder was treibt den technischen Fortschritt? „Das Wunder Europa" (Jones 1991), bestehend aus Aufklärung, wissenschaftlicher Revolution und der sich daran anschließenden industriellen Revolution war ein abendländisches Projekt. Der Begriff Innovation ist eine europäische „Innovation". Er kennzeichnet die ständig beschleunigte Dynamik in Wissenschaft und Technik, in Forschung und Entwicklung. Es ist hier nicht der Ort, auf die ungemein spannende Frage einzugehen, warum dieser Prozess von Europa ausgegangen ist. Halten wir ihn als empirischen Befund fest, um die Folgen kurz zu skizzieren.

Kernelemente der von England im 18. Jahrhundert ausgegangenen industriellen Revolution waren die Mechanisierung der Arbeit, die Dampfmaschine als neue Energiewandlungsmaschine sowie die Erkenntnis, aus verschwelter Steinkohle Steinkohlenkoks herzustellen, womit die Verhüttung von Erzen sehr viel effizienter erfolgen konnte als zuvor mit Holzkohle. England, der Harz und weitere zentraleuropäische Regionen, in denen die Erzverhüttung betrieben wurde, waren nahezu abgeholzt. Dadurch war ein gewaltiger Innovationsdruck entstanden, eine der Triebfedern der industriellen Revolution.

Die Verknappung von Ressourcen ist stets ein typischer Auslöser für Innovationen. Beispiele hierfür sind die Entwicklung der Kernreaktoren zur Stromerzeugung sowie die Entwicklung von Glasfaserkabeln in der Informationstechnologie. Ohne letztere Substitutionsmaßnahme hätten die Informationstechnologien nicht diesen Aufschwung nehmen können, denn Sand als Ausgangsstoff für Glasfasern kommt ungleich häufiger vor als Metalle wie Kupfer oder Aluminium. Die Kupfervorräte dieser Welt würden nicht ausreichen, Netze heutigen Zuschnitts zu realisieren.

Häufig wird die Ansicht vertreten, Technik sei angewandte Naturwissenschaft. Natürlich trifft dies auch zu, aber technische Realisierungen lagen sehr oft vor der naturwissenschaftlichen Forschung. Als Folge der Aufklärung tauchten im 15. Jahrhundert neue Akteure auf: Künstler-Ingenieure und Experimentatoren. Die neue Wissenschaft entwickelte sich aus heftigen Auseinandersetzungen mit dem tradierten Wissen. Die Durchdringung von Wissenschaft und Technik charakterisiert den Weg hin zur wissenschaftlichen Revolution im Europa des 17. Jahrhunderts.

Die großen Baumeister der Vergangenheit haben jene wunderbaren Bauwerke wie etwa den Petersdom, die Hagia Sophia und kühne Brücken ohne die heutigen theoretischen Finite-Elemente-Methoden und ohne die experimentellen Methoden der Spannungsoptik errichtet. Versuch und Irrtum charakterisierten die Technik jener Zeit. Wissen wurde als Herrschaftswissen vom Meister auf den Schüler übertragen. Heute können wir daher eher sagen, dass naturwissenschaftliche Forschung erst durch angewandte Technik möglich wird. Sensorik, Analytik, digitale Bildauswertung und Computer haben ungeahnte Möglichkeiten eröffnet. Dies haben wir beispielhaft in Abschnitt 6.6 erläutert.

Technischer Fortschritt beeinflusst mit beschleunigter Dynamik nicht nur unsere Arbeitswelt, sondern zunehmend auch unsere Lebenswelt. Somit betrifft er alle Mitglieder unserer Gesellschaft, auch diejenigen, die sich mit den sich rasant entwickelnden Informationstechnologien nicht auseinander setzen wollen oder können. Um eine Fahrkarte am Bahnhof einer Kleinstadt wie Goslar lösen zu können, muss ein menügeführter Apparat mit gewissen Sachkenntnissen bedient werden. Und der Erwerb einer Fahrkarte setzt den Besitz eine Kredit- oder Geldkarte voraus.

Offenkundig ist der technische Fortschritt ein sich selbst steuernder dynamischer Prozess, den niemand verantwortet. Dieser Tatbestand wird von vielen

Mitgliedern unserer Gesellschaft mit zunehmendem Unbehagen betrachtet. Wir befinden uns offenbar „am Ende des Baconschen Zeitalters" (Böhme 1993):

> Das Ende einer Epoche ist durch den Verlust von Selbstverständlichkeiten gekennzeichnet. Wenn wir heute Anlaß haben, die bisherige Lebenszeit der neuzeitlichen Wissenschaft als die Epoche Bacons zu bezeichnen, so, weil in unserem Verhältnis zur Wissenschaft eine Selbstverständlichkeit abhanden gekommen ist: nämlich die Grundüberzeugung, dass wissenschaftlicher und technischer Fortschritt zugleich humaner Fortschritt ist.

Die Frage, wer den technischen und den industriellen Fortschritt steuert, gestaltet und letztlich verantwortet, lässt sich gar nicht einfach beantworten. Denn der technische Fortschritt wird von drei Faktoren mit jeweils unterschiedlichen Akteuren beeinflusst und damit angetriebenen, oder auch behindert. Dies sind Technology Push, Market Pull und Society Demand, Abb. 2.24. In welchen Institutionen Akteure den technischen Fortschritt vorantreiben, dies lässt sich jedoch beschreiben. Aus diesem Grunde skizziere ich kurz die Situation in Deutschland. Andere Industrieländer verfügen über ähnliche Forschungsstrukturen. Die folgenden sechs Bereiche zeichnen sich durch einen graduell unterschiedlichen Einfluss der wesentlichen Akteure Wissenschaft, Wirtschaft, Staat und Gesellschaft auf die Entwicklung und Gestaltung der Technik aus.

1. Universitäten und Fachhochschulen (HS): Sie sind für die Ausbildung zuständig, das Diplom. Ob im Zuge einer Internationalisierung das Diplom durch die gestuften Abschlüsse Bachelor und Master ersetzt oder ergänzt werden wird, ist für die folgenden Aussagen und die sich daran anschließenden Überlegungen inhaltlicher Art ohne Bedeutung. Eine weiterführende wissenschaftliche Qualifikation durch Promotion und Habilitation (von einigen derzeit als Auslaufmodell angesehen) ist den Universitäten vorbehalten (wie lange noch?). Uns interessiert die Frage, nach welchen Kriterien die Professoren ihre Forschungsthemen auswählen. Hier scheint die gute alte Zeit vorbei zu sein, in der Wissenschaftler von ihrer Neugierde getrieben und von der Kultur ihrer Fachdisziplin geleitet ihre Forschungsthemen im Rahmen ihrer Forschungsfreiheit gewählt haben. Die Qualität der wissenschaftlichen Forschung bestimmte den Rang und das Ansehen einer Universität. Heute wird aus Sicht der sie tragenden Länder die (wirtschaftliche) Bedeutung einer Universität maßgeblich von der Höhe der eingeworbenen Drittmittel bestimmt. Der Einfluss der Wirtschaft auf die Auswahl der Forschungsthemen hat demzufolge zugenommen.
2. Max-Planck-Institute (MPI): Sie betreiben als Nachfolgeeinrichtung der Kaiser-Wilhelm-Institute in erster Linie Grundlagenforschung und sind daher im Wesentlichen institutionell gefördert. Da jedoch in den Natur- und Ingenieurwissenschaften Grundlagen und Anwendungen immer schwerer zu trennen sind, wird auch hier der Einfluss der Wirtschaft zunehmen. Naheliegende Beispiele hierfür sind Genforschung, Bio- sowie Nanotechnik.
3. Fraunhofer-Institute (FhG): Sie stellen eine Scharnierfunktion zwischen Wissenschaft und Wirtschaft dar, was auch in ihrer Finanzierung zum Ausdruck kommt: Etwa je ein Drittel institutionelle Förderung, Projektförderung sowie Industrieprojekte. Sie gelten aus zwei Gründen als Erfolgsmodell: Zum

einen wegen des hohen Praxisbezuges und zum anderen wegen ihres relativ geringen Anteils an institutioneller Förderung. Aus politischer und auch aus wirtschaftlicher Sicht wird ihre Bedeutung vermutlich zunehmen.

4. Helmholtz-Gemeinschaft deutscher Forschungszentren (HGF): Sie werden gemeinhin als Großforschungseinrichtungen bezeichnet, sind somit teuer und daher in besonderer Weise rechtfertigungspflichtig. Von den derzeit 15 Zentren sind drei mit jeweils etwa 4000 Mitarbeitern besonders groß, die beiden Forschungszentren Jülich (FZJ) und Karlsruhe (FZK) sowie das Deutsche Zentrum für Luft- und Raumfahrt (DLR). Auch hier findet eine Verschiebung von der institutionellen hin zu verstärkter Projektförderung statt. Bemerkenswert ist in diesem Zusammenhang die soeben erfolgte Ausgliederung des bislang zur HGF gehörenden GMD-Forschungszentrums Informationstechnik (vormals GMD = Gesellschaft für Mathematik und Datenverarbeitung) in die Fraunhofer-Gesellschaft. Es wird interessant sein zu verfolgen, ob es sich hierbei um einen Einzelfall oder um den Beginn eines Trends handelt.

5. Wissenschaftsgemeinschaft Gottfried-Wilhelm Leibniz (WGL): Deren Einrichtungen wurden bis vor kurzem als Institute der „Blauen Liste" bezeichnet. Die etwa 80 Institute zeichnen sich durch eine breite Vielfalt der Arbeits- und Forschungsthemen aus. Diese reichen vom Deutschen Museum in München, dem Deutschen Übersee-Institut in Hamburg, dem Heinrich-Hertz-Institut für Nachrichtentechnik in Berlin, dem Weltwirtschaftsinstitut in Kiel bis hin zum Wissenschaftszentrum Berlin für Sozialforschung.

6. Forschung und Entwicklung in der Wirtschaft, der Industrie (Ind.): Die umsatzstärksten Industriebereiche in unserem Land sind die Großchemie und die Pharmazeutische Industrie, der Maschinenbau, der Automobilbau und (mit steigender Tendenz) die Elektro- und Informationstechnik. Beispielhaft sei der Automobilbau skizziert. Hier finden wir in der Regel eine Zweiteilung vor, es gibt einen Bereich für Forschung und einen für Forschung und Entwicklung (F+E, engl. R+D = Research and Development). Die Abgrenzungen sind fließend. Charakteristisch für die Automobilindustrie ist die in den vergangenen Jahren vorangetriebene Reduzierung der Fertigungstiefe, genannt out-sourcing. Damit einher ging eine ständige Verlagerung von F+E in Richtung der Zulieferer. Die laufenden Verbesserungen (die inkrementellen Innovationen) etwa bei der Direkteinspritzung in Diesel- und in Otto-Motoren stammen aus dem Hause Bosch, einem der großen Zulieferer mit einer fast monopolartigen Stellung. Gleiches gilt für die elektronische Steuerung der Brems- und Antriebssysteme wie ABS, ESD und ähnliches. Eine vergleichbar starke F+E Position finden wir bei Zulieferern von Getrieben und Bremsen.

Aus gutem Grund habe ich der Frage, *wo* Forschung und Entwicklung betrieben werden, *wo* also der technische Fortschritt „gemacht" wird, breiten Raum gewidmet. Die Vielzahl der Institutionen und Akteure ist ja ein ganz wesentlicher Grund für die gewünschte Innovationsdynamik, die wirtschaftlich erfolgreiche Nationen gerade angesichts der Globalisierung auszeichnet. Alle bisher praktizierten Versuche, mit Planwirtschaft die Zukunft gestalten zu wollen, waren alles andere als erfolgreich. Alle derartigen Versuche waren von dem Leitbild Nachhaltigkeit weit entfernt; sie waren weder umweltschonend noch sozial ausgewogen, und ökonomisch effizient allemal nicht.

Tabelle 7.1. Forschungsstrukturen in Deutschland

		Ausbildung		Forschung		
		Diplom	Promotion Habilitation	G	AG	A
HS	FH	X			X	
	Univ.	X	X	X	X	
MPG			X	X		
HGF					X	X
FhG					X	X
WGL					X	X
Ind.					X	X

In der Tabelle 7.1 sind die beschriebenen Bereiche, in denen ingenieur- und naturwissenschaftliche Forschung betrieben wird, zusammengestellt. Darin bedeuten G Grundlagenforschung, AG anwendungsorientierte Grundlagenforschung und A anwendungsorientierte Forschung. Die Übergänge zwischen diesen drei Forschungsfeldern sind fließend und zunehmend unscharf. In der Tabelle ist die Ausbildung gleichfalls aufgeführt, weil die Hochschulen durch die Einheit von Lehre und Forschung (und seit einer Reihe von Jahren auch Weiterbildung) charakterisiert sind.

Die Institute der MPG arbeiten vorwiegend grundlagenorientiert, demzufolge tragen Sie auch maßgeblich zur Weiterqualifikation durch Promotionen und Habilitationen bei. Derartige Qualifikationen finden vereinzelt auch in den anderen vier Bereichen statt, sie gehören jedoch nicht zu deren Kernaufgaben. Es ist interessant zu beobachten, dass Doppelberufungen (der Institutsleiter ist gleichzeitig Professor einer meist benachbarten Universität) nicht nur in der MPG, sondern zunehmend auch in den Instituten der HGF sowie der FhG, teilweise auch der WGL, erfolgt sind. Diese Verzahnungen von Universitäten mit Forschungseinrichtungen sind trotz aller Abstimmungsprobleme ein Erfolgsmodell.

Wir kommen nun zu unserem eigentlichen Thema, der Forschung. Die Grundlagenforschung ist eine primäre Aufgabe der Universitäten (neben den Instituten der MPG). Insbesondere in den Ingenieurwissenschaften ist die Grenze zwischen Grundlagen und Anwendungen kaum zu ziehen, denn Ingenieure arbeiten vorwiegend problem- und problemlösungsorientiert. Der Anwendungsbezug der Hochschulinstitute beschränkt sich in der Regel auf Anlagen im Labormaßstab, wenngleich einige wenige (wirtschaftlich erfolgreiche) Hochschulinstitute Anlagen im Technikumsmaßstab entwickeln. Sie tun dies jedoch zumeist in Kooperation mit sog. „An-Instituten" von (Technischen) Universitäten. Hier sei beispielhaft das CUTEC-Institut erwähnt, siehe Abschnitt 6.5.

Zu den anderen vier Bereichen: In der Industrie steht naturgemäß die Anwendung im Zentrum, wenngleich es teilweise stark grundlagenorientierte Forschung, wie etwa in der Pharmazeutischen Industrie, gibt. Die Einrichtungen der WGL bieten Ingenieuren kaum Tätigkeitsfelder, hier stehen andere Anwendungen im Vordergrund. Von besonderem Interesse sind für Ingenieure die Institute der HGF sowie der FhG. Beide arbeiten primär an der Schnittstelle zwischen grundlagenorientierter Anwendungsforschung und der Anwendung. In Größenordnungen ausgedrückt vollziehen sie den Schritt von Anlagen im Technikumsmaßstab hin zu Anlagen im industriellen Maßstab.

Worin besteht nun der Unterschied beider Forschungsorganisationen? Ich möchte dies beispielhaft erläutern. FhG-Institute haben einen klaren und eindeutigen Anwendungsbezug, der schon in ihrer Namensgebung eindeutig zum Ausdruck kommt. Exemplarisch seien das FhG-Institut für Produktionstechnik in Berlin (in Zusammenarbeit mit der TU Berlin) und das FhG-Institut für Betriebsfestigkeit in Darmstadt (in Zusammenarbeit mit der TU Darmstadt) genannt. Analoges gilt für nahezu alle derzeit 48 Fraunhofer-Institute, wenngleich der Bezug zu technischen Anlagen unterschiedlich stark ausgeprägt ist. So arbeitet etwa das FhG-Institut für Innovationsforschung und Systemanalyse (ISI) in Karlsruhe vorwiegend an Analysen, Szenarien, Machbarkeitsstudien und Projekten zur Technikbewertung.

In der HGF sind derzeit 15 Großforschungseinrichtungen zusammengefasst. Sie werden wegen ihrer im Gegensatz zu den FhG-Instituten umfassenderen Aufgabenstellungen Zentren genannt. Die Aufgaben der HGF-Zentren sind seit jüngerer Zeit in eine übergeordnete Programmstruktur eingebettet. Diese umfasst fünf Forschungsbereiche: Struktur der Materie, Erde und Umwelt, Gesundheit, Energie sowie Schlüsseltechnologien, mit insgesamt elf Programmen. So besteht der Bereich Erde und Umwelt aus den beiden Programmen Atmosphäre und Klima sowie Nachhaltigkeit und Technik. Zur weiteren Erläuterung möchte ich die Struktur des Programms Nachhaltigkeit und Technik skizzieren, das vom Forschungszentrum Karlsruhe (FZK) durchgeführt wird, Abb. 7.1. In diesem Programm finden wir viele Parallelen zu bisherigen Ausführungen.

In dem Programm sind die systemanalytischen und technischen Arbeiten des FZK zusammengefasst. Sie befassen sich mit Fragen der Nachhaltigkeit menschlichen Handelns an Hand konkreter technischer Fragestellungen. Dies sind derzeit die Verwertung von Abfällen, die Entwicklung von zukunftsfähigen Technologien für das Kohlenstoffmanagement und die Behandlung von Massenstoffströmen wie Baustoffe und Wasser. Im technischen Bereich werden innovative Verfahren zur Gaserzeugung aus pflanzlicher Restbiomasse, für die ressourcen- und umweltschonende Produktion von Chemieprodukten, für die Wiederverwendung oder umweltgerechte Konditionierung von Reststoffen sowie mess- und informationstechnische Methoden zu Umweltüberwachung entwickelt und demonstriert.

In Abb. 7.1 sind die strukturellen Komponenten als Rechtecke und die inhaltlichen als Ellipsen angegeben. Das Institut für Technikfolgenabschätzung und Systemanalyse (ITAS) des FZK bearbeitet Konzepte, Szenarien und Indikatoren für eine nachhaltige Entwicklung. Da insbesondere das Management von Massenstoffströmen zukunftsfähig verändert werden muss, sind innovative Technikentwicklungen hierzu Voraussetzung und damit Vorsorgeforschung im allgemeinen Interesse. Das Verbindungselement zwischen der Systemanalyse und den Technikentwicklungen bildet das Zentrum für Stoff- und Energeinventare (Netzwerk Lebenszyklusdaten), an dem zahlreiche Partner aus Wirtschaft, Industrie und anderen Forschungseinrichtungen aus dem In- und Ausland beteiligt sind. Erkenntnisse aus den Technologieentwicklungen des FZK fließen einerseits in das Netzwerk Lebenszyklusdaten ein, und diese werden andererseits als Input für die Technikentwicklungen des FZK genutzt.

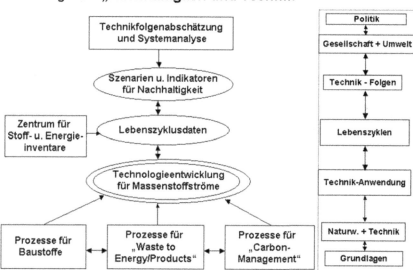

Abb. 7.1. Programm Nachhaltigkeit und Technik der HGF, durchgeführt vom Forschungszentrum Karlsruhe (FZK 2003)

Die drei in Abb. 7.1 dargestellten Technologiefelder werden an Anlagen praktisch im Industriemaßstab bearbeitet. Diese lassen sich nur in Großforschungseinrichtungen realisieren, denn derartige Anlagen erfordern einen hohen Einsatz an Kapital für Sachinvestitionen und Personal. Dies gilt qualitativ und quantitativ, es gilt gleichermaßen für das wissenschaftliche und das technische Personal, denn das Betreiben komplexer technischer Anlagen erfordert ein hohes Maß an gewachsener Erfahrung.

Programme von einem derartigen Zuschnitt erfordern neben der fachlichen Qualifikation Team- und Kommunikationsfähigkeit der Mitarbeiter. Dies wurde auch schon bei der Schilderung des Projektes Energiepark Clausthal in Abb. 6.5 deutlich. Die recht langen Vorbemerkungen leiten zu der eigentlichen Frage dieses

Abschnitts über: Welchen Anforderungen sehen sich die Ingenieure der Zukunft gegenüber?

Bevor wir versuchen, diese Frage anzugehen, noch zwei griffige Aussagen aus philosophischer Sicht. Wir leben in einer Zeit der „Gegenwartsschrumpfung" (Lübbe 1994). Denn wenn wir Gegenwart als die Zeitdauer konstanter Lebens- und Arbeitsverhältnisse definieren, dann nimmt der Aufenthalt in der Gegenwart ständig ab. Das ist nicht zuletzt eine Folge der unglaublichen Dynamik des technischen Wandels. Die unbekannte Zukunft rückt ständig näher an die Gegenwart heran. Aber gleichzeitig gilt eine für Entscheidungsträger, seien sie in Wirtschaft oder Politik verortet, ernüchternde Erkenntnis, die wir kurz das „Popper-Theorem" nennen wollen (Popper 1987). Es lautet etwa folgendermaßen: Wir können immer mehr wissen und wir wissen auch immer mehr. Aber eines werden wir niemals wissen, nämlich was wir morgen wissen werden, denn sonst wüssten wir es bereits heute.

Was bedeutet das? Wir werden zugleich immer klüger und immer blinder. Mit fortschreitender Entwicklung der modernen Gesellschaft nimmt die Prognostizierbarkeit ihrer Entwicklung ständig ab. Niemals zuvor in der Geschichte gab es eine Zeit, die über ihre nahe Zukunft so wenig gewusst hat, wie wir heute. Gleichzeitig wächst die Zahl der Innovationen ständig, die unsere Lebenssituation strukturell und meist irreversibel verändert.

Welche Anforderungen an die Ingenieure der Zukunft folgen daraus? Die traditionelle Tätigkeit der Ingenieure ist durch eine ständige Verbesserung technischer Produkte und technologischer Prozesse gekennzeichnet. Daran ändert sich nichts, im Gegenteil. Diese Kernaufgaben sind notwendiger und drängender als je zuvor. Die Ressourceneffizienz laufend zu steigern muss ein kontinuierlicher Prozess sein und bleiben. Nur was bedeutet Verbesserung der Produkte und der Prozesse? Verbesserungen haben zunächst eine rein technische Dimension, gekennzeichnet durch Funktionalität, Qualität und Sicherheit. Und sie haben eine betriebswirtschaftliche Dimension, primär ausgedrückt durch Kosten und zunehmend auch durch den Produktionsfaktor Zeit („time to market"). Denn wer mit einen neuen Produkt oder einem neuen Prozess zu spät kommt, den bestraft der Markt.

Diese beiden klassischen Bewertungskriterien haben nach wie vor eine dominante Bedeutung. Seit der „ökologischen Bewusstseinswende", Abschnitt 1.4, sind jedoch weitere Kriterien hinzugekommen. Das Leitbild Nachhaltigkeit erfordert mehr. Technik muss auch und ganz wesentlich umwelt-, human- und sozialverträglich gestaltet werden. Technik muss zukunftsverträglich seien. Nicht ohne Grund habe ich deshalb der neuen Disziplin Technikbewertung mit Abschnitt 6.3 einen breiten Raum gegeben. Und ebenfalls nicht ohne Grund habe ich zwei Vorhaben exemplarisch geschildert, an denen die Notwendigkeit einer integrativen und interdisziplinären Vorgehensweise deutlich wird. Das ist zum einen der „Energiepark Clausthal" als Beispiel für ein lokales und überschaubares Projekt, Abschnitt 6.5. Das ist zum zweiten das Programm „Nachhaltigkeit und Technik" des Forschungszentrums Karlsruhe, das ich in diesem Abschnitt skizziert habe.

An Hand der Abb. 7.1 lassen sich die Anforderungen an die Ingenieure von heute und morgen sehr schön verdeutlichen. Die disziplinäre Kompetenz der Ingenieure und Naturwissenschaftler zur Bearbeitung einzelner Technologiefelder, von denen drei in Abb. 7.1 aufgeführt sind, kommt unter dem Primat der Nachhaltigkeit erst dann voll zum Tragen, wenn diese Tätigkeiten in einen größeren Rahmen gestellt werden. Nennen wir diesen Rahmen Nachhaltigkeits-Management in Anlehnung an Qualitäts-, Umwelt- und Risiko-Management, um in der Sprache der Ingenieure zu bleiben. Nachhaltigkeitsforschung und damit auch dessen Management ist *die* große Klammer, um die disziplinäre Forschung mit *dem* großen Projekt der Zukunftssicherung der Menschheit auf dem Planeten Erde zu verzahnen.

Die Aufforderung, unsere Forschungsaktivitäten (nicht nur in den Natur- und Ingenieurwissenschaften) verstärkt an dem Leitbild Nachhaltigkeit auszurichten, wird seit einigen Jahren von Expertengremien vehement erhoben. Die Enquete-Kommission „Schutz des Menschen und der Umwelt" des 13. Deutschen Bundestages hat ihren Abschlussbericht betitelt mit „Konzept Nachhaltigkeit, vom Leitbild zu Umsetzung" (Enquete-Kommission 1998). Dieser Titel ist ein Programm. Dazu heißt es im Vorwort (S. 5):

Die Phase des Theoretisierens muß endlich vorbei sein. Die Kommission formuliert darum nicht nur konkrete Zielvorstellungen, sondern vor allem einen gangbaren Weg, wie Nachhaltigkeit tatsächlich umgesetzt werden kann. Eine solche Nachhaltigkeitsstrategie für Deutschland muß Ziele, Instrumente und Maßnahmen in Beziehung zueinandersetzen. Dabei sind- wie für jedes andere Vorhaben- drei wesentliche Fragen zu beantworten: „Was" soll erreicht werden, d. h. welche konkreten Ziele verbergen sich hinter der allgemeinen Zustimmung zum Leitbild der Nachhaltigkeit? „Wie", also mit welchen Instrumenten und Maßnahmen kann dies erreicht werden? Und „Wer" ist dabei jeweils verantwortlich?

Der Rat von Sachverständigen für Umweltfragen (SRU) äußert sich in ähnlicher Weise. So lesen wir in dem Umweltgutachten 1994 mit dem Untertitel „Für eine dauerhaft-umweltgerechte Entwicklung" (SRU 1994, S. 45):

Die seit der Konferenz der Vereinten Nationen für Umwelt und Entwicklung vom Juni 1992 in Rio de Janeiro für die internationale Völkergemeinschaft verbindlich gewordene umfassende politische Zielbestimmung „sustainable development" enthält eine Programmatik für die Bewältigung der gemeinsamen Zukunft der Menschen, die- wenn sie ernst genommen wird- revolutionär sein kann. Was sich mit diesem Leitbegriff verbindet, ist nichts geringeres als die Erkenntnis, daß ökonomische, soziale und ökologische Entwicklungen notwendig als eine Einheit zu sehen sind........ Das Schicksal der Menschheit wird davon abhängen, ob es ihr gelingt, sich zu einer Entwicklungsstrategie durchzuringen, die der wechselseitigen Abhängigkeit dieser Entwicklungskomponenten, der ökonomischen, der sozialen und der ökologischen, gerecht wird.

Diese Aussagen sind in allen weiteren Umweltgutachten in ähnlicher Form bekräftigt worden, so insbesondere in dem Umweltgutachten 2000 mit dem Untertitel „Schritte ins nächste Jahrtausend". Der wissenschaftliche Beirat der Bundesregierung „Globale Umweltveränderungen" schreibt in seinem Jahresgutachten 1996 mit dem Untertitel „Herausforderung für die deutsche Wissenschaft" (WBGU 1996, S.3):

Der Fokus des vorliegenden Jahresgutachtens geht über die „klassische" naturwissenschaftliche Umweltforschung hinaus und bezieht so die ökologischen, ökonomischen und soziokulturellen Aspekte des Globalen Wandels (GW) mit ein. Die methodische Grundlage hat der Beirat in seinen letzten Jahresgutachten (WBGU 1993 und 1994) durch die Entwicklung eines integrativen Forschungsansatzes, des Syndromansatzes, geschaffen. Dieser ermöglicht eine Operationalisierung des für den globalen Wandel erforderlichen vernetzten Denkens. Darüber hinaus können so neue Wege zur Gestaltung der GW-Forschung aufgezeigt werden.

Allen Lesern, die an Umweltfragen interessiert sind, möchte ich die genannten sowie weitere Bände der Enquete-Kommission, des SRU und des WBGU nachdrücklich empfehlen. Das in Abb. 7.1 dargestellte HGF- Programm „Nachhaltigkeit und Technik" knüpft an die zitierten Aussagen an. Es ist aus dem HGF-Projekt „Global zukunftsfähige Entwicklung, Perspektiven für Deutschland" entstanden. Vorbereitende Analysen sind (unter Einbindung externer Autoren) in einer gleichnamigen Buchreihe veröffentlicht worden. Soeben ist der fünfte Band „Nachhaltigkeitsprobleme in Deutschland" erschienen (Coenen und Grunwald 2003). Darin heißt es in dem Rückklappentext:

> Das Buch ist der Frage gewidmet, wie das integrative und global verstandene Konzept nachhaltiger Entwicklung, das den Ansatz des Projekts charakterisiert, auf die deutsche Situation bezogen werden kann. Die Kapitel des Bandes liefern eine umfassende Diagnose der aktuellen Nachhaltigkeitsprobleme in Deutschland, sie stellen Szenarien zukünftiger Entwicklung vor und präsentieren gesellschaftliche Handlungsstrategien für eine nachhaltige Entwicklung einschließlich der Beiträge in innovativen Technikfeldern. Schwerpunkte liegen in den Bereichen Mobilität und Verkehr, Wohnen und Bauen sowie Ernährung und Landwirtschaft.

Wie können wir in der Jugend Begeisterung für diese Themen wecken? Wie können wir deutlich machen, welch spannende und faszinierende Aufgaben die angehenden Ingenieure und Naturwissenschaftler erwarten? Der Aufbruch ins All, und insbesondere die Landung auf dem Mond, die „mission to the planet moon", verkündet von J.F. Kennedy 1961, hat eine gewaltige Begeisterung für Technik entfacht und bewundernswerte technische Leistungen ermöglicht. Uns wurde jedoch gleichzeitig über die Fernsehschirme die Botschaft übermittelt, dass unser Planet Erde aus dem All betrachtet klein und zerbrechlich wirkt, dass wir nur diese eine Erde haben, und dass wir alle in einem Boot sitzen. Mit einer „mission to the planet earth" sollte es uns gelingen, bei der Jugend eine ähnliche Begeisterung für die Technik und die Naturwissenschaften zu entfachen. Diese Begeisterung muss im Studium vermittelt werden.

Damit leite ich zu der Frage über, welche Konsequenzen wir aus den Ausführungen dieses Abschnitts für das Studium der Ingenieure ziehen sollten. Meine Auffassung hierzu lautet:

1. Die trendinvarianten Grundlagen sind zu verstärken. Lösungsverfahren der numerischen Mathematik, die Newtonschen Grundgleichungen der Mechanik, der erste und zweite Hauptsatz der Thermodynamik sowie die Maxwellschen Gleichungen der Elektrodynamik sind völlig unabhängig von den jeweils zu lösenden Problemen. Nur eine souveräne Beherrschung der Grundlagen gibt den Ingenieuren Flexibilität, Elastizität und Anpassungsfähigkeit an neue Fra-

gestellungen. Die Optionenvielfalt möglicher Arbeitsfelder wird erhöht, während eine allzu frühe Spezialisierung diese einengt.

2. Es geht verstärkt um technische Komponenten *und* um Systeme. Wir benötigen mehr Systemkompetenz. Am Beispiel der Verfahrenstechnik bedeutet dies, dass zu der unverzichtbaren Beherrschung ihrer Grundoperationen verstärkt Kenntnisse in Verfahrenssystemtechnik hinzukommen müssen.

3. Ingenieure brauchen zunehmend Fähigkeiten kommunikativer, sozialer und interkultureller Art, und dies aus zwei Gründen. Ingenieure sind durchweg sprachlos, wenn in der Öffentlichkeit (und in Talkshows) über Technik diskutiert wird. Dieses Feld überlassen sie kampflos Vertretern der anderen Kultur (aus den Geistes- und Gesellschaftswissenschaften) und wundern sich anschließend über eine vermeintliche oder tatsächliche Technikfeindlichkeit der Gesellschaft. Ein zweiter Grund liegt darin, dass die Bearbeitung realer Probleme (Beispiel Umweltprobleme) zumeist nur zwischen den Disziplinen erfolgen kann.

Die Antwort der Hochschulen (nicht nur in den technischen Disziplinen) angesichts dieser neuen Herausforderungen war erstaunlich kurzsichtig. Wenn ein Problemfeld ausgemacht wurde, dann wurde ein neuer (meist „Bindestrich"-) Studiengang kreiert. Nahezu jede Woche lesen wir in der Samstagsausgabe der FAZ von neuen Studiengängen mit oft abenteuerlichen Wortschöpfungen. Angesichts der „Gegenwartsschrumpfung" kann man davon ausgehen, dass viele der heute ausgemachten Problemfelder durch neue ersetzt sein werden, wenn die ersten Absolventen die Hochschulen verlassen. Was also ist zu tun? Ein Besinnen auf die Kernkompetenzen tut not.

Der Verein Deutscher Ingenieure (VDI) hat 1995 eine Broschüre mit dem Titel „Ingenieurausbildung im Umbruch, Empfehlung des VDI für eine zukunftsorientierte Ingenieurqualifikation" herausgegeben (VDI 1995). In deren Präambel lesen wir:

> Der grundlegende Strukturwandel in Technik, Wirtschaft und Gesellschaft, ausgelöst einerseits durch neue wissenschaftliche Erkenntnisse, durch fortschreitende Internationalisierung der Märkte und Verschärfung des Wettbewerbs und andererseits durch steigendes Umweltbewusstsein, durch die ambivalente Einstellung der Gesellschaft zur Technik und die Ambivalenz der Technik selbst, stellt neue Anforderungen an die Qualifikation der Ingenieure.....
> Im Zuge dieses Strukturwandels sind neben den fachlichen Kenntnissen und Fähigkeiten zunehmend die Teamfähigkeit, Methodenkompetenz, systemisches und vernetztes Denken erforderlich. Erwartet werden auch Urteils- und Handlungskompetenz in Zusammenhang mit gesellschaftlichen, interkulturellen, politischen, ökonomischen und ökologischen Bedingungen und Folgen der Entstehung und Verwendung von Technik. Daraus ergeben sich grundlegende Änderungen in der Struktur des Bildungswesens, der Auswahl der Studieninhalte und der Lehrmethoden.

In welcher Weise die Struktur der Studieninhalte verändert werden sollte, wird in den Empfehlungen verdeutlicht:

> Den Kern der im Studium zu erwerbenden Ingenieurqualifikation sollte ein breites Spektrum an mathematisch-naturwissenschaftlichem, technischem und übergreifendem

Grundlagenwissen bilden. Dieses sollte sich über alle in Betracht kommenden Ausbildungsfächer erstrecken und dadurch die Basis für die später erforderliche berufliche Mobilität legen. Die fundierte Vermittlung breiter Grundlagen im Studium ist auch deshalb so wichtig, weil diese später im Berufsleben nur schwer nachzuholen ist. Zum modernen Grundlagenwissen gehören nach Meinung des VDI auch ökologische Kenntnisse im Anwendungszusammenhang der jeweiligen Technologie und Kenntnisse über Inhalte und Verfahren der Technikbewertung.

Diese 1995 veröffentlichten Empfehlungen sind in einem Memorandum des VDI „Zum Wandel des Ingenieurberufsbildes" 1997 bekräftigt worden. Mir ist keine Hochschule bekannt, die die Empfehlungen des VDI auch nur annähernd umgesetzt hat. Die Empfehlung schlägt unmissverständlich vor, den Umfang der Vertiefung und Anwendung zu Gunsten der Grundlagenausbildung und der fachübergreifende Inhalte zu reduzieren. Sie drückt sich auch nicht um eine Quantifizierung ihrer Vorschläge herum. So heißt es (VDI 1995):

> Der VDI empfiehlt, die viergliedrige Inhaltsstruktur mit 30 % mathematisch-naturwissenschaftlichen Grundlagen, 30 % technischen Grundlagen, 20% exemplarischer Vertiefung in einem Anwendungsgebiet und 20 % nichttechnischen Inhalten zu gewährleisten, die einzelnen Disziplinen untereinander zu verzahnen und kontinuierlich an die technische und gesellschaftliche Entwicklung anzupassen.

In (wenigen) Diskussionen innerhalb der Professorenschaft entzündete sich starker Widerstand an dem Vorschlag, den Anwendungsbezug zu reduzieren. Aus verständlichen Gründen sind einerseits die Kollegen der anwendungsorientierten Institute dagegen, ebenso wie Vertreter der Universitätsleitung, die zu Recht einen Einbruch bei der Einwerbung der Drittmittel befürchten. Dem ist wenig entgegenzusetzen, solange der Rang einer Universität maßgeblich an der Höhe der eingeworbenen Drittmittel festgemacht wird. Diese fließen naturgemäß umso kräftiger, je größer der Praxisbezug ist. Gerade die Ingenieurfakultäten scheinen sich daran zu gewöhnen, ihre Institute als staatlich subventionierte Ingenieurbüros zu betreiben. Und die zuständigen Ministerien empfehlen unverblümt, die nahezu ständige Reduktion der institutionellen Zuwendungen durch eine erhöhte Einwerbung von Drittmitteln zu kompensieren. Um nicht missverstanden zu werden: Drittmittel sind prinzipiell nicht schlecht, aber ein Universitätsinstitut ist kein Ingenieurbüro und keine Beratungsfirma. Eine Orientierung von Forschungsthemen ausschließlich an der Frage, ob sich damit Drittmittel einwerben lassen, geht am zentralen Auftrag der Universität vorbei. Forschungsprogramme primär an kurzfristigen Erwartungen der Industrie auszurichten, versperrt den Langzeitblick. Es engt Freiräume ein, die für eine kreative Forschung unerlässlich sind.

7.2 Zukunftsfähige Studiengänge

Hier verfolge ich zwei Ziele. Zum einen werde ich Vorschläge machen, in welcher Weise die Aussagen des Abschnitts 7.1, insbesondere die Empfehlungen des VDI, in die Studiengänge einfließen können. Zum zweiten soll es darum gehen, das Ausufern und Ausfransen in eine Vielzahl von Studiengängen und Studienrichtungen zu reduzieren. Die Aussage, dass heute fast jedes anwendungsorientierte Institut in den Ingenieurfakultäten über einen eigenen Studiengang oder eine eigene Studienrichtung verfügt, ist nur wenig übertrieben. An der TU Clausthal wird seit Jahren darüber diskutiert, Studiengänge zu entschlacken und so weit wie möglich zu vereinheitlichen. Zumindest sei ein möglichst einheitliches Grundstudium für alle Ingenieurstudiengänge der TU Clausthal anzustreben.

Abb. 7.2 zeigt meinen Vorschlag für ein weitgehend einheitliches Grundstudium aller Ingenieurstudiengänge, angelehnt an existierende Studiengänge der TU Clausthal. Das Grundstudium umfasst traditionell etwa 100 Semesterwochenstunden (SWS), hier 96. Die angegebenen SWS beinhalten Vorlesungen V, Übungen Ü sowie Laborübungen L.

Die mathematischen und naturwissenschaftlichen Grundlagen, siehe Kapitel zwei, umfassen 26 SWS. Davon entfallen jeweils 4 SWS auf die Physik, die Chemie sowie die Informatik. Die 14 SWS Mathematik umfassen 6V, 4Ü für die Grundlagen und 2V, 2Ü für die numerischen Verfahren. Die technischen Grundlagen, siehe Kapitel drei, umfassen 36 SWS. Hier nehmen die Mechanik als *die* Einführung in das Denken der Ingenieure schlechthin und die Konstruktionstechnik als Brücke zur Anwendung mit jeweils 10 SWS den größten Raum ein. Hinzukommen die Strömungsmechanik und die Thermodynamik mit jeweils 3 SWS, die Werkstofftechnik mit 4 SWS und die Elektrotechnik mit 6 SWS. Fachübergreifende Inhalte machen insgesamt 16 SWS aus, jeweils 4 SWS Einführungen in die Betriebswirtschaftslehre, die Volkswirtschaftslehre und das Recht sowie 4 SWS allgemeine Einführung.

1. Sem.	2. Sem.	3. Sem.	4. Sem.
5 Mathem. I	5 Mathem. II	4 Mathem. III	
5 Mech. I	5 Mech. II	3 Ström. I	18 spezifisch
4 Physik	4 Inform.	3 Thermod. I	
4 Chemie	4 Werkst. I	3 Elektrot. I	3 Elektrot. II
4 BWL	5 Konst. I	4 Recht	4 VWL
2 Einführung		5 Konst. II	
		2 Einführung	
Summe 24	23	24	25 SWS

Abb. 7.2. Einheitliches Grundstudium für die Ingenieurstudiengänge, Vorschlag in Anlehnung an existierende Studiengänge der TU Clausthal

Mit allgemeinen Einführungen in das spätere Hauptstudium tun sich Universitäten mitunter schwer. An dieser Stelle möchte ich exemplarisch erfolgreiche Lehrveranstaltungen nennen, die gleichfalls im Rahmen des Studium generale der TU

Clausthal angeboten werden bzw. wurden, und die sich für eine derartige Einführung eignen. Dies sind Vorlesungen zu bestimmten Bereichen der Technikgeschichte (Balck), zur Geschichte der Energietechnik (Salander) sowie zu Wissenschaft, Technik und Ethik (Schlicht). In dem Studiengang Umweltschutztechnik ist die einführende Vorlesung Grundlagen des Umweltschutzes (= Herausforderung Zukunft) obligatorisch (Jischa 1993).

Falls für einen Bachelor-Abschluss ein dreisemestriges Grundstudium vorgesehen werden sollte, dann wäre eine Vorprüfung nach dem dritten Semester möglich. Die drei ersten Semester sind in dem hier dargestellten Vorschlag für alle Ingenieurstudiengänge gleich. Im vierten Semester bleibt ein Freiraum von 18 SWS. Dieser sollte im Hinblick auf das spätere Hauptstudium spezifisch ausgefüllt werden.

Bevor ich dazu Vorschläge mache, möchte ich einige Vorbemerkungen zu Begriffsbildungen vorausschicken. Begriffe sind einerseits historisch gewachsen und andererseits synthetische Konstrukte. Begriffe sollten möglichst eindeutig und selbsterklärend sein, und es sollte für sie im Zuge der Internationalisierung ein korrespondierender englischer Begriff existieren. Begriffe wie Mathematik, Physik und Chemie erfüllen die genannten Forderungen in idealer Weise, ebenso wie der Begriff Naturwissenschaften. Dagegen ist die Bezeichnung Ingenieurwissenschaften unglücklich, denn sie verknüpft ein Berufsbild (den Ingenieur) mit dem Begriff Wissenschaften. Das wäre etwa so, als würde man an Stelle von Medizin von Arztwissenschaften reden. Die Formulierung Technikwissenschaften wäre daher vorzuziehen, sie ist jedoch (noch) unüblich.

Eine gleichfalls wenig geglückte Wortschöpfung ist der Begriff Verfahrenstechnik. Ein Jurist versteht darunter etwas anderes als ein Ingenieur. Auch der an Stelle von Verfahrenstechnik vorgeschlagene Begriff Prozesstechnik ist aus den gleichen Gründen nicht selbsterklärend. Eindeutig besser ist die englische Formulierung Chemical Engineering, zu Deutsch Chemieingenieurwesen oder Chemietechnik.

Der Begriff Wesen ist ebenso umfassend wie unscharf, das gilt auch für die Wortverbindung Kunde. Bis noch vor wenigen Jahren waren Begriffe wie Maschinenwesen oder Maschinenkunde, wie Bergbaukunde und Werkstoffkunde gebräuchlich. Sie sind historisch zu verstehen, denn früher wurde Erfahrungswissen verkündet. Statt von Werkstoffkunde reden wir heute von Werkstofftechnik oder Werkstoffwissenschaften.

Warum diese Vorbemerkungen? Weil ich im Folgenden zur Präzisierung englische Begriffe vorziehen werde, um den Übergang vom Grundstudium in das Hauptstudium zu strukturieren. Im Englischen meint man mit engineer den Ingenieur oder den Techniker, mit engineering wird das Ingenieurwesen oder auch die Technik bezeichnet. Eine weitere Präzisierung von Studiengängen erfolgt durch einen vorangestellten Zusatz. Dieser Struktur folge ich hier.

Für die Ausgestaltung der spezifischen 18 SWS im vierten Semester schlage ich vier Varianten vor. Diese Unterscheidung beruht auf Strukturmerkmalen, die die verschiedenen Studiengänge charakterisieren.

Variante 1: Mechanical Engineering (ME)

Darunter fällt der klassische Maschinenbau einschließlich unterschiedlicher Ausprägungen, die an verschiedenen Hochschulen in Form eigener Studiengänge oder Studienrichtungen angeboten werden. Hierzu zählen etwa die Produktionstechnik, die Fertigungstechnik, die Fahrzeugtechnik sowie die Luft- und Raumfahrttechnik. Auch die Verfahrenstechnik kann hierzu gehören, sofern sie über einen ausgeprägten Bezug zum Maschinenbau verfügt.

Variante 2: Chemical Engineering (CE)

Hierzu gehören Studiengänge mit einem eindeutigen Stoffbezug. Das ist die Werkstofftechnik mit den verschiedenen Ausprägungen wie Metallurgie, Hüttenwesen, Kunststofftechnik sowie Steine und Erden (heute akademisch korrekt aber unanschaulich nichtmetallische anorganische Werkstoffe genannt). Ebenso wird die Chemietechnik hier einzuordnen sein, bei entsprechender Ausrichtung ggf. auch die Verfahrenstechnik.

Variante 3: Electrical Engineering (EE)

Neben dem Studiengang Elektrotechnik gehören hierzu auch die Informationstechnik und die Mechatronik. Hier liegt ein Schwerpunkt auf der Elektronik.

Variante 4: Systems Engineering (SE)

Hier steht der Systembezug im Vordergrund. Systemtechnische Studiengänge sollten jedoch nicht nur einen Rahmen bilden, sondern diesen Rahmen mit Inhalt füllen. Neben dem an der TU Clausthal erfolgreichen Studiengang Energiesystemtechnik könnte ich mir als analogen Studiengang Umweltsystemtechnik vorstellen.

Tabelle 7.2. Varianten im Grundstudium „Engineering" (Ingenieurwissenschaften) im Hinblick auf das Hauptstudium

	1 ME	2 CE	3 EE	4 SE
Mechanik III	3		3	3
Strömungsmechanik II		3		3
Thermodynamik II		3		3
Konstruktionstechnik III	6		3	3
Werkstofftechnik II	6			
Organische Chemie		6		
Physikalische Chemie		6		
Elektronik			6	
Informationstechnik			3	3
Mathematik IV	3		3	3

Die in Tabelle 7.2 aufgeführten Vorlesungen stellen fachspezifisch unterschiedliche Vertiefungen der Grundlagen dar. Es soll kurz erläutert werden, warum diese Auswahl getroffen wurde. In Mathematik soll Statistik behandelt und in Mechanik die Dynamik vertieft werden. Strömungsmechanik und Thermodynamik werden im Sinne einer Impuls-, Wärme- und Stoffübertragung vertieft, sie bilden die Grundlage aller Austauschprozesse in der Verfahrenstechnik, der Chemietechnik und verwandter Gebiete, Variante CE. Die Konstruktionstechnik wird durch rechnergestützte Verfahren erweitert, und die Werkstofftechnik soll die Werkstoffprüfung einschließen, Variante ME. Alle Studiengänge mit einem Stoffbezug benötigen die Organische sowie die Physikalische Chemie, Variante CE. Analoges gilt für die Fächer Elektronik und Informationstechnik in der Variante EE. Bei der Variante SE handelt es sich um ein vorwiegend theoretisch angelegtes Grundstudium. Weitere Varianten wären denkbar, so beispielsweise in Richtung Management oder in Richtung Bergbau/Geotechnik/Erdöl- und Erdgastechnik.

Es erscheint mir wichtig, dass eine Differenzierung erst im vierten Semester erfolgt. Dies gibt den Studienanfängern hinreichend Gelegenheit, Erfahrungen zu sammeln und möglichst spät eine Entscheidung für das Hauptstudium treffen zu müssen. Auch im Hauptstudium schlage ich vier Fächer vor, die für alle Studiengänge identisch sein sollen. Zwei dieser Fächer sind technischer Art, haben aber gleichwohl einen übergreifenden Charakter. Hinzu kommen zwei fachübergreifende Themen im Sinne der VDI- Empfehlungen.

Die technischen Fächer Regelungs- und Systemtechnik sowie Modellierung und Simulation sollten jeweils 6 SWS umfassen. Vorlesungen über Regelungstechnik und über Systemtechnik werden derzeit separat abgehalten. Die Gemeinsamkeiten sind jedoch so stark, dass sich eine zusammenfassende Darstellung anbietet. Das Fach Modellierung und Simulation kann zweigeteilt werden. Ein erster Block sollte grundlegende Fragen behandeln und für alle Studiengänge gleich sein. Der zweite Block kann aus fachspezifischen Anwendungen bestehen: Steuerung eines Roboters, Optimierung eines verfahrenstechnischen oder metallurgischen Prozesses, Energiemanagement am Beispiel des Energieparks Clausthal nach Abschnitt 6.5, usw.

Hinzukommen sollten zwei fachübergreifenden Veranstaltungen: Technikbewertung sowie Sozialkompetenz. Beide umfassen jeweils 4 SWS, bestehend aus einer einführenden Vorlesung (2V) und einem begleitenden Seminar (2S). Für das Seminar können auch hier fachspezifische Themen ausgewählt werden. Damit sind 20 SWS des Hauptstudiums verbindlich vorgeschrieben.

Für die fachspezifischen Anwendungen sollten etwa 30 SWS vorgesehen werden, diese schließen ein Labor ein. Eine Zusammensetzung dieser Fächer kann sich an den derzeit gültigen Studienverlaufsplänen orientieren. Beispielhaft sei die Verfahrenstechnik der TU Clausthal genannt, die im Hauptstudium folgende Pflichtfächer ausweist: Chemische Verfahrenstechnik, Thermische Verfahrenstechnik, Mechanische Verfahrenstechnik, Energieverfahrenstechnik, Apparative Anlagentechnik, Messtechnik. Hierbei habe ich einige Bezeichnungen leicht verändert, um einen besseren Anschluss an die Ausführungen in Abschnitt 4.2 zu erhalten. Eine analoge Aufzählung von Pflichtfächern im Hauptstudium ließe sich für andere Studiengänge vornehmen, worauf hier verzichtet wird. Zu den Pflichtfächern mit 30 SWS kommen abschließend Wahlfächer von insgesamt 12 SWS hinzu, die je zur Hälfte aus den technischen Anwendungsfächern sowie den fachübergreifenden Fächern gewählt werden sollten.

Fassen wir zusammen und vergleichen wir den Vorschlag mit den Empfehlungen des VDI. Ohne die Studien- und die Diplomarbeit besteht das Studium aus insgesamt 158 SWS, davon 96 im Grund- und 62 im Hauptstudium. Die mathematischen und naturwissenschaftlichen sowie die technischen Grundlagen machen 92

SWS aus, davon 80 im Grund- und 12 im Hauptstudium. Das entspricht 58 % (der VDI empfiehlt 60 %). Die fachübergreifenden Inhalte belaufen sich auf 30 SWS, davon 16 im Grundstudium, sowie 8 verpflichtend und 6 wählbar im Hauptstudium. Das entspricht 19% (der VDI empfiehlt 20%). Der Anwendungsbezug (der VDI spricht hier von exemplarischer Vertiefung) macht 36 SWS im Hauptstudium aus, davon 30 verpflichtend und 6 wählbar. Das entspricht 23 % (der VDI empfiehlt 20%).

Welche Vorteile bietet eine derartige Struktur aus Sicht der Studenten, der Universitäten und der Abnehmerseite? Beginnen wir mit den Studenten. Sie werden es als vorteilhaft ansehen, sich nicht schon zu Studienbeginn für einen Studiengang entscheiden zu müssen, sondern erst vor Beginn des vierten Semesters. Auch im Hauptstudium wird ein Wechsel des Studienganges wegen der vier gemeinsamen Fächer erleichtert. Aus Sicht der Universitäten ist es vorteilhaft, dass insbesondere im lehr- und prüfungsintensiven Grundstudium jeweils nur eine Version eines bestimmten Faches angeboten werden muss. Man vergleiche dies einmal mit der derzeitigen zersplitterten Situation. Die Abnehmerseite wird es begrüßen, dass die Absolventen angesichts wechselnder Aufgaben anpassungsfähig und flexibel sind, und dass sie Grundkenntnisse in Betriebs-, in Volkswirtschaftslehre und in Recht besitzen. Wegen der Seminare, insbesondere auch zu den „soft skills", werden sie dialog- und kommunikationsfähiger sein als derzeitige Absolventen.

Welche Nachteile ergeben sich aus der vorgeschlagenen Struktur im Vergleich mit derzeit (etwa an der TU Clausthal) existierenden Studiengängen? Zweifellos kommen Spezialisierungen zu kurz. Spezialisierungen sind zumeist mit Personen verbunden, mit deren Neigungen, Erfahrungen und Forschungsinteressen. Das macht ja gerade den Reiz der einzelnen Universitäten aus, dass derartige Erfahrungen authentisch vermittelt werden können. Einführende Vorlesungen etwa in Mechanische Verfahrenstechnik an den verschiedenen Hochschulorten befassen sich mit ähnlichen Inhalten. Vertiefungen hierin können jedoch breit streuen, sie können sich schwerpunktmäßig befassen mit Partikeltechnik, mit Schüttgutmechanik, mit Wirbelschichten, mit Mehrphasenströmungen, mit Aufbereitung oder mit physikalischer Analytik. Hätte ein Absolvent den Wunsch, in den genannten Gebieten jeweils bei *dem* Experten zu hören, dann müsste er nacheinander ein halbes Dutzend Universitäten besuchen.

Was folgt daraus? Veranstaltungen zu den genannten Spezialgebieten eignen sich hervorragend für die Weiterbildung. Dieser dritten Aufgabe (neben Lehre und Forschung) sind die Universitäten *als Institution* bislang kaum nachgekommen. Dies hat strukturelle Gründe. Praxisnahe Weiterbildungskurse, durchgeführt von den jeweiligen Experten, werden von anderen Organisationen veranstaltet. Im Falle der soeben genannten Vertiefungen bietet die Gesellschaft für Verfahrenstechnik und Chemieingenieurwesen (GVC) im VDI entsprechende Kurse mit Erfolg am Markt an.

Es ist zu vermuten, dass nicht zuletzt durch den Druck von Einsparauflagen die Bereitschaft der Universitäten wächst, entsprechende Vereinheitlichungen in benachbarten Studiengängen umzusetzen. Denn man lernt nur durch Leiden. Dieser Spruch des verstorbenen Clausthaler Professors Manfred Griese ist gültiger denn je. So könnten schmerzhafte Einschnitte zumindest partiell positive Wirkungen zur Folge haben.

Mit Einsparappellen sollte ein Buch, das Begeisterung für das Studium der Ingenieurwissenschaften wecken soll, nicht enden. So möchte ich kurz zusammenfassen, warum ich dieses Buch geschrieben habe. Für die vor uns liegenden Aufgaben brauchen wir (wieder!) mehr Ingenieure. Aber nach meiner Auffassung bedeutet dies auch: „Wir brauchen künftig Ingenieure mit mehr Weitblick" (Jischa 1999). Es war keine Planung, sondern eine glückliche Fügung, dass dieses Buch im Jahr 2004 erscheint, dem „Jahr der Technik".

7.3 Literaturempfehlungen

Für Abschnitt 7.1 habe ich verwendet:

Böhme G (1993) Am Ende des Baconschen Zeitalters. Suhrkamp, Frankfurt am Main
Coenen R, Grunwald A (Hrsg) (2003) Nachhaltigkeitsprobleme in Deutschland. Edition Sigma, Berlin
Enquete-Kommission „Schutz der Menschen und der Umwelt" (1998) Konzept Nachhaltigkeit, vom Leitbild zur Umsetzung. Abschlussbericht Deutscher Bundestag, Bonn
Jischa MF (2002) Die Perspektive der Ingenieurwissenschaften. In: Grunwald (Hrsg) Technikgestaltung für eine nachhaltige Entwicklung. Edition Sigma, Berlin, S 65–79
Jones EL (1991) Das Wunder Europa. Mohr, Tübingen
Lübbe H (1994) Im Zug der Zeit. 2. Aufl. Springer, Berlin
Popper K (1987) Das Elend des Historizismus. 6. Aufl. Mohr, Tübingen
SRU (1994) Umweltgutachten 1994. Der Rat von Sachverständigen für Umweltfragen. Metzler-Poeschel, Stuttgart
WBGU (1996) Welt im Wandel: Herausforderung für die Wissenschaft. Wissenschaftlicher Beirat der Bundesregierung Globale Umweltveränderungen. Springer, Berlin

Für Abschnitt 7.2 habe ich verwendet:

Jischa MF (1993) Herausforderung Zukunft. Spektrum, Heidelberg
Jischa MF (Hrsg) (1997) Was müssen Ingenieure und Naturwissenschaftler der Zukunft können? CUTEC-Schriftenreihe Nr 28, auch Schriftenreihe FORUM Clausthal, Heft 6/1996, Papierflieger, Clausthal-Zellerfeld
Jischa MF (1999) Standpunkt: „Wir brauchen künftig Ingenieure mit mehr Weitblick". VDI-Nachrichten, 19. Nov. 1999, Nr 46, S 2
VDI (1995) Ingenieurqualifikation im Umbruch – Empfehlung des VDI für eine zukunftsorientierte Ingenieurqualifikation. VDI, Düsseldorf
VDI (1997) Memorandum des VDI. Zum Wandel des Ingenieurberufsbildes. VDI, Düsseldorf

8 Anhang

8.1 Einheiten

Im Laufe der Geschichte hat es eine große Anzahl von verschiedenen Einheiten für physikalische Größen gegeben. Diese waren meist an Erfordernissen der Praxis ausgerichtet. Beispielhaft seien alte Längenmaße wie Zoll, Fuß oder Elle, Flächenmaße wie Morgen oder Volumenmaße wie Festmeter oder Raummeter genannt. Daneben gibt es bis heute noch starke regionale Unterschiede. So verwenden manche Nationen, z.B. England und USA, neben dem Internationalen Einheitensystem teilweise ihre überkommenen Einheitensysteme.

Weitgehend wird heute jedoch weltweit das 1960 international vereinbarte „Système International d'Unités" (in allen Sprachen mit SI-System abgekürzt) verwendet. Das SI-System verwendet sieben *Basisgrößen*, Tabelle 8.1.

Tabelle 8.1. Basisgrößen und Basiseinheiten des SI-Systems

Basisgröße	Formelzeichen	Basiseinheit	
		Name	Zeichen
Länge	l	Meter	m
Masse	m	Kilogramm	kg
Zeit	t	Sekunde	s
Elektr. Stromstärke	I	Ampere	A
Temperatur	T	Kelvin	K
Stoffmenge	n	Mol	mol
Lichtstärke	I	Candela	cd

Zur Definition der Basiseinheiten sei auf geeignete Handbücher verwiesen, z.B. (Hütte 2000). Bei der Auswahl der Basisgrößen haben messtechnische und didaktische Gesichtspunkte eine Rolle gespielt. So hätte man etwa statt der Masse als Basisgröße auch die Kraft wählen können.

Die Einheitsgrößen sind in der Regel Kleinbuchstaben, lediglich die von einem Personennamen abgeleiteten Zeichen sind Großbuchstaben wie A und K in Tabelle 8.1. Alle anderen physikalischen Größen lassen sich als Potenzprodukt der Basisgrößen darstellen, man nennt sie *abgeleitete Größen*. Werden diese abgeleiteten Größen ohne Zahlenfaktoren (hier Vorsätze für dezimale Vielfache oder Teile) verwendet, so nennen wir sie kohärent. Also gibt es neben den sieben SI-Basiseinheiten eine Anzahl von (kohärenten) SI-Einheiten. Werden entsprechende Zahlenfaktoren verwendet, so erhalten wir inkohärente Einheiten, die aber gleichwohl meist gesetzlich sind, z.B. km. Bevor wir uns dies an einigen Beispielen verdeutlichen, wollen wir die gebräuchlichen Vorsätze zur Bildung dezimaler Vielfacher und Teilen von Einheiten aufführen, Tabelle 8.2.

Tabelle 8.2. Vorsätze zur Bildung dezimaler Vielfacher und Teilen von SI-Einheiten

Vorsatz	Name	Wert	Vorsatz	Name	Wert
E	Exa	10^{18}	m	Milli	10^{-3}
P	Peta	10^{15}	μ	Mikro	10^{-6}
T	Tera	10^{12}	n	Nano	10^{-9}
G	Giga	10^{9}	p	Piko	10^{-12}
M	Mega	10^{6}	f	Femto	10^{-15}
k	Kilo	10^{3}	a	Atto	10^{-18}

Für einige wenige, vor allem historisch bedingte Fälle, sind auch folgende Vorsätze zugelassen, die nicht einer ganzzahligen Potenz von 10^3 entsprechen:

$$h = Hekto = 10^2 \qquad da = Deka = 10 \qquad d = Dezi = 10^{-1} \qquad c = Zenti = 10^{-2}$$

Beispiele hierfür sind Zentimeter und Hektopascal. Des Weiteren muss vermerkt werden, dass die Vorsätze Kilo, Mega und Giga in der Informatik abweichend wie folgt definiert sind:

$$K = 2^{10} = 1\ 024, \qquad M = 2^{20} = 1\ 048\ 576, \qquad G = 2^{30} = 1\ 073\ 741\ 824.$$

Tabelle 8.3. Abgeleitete SI-Einheiten für mechanische und thermodynamische Größen

Abgeleitete Größe	Formalzeichen	Einheit
Fläche	A (area)	m^2
Volumen	V (volume)	m^3
Geschwindigkeit	v (velocity)	$\frac{m}{s}$
Beschleunigung	a (acceleration)	$\frac{m}{s^2}$
Kraft	F (force) $= m \cdot a$	$1\,N = 1\,kg \cdot \frac{m}{s^2}$ (Newton)
Druck	p (pressure) $= \frac{F}{A}$	$1\,Pa = 1\frac{N}{m^2} = 1\frac{kg}{m \cdot s^2}$ (Pascal)
Energie/Arbeit/Wärme	W (work) $= F \cdot Weg$	$1\,J = 1\,N \cdot m = 1\,W \cdot s$ (Joule)
Leistung	P (power) $= \frac{W}{t} = F \cdot v$	$1\,W = 1\frac{J}{s} = 1\frac{N \cdot m}{s}$ (Watt)
Entropie	S	$\frac{J}{K}$
Spezif. Wärmekapazität	c_p, c_v (capacity)	$\frac{J}{kg \cdot K}$

Zur Verdeutlichung folgen Beispiele aus den technischen Grundlagen, dem dritten Kapitel. Dabei beschränken wir uns auf dort vorkommende physikalische Größen. In den Abschnitten 3.1 bis 3.3 hatten wir mechanische und thermodynamische Größen kennen gelernt. Diese lassen sich aus vier der sieben Basisgrößen bilden, aus Länge l, Masse m, Zeit t und Temperatur T, siehe Tabelle 8.3. Im Abschnitt 3.4 hatten wir elektrische und magnetische Größen kennen gelernt, diese lassen sich aus Länge l, Zeit t und elektrischer Stromstärke I bilden, siehe Tabelle 8.4.

Tabelle 8.4. Abgeleitete SI-Einheiten für elektrische und magnetische Größen

Abgeleitete Größe	Formelzeichen	Einheit
elektrische Ladung, Elektrizitätsmenge	Q	$1\,C = 1\,A \cdot s$ (Coulomb)
elektr. Spannung	U	$1\,V = 1\frac{J}{C} = 1\frac{W}{A}$ (Volt)
elektr. Potential	ρ	
elektr. Kapazität	C	$1\,F = 1\frac{C}{V} = 1\frac{s}{\Omega}$ (Farad)
elektr. Widerstand	R	$1\,\Omega = 1\frac{V}{A} = 1\frac{W}{A^2}$ (Ohm)
elektr. Leitwert	S	$1\,S = 1\frac{1}{\Omega} = 1\frac{A}{V}$ (Siemens)
elektr. Feldstärke	E	$1\frac{V}{m} = 1\frac{N}{C}$
elektr. Fluss	Ψ	C
elektr. Flussdichte bzw. elektr. Verschiebung	D	$\frac{C}{m^2}$
magnet. Feldstärke	H	$\frac{A}{m}$
Magnet. Fluss	Φ	$1\,Wb = 1\,V \cdot s$ (Weber)
Magnet. Flussdichte	B	$1\,T = 1\frac{Wb}{m^2} = 1\frac{N}{A \cdot m} = 1\frac{V \cdot s}{m^2}$ (Tesla)
Induktivität	L	$1\,H = 1\frac{Wb}{A} = 1\,\Omega \cdot s$ (Henry)

In Tabelle 8.2 haben wir Vorsätze zu den Einheiten kennen gelernt. Diese bezeichnen dezimale Bruchteile oder Vielfache einer Einheit. Eine Kombination aus Vorsatz- und Einheitenzeichen gilt als neues Kurzzeichen. Das erspart die Verwendung von Klammern, wenn die Kombination potenziert wird. Einige Beispiele zur Illustration:

$$1\,kJ = 1\,Kilojoule = 10^3\,J$$

$$1\,MW = 1\,Megawatt = 10^6\,W$$

$$1\,ns = 1\,Nanosekunde = 10^{-9}\,s$$

$$1\,\mu m = 1\,Mikrometer = 10^{-6}\,m$$

$$1\,cm^2 = 1\,Quadratzentimeter = (0,01\,m)^2 = 10^{-4}\,m^2$$

$$1\,hPa = 1\,Hektopascal = 100\,Pa$$

Eine Besonderheit muss erwähnt werden. Vorsätze für die Masse werden nicht auf die Basiseinheit kg, sondern auf die Einheit g bezogen, d.h.1 µg = 1 Mikrogramm = 10^{-6} g = 10^{-9} kg. Bei der Multiplikation von Einheiten kann das Multiplikationszeichen weggelassen werden, d.h. Ws = W · s und Nm = N · m. Falls man nicht eindeutig zwischen der Multiplikation von Einheiten und Einheiten mit Vorsätzen unterscheiden kann, muss das Multiplikationszeichen gesetzt werden: 1 mN = 1 Millinewton ist eine Kraft, aber 1 m · N = 1 Meter mal Newton ist ein Moment.

Es folgen noch einige Bemerkungen zu den SI-Basiseinheiten in Tabelle 8.1. Die Basiseinheit Kilogramm ist wegen des Vorsatzes Kilo eigentlich inkonsequent. Hier wurde der traditionellen Kontinuität der Vorzug gegeben. Als elektrische Basisgröße hätte sich die elektrische Ladung mit der Einheit Coulomb, Tabelle 8.4, angeboten. Als besser messbare Größe wurde stattdessen die elektrische Stromstärke mit der Einheit Ampere gewählt.

Neben der thermodynamischen Temperatur T mit der Einheit Kelvin wird auch die Celsius-Temperatur $t_c = T - T_0$ verwendet, wobei $T_0 = 273{,}15$ K die absolute Temperatur des Eispunktes ist. Die Einheit „Grad Celsius" ist gleich der Einheit „Kelvin". Da meist ohnehin Temperaturdifferenzen von Interesse sind, können diese in Kelvin K oder Grad Celsius °C angegeben werden.

Unter der Stoffmenge n versteht man eine neue physikalische Größe, die eingeführt worden ist, um der Tatsache Rechnung zu tragen, dass alle Stoffe aus Teilchen (Atome, Moleküle, Ionen ...) aufgebaut sind. Die Menge einer Substanz kann durch ihre Masse m oder durch ihr Volumen V beschrieben werden. Es ist jedoch auch möglich, die gleiche Substanzmenge durch die Anzahl der in ihr enthaltenen Teilchen eindeutig festzulegen. Zwischen der Stoffmenge n und der Masse m besteht ein eindeutiger Zusammenhang. Wir sehen auch hier, dass bei der Auswahl der SI-Basisgrößen Fragen der Zweckmäßigkeit eine Rolle gespielt haben.

Die Basisgröße Lichtstärke mit der Einheit Candela haben wir in dem Buch nicht verwendet. Aus Gründen der Vollständigkeit folgen einige Bemerkungen hierzu. Bei der Lichtmessung gibt es zwei Sichtweisen, die letztlich auf einen Streit zwischen der Newtonschen und der Goetheschen Auffassung zurückgehen. Die Newtonsche Sichtweise abstrahiert vom Menschen und misst das Licht unabhängig von seiner Wirkung auf das menschliche Auge, wir sprechen von Radiometrie. Messgrößen sind etwa Strahlungsenergie in Joule oder die Strahlungsleistung in W sowie entsprechende spezifische Größen (pro Fläche). In der Goetheschen Sichtweise wird quantitativ bestimmt, wie hell sich eine Lichtquelle dem menschlichen Auge darstellt; wir sprechen dann von Photometrie. Dabei korrespondiert jede photometrische Größe mit einer radiometrischen, somit kann jede photometrische Größe aus der ihr korrespondierenden radiometrischen errechnet werden. Dies geschieht mit einer normierten Funktion, die die spektrale Lichtempfindlichkeit des Auges eines „durchschnittlichen jungen Betrachters" beschreibt. Die Basiseinheit Candela ist eine solche photometrische Messgröße.

Unbeschadet der gesetzlichen Vorschriften werden auch heute noch zahlreiche Einheiten außerhalb des SI-Systems verwendet. Einige davon möchte ich exemplarisch nennen. Der Rohölpreis auf dem Weltmarkt wird in US $ pro barrel angegeben. Barrel ist das englische Wort für Fass oder Tonne. Die US-Version 1 barrel = 158,987 l wird verwendet (die englische Version beträgt 163,564 l) seit dem Geburtsjahr 1859 der (amerikanischen) Ölindustrie. Der Oberst E.L. Drake wurde bei seinen Bohrungen in Titusville, Pennsylvania, in einer Tiefe von etwa 20 m fündig und löste den ersten Erdölrausch aus. Er sammelte das sprudelnde Erdöl zufällig in einem Whiskyfass mit dem Volumen von 1 barrel.

In der Seefahrt wird die Schiffsgeschwindigkeit in Knoten kn gemessen, wobei 1 kn = 1 sm/h bedeutet (h = hour = Stunde). Dabei ist die Seemeile (sm oder nm = nautische Meile) die Länge einer Meridianminute auf dem Erdäquator. Dessen Umfang ist etwa 40 000 000 m, aus $2\pi R$ mit R = 6 371 000 m als mittlerem Erdradius. Der Umfang, ausgedrückt in Bogenminuten, ist $360° \cdot 60' = 21600'$, damit wird die Länge einer Meridianminute 40 000 000 : 21 600 = 1 851,8 m. Die international vereinbarte Seemeile beträgt 1 852 m, der zehnte Teil davon wird Kabellänge genannt. Weiter für Seebären: Die Windgeschwindigkeit wird in den Seewetterberichten angegeben, das ist neben der Windrichtung (Abgaben in NO, S oder S-SW usw.) die wichtigste Information für Segler (wie den Autor). Im deutschen Seewetterbericht wird die alte Windstärkenskala nach Beaufort Bf verwendet, ab Windstärke 6 ist Starkwind, ab 8 ist Sturm und ab 11 ist Orkan. Die Zahlen richten sich nach beobachtbaren Informationen. Als Beispiel für 6 Beaufort (für viele Freizeitsegler die kritische Marke, die über Auslaufen oder Ruhetag entscheidet) wird zum Wind gesagt: "Große Zweige werden bewegt; Wind singt in der Takelage"; zum Seegang heißt es: „Die Bildung großer Wellen beginnt; Kämme brechen und hinterlassen größere weiße Schaumflächen; etwas Gischt". Auch die Windsymbole richten sich an der Beaufort-Skala aus; 6 Bf bedeuten 3 ganze Fähnchen an einem Symbol, 5 Bf bedeuten 2 + 1/2 Fähnchen. Im dänischen Seewetterbericht wird die Windgeschwindigkeit in m/s angegeben; daneben werden kn (Knoten) und km/h verwendet. Zur Anschauung: Windstärke 6 Bf heißt „Starker Wind", Windgeschwindigkeit 10,8-13,8 m/s oder 39-49 km/h oder 22-27 kn. Aber nicht nur deshalb ist Segeln eine besondere Wissenschaft (oder Kunst oder Lebensart).

In der Medizin wird der Blutdruck nach wie vor in der (nicht gesetzlichen) Einheit Torr = mm Quecksilbersäule (Hg) angegeben. Die Angabe „120 zu 80" bedeutet 120 mm Hg für den systolischen und 80 mm Hg für den diastolischen Blutdruck.

Dies leitet über zu historischen Druckeinheiten, die teilweise auch heute noch (wie z.B. in der Medizin) verwendet werden. E. Torricelli (1608-47) hatte mit einem Quecksilber-Barometer festgestellt, dass das Gewicht der Luftsäule pro Fläche (d.h. der Luftdruck) dem einer 760 mm hohen Quecksilbersäule entspricht. Bei gleicher Messanordnung, jedoch mit Wasser als Messflüssigkeit, reicht die Wassersäule 10 m hoch.

Noch zu meiner Studienzeit war als Einheit der Kraft das Kilopond kp gebräuchlich, definiert durch Gewichtskraft in kp = Masse in kg mal Erdbeschleunigung g. In Meereshöhe liegt der Betrag der Erdbeschleunigung g zwischen etwa 9,78 m/s^2 am Äquator und 9,83 m/s^2 an den Polen. Die Unterschiede sind durch die Abplattung der Erde und durch die Erddrehung (die zu einer der Erdbeschleunigung entgegengesetzt wirkenden Zentrifugalbeschleunigung führt) bedingt. Als Normwert der Fallbeschleunigung wurde $g = 9{,}80665$ m/s^2 definiert, für praktische Rechnungen wird der Wert $9{,}81$ verwendet. Somit ist 1 kp $= 9{,}81$ N.

Mit der (Gewichts-) Kraft 1 kp wurde die Druckeinheit 1 at $= 1$ kp/cm^2 (10 m Wassersäule) als technische Atmosphäre eingeführt, im Gegensatz zur physikalischen Atmosphäre atm $= 760$ mm Quecksilbersäule $= 760$ Torr. Da es in der Technik häufig um Über- oder Unterdruck gegenüber dem Atmosphärendruck geht, wurde noch zwischen atü (Überdruck), ata (absoluter Druck) und atu (Unterdruck) unterschieden. Das hört sich verwirrender an als es ist. Hierzu eine Preisfrage: Wie groß ist der Druck in einem Autoreifen bei Plattfuß? Natürlich 1 at, also gleich dem Atmosphärendruck und nicht Null. Daher bedeutet auch heute noch die Anzeige der Messgeräte für den Luftdruck an den Tankstellen den Überdruck (also atü) gegenüber dem Atmosphärendruck. Die Angabe $2{,}2$ bar bedeutet Überdruck, im Reifen beträgt der Druck dann $3{,}2$ bar. Dabei ist 1 bar $= 10^5$ Pa eine ebenfalls früher gebräuchliche Druckeinheit (von griechisch barós für Schwere oder Gewicht). Da die Angabe für den Luftdruck von z.B. $0{,}995$ bar recht unhandlich klingt, sagt man lieber dazu 995 mbar ($=$ Millibar). Um die heute noch weit verbreiteten Barometer mit den mbar-Skalen weiter verwenden zu können, wird unser Luftdruck in hPa (statt in der logischen Form kPa) angegeben. Denn 995 mbar sind gleich 995 hPa (oder gleich $99{,}5$ kPa). Die vielen verschiedenen Druckeinheiten waren in der alltäglichen Praxis gar nicht so verwirrend, denn in erster Näherung gilt:

$$1 \text{ at } \left(= 1\,\frac{\text{kp}}{\text{cm}^2} = 10 \text{ m Wassersäule}\right)$$

$$\approx 1 \text{ atm } (= 760 \text{ mm Hg oder } 760 \text{ Torr})$$

$$\approx 1 \text{ bar } (= 1\,000 \text{ mbar}) = 10^5 \text{ Pa} = 1\,000 \text{ hPa}$$

Abschließend kurz zu heute noch teilweise gebräuchlichen Einheiten für die Energie bzw. Arbeit sowie für die Leistung in Relation zu den SI-Einheiten:

$$1 \text{ cal} = 4{,}18684 \text{ J (Kalorie)}$$

$$1 \text{ kpm} = 9{,}80665 \text{ N} \cdot \text{m}$$

$$1 \text{ PS} = 75\,\frac{\text{m} \cdot \text{kp}}{\text{s}} = 0{,}735 \text{ kW (Pferdestärke) bzw. } 1 \text{ kW} = 1{,}36 \text{ PS}$$

8.2 Sachverzeichnis

Druck: Mercedes-Druck, Berlin
Verarbeitung: Stein+Lehmann, Berlin